통계 수학

STATISTICAL MATHEMATICS

민만식 · 김경화 지음

자유아카데미

머리말

통계수학은 통계학과 대학 과정 전반에 걸쳐 기초가 되는 분야로서, 통계학 관련 여러 서적을 이해하는 데 기본적으로 필요한 과목이다. 저자는 20년 이상 대학에서 미적분학과 통계학을 강의한 경험을 바탕으로 이 책을 집필하였으며, 누구나 이해하기 쉬운 문장으로 서술하고자 노력하였다. 다만 미적분 내용을 정확히 이해하고 응용하기 위해서는 함수의 극한과 연속 개념, 미분, 정적분 이론을 잘 이해해야 한다. 이 책에서는 통계학에서 필요한 확률과 확률변수, 확률분포의 이론 등을 미적분과 융합하여 다루고 있다. 이를 통해 미적분학 이론의 원리를 더 쉽게 이해하고, 나아가 통계학에 적용할 수 있는 교과서를 만들고자 하는 의도로 이 책을 집필하였다.

기본 개념과 이론의 이해를 돕기 위하여 예제를 충분히 수록하였으며, 각 절마다 상당한 양의 문제를 실어 학생 스스로 수학적 사고를 기를 수 있도록 하였다. 특히 암기나 반복 위주의 학습보다는 사고력을 기르는 문제들을 다룰 수 있는 기회를 제공하고자 노력하였다. 또한 미적분의 응용을 다양하게 취급함으로써 통계학을 필요로 하는 모든 학생들에게 충분히 도움이 되도록 구성하였다.

각 장의 내용을 간단히 소개하면 다음과 같다. 1장에서는 미분과 적분을 공부하기 위한 준비 단계로 함수의 기본 성질을 다루었다. 이 내용은 대부분의 학생들이 이미 알고 있으리라 생각하며, 학생의 수준에 따라 일부 또는 전부를 생략할 수 있다. 2장에서는 극한과 연속의 개념을, 3장에서는 도함수와 분포함수미분을 정의하고 곱의 법칙과 연쇄법칙을 소개하였다. 4장에서는 극대와 극소, 변화율, 도함수의 응용을 다루었다. 5장에서는 역도함수와 적분을 정의하고 미적분학의 기본정리를 소개하였다. 6장에서는 정적분의 방법을, 7장에서는 적분의 응용으로 면적, 부피, 호의 길이, 연속적 확률분포를 함께 다루었다. 8장에서는 급수와 연쇄법칙을, 9장에서는 결합확률분포를, 10장에서는 이중적분과 다중적분, 연속결합확률분포를 다루었다. 연습문제의 해답을 모두 수록하였으며, 일부 문제에 대해서는 해설을 비교적 자세히 제시하였다.

이 책을 집필하는 과정에서 많은 분들의 도움을 받았다. 특히 본문과 예제 문제를 검토하고 오류를 바로잡으며 여러 가지 충고와 조언을 아끼지 않은 분들의 노력은 책의 완성도를 높이는 데 큰 도움이 되었다. 출간 후 나올 수 있는 수정사항 등은 자유아카데미 홈페이지(www.freeaca.com) 자료실에 제공할 예정이니 참고하기 바란다.

끝으로 이 책을 집필하는 데 가족들의 사랑과 이해, 그리고 격려가 큰 힘이 되었음을 밝히며, 이 자리를 빌려 모든 분들께 깊이 감사드린다.

2025년

저자 일동

차례

Chapter 01 함수

Chapter 02 함수의 극한과 연속

Chapter 03 미분과 누적확률분포

Chapter 04 미분의 응용

Chapter

01

함수

이 장에서는 이산 집합(유한 집합이나 정수의 집합 등)에서 정의된 함수에 중점을 두면서 그 외 다양한 함수의 성질 및 특성을 다룬다. 함수는 수학이나 전산학뿐만 아니라 모든 학문의 기본 분야에서는 전반적으로 다루어지고, 또 중요한 역할을 한다. 그래서 함수에 대한 정의와 함수의 종류, 그리고 함수의 응용에 대해서 간단히 소개하고자 한다. 특히 활용도가 높은 지수함수와 로그함수 그리고 삼각함수에 대한 정의와 성질에 대해서도 자세히 다루고, 삼각함수의 정의역을 제한하여 역삼각함수를 도입하는 방법과 역삼각함수와 삼각함수의 관계를 학습한다.

1.1 선형모형과 변화율

수직이 아닌 직선에서 기울기는 x의 변화량에 대하여 y의 변화량을 특정한 값을 말한다.

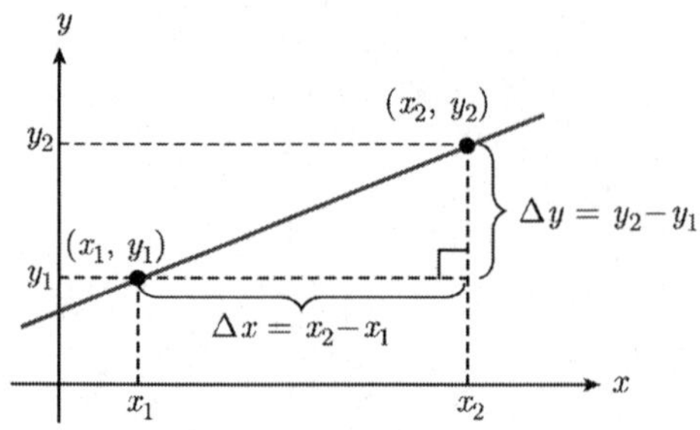

그림 1.1

그림 1.1에서와 같이 직선 위의 두 점 $(x_1,\ y_1)$, $(x_2,\ y_2)$이 있다고 하자.

직선에서 x의 변화량 다음과 같고

$$\Delta x = x_2 - x_1$$

y의 변화량은

$$\Delta y = y_2 - y_1$$

임을 알 수 있다(△은 그리스 문자 델타(delta)의 대문자이고 Δx, Δy는 "델타 x", "델타 y"로 읽는다).

직선의 기울기에 대한 정의

두 점 $(x_1,\ y_1)$과 $(x_2,\ y_2)$를 지나는 수직이 아닌 직선의 기울기 m은

$$m = \frac{\Delta y}{\Delta x} = \frac{y_2 - y_1}{x_2 - x_1},\ x_1 \neq x_2$$

이다. 수직인 직선의 기울기는 정의하지 않는다.

직선의 기울기와 직선 위의 한 점의 좌표를 알면 수직이 아닌 직선의 방정식을 구할 수 있다. 직선의 기울기가 m이고 점 $(x_1,\ y_1)$을 지난다고 하자. 직선 위의 임의의 점의 좌표를 $(x,\ y)$라 하면

$$\frac{y-y_1}{x-x_1}=m$$

이다. 분모를 양변에 곱하면

$$y-y_1=m(x-x_1)$$

이고 이것을 직선의 **점-기울기 방정식**(point-slope equation of line)이라 한다.

직선의 점-기울기 방정식

기울기가 m이고 점 (x_1, y_1)을 지나는 직선의 방정식은

$$y-y_1=m(x-x_1)$$

이다.

예제 1.1 다음 조건을 만족시키는 직선의 방정식을 구하여라.

(1) 기울기가 2이고, 점 (1, 3)을 지난다.

(2) 기울기가 -3이고, 점 (1, 2)를 지난다.

풀이 (1) $m=2$, $x_1=1$, $y_1=3$인 경우이므로

$y-3=2(x-1)$, $y=2x+1$

(2) $m=-3$, $x_1=1$, $y_1=2$인 경우이므로

$y-2=-3(x-1)$, $y=-3x+5$ ■

예제 1.2 다음 두 점을 지나는 직선의 방정식을 각각 구하여라.

(1) (2, 1), (4, 5) (2) (−2, 0), (4, −6)

풀이 (1) $y-1=\frac{5-1}{4-2}(x-2)$

$y=2x-3$

(2) $y-0=\frac{-6-0}{4+2}(x+2)$

$y=-x-2$ ■

직선의 그래프를 구하는 데 더 편리한 공식이 **직선의 기울기-절편 방정식**(slope-intercept equation of a line)이다.

직선의 기울기-절편 방정식

직선의 방정식

$$y = mx + b$$

의 그래프는 기울기가 m이고 y절편이 $(0,\ b)$인 직선이다.

예제 1.3 다음 방정식의 그래프를 그려라.

(1) $x+2=0$ (2) $y+3=0$

(3) $2x+y-1=0$

풀이 (1) $x+2=0$에서 $x=-2$

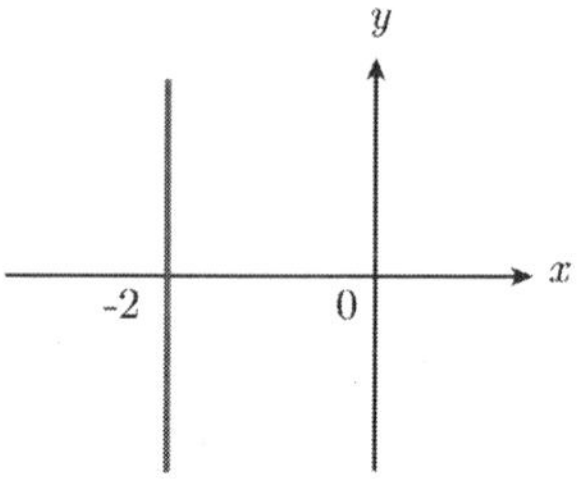

그림 1.2

(2) $y+3=0$에서 $y=-3$

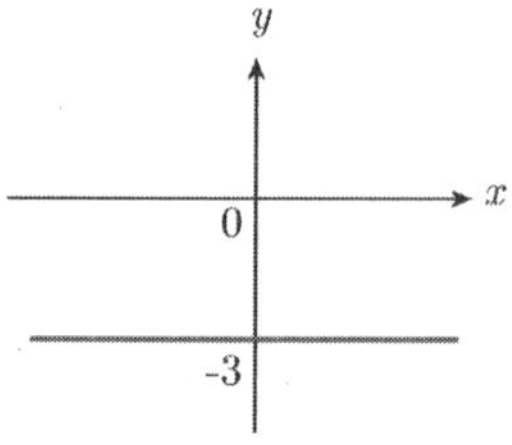

그림 1.3

(3) $2x+y-1=0$에서 $x=0$일 때 $y=1$, $y=0$일 때 $x=\dfrac{1}{2}$

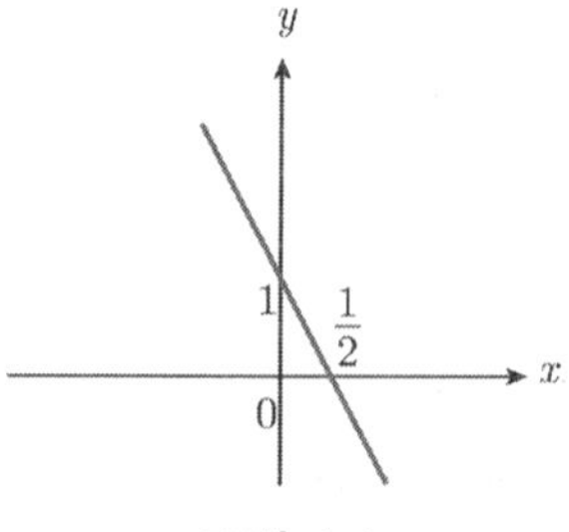

그림 1.4

■

수직인 직선의 기울기는 정의하지 않았으므로 이 경우 기울기-절편 방정식으로 쓸 수 없다. 그러나 모든 직선은 다음과 같은 일반형(general form)으로 표현할 수 있다.

$$Ax + By + C = 0$$

여기서 A와 B는 동시에 0은 아니다.

기본적인 직선의 방정식

(1) x절편 a, y축에 평행한 직선 $\Leftrightarrow$ $x = a$

y축의 방정식 $\Leftrightarrow$ $x = 0$

(2) y절편 x축에 평행한 직선 $\Leftrightarrow$ $y = b$

x축의 방정식 $\Leftrightarrow$ $y = 0$

(3) 기울기 a, y절편 b인 직선 $\Leftrightarrow$ $y = ax + b$

(4) 기울기가 m이고, 점 $(x_1,\ y_1)$을 지나는 직선의 방정식은 $y - y_1 = m(x - x_1)$

(5) 두 점 $(x_1,\ y_1)$, $(x_2,\ y_2)$를 지나는 직선의 방정식은

$$\begin{cases} x_1 \neq x_2\text{일 때, } y - y_1 = \dfrac{y_2 - y_1}{x_2 - x_1}(x - x_1) \\ x_1 = x_2\text{일 때, } x = x_1 \end{cases}$$

(6) x절편이 a이고, y절편이 b인 직선의 방정식은 $\dfrac{x}{a} + \dfrac{y}{b} = 1$

그림 1.5에서와 같이 두 직선이 서로 평행인지, 서로 수직인지 판별하는 데 직선의 기울기를 이용할 수 있다. 특히 기울기가 같은(x축에 수직이 아닌) 두 직선은 평행하고, 기울기가 서로 음의 역수인 관계에 있는(x축에 수직이 아닌) 두 직선은 서로 수직이다.

평행인 직선과 수직인 직선

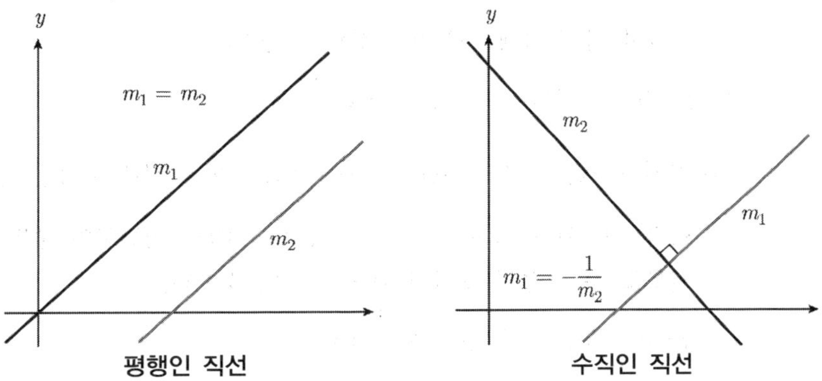

그림 1.5

(1) 수직이 아닌 서로 다른 두 직선이 **평행**(parallel)일 필요충분조건은 두 직선의 기울기가 같은 것이다. 즉

$$m_1 = m_2$$

이다.

(2) 수직이 아닌 두 직선이 서로 **수직**(perpendicular)일 필요충분조건은 두 직선의 기울기가 서로 음의 역수인 관계이다. 즉

$$m_1 = -\frac{1}{m_2}$$

이다.

예제 1.4 다음 조건을 만족시키는 직선의 방정식을 구하여라.

(1) x축의 양의 방향과 $45°$의 각을 이루고, 점 (2, 4)를 지나는 직선

(2) 직선 $4x+y-3=0$에 평행하고, 점 (−2, 3)을 지나는 직선

(3) 두 점 (2, 4), (6, 5)를 지나는 직선에 수직이고, 점 (1, −3)을 지나는 직선

(4) 직선 $x+3y=3$에 수직이고, 두 직선 $3x+2y=-1$, $2x-y=-10$의 교점을 지나는 직선

풀이 (1) x축과 $45°$의 각을 이루므로 기울기는 $\tan 45° = 1$

$y-4=1(x-2)$, $y=x+2$

(2) 직선 $4x+y-3=0$의 기울기는 -4

$y-3=-4(x+2)$, $y=-4x-5$

(3) 두 점 (2, 4), (6, 5)를 지나는 직선의 기울기는 $\frac{1}{4}$

따라서 이 직선에 수직인 직선의 기울기는 -4

$y+3=-4(x-1)$, $y=-4x+1$

(4) 직선 $x+3y=3$의 기울기는 $-\frac{1}{3}$이고, 이 직선에 수직인 직선의 기울기는 +3이다. 또 $3x+2y=-1$, $2x-y=-10$을 연립하여 풀면 $x=-3$, $y=4$이므로 두 직선의 교점의 좌표는 (−3, 4)이다.

$y-4=3(x+3)$, $y=3x+13$ ■

1.1 연습문제

1. 한 점 (−4, 1)을 지나고 기울기가 다음과 같은 직선을 한 좌표평면에 그려라.

(1) 3　　(2) -3　　(3) $\frac{1}{3}$　　(4) 0

2. 두 점 (3, −2), (4, −2)를 지나는 기울기를 구하여라.

3. 다음 직선의 기울기와 y절편이 있으면 구하여라.

(1) $6x-5y=15$

(2) $y=-1$

4. 다음 두 점을 지나는 직선의 방정식을 구하고 그래프를 그려라.

(1) (−3, −4), (1, 4)

(2) (1, −2), (3, −2)

(3) $\left(\frac{7}{8},\ \frac{3}{4}\right)$, $\left(\frac{5}{4},\ -\frac{1}{4}\right)$

5. 다음 점을 지나고 주어진 직선과 (a) 평행인 직선, (b) 수직인 직선의 방정식을 구하여라.

(1) (−6, 4), $3x+4y=7$

(2) (−1, 0), $y=-3$

6. 평면 위의 서로 다른 세 점 $A(1,\ k)$, $B(k,\ k-2)$, $C(-k+1,\ k+4)$가 동일 직선 위에 있을 때, 상수 k의 값을 구하여라.

1.2 함수와 그래프

두 집합 X와 Y 사이의 관계(relation)는 X의 원소 x와 Y의 원소 y로 만든 순서쌍 $(x,\ y)$들의 집합이다. X에서 Y로의 함수(function)는 x값이 같은 두 순서쌍의 y값도 반드시 같다는 X와 Y 사이의 관계이다. 이때 x를 독립변수(independent variable)라 하고 y를 종속변수(dependent variable)라 한다. 실생활에서 함수로 표현할 수 있는 상황은 많다. 예를 들면 구의 겉넓이 S는 반지름 r의 함수로 다음과 같이 표현된다.

$$S = 4\pi r^2$$

이 경우에 r은 독립변수이고 S는 종속변수이다.

실변수의 실수값 함수의 정의는 X와 Y가 실수의 집합이라 하자. X에서 Y로의 실변수 x의 실수값 함수 f(real valued function f of a real variable x)는 X의 각 원소 x에 대하여 Y의 단 하나의 원소 y를 대응시키는 규칙이다. f의 정의역(domain)은 X이다. y는 f에 의한 x의 상(image)이라 하고 $f(x)$로 나타낸다. 즉 $f(x)$는 x에서 f의 함수값(value of f at x)이다. f의 치역(range)은 X의 원소들의 상으로 이루어진 집합으로 Y의 부분집합이다(그림 1.6).

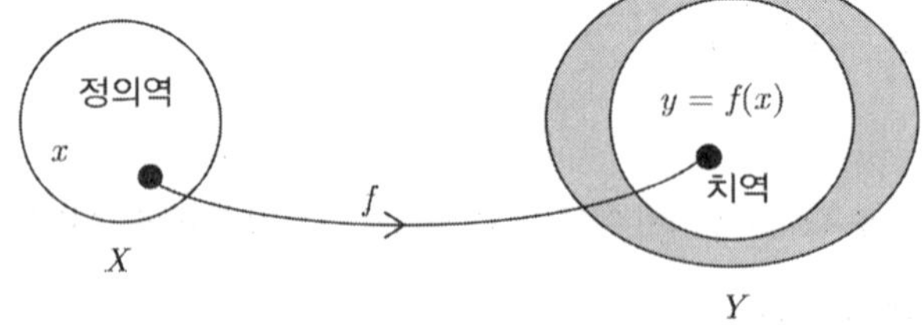

그림 1.6

함수는 여러 가지 방법으로 표현할 수 있다. 그러나 이 책에서는 주로 독립변수와 종속변수를 포함한 방정식으로 표현된 함수에 대하여 다룬다. 예를 들면 방정식

$$x^2 + 2y = 1$$

은 종속변수 y가 독립변수 x로 표현된다. 이 함수의 값을 계산하기 위해서는 식을 y에 대하여 풀어서 다음과 같이 표현하면 편리하다.

$$y = \frac{1}{2}(1 - x^2)$$

함수를 f라 하여 이 방정식을 다음과 같이 나타낼 수 있다.

$$f(x) = \frac{1}{2}(1-x^2)$$

예제 1.5 함수 $f(x) = x^2+5$에 대하여 다음을 구하여라.

(1) $f(5a)$　　(2) $f(a-1)$　　(3) $\dfrac{f(x+\triangle x)-f(x)}{\triangle x}$

풀이

(1) $f(5a) = (5a)^2+5 = 25a^2+5$

(2) $f(a-1) = (a-1)^2+5 = a^2-2a+1+5$
$= a^2-2a+6$

(3)
$$\frac{f(x+\triangle x)-f(x)}{\triangle x} = \frac{[(x+\triangle x)^2+5]-(x^2+5)}{\triangle x}$$
$$= \frac{x^2+2x\triangle x+(\triangle x)^2+5-x^2-5}{\triangle x}$$
$$= \frac{2x\triangle x+(\triangle x)^2}{\triangle x} = 2x+\triangle x$$ ■

함수의 정의역은 명확하게 표현될 수도 있고 함수를 나타내는 방정식에 잠재되어 있을 수도 있다.

예를 들어 함수 $f(x) = \dfrac{1}{x^2-4}$, $4 < x \le 5$의 정의역은 $\{x \mid 4 < x \le 5\}$이고, 함수 $g(x) = \dfrac{1}{x^2-4}$의 정의역은 $\{x \mid x \ne \pm 2\}$로 잠재되어 있음을 알 수 있다.

예제 1.6 주어진 함수의 정의역과 치역을 구하여라.

(1) $f(x) = 1+x^2$　　(2) $f(x) = \sqrt{x-1}$

(3) $f(x) = \sqrt{4-x^2}$　　(4) $f(x) = \tan x$

풀이

(1) 정의역은 모든 실수이고, 치역은 $\{y \mid y \ge 1\}$

(2) 정의역은 $\{x \mid x \ge 1\}$, 치역은 $\{y \mid y \ge 0\}$

(3) 정의역은 $\{x \mid -2 \le x \le 2\}$, 치역은 $\{y \mid 0 \le y \le 2\}$

(4) 정의역은 $\left\{x \mid x \ne \dfrac{\pi}{2}+n\pi,\ n\text{은 정수}\right\}$, 치역은 모든 실수 ■

X에서 Y로의 함수가 치역이 각 y값에 대하여 정의역의 x값이 꼭 하나씩 대응되면 일대일함수라 한다. 예를 들면 예제 1.6에서 (2)의 함수는 일대일함수이지만 (1), (3), (4)는 일대일함수가 아니다. X에서 Y로의 함수에서 치역이 Y와 같을 때 위로(전사)함수라 한다.

예제 1.7 다음 기본적인 함수의 그래프를 그려라.

(1) $y = x$ (2) $y = x^2$ (3) $y = x^3$

(4) $y = \sqrt{x}$ (5) $y = |x|$ (6) $y = \dfrac{1}{x}$

(7) $y = \sin x$ (8) $y = \cos x$ (9) $y = \tan x$

풀이

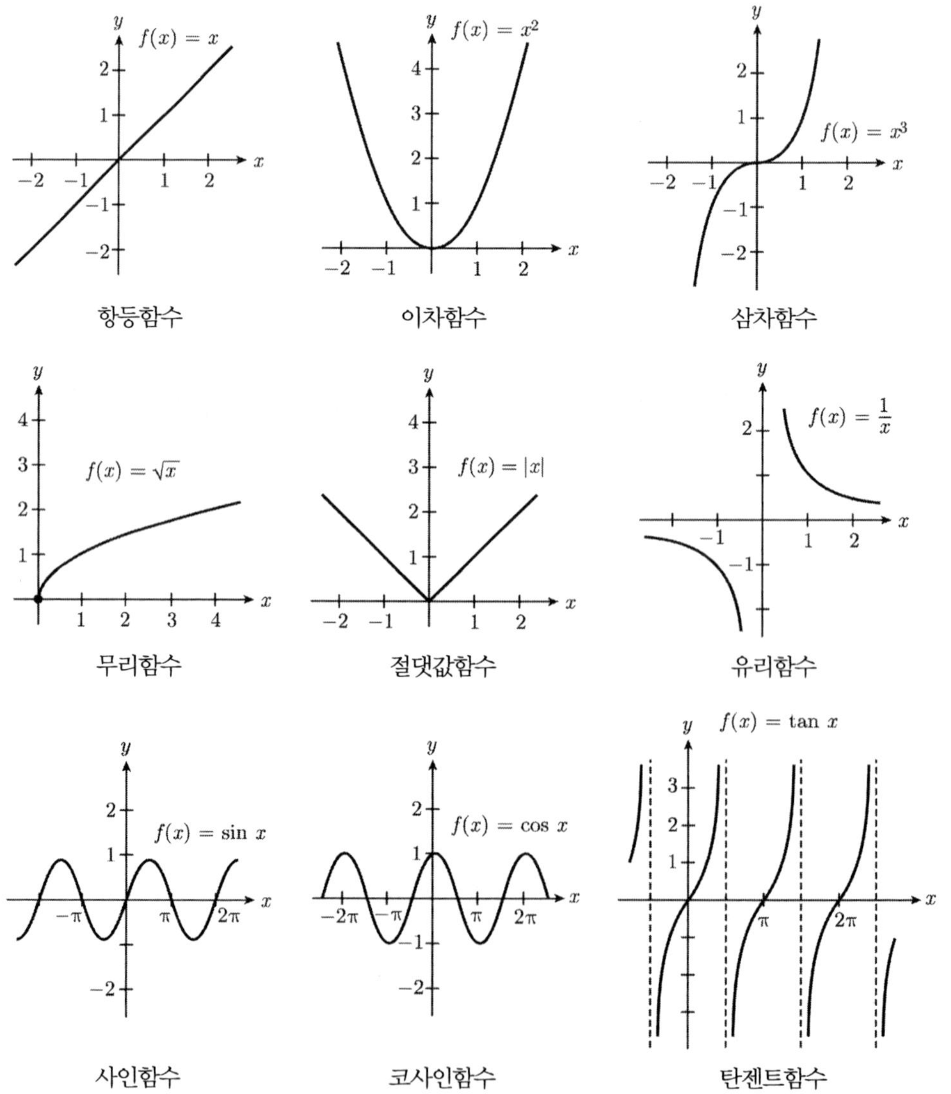

그림 1.7 ■

다음과 같은 형태의 함수를 다항식이라 한다.

$$f(x) = a_n x^n + a_{n-1} x^{n-1} + \cdots + a_1 x + a_0$$

여기서 a_0, a_1, a_2, ..., a_n(다항식의 계수)은 실수이고, $a_n \neq 0$, $n \geq 0$(n은 정수)이다. n을 다항식의 차수라고 한다. 모든 다항식의 정의역은 실수 전체의 집합이다. 1차 다항식 $f(x) = ax + b$의 그래프는 직선이다.

예제 1.8 다음 다항함수의 그래프를 그려라.

(1) $f(x) = 2$: 0차 다항식(상수)

(2) $f(x) = 3x + 2$: 1차 다항식

(3) $f(x) = 5x^2 - 2x + 1$: 2차 다항식

(4) $f(x) = x^3 - 2x + 1$: 3차 다항식

(5) $f(x) = -6x^4 + 12x^2 - 3x + 14$: 4차 다항식

(6) $f(x) = 2x^5 + 6x^4 - 8x^2 + x - 3$: 5차 다항식

풀이 위의 6개의 다항식의 그래프는 아래 그림과 같다.

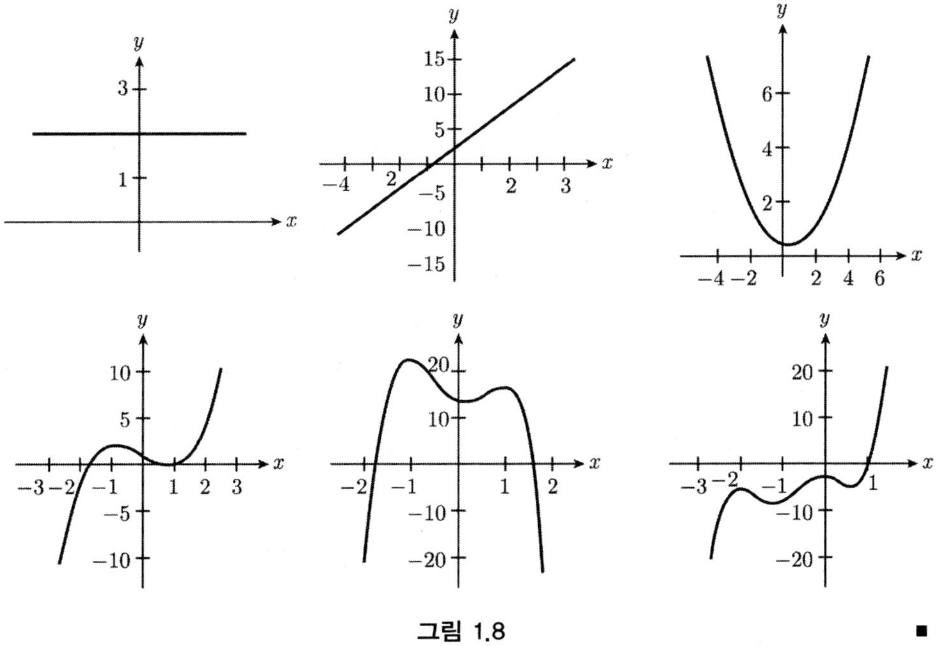

그림 1.8 ■

$p(x)$, $q(x)$가 다항식일 때,

$$f(x) = \frac{p(x)}{q(x)}$$

를 유리함수라고 한다.

유리함수 $f(x) = \dfrac{p(x)}{q(x)}$는 $q(x) \neq 0$인 모든 x에 대해서 정의된다.

예제 1.9 $f(x) = \dfrac{2x^2 - 3}{7x + 4}$의 정의역을 구하여라.

풀이 $7x + 4 \neq 0$인 모든 x들의 집합이 정의역이다.

$\left\{x \mid x \neq \dfrac{-4}{7}\right\} = \left(-\infty,\ -\dfrac{4}{7}\right) \cup \left(-\dfrac{4}{7},\ \infty\right)$ ■

예제 1.10 유리함수 $f(x) = \dfrac{11x + 2}{x^3 - 1}$의 정의역을 구하여라.

풀이 $x^3 - 1 \neq 0$인 모든 x들의 집합이 정의역이다.

$\{x \mid x \neq 1\} = (-\infty,\ 1) \cup (1,\ \infty)$ ■

함수 $f(x)$와 $g(x)$의 정의역이 각각 D_1, D_2라고 하자. 함수 $f+g$, $f-g$, $f \cdot g$를 모든 $x \in D_1 \cap D_2$에 대해서 다음과 같이 정의한다.

$$(f+g)(x) = f(x) + g(x)$$
$$(f-g)(x) = f(x) - g(x)$$
$$(f \cdot g)(x) = f(x)g(x)$$

$g(x) \neq 0$인 모든 $x \in D_1 \cap D_2$에 대해서 $\dfrac{f}{g}$를

$$\left(\frac{f}{g}\right)(x) = \frac{f(x)}{g(x)} \quad \text{단, } g(x) \neq 0$$

로 정의한다.

예제 1.11 $f(x)=x-3$, $g(x)=\sqrt{x-1}$일 때, $f+g$, $f-g$, $f\cdot g$, $\dfrac{f}{g}$를 구하여라.

풀이

$$(f+g)(x)=f(x)+g(x)=(x-3)+\sqrt{x-1}\quad(\text{단, } x\ge 1)$$
$$(f-g)(x)=f(x)-g(x)=(x-3)-\sqrt{x-1}\quad(\text{단, } x\ge 1)$$
$$(f\cdot g)(x)=f(x)g(x)=(x-3)\sqrt{x-1}\quad(\text{단, } x\ge 1)$$
$$\left(\frac{f}{g}\right)(x)=\frac{x-3}{\sqrt{x-1}}\quad(\text{단, } x>1)$$

■

두 함수 f, g에 대하여 함수 $(f\circ g)(x)=f(g(x))$를 f와 g의 합성이라 한다. $f\circ g$의 정의역은 $g(x)$가 f의 정의역에 포함되는 g의 정의역의 x 전체의 집합이다(그림 1.9).

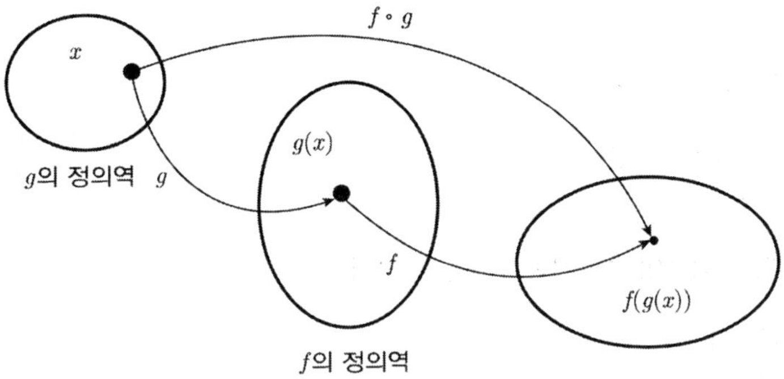

그림 1.9

예제 1.12 $f(x)=x^2+1$, $g(x)=\sqrt{x-2}$일 때 합성함수 $f\circ g$와 $g\circ f$를 구하여라.

풀이

$$f\circ g(x)=f(g(x))=f(\sqrt{x-2})=(\sqrt{x-2})^2+1=x-1$$
$$g\circ f(x)=g(f(x))=g(x^2+1)=\sqrt{(x^2+1)-2}=\sqrt{x^2-1}$$

■

예제 1.13 $f(x)=2x-3$과 $g(x)=\cos x$에 대하여 다음을 구하여라.

(1) $f\circ g$ (2) $g\circ f$

풀이

(1) $$\begin{aligned}(f\circ g)(x)&=f(g(x))\\&=f(\cos x)\\&=2(\cos x)-3\\&=2\cos x-3\end{aligned}$$

(2) $$\begin{aligned}(g\circ f)(x)&=g(f(x))\\&=g(2x-3)\\&=\cos(2x-3)\end{aligned}$$

이 경우 $(f\circ g)(x)\neq(g\circ f)(x)$이다.

■

1.2 연습문제

1. 주어진 함수에 대하여 각 함수값을 구하고, 그 결과를 간단히 하여라.

(1) $f(x) = \sqrt{x+3}$

(a) $f(-2)$ (b) $f(6)$

(c) $f(-5)$ (d) $f(x+\triangle x)$

(2) $f(x) = \sin x$

(a) $f(\pi)$ (b) $f\left(\frac{5\pi}{4}\right)$

(c) $f\left(\frac{2\pi}{3}\right)$

(3) $f(x) = x^3 - x$

(a) $\frac{f(x)-f(1)}{x-1}$ (b) $\frac{f(x+\triangle x)-f(x)}{\triangle x}$

2. 다음 함수의 정의역과 치역을 구하여라.

(1) $g(x) = x^2 - 5$

(2) $h(t) = \cot t$

(3) $g(x) = \frac{2}{x-1}$

3. 다음 함수의 정의역을 구하여라.

(1) $f(x) = \sqrt{x^2 - 3x + 2}$

(2) $h(x) = \frac{1}{\sin x - \frac{1}{2}}$

(3) $g(x) = \frac{1}{|x^2 - 4|}$

4. $f(x) = \sin x$와 $g(x) = \pi x$에 대하여 다음을 구하여라.

(1) $f(g(2))$ (2) $f\left(g\left(\frac{1}{2}\right)\right)$ (3) $g(f(0))$

(4) $g\left(f\left(\frac{\pi}{4}\right)\right)$ (5) $f(g(x))$ (6) $g(f(x))$

1.3 역함수

함수 g의 정의역의 모든 x에 대하여 $f(g(x)) = x$이고 함수 f의 정의역의 모든 x에 대하여 $g(f(x)) = x$이면 함수 g는 함수 f의 **역함수**이다. 이때 g를 f^{-1}로 나타낸다(f^{-1}는 "f inverse"로 읽는다).

다음은 역함수에 관한 몇 가지 성질이다.

(1) g가 f의 역함수이면 f는 g의 역함수이다.

(2) f^{-1}의 정의역은 f의 치역과 같고, f^{-1}의 치역은 f의 정의역과 같다.

(3) 모든 함수가 역함수를 갖는 것은 아니지만, 갖는다면 역함수는 유일하다.

역함수 구하는 방법

(1) $y = f(x)$가 역함수를 갖는지 판정한다.

(2) x를 y의 함수로 푼다. $x = g(y) = f^{-1}(y)$

(3) x와 y를 맞바꾸면 $y = f^{-1}(x)$이다.

(4) f의 치역을 f^{-1}의 정의역으로 정한다.

(5) $f(f^{-1}(x)) = x$와 $f^{-1}(f(x)) = x$임을 밝힌다.

예제 1.14 모든 실수 x에 대해, 함수 $f : R \to R$가 $f(x) = 4x - 1$로 정의될 때, 단사함수이면서 전사함수가 된다. 함수 f의 역함수를 구하여라.

풀이 f^{-1}의 정의에 의해, $f^{-1}(y)$는 $f(x) = y$가 되는 실수 x의 값이다.

$$f(x) = y \Leftrightarrow 4x - 1 = y \quad \Leftrightarrow \quad x = \frac{(y+1)}{4}$$

x와 y는 바꾸면 $y = \dfrac{x+1}{4}$

그러므로 $f^{-1}(x) = \dfrac{(x+1)}{4}$이다. ■

예제 1.15 다음 각 함수의 역함수를 구하여라.

(1) $y = x^2 + 1 \ (x \geq 0)$ (2) $f(x) = \sqrt{x-1} + 2$

(3) $f : x \to \dfrac{x-2}{x-3}$

풀이 D :정의역, V :치역이라 하자.

(1) $D = \{x | x \geq 0\}$, $V = \{y | y \geq 1\}$이고, D에서 V로의 일대일 대응이다.

$y = x^2 + 1(x \geq 0,\ y \geq 1)$에서 x에 관하여 풀면

$x^2 = y - 1 \quad \therefore \quad x = \sqrt{y-1}(y \geq 1,\ x \geq 0)$

x와 y를 바꾸면 $y = \sqrt{x-1}(x \geq 1,\ y \geq 0)$

$f^{-1}(x) = \sqrt{x-1}(x \geq 1)$

(2) $y = \sqrt{x-1} + 2$로 놓으면

$D = \{x | x \geq 1\}$, $V = \{y | y \geq 2\}$이고, D에서 V로의 일대일 대응이다.

$y = \sqrt{x-1} + 2(x \geq 1,\ y \geq 2)$에서 x에 관하여 풀면

$\sqrt{x-1} = y - 2$, $x - 1 = (y-2)^2$

$x = (y-2)^2 + 1(y \geq 2,\ x \geq 1)$

x와 y를 바꾸면 $y = (x-2)^2 + 1(x \geq 2,\ y \geq 1)$

$f^{-1}(x) = (x-2)^2 + 1(x \geq 2)$

(3) $y = \dfrac{x-2}{x-3}$로 놓으면

$D = R - \{3\}$, $V = R - \{1\}$이고, D에서 V로의 일대일 대응이다.

$y = \dfrac{x-2}{x-3}(x \neq 3,\ y \neq 1)$에서 x에 관하여 풀면

$xy - 3y = x - 2 \qquad (y-1)x = 3y - 2 \qquad x = \dfrac{3y-2}{y-1}(y \neq 1,\ x \neq 3)$

x와 y를 바꾸면 $y = \dfrac{3x-2}{x-1}(x \neq 1,\ y \neq 3)$

$f^{-1}(x) = \dfrac{3x-2}{x-1}$ ■

세 가지 기본적인 삼각함수의 그래프를 보면 이 함수들은 역함수를 갖지 않는다는 것을 알 수 있다. 역삼각함수는 사실 정의역을 제한한 삼각함수의 역함수이다.

예를 들면 사인함수는 구간 $\left[-\dfrac{\pi}{2},\ \dfrac{\pi}{2}\right]$에서 일대일함수임을 알았다(그림 1.10). 이 구간에서 제한된 사인함수의 역함수를 다음과 같이 정의할 수 있다.

$$y = \arcsin x \Leftrightarrow \sin y = x$$

여기서 $-1 \leq x \leq 1$이고 $-\dfrac{\pi}{2} \leq \arcsin x \leq \dfrac{\pi}{2}$이다. 그림 1.10(a)와 (b)에서 $y = \arcsin x$의 그래프는 구간 $\left[-\dfrac{\pi}{2},\ \dfrac{\pi}{2}\right]$에서 $y = \sin x$의 그래프를 직선 $y = x$

에 대칭 이동시켜 얻을 수 있음을 알 수 있다.

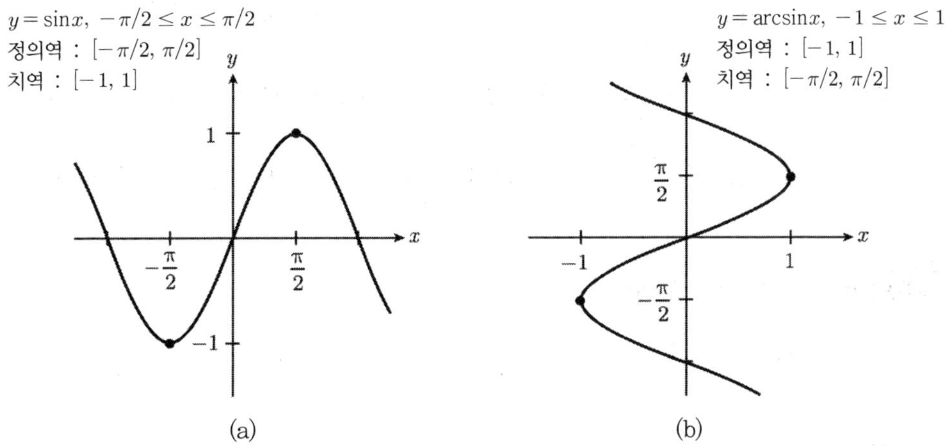

그림 1.10

다른 삼각함수도 정의역을 적당히 제한하면 일대일함수이고 다음과 같이 역함수를 갖는다.

함수	정의역	치역
$y = \arcsin x \Leftrightarrow \sin y = x$	$-1 \le x \le 1$	$-\dfrac{\pi}{2} \le y \le \dfrac{\pi}{2}$
$y = \arccos x \Leftrightarrow \cos y = x$	$-1 \le x \le 1$	$0 \le y \le \pi$
$y = \arctan x \Leftrightarrow \tan y = x$	$-\infty < x < \infty$	$-\dfrac{\pi}{2} < y < \dfrac{\pi}{2}$

그림 1.11은 세 가지 역삼각함수의 그래프이다.

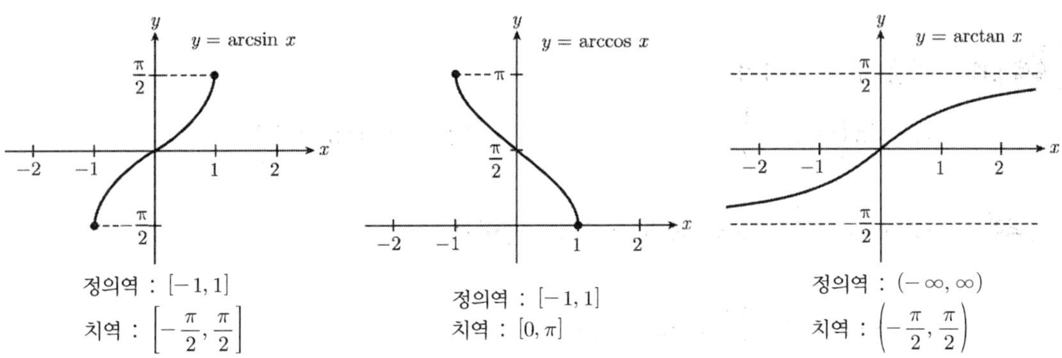

그림 1.11

예제 1.16 다음 값을 구하여라.

(1) $\sin^{-1}\left(-\frac{1}{2}\right)$　　(2) $\sin^{-1}\left(\frac{\sqrt{3}}{2}\right)$

풀이 (1) $\sin^{-1}\left(-\frac{1}{2}\right) = x$라 하면 $-\frac{1}{2} = \sin x$이므로, $x = -\frac{\pi}{6}$이다.

(2) $\sin^{-1}\left(\frac{\sqrt{3}}{2}\right) = x$라 하면 $\frac{\sqrt{3}}{2} = \sin x$이므로, $x = \frac{\pi}{3}$이다. ■

예제 1.17 다음 값을 구하여라.

(1) $\cos^{-1}\frac{1}{2}$　　(2) $\cos^{-1}\left(-\frac{\sqrt{3}}{2}\right)$

풀이 (1) $\cos^{-1}\frac{1}{2} = x$라 하면 $\frac{1}{2} = \cos x$이므로, $x = \frac{\pi}{3}$이다.

(2) $\cos^{-1}\left(-\frac{\sqrt{3}}{2}\right) = x$라 하면 $-\frac{\sqrt{3}}{2} = \cos x$이므로, $x = \frac{5}{6}\pi$이다. ■

예제 1.18 다음 값을 구하여라.

(1) $\tan^{-1}1$　　(2) $\tan^{-1}(-\sqrt{3})$

풀이 (1) $\tan^{-1}1 = x$라 하면 $1 = \tan x$ 이므로, $x = \frac{\pi}{4}$이다.

(2) $\tan^{-1}(-\sqrt{3}) = x$라 하면 $-\sqrt{3} = \tan x$이므로, $x = -\frac{\pi}{3}$이다. ■

이제 삼각함수와 역삼각함수의 정의와 성질을 모두 사용하여 복합적인 삼각함수의 값을 구해 보자.

예제 1.19 다음 값을 구하여라.

(1) $\sin\left(\cos^{-1}\frac{4}{5}\right)$　　(2) $\cos\left(\tan^{-1}\frac{2}{3}\right)$

풀이 (1) $\cos^{-1}\frac{4}{5} = x$라 하면 $x \in [0, \pi]$이므로

$$\sin\left(\cos^{-1}\frac{4}{5}\right) = \sin x \geq 0$$

이다. 따라서 $\frac{4}{5} = \cos x$이므로 $\sin x = \frac{3}{5}$이다.

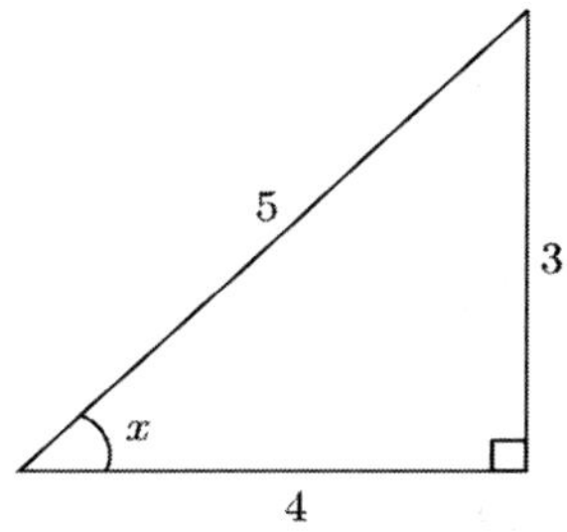

그림 1.12

(2) $\tan^{-1}\dfrac{2}{3} = x$라 하면 $x \in \left(-\dfrac{\pi}{2}, \dfrac{\pi}{2}\right)$이므로

$$\cos\left(\tan^{-1}\frac{2}{3}\right) = \cos x \geq 0$$

이다. 따라서 $\dfrac{2}{3} = \tan x$이므로 $\cos x = \dfrac{3}{\sqrt{13}}$이다.

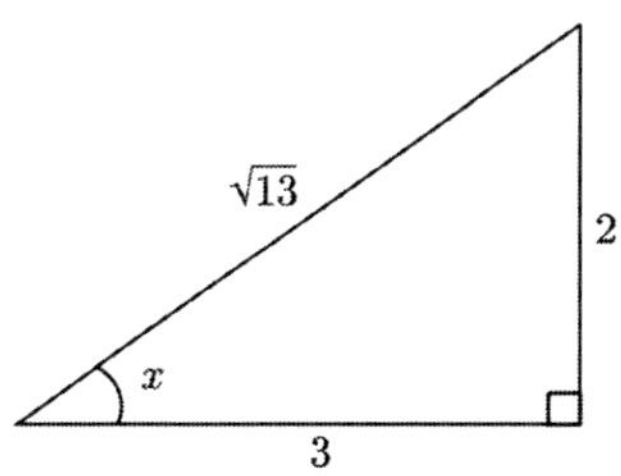

그림 1.13 ■

1.3 연습문제

1. 다음 f의 역함수를 구하여라.

(1) $f(x) = 3x$

(2) $f(x) = x^3 - 1$

(3) $f(x) = x^2 (x \ge 0)$

(4) $f(x) = \sqrt{x^2 - 4}$, $x \ge 2$

2. 다음 함수 f와 주어진 값 a에 대하여 $(f^{-1})(a)$를 구하여라.

(1) $f(x) = 2x^5 + x^3 + 1$, $a = -2$

(2) $f(x) = \cos 2x$, $0 \le x \le \frac{\pi}{2}$, $a = 1$

(3) $f(x) = \sqrt{x - 4}$, $a = 2$

3. 다음 값을 구하여라.

(1) $\arcsin \frac{1}{2}$

(2) $\arcsin 0$

(3) $\arccos \frac{1}{2}$

(4) $\arccos 0$

(5) $\arctan \frac{\sqrt{3}}{3}$

(6) $\mathrm{arccot}(-\sqrt{3})$

(7) $\mathrm{arccsc}(-\sqrt{2})$

(8) $\arccos\left(-\frac{\sqrt{3}}{2}\right)$

4. 다음 값을 직각삼각형을 이용하여 구하여라.

(1) $\sin\left(\arcsin \frac{1}{2}\right)$

(2) $\cos\left(\arcsin \frac{1}{2}\right)$

(3) $\tan\left(\arccos \frac{\sqrt{2}}{2}\right)$

(4) $\cos\left(\arcsin \frac{5}{13}\right)$

(5) $\sin\left(\arctan \frac{3}{4}\right)$

(6) $\sec\left(\arcsin \frac{4}{5}\right)$

(7) $\tan(\mathrm{arccot}\, 2)$

(8) $\cos(\mathrm{arcsec}\, \sqrt{5})$

1.4 지수함수와 로그함수

일반적으로 $a \neq 1$인 모든 양수 a에 대하여 지수함수를 정의할 수 있다. 따라서 a를 밑으로 하는 지수함수를 $f(x) = a^x$으로 쓸 수 있다. 지수함수는 x가 무리수일 때에도 지수법칙을 만족한다.

지수법칙

$x^a \cdot x^b = x^{a+b}$ $\qquad$ $x^{-a} = \dfrac{1}{x^a}$

$x^0 = 1$ $\qquad$ $(x^a)^b = x^{ab}$

$\dfrac{x^a}{x^b} = x^{a-b}$ $\qquad$ $x^a \cdot y^a = (xy)^a$

예제 1.20 지수법칙을 이용하여 다음을 간단히 하여라.

(1) $(5^2)(5^3)$ $\qquad$ (2) $(5^2)(5^{-3})$

(3) $\dfrac{5^3}{25^2}$ $\qquad$ (4) $\left(\dfrac{1}{4}\right)^2 2^6$

풀이

(1) $(5^2)(5^3) = 5^{2+3} = 5^5 = 3125$

(2) $(5^2)(5^{-3}) = 5^{2-3} = 5^{-1} = \dfrac{1}{5}$

(3) $\dfrac{5^3}{25^2} = \dfrac{5^3}{5^4} = \dfrac{1}{5}$

(4) $\left(\dfrac{1}{4}\right)^2 2^6 = \dfrac{2^6}{2^4} = 2^2 = 4$ ■

지수함수 $y = a^x$의 성질

(1) 정의역은 실수 전체의 집합 R이고, 치역은 $\{y | y > 0\}$이다.
(2) 그래프는 점 (0,1)을 지난다.
(3) 그래프는 직선 $y = 0$(x축)을 점근선으로 한다.
(4) $a > 1$일 때 단조증가하고, $0 < a < 1$일 때 단조감소한다.

예제 1.21 $y = 2^x$의 그래프를 이용하여 다음 각 함수의 그래프를 그려라.

(1) $y = \left(\dfrac{1}{2}\right)^x$ (2) $y = -2^x$

(3) $y = 2^x + 1$ (4) $y = 2^{x-1}$

풀이

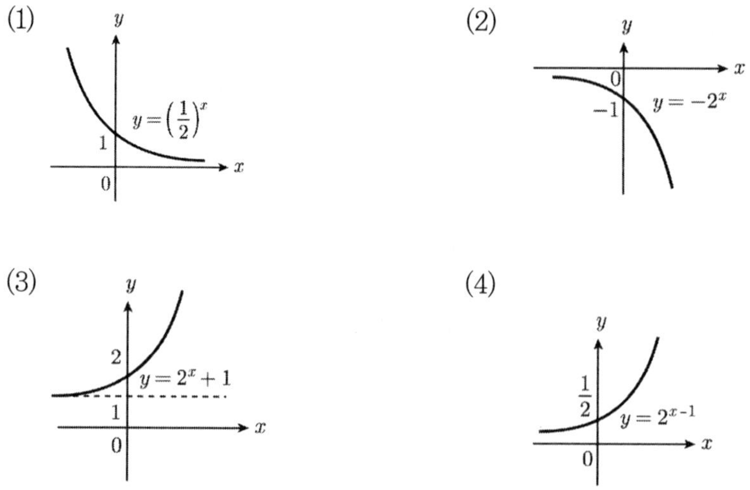

그림 1.14 ■

미적분학에서 지수함수의 밑으로 자연스럽고 편리한 수가 무리수 e이다. e의 근삿값은

$$e \approx 2.71828182846$$

이다.

자연지수함수 $f(x) = e^x$이 일대일함수이므로 역함수를 갖는다. 자연지수함수의 역함수를 **자연로그함수**(natural logarithmic function)라 하며, 자연로그함수의 정의역은 양의 실수 전체의 집합이다.

자연로그의 정의

x를 양의 실수라 하자. 자연로그함수는 $\ln x$라 나타내는데 다음과 같이 정의된다($\ln x$는 "엘엔 x" 또는 "자연로그 x"라 읽는다).

$$\ln x = b \Leftrightarrow e^b = x$$

정의에 따르면 로그방정식은 지수방정식으로 바꿀 수 있고 그 역관계도 성립함을 알 수 있다. 몇 가지 예를 보자.

로그 표현	지수 표현
$\ln 1 = 0$	$e^0 = 1$
$\ln e = 1$	$e^1 = e$
$\ln e^{-1} = -1$	$e^{-1} = \dfrac{1}{e}$

$g(x) = \ln x$는 $f(x) = e^x$의 역함수이므로 자연로그함수의 그래프는 자연지수함수의 그래프를 직선 $y = x$에 대칭 이동시켜 그림 1.15와 같이 얻을 수 있다. 자연로그함수의 다른 성질들도 자연지수함수의 역함수임을 이용하면 쉽게 얻을 수 있다.

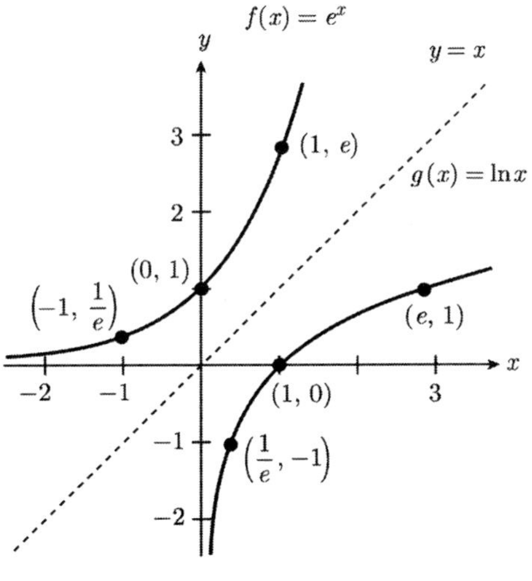

그림 1.15

자연로그함수의 성질

(1) $g(x) = \ln x$의 정의역은 $(0,\ \infty)$이다.

(2) $g(x) = \ln x$의 치역은 $(-\infty,\ \infty)$이다.

(3) $g(x) = \ln x$의 x절편은 $(1,\ 0)$이다.

(4) $g(x) = \ln x$는 일대일함수이다.

밑이 같은 두 지수함수의 곱은 두 지수를 더하여 하나의 지수함수로 나타낼 수 있다. 예를 들면

$$e^x e^y = e^{x+y}$$

이다. 로그의 경우 두 수의 곱의 자연로그는 각각의 자연로그의 합과 같다. 즉

$$\ln xy = \ln x + \ln y$$

이다. 또 몫과 거듭제곱수의 자연로그에 대하여 다음이 성립한다. 이것은 지수법칙에 따라 밝힐 수 있다.

로그법칙

$x > 0$, $y > 0$이고 x, y, z가 실수일 때

$$\ln xy = \ln x + \ln y$$

$$\ln \frac{x}{y} = \ln x - \ln y$$

$$\ln x^z = z \ln x$$

$$\ln e^x = x$$

$$e^{\ln x} = x$$

예제 1.22 다음 각 값을 구하여라.

(1) $\ln e^3$　　(2) $\ln \sqrt{e}$　　(3) $\ln \frac{1}{\sqrt[3]{e}}$

풀이

(1) $\ln e^3 = 3 \ln e = 3$

(2) $\ln \sqrt{e} = \frac{1}{2} \ln e = \frac{1}{2}$

(3) $\ln \frac{1}{\sqrt[3]{e}} = \ln e^{-\frac{1}{3}} = -\frac{1}{3}$

■

예제 1.23 다음 등식을 만족시키는 x의 값을 구하여라.

(1) $\ln x = 3$　　(2) $\ln(x+2) = 1$　　(3) $e^x = 2$

풀이

(1) $\ln x = 3$에서 $\log_e x = 3$　　$x = e^3$

(2) $\ln(x+2) = 1$에서 $\log_e(x+2) = 1$　　$x + 2 = e^1$　　$x = e - 2$

(3) $e^x = 2$에서 $x = \log_e 2$ 곧, $x = \ln 2$

■

로그함수 $y = \ln x$의 성질

(1) 정의역은 $\{x \mid x > 0\}$이고, 치역은 실수 전체의 집합 R이다.

(2) 그래프는 점 $(1, 0)$을 지난다.

(3) 그래프는 직선 $x = 0$(y축)을 점근선으로 한다.

(4) 단조증가한다.

예제 1.24 $y = \ln x$의 그래프를 이용하여 다음 각 그래프를 그려라.

(1) $y = \ln(-x)$ (2) $y = \ln \dfrac{1}{x}$

(3) $y = \ln(x-1)$ (4) $y = \ln 2x$

풀이

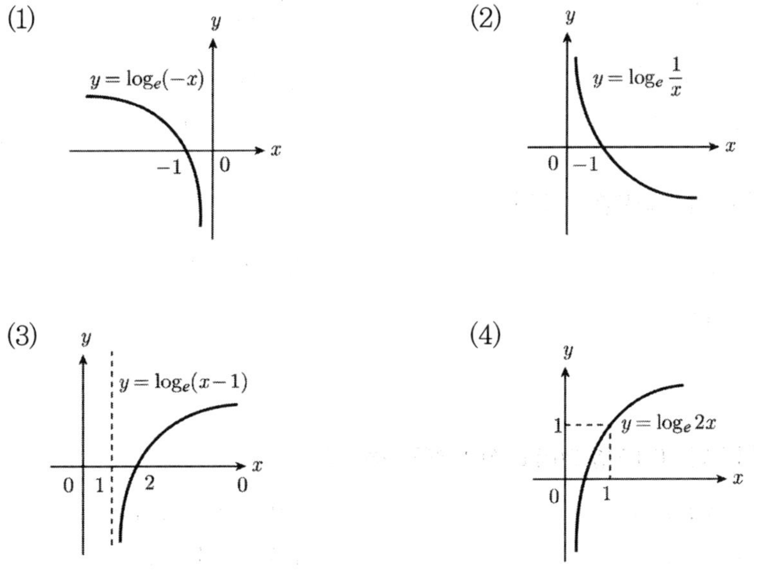

그림 1.16 ■

1.4 연습문제

1. 지수법칙을 이용하여 다음을 간단히 하여라.

(1) $\left(\frac{1}{e}\right)^{-2}$

(2) $\left(\frac{e^5}{e^2}\right)^{-1}$

(3) e^0

(4) $\frac{1}{e^{-3}}$

2. x에 대한 다음 방정식을 풀어라.

(1) $3^x = 81$

(2) $\left(\frac{1}{5}\right)^{2x} = 625$

(3) $4^3 = (x+2)^3$

(4) $(x+3)^{\frac{4}{3}} = 16$

(5) $e^{-2x} = e^5$

(6) $e^x = 1$

3. 다음 함수의 그래프를 그려라.

(1) $y = 3^{x-1}$

(2) $y = 2^{-x^2}$

(3) $y = 3^{|x|}$

(4) $y = -e^{\frac{x}{2}}$

(5) $y = e^{-\frac{x}{4}}$

4. 다음 함수의 그래프를 그리고 정의역을 구하여라.

(1) $y = 3\ln x$

(2) $y = -2\ln x$

(3) $y = \ln 2x$

(4) $y = \ln|x|$

(5) $y = \ln(x-1)$

(6) $y = 2 + \ln x$

5. 로그법칙을 이용하여 다음을 전개하여라.

(1) $\ln\sqrt{2^3}$

(2) $\ln\sqrt[3]{z+1}$

(3) $\ln z(z-1)^2$

(4) $\ln\frac{1}{e}$

6. 다음을 하나의 로그로 나타내어라.

(1) $3\ln x + 2\ln y - 4\ln z$

(2) $\frac{1}{3}[2\ln(x+3) + \ln x - \ln(x^2-1)]$

(3) $2\ln 3 - \frac{1}{2}\ln(x^2+1)$

(4) $\frac{3}{2}[\ln(x^2+1) - \ln(x+1) - \ln(x-1)]$

7. 다음 방정식을 풀어라.

(1) $e^{\ln x} = 4$

(2) $\ln e^{2x} = 3$

(3) $e^{\ln 2x} = 12$

(4) $\ln e^{-x} = 0$

(5) $\ln x = 2$

(6) $e^{x} = 4$

(7) $\ln x^2 = 8$

(8) $e^{-2x} = 5$

1.5 삼각함수

6개의 삼각함수의 정의는 직교좌표에서 그림 1.17과 같이 $\angle XOP$가 있을 때, 이 각이 변 OP가 시초선 OX의 위치에 있었던 것이 시계 반대방향으로 회전하여 생긴 각으로 정의한다.

이때 OX를 $\angle XOP$의 시초선, OP를 $\angle XOP$의 동경이라 한다. 그리고 동경 OP가 시초선 OX를 출발하여 회전한 양음각의 크기라 하고, 동경 OP가 시초선 OX로부터 시계 반대방향으로 회전한 각은 양각, 시계 방향으로 회전한 각은 음각이라 한다.

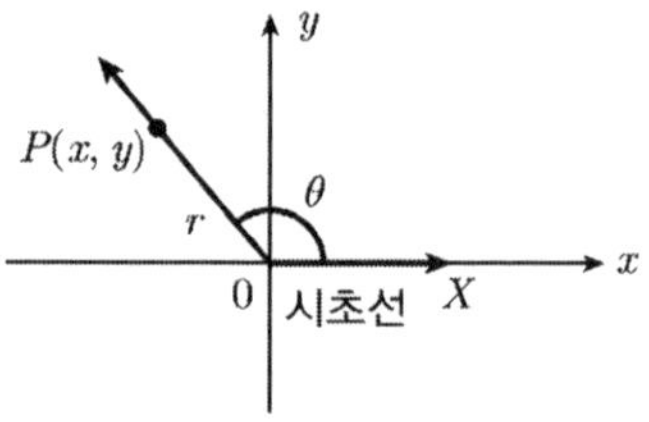

그림 1.17

$P(x, y)$는 각의 동경 위의 점이라 하고, r은 $\overline{OP}$의 길이라 하면 6개의 삼각함수는 다음과 같이 정의한다.

$$\sin\theta = \frac{y}{r},\ \cos\theta = \frac{x}{r},\ \tan\theta = \frac{y}{x}$$

$$\cot\theta = \frac{x}{y},\ \sec\theta = \frac{r}{x},\ \csc\theta = \frac{r}{y}$$

위 정의로부터

$$\csc\theta = \frac{1}{\sin\theta},\ \sec\theta = \frac{1}{\cos\theta},\ \cot\theta = \frac{1}{\tan\theta}$$

$$\tan\theta = \frac{\sin\theta}{\cos\theta},\ \cot\theta = \frac{\cos\theta}{\sin\theta}$$

이다.

OP의 거리는 양수이지만 x와 y의 부호는 사분면에 따라 달라진다. 삼각함수의 각 사분면에 따른 부호는 다음과 같다.

표 1.1

사분면	I	II	III	IV
$\sin\theta$, $\csc\theta$	+	+	−	−
$\cos\theta$, $\sec\theta$	+	−	−	+
$\tan\theta$, $\cot\theta$	+	−	+	−

각 θ가 Ⅰ, Ⅱ, Ⅲ, Ⅳ 사분면에 동경이 있을 때 x축과 이루는 각을 기준각도(Reference Angle) α라 정의한다.

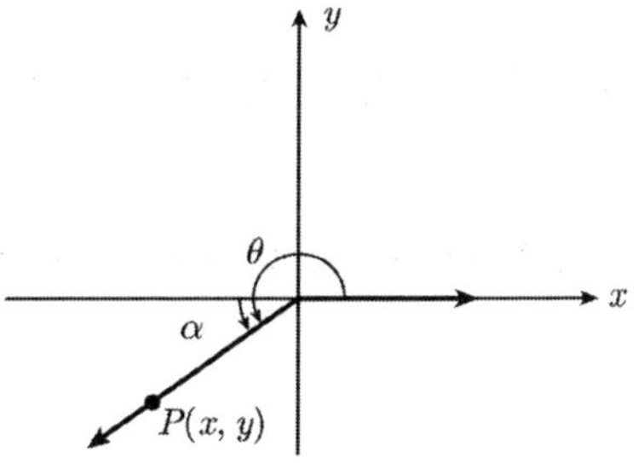

그림 1.18

$\angle\theta$의 삼각함수는 $\angle\alpha$의 함수의 복호동순이며 부호는 동경의 위치에 따라 결정된다.

예제 1.25 각 각을 기준각도로 표현하여라.

(1) $\sin 320°$ (2) $\cot 200°$ (3) $\cos 130°$

풀이 (1) θ가 4사분면이므로 기준각도는 $360° - 320° = 40°$ 이고

$\sin 320° = -\sin 40°$

(2) θ가 3사분면이므로 기준각도는 $200° - 180° = 20°$ 이고

$\cot 200° = \cot 20°$

(3) θ가 2사분면이므로 기준각도는 $180° - 130° = 50°$ 이고

$\cos 130° = -\cos 50°$ ■

예제 1.26 다음 각 값을 구하여라.

(1) $\sin 675°$　　(2) $\cos 510°$

(3) $\tan 930°$　　(4) $\cot(-1305°)$

풀이

(1) $\sin 675° = \sin 315° = -\sin 45° = -\dfrac{1}{\sqrt{2}}$

(2) $\cos 510° = \cos 150° = -\cos 30° = -\dfrac{\sqrt{3}}{2}$

(3) $\tan 930° = \tan 210° = \tan 30° = \dfrac{1}{\sqrt{3}}$

(4) $\cot(-1305°) = \dfrac{1}{\tan(-225°)} = \dfrac{1}{-\tan 45°} = -1$ ■

각도는 육십분법과 호도법으로 나타낼 수 있으며 아래 표는 각과 라디안 사이의 관계를 나타낸다.

표 1.2

60분법	$0°$	$30°$	$45°$	$60°$	$90°$	$120°$	$135°$	$150°$	$180°$
호도법	0	$\frac{\pi}{6}$	$\frac{\pi}{4}$	$\frac{\pi}{3}$	$\frac{\pi}{2}$	$\frac{2}{3}\pi$	$\frac{3}{4}\pi$	$\frac{5}{6}\pi$	π
60분법	$210°$	$225°$	$240°$	$270°$	$300°$	$315°$	$330°$	$360°$	
호도법	$\frac{7}{6}\pi$	$\frac{5}{4}\pi$	$\frac{4}{3}\pi$	$\frac{3}{2}\pi$	$\frac{5}{3}\pi$	$\frac{7}{4}\pi$	$\frac{11}{6}\pi$	2π	

예제 1.27 다음 각에서 각을 라디안으로, 라디안은 각으로 표시하여라.

(1) $270°$　　(2) $\dfrac{\pi}{4}$　　(3) $\dfrac{17}{3}\pi$

(4) 24　　(5) $75°$

풀이

(1) $270°\left(\dfrac{\pi}{180°}\right) = \dfrac{3}{2}\pi$

(2) $\dfrac{\pi}{4} \cdot \dfrac{180°}{\pi} = 45°$

(3) $\dfrac{17}{3}\pi \cdot \dfrac{180°}{\pi} = 1020°$

(4) $24\left(\dfrac{180°}{\pi}\right) = \left(\dfrac{4320}{\pi}\right)° = 1375°$

(5) $75^\circ\left(\dfrac{\pi}{180^\circ}\right) = \dfrac{5}{12}\pi$ ■

반지름이 r이고 중심각이 $\theta(rad)$인 호를 가진 원에서 다음 2가지 중요한 공식이 있다.

호의 길이 $s = r\theta$

부채꼴 AOB의 넓이 $= \dfrac{1}{2}r^2\theta$

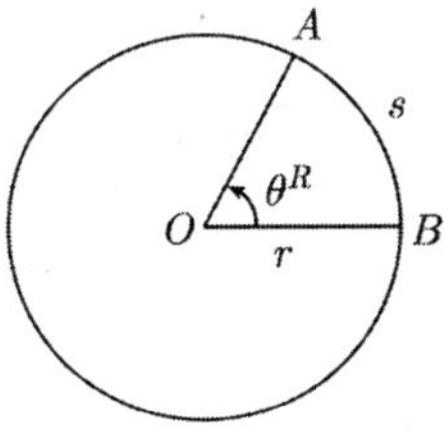

그림 1.19

예제 1.28 중심각이 $\dfrac{2}{3}\pi$라디안이고 반지름이 6인치인 원에서의 부채꼴의 넓이를 구하여라.

풀이 $s = r\theta,\ A = \dfrac{1}{2}r^2\theta$

$$s = 6\left(\frac{2}{3}\pi\right) = 4\pi,\ A = \frac{1}{2}(36)\left(\frac{2}{3}\pi\right) = 12\pi$$ ■

예제 1.29 반지름이 8인치인 원에서 호의 길이가 6π인치인 부채꼴의 넓이를 구하여라.

풀이 $s = r\theta,\ A = \dfrac{1}{2}r^2\theta$

$6\pi = 8\theta$

$\theta = \dfrac{3}{4}\pi$

$A = \dfrac{1}{2}(64)\dfrac{3}{4}\pi = 24\pi$ ■

삼각함수들은 일정한 간격을 주기로 반복되므로 다음 함수식이 성립한다.

$$f(x) = f(x+p)$$

이 함수를 주기함수라고 부른다.

$\sin x$, $\cos x$, $\sec x$ 그리고 $\csc x$는 2π의 주기를 가지고, $\tan x$와 $\cot x$는 π의 주기를 가진다.

아래 표는 6가지 삼각함수의 정의역과 주기를 나타낸다.

표 1.3

	정의역	범위
$\sin x$	모든 수	$-1 \le \sin x \le 1$
$\cos x$	모든 수	$-1 \le \cos x \le 1$
$\tan x$	$\frac{\pi}{2}$의 홀수 배를 제외한 모든 수	모든 실수
$\cot x$	π의 배수를 제외한 모든 수	모든 실수
$\sec x$	$\frac{\pi}{2}$의 홀수 배를 제외한 모든 수	$\sec x \le -1$ or $\sec x \ge 1$
$\csc x$	π의 배수를 제외한 모든 수	$\csc x \le -1$ or $\csc x \ge 1$

일반적인 삼각함수식은 $y = A \cdot f(Bx + C)$이다.

이때 A는 진폭이고, 그래프의 주기는 $\frac{f\text{의 주기}}{B}$, $-\frac{C}{B}$는 x축 평행이동이고 최댓값 : $|A|$, 최솟값 : $-|A|$ 이다.

다음 삼각함수 그래프는 x가 라디안 단위일 때 삼각함수의 그래프를 나타낸 것이다.

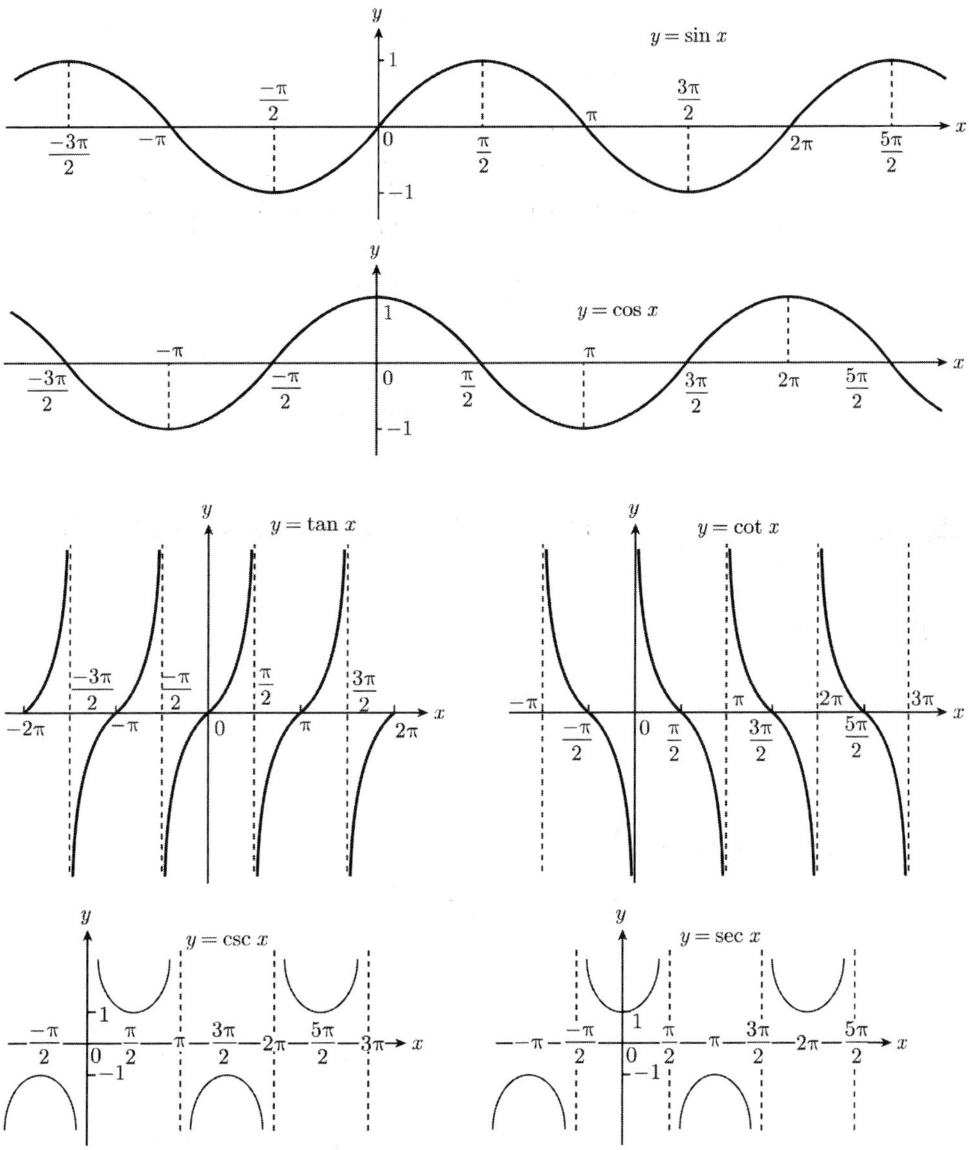

그림 1.20

예제 1.30 $y = 2\sin 2x$의 진폭, 주기, x축 평행이동을 구하고 그려라.

풀이 진폭 $= 2$

주기 $= \dfrac{2}{2}\pi = \pi$

x축 평행이동 $= 0$

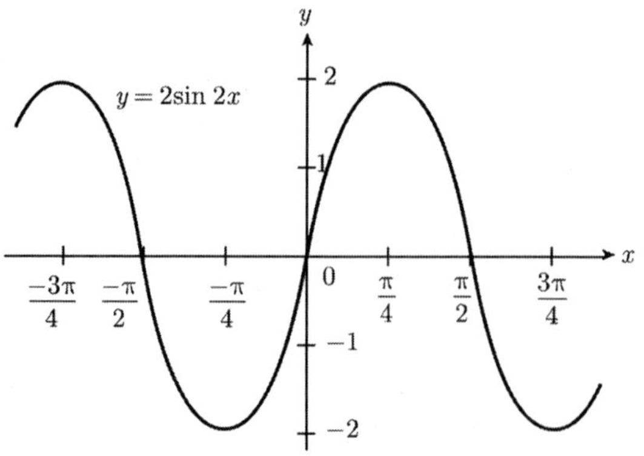

그림 1.21 ■

예제 1.31 $y = \frac{1}{2}\cos\left(\frac{1}{2}x - \frac{\pi}{3}\right)$의 진폭, 주기, x축 평행이동을 구하고 그려라.

풀이 진폭 $= \frac{1}{2}$

주기 $= \frac{2}{\frac{1}{2}}\pi = 4\pi$

x축 평행이동 $= \frac{\frac{\pi}{3}}{\frac{1}{2}} = \frac{2}{3}\pi$

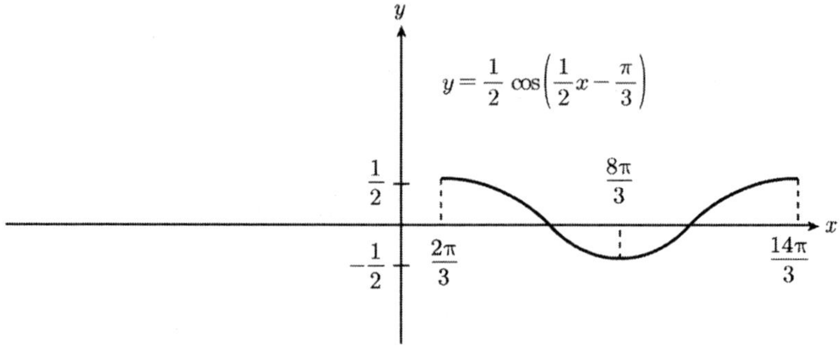

그림 1.22 ■

1.5 연습문제

1. 다음 각 값을 구하여라.

(1) $\sin 405°$　　(2) $\cos 840°$

(3) $\tan(-405°)$　　(4) $\tan 150°$

2. $\sin\theta = -\frac{3}{5}(270° < \theta < 360°)$일 때 $\cos\theta$, $\tan\theta$의 값을 구하여라.

3. 호의 길이가 8π이고 중심각 $60°$ 일 때 반지름을 구하여라.

4. 원의 둘레가 16인 원에서 중심각이 4.7 라디안인 부채꼴의 넓이를 구하여라.

5. 다음 각 함수의 최댓값과 최솟값 및 그 주기를 구하여라.

(1) $y = \sin(2x - 120°)$　　(2) $y = 3\cos 2x$

(3) $y = \tan 3x + 1$

6. 다음 방정식을 풀어라(단, $0° \le x \le 360°$이다).

(1) $2\cos^2 x - \sin x - 1 = 0$

(2) $\tan x - \sqrt{3}\cot x + 1 - \sqrt{3} = 0$

7. 둘레의 길이가 8cm이고, 넓이가 4cm^2인 부채꼴의 중심각을 구하여라.

8. 원점과 점 $P(-4, -3)$을 맺는 선분을 동경으로 하는 각을 θ라 할때 $\sin\theta$, $\cos\theta$, $\tan\theta$의 값을 구하여라.

9. 다음 각 식의 최댓값과 최솟값을 구하여라.

(1) $y = |\sin x - 2| - 3$　　(2) $y = 2 - |\cos x - 3|$

10. 다음 부등식을 구하여라(단, $0° \le x \le 360°$).

(1) $\sin x < \cos x$　　(2) $2\sin^2 x - 3\cos x \ge 0$

Chapter

02

함수의 극한과 연속

함수의 극한을 좌극한과 우극한을 이용하여 정의하고, 극한의 수렴, 발산하는 계산 방법을 학습한다. 또한 초월함수의 극한을 계산하기 위한 방법을 알아본다. 마지막으로 연속함수와 관련된 최대 · 최소 정리와 중간값 정리를 알아보고, 이를 활용하는 방안을 살펴본다.

2.1 함수의 극한

2.1.1 함수의 극한의 정의

함수 $f(x)$에서 x와 c가 다른 값을 가지면서 c에 한없이 가까워질 때, $f(x)$의 값이 일정한 값 L에 가까워지면 $f(x)$는 L에 수렴한다고 하고 $\lim_{x\to c} f(x) = L$로 나타낸다. 이때 L을 $f(x)$의 극한이라 한다. 함수의 극한이 존재하면 좌극한과 우극한 값이 존재하고, 그 값이 서로 같다. 즉,

$$\lim_{x\to c} f(x) = L \Leftrightarrow \lim_{x\to c^-} f(x) = \lim_{x\to c^+} f(x) = L$$

예제 2.1 함수 $f(x) = \dfrac{|x-1|}{x-1}$에 대하여 $\lim_{x\to 1^-} f(x) - \lim_{x\to 1^+} f(x)$의 값은?

풀이 함수 $f(x) = \dfrac{|x-1|}{x-1}$에서

$$\lim_{x\to 1^-} f(x) - \lim_{x\to 1^+} f(x) = \lim_{x\to 1^-} \frac{-(x-1)}{x-1} - \lim_{x\to 1^+} \frac{x-1}{x-1} = -1-1 = -2$$ ■

예제 2.2 그림 2.1에 그래프로 나타낸 함수 $y = f(x)$는 다음과 같이 정의한다.

$$f(x) = \begin{cases} x+1 & (-2 < x < 0) \\ 2 & (x = 0) \\ -x & 0 < x < 2 \\ 0 & (x = 2) \\ x-4 & 2 < x < 4 \end{cases}$$

f의 극한이 있다면, 극한값이 존재하는지 정하여라.

(1) $x = -2$ (2) $x = 0$

(3) $x = 2$ (4) $x = 4$

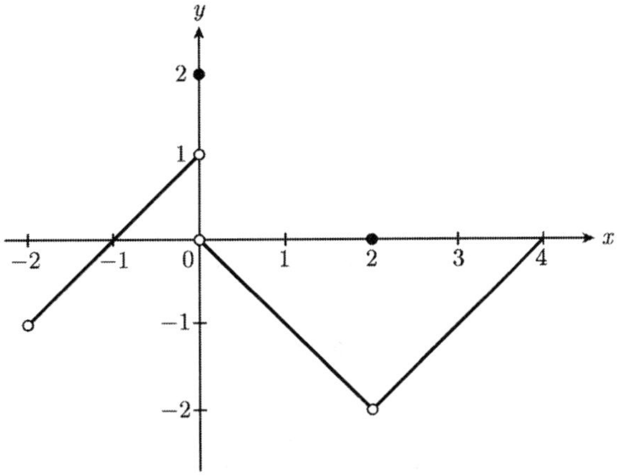

그림 2.1

풀이 (1) $\lim_{x \to -2^+} f(x) = -1$

(2) $\lim_{x \to 0} f(x)$는 존재하지 않는다. f가 $x=0(f(0)=2)$라고 정의되었지만,

$\lim_{x \to 0^-} f(x) = 1$인 반면 $\lim_{x \to 0^+} f(x) = 0$

이 점에서 극한이 존재하려면, 좌극한과 우극한이 같아야 한다.

(3) $\lim_{x \to 2^-} f(x) = \lim_{x \to 2^+} f(x) = -2$이기 때문에 $\lim_{x \to 2} f(x) = -2$이다.

$x=2(f(2)=0)$에서 f의 값과 다르더라도, $x = 2$에서 극한은 존재한다.

(4) $\lim_{x \to 4^-} f(x) = 0$, 따라서 좌극한은 $x = 4$에서 존재한다. ■

예제 2.3 다음 극한을 구하여라. 단, $[x]$는 x를 넘지 않는 최대정수이다.

(1) $\lim_{x \to -1} \dfrac{x+1}{|x^2+3x|-2}$ (2) $\lim_{x \to 2^+} \dfrac{x^2-4}{x-[x]}$

풀이 (1) $x \to -1$일 때 $x^2+3x \to -2(<0)$이므로,

$$\lim_{x \to -1} \frac{x+1}{|x^2+3x|-2} = \lim_{x \to -1} \left(\frac{-1}{x+2} \right) = -1$$

(2) $x \to 2^+$일 때 $2 < x < 3$, $[x] = 2$이므로,

$$\lim_{x \to 2^+} \frac{x^2-4}{x-[x]} = \lim_{x \to 2^+} (x+2) = 4$$

■

$f(x)$가 x를 c에 충분히 가까이 감으로 인해 임의로 커질 수 있다면, x가 c에 가까워짐에 따라 함수 $f(x)$는 무한이 된다고 한다. 다음과 같이 표기한다.

$$\lim_{x \to c} f(x) = +\infty \quad \text{또는} \quad \lim_{x \to c} f(x) = -\infty$$

예제 2.4 다음 극한을 구하여라.

(1) $\lim_{x \to 0} \frac{1}{x}$　　　　(2) $\lim_{x \to 1} \frac{1}{(x-1)^2}$

풀이 (1) $f(x) = \frac{1}{x}$인 그래프(그림 2.2)는 이를 나타낸다.

$$\lim_{x \to 0^-} \frac{1}{x} = -\infty \qquad \lim_{x \to 0^+} \frac{1}{x} = +\infty$$

$\lim_{x \to 0} \frac{1}{x}$은 발산한다.

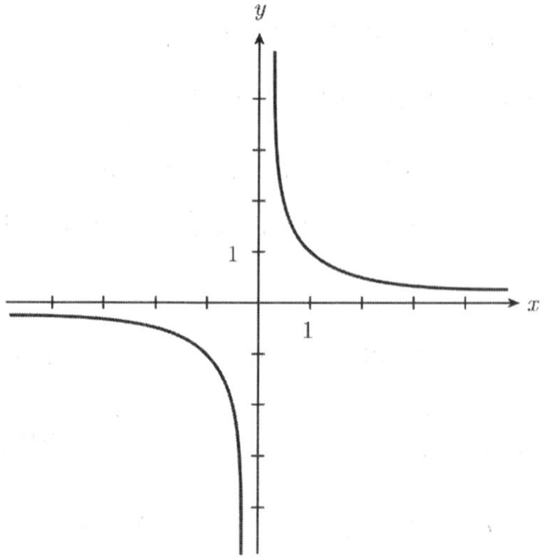

그림 2.2

(2) $f(x) = \frac{1}{(x-1)^2}$ (그림 2.3)에서부터 다음과 같이 발산한다.

$$\lim_{x \to 1^-} \frac{1}{(x-1)^2} = \infty \qquad \lim_{x \to 1^+} \frac{1}{(x-1)^2} = \infty$$

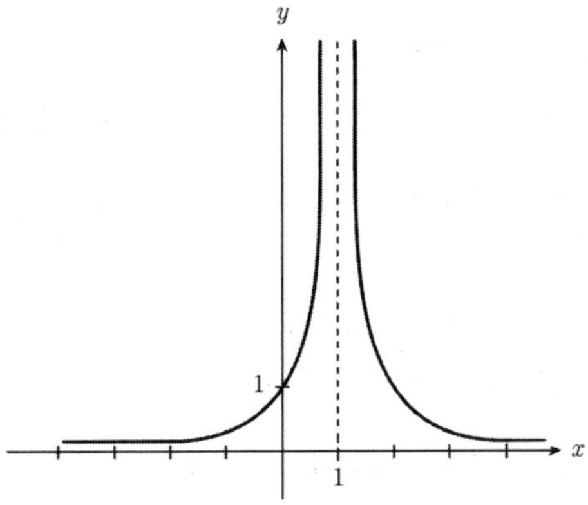

그림 2.3

$\lim_{x\to 1} f(x) = \infty$ 따라서 극한은 존재하지 않는다. ■

$f(x)$가 x를 양의 수로 상당히 크게 하거나 또는 작게 할 때 L이 된다면 다음과 같이 표기한다.

$$\lim_{x\to\infty} f(x) = L \quad \text{또는} \quad \lim_{x\to -\infty} f(x) = L$$

예제 2.5 $h(x) = 1 + \dfrac{3}{x-2} = \dfrac{x+1}{x-2}$(그림 2.4) $\lim_{x\to\pm\infty} h(x)$와 $\lim_{x\to 2} h(x)$를 구하여라.

풀이 $\lim_{x\to -\infty} h(x) = \lim_{x\to +\infty} h(x) = 1$

$\lim_{x\to 2^-} h(x) = -\infty$, $\lim_{x\to 2^+} h(x) = +\infty$

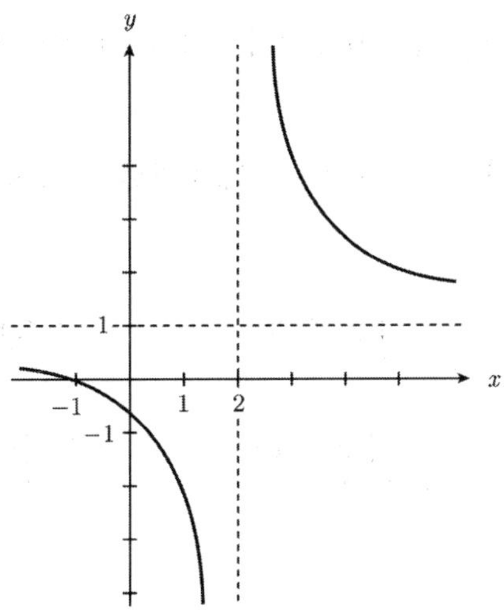

그림 2.4 ■

예제 2.6 다음 극한을 구하여라.

(1) $\lim_{x \to \pm\infty}(x^3 - 3x^2 + 7x + 2)$ (2) $\lim_{x \to \pm\infty}(-4x^4 + 1{,}000{,}000x^3 + 100)$

(3) $\lim_{x \to \pm\infty}(-5x^5 + 3x^2 - 4\pi + 8)$ (4) $\lim_{x \to \pm\infty}(\pi - 0.001x)$

풀이 (1) $f(x) = x^3 - 3x^2 + 7x + 2$

$\lim_{x \to +\infty} f(x) = +\infty, \ \lim_{x \to -\infty} f(x) = -\infty$

(2) $f(x) = -4x^4 + 1{,}000{,}000x^3 + 100$

$\lim_{x \to +\infty} f(x) = -\infty, \ \lim_{x \to -\infty} f(x) = -\infty$

(3) $f(x) = -5x^3 + 3x^2 - 4x + 8$

$\lim_{x \to +\infty} f(x) = -\infty, \ \lim_{x \to -\infty} f(x) = \infty$

(4) $f(x) = \pi - 0.001x$

$\lim_{x \to +\infty} f(x) = -\infty, \ \lim_{x \to -\infty} f(x) = +\infty$ ■

2.1.2 점근선

$\lim_{x \to +\infty} f(x) = b$ 또는 $\lim_{x \to -\infty} f(x) = b$이면 $y = b$는 $y = f(x)$의 수평점근선이다.

$f(x) = \dfrac{1}{x}$의 그래프(그림 2.2)는 수평점근선 x-축 $(y = 0)$을 가지고 있다.

$g(x) = \dfrac{1}{(x-1)^2}$의 그래프(그림 2.3)의 수평점근선은 $y = 0$이다.

$h(x) = \dfrac{x+1}{x-2}$의 그래프(그림 2.4)에서 보이는 것과 같이 $y = 1$인 수평점근선이 있다.

다음 중 하나 또는 그 이상이 성립한다면 $x = a$의 선은 $y = f(x)$의 그래프의 수직점근선이다.

$$\lim_{x \to a^-} f(x) = +\infty \ \text{또는} \ \lim_{x \to a^-} f(x) = -\infty$$

$$\lim_{x \to a^+} f(x) = +\infty \ \text{또는} \ \lim_{x \to a^+} f(x) = -\infty$$

$f(x) = \dfrac{1}{x}$의 그래프(그림 2.2)는 수직점근선인 $x = 0(y-$축$)$을 가지며

$g(x) = \dfrac{1}{(x-1)^2}$의 그래프(그림 2.3)는 수직점근선인 $x = 1$이고

$h(x) = \dfrac{x+1}{x-2}$의 그래프(그림 2.4)는 수직점근선인 $x = 2$를 가진다.

예제 2.7 그림 2.5에서 $k(x) = \dfrac{2x-4}{x-3}$의 그래프로부터 $x = 3$은 수직점근선이고, $y = 2$가 수평점근선이라는 것을 보여라.

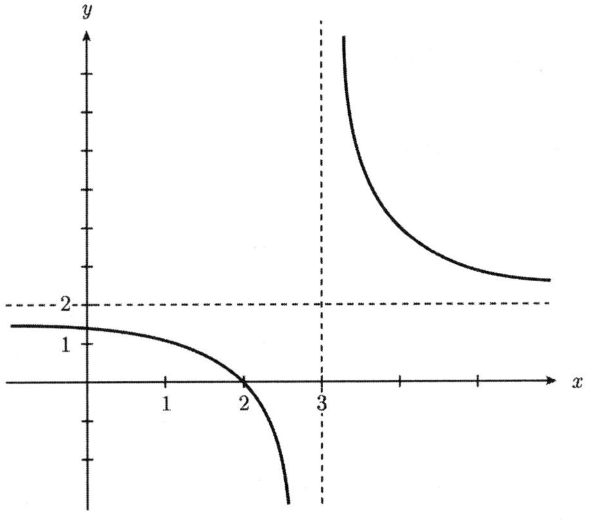

그림 2.5

풀이 $\lim_{x \to 3^-} k(x) = -\infty$ 그리고 $\lim_{x \to 3^+} k(x) = +\infty$이므로 $x = 3$은 수직점근선이다.

$$\lim_{x \to +\infty} k(x) = \lim_{x \to -\infty} k(x) = 2$$

이므로 $y = 2$는 수평점근선이다. ■

2.1.3 극한 정리

$\lim_{x \to c} f(x)$와 $\lim_{x \to c} g(x)$가 수렴한다면,

(1) $\lim_{x \to c} kf(x) = k \lim_{x \to c} f(x)$

(2) $\lim_{x \to c} [f(x)+g(x)] = \lim_{x \to c} f(x) + \lim_{x \to c} g(x)$

(3) $\lim_{x \to c} g(x)f(x) = \lim_{x \to c} g(x) \lim_{x \to c} f(x)$

(4) $\lim_{x \to c} \frac{f(x)}{g(x)} = \frac{\lim_{x \to c} f(x)}{\lim_{x \to c} g(x)} \left(\lim_{x \to c} g(x) \neq 0 \right)$

(5) $\lim_{x \to c} k = k$

(6) 조임정리 또는 샌드위치 정리 : $f(x) \leq g(x) \leq h(x)$이고,
$\lim_{x \to c} f(x) = \lim_{x \to c} h(x) = L$이라면, $\lim_{x \to c} g(x) = L$이다.

그림 2.6은 이 정리를 설명해 준다.

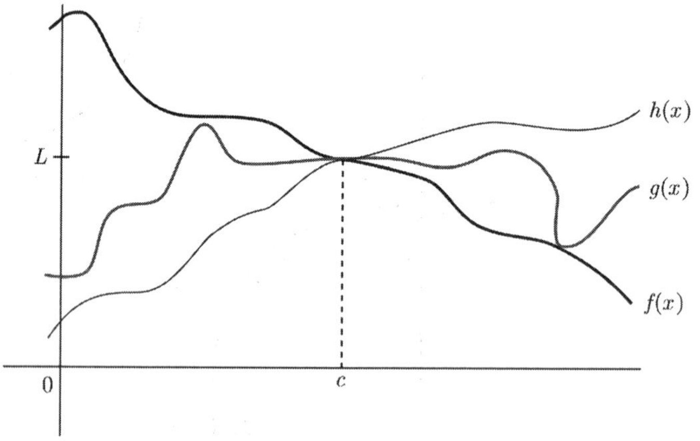

그림 2.6

예제 2.8 다음 극한을 구하여라.

(1) $\lim_{x \to 2} (5x^2 - 3x + 1)$

(2) $\lim_{x \to 0} (x \cos 2x)$

(3) $\lim_{x \to -1} \frac{3x^2 - 2x - 1}{x^2 + 1}$

(4) $\lim_{x \to 3} \frac{x^2 - 9}{x - 3}$

(5) $\lim_{x \to -2} \frac{x^3 + 8}{x^2 - 4}$

(6) $\lim_{x \to 0} \frac{x}{x^3}$

(7) $\lim_{x \to 1} \frac{x^3 - 1}{x^2 - 1}$

(8) $\lim_{\Delta x \to 0} \frac{(3 + \Delta x)^2 - 3^2}{\Delta x}$

(9) $\lim_{h \to 0} \frac{1}{h} \left(\frac{1}{2+h} - \frac{1}{2} \right)$

풀이

(1) $\lim_{x\to 2}(5x^2-3x+1) = 5\lim_{x\to 2}x^2 - 3\lim_{x\to 2}x + \lim_{x\to 2}1$

$= 5\cdot 4 - 3\cdot 2 + 1 = 15$

(2) $\lim_{x\to 0}(x\cos 2x) = \lim_{x\to 0}x \cdot \lim_{x\to 0}(\cos 2x)$

$= 0\cdot 1 = 0$

(3) $\lim_{x\to -1}\frac{3x^2-2x-1}{x^2+1} = \lim_{x\to -1}(3x^2-2x-1) \div \lim_{x\to -1}(x^2+1)$

$= (3+2-1)\div(1+1) = 2$

(4) $\lim_{x\to 3}\frac{x^2-9}{x-3} = \lim_{x\to 3}\frac{(x-3)(x+3)}{x-3}$

$= \lim_{x\to 3}(x+3) = 6$

(5) $\lim_{x\to -2}\frac{x^3+8}{x^2-4} = \lim_{x\to -2}\frac{(x+2)(x^2-2x+4)}{(x+2)(x-2)} = \lim_{x\to -2}\frac{x^2-2x+4}{x-2}$

$= \frac{4+4+4}{-4} = -3$

(6) $\lim_{x\to 0}\frac{x}{x^3} = \lim_{x\to 0}\frac{1}{x^2} = \infty$, $x\to 0$이 됨에 따라, 분모가 0에 가까워지는 동안, 분자는 1에 가까워진다. 즉, 극한은 존재하지 않는다.

(7) $\lim_{x\to 1}\frac{x^3-1}{x^2-1} = \lim_{x\to 1}\frac{(x-1)(x^2+x+1)}{(x-1)(x+1)} = \frac{3}{2}$

(8) $\lim_{\Delta x\to 0}\frac{(3+\Delta x)^2-3^2}{\Delta x} = \lim_{\Delta x\to 0}\frac{6\Delta x+\Delta x^2}{\Delta x} = \lim_{\Delta x\to 0}(6+\Delta x) = 6$

(9) $\lim_{h\to 0}\frac{1}{h}(\frac{1}{2+h}-\frac{1}{2}) = \lim_{h\to 0}\frac{2-(2+h)}{2h(2+h)} = \lim_{h\to 0}\frac{-h}{2h(2+h)}$

$= \lim_{h\to 0}-\frac{1}{2(2+h)} = -\frac{1}{4}$ ■

예제 2.9 함수 $f(x)$가 $x>0$인 모든 실수 x에 대하여 $3x < f(x) < 2x^2+3x$를 만족시킬 때, $\lim_{x\to 0^+}\frac{f(2x)}{3x}$의 값을 구하여라.

풀이 $3x < f(x) < 2x^2+3x$에서 $6x < f(2x) < 8x^2+6x$

$$\lim_{x\to 0^+}\frac{6x}{3x} \le \lim_{x\to 0^+}\frac{f(2x)}{3x} \le \lim_{x\to 0^+}\frac{8x^2+6x}{3x}$$

$$2 \le \lim_{x \to 0^+} \frac{f(2x)}{3x} \le 2$$이므로

$$\lim_{x \to 0^+} \frac{f(2x)}{3x} = 2$$ ■

예제 2.10 다음 극한값을 구하여라.

$$\lim_{x \to 0} \sin x \cos \frac{1}{x}$$

풀이 $\left| \cos \frac{1}{x} \right| \le 1$이므로 $0 \le \left| \sin x \cos \frac{1}{x} \right| = |\sin x| \left| \cos \frac{1}{x} \right| \le |\sin x|$

$\lim_{x \to 0} |\sin x| = 0$이므로

$$\lim_{x \to 0} \sin x \cos \frac{1}{x} = 0$$ ■

2.1.4 다항식 극한

$P(x)$와 $Q(x)$가 x에서 다항식인 $\lim_{x \to \infty} \frac{P(x)}{Q(x)}$를 찾기 위해, 분자와 분모를 x의 가장 큰 차수로 나누고 $\lim_{x \to \infty} \frac{1}{x} = 0$이라는 사실을 이용할 수 있다.

$P(x)$의 차수가 $Q(x)$의 차수보다 작다면, $\lim_{x \to \infty} \frac{P(x)}{Q(x)} = 0$이다. $P(x)$의 차수가 $Q(x)$의 차수보다 높다면, $\lim_{x \to \infty} \frac{P(x)}{Q(x)} = \infty$ 또는 $-\infty$이다(즉, 존재하지 않는다). 그리고 $P(x)$와 $Q(x)$이 차수가 같다면, a_n과 b_n이 $P(x)$와 $Q(x)$에서 각각 가장 높은 차수의 계수인 $\lim_{x \to \infty} \frac{P(x)}{Q(x)} = \frac{a_n}{b_n}$이다.

"$x \to \infty$"로, "$x \to -\infty$"로 바꿀 때도 적용된다.

또한 다음을 유의하자.

(i) $\lim_{x \to \pm\infty} \frac{P(x)}{Q(x)} = 0$일 때, $y = 0$은 $y = \frac{P(x)}{Q(x)}$의 그래프의 수평점근선이다.

(ii) $\lim_{x \to \pm\infty} \frac{P(x)}{Q(x)} = +\infty$ 또는 $-\infty$일 때, $y = \frac{P(x)}{Q(x)}$의 그래프는 수평점근선이 없다.

(iii) $\lim_{x \to \infty} \frac{P(x)}{Q(x)} = \frac{a_n}{b_n}$일 때, $y = \frac{a_n}{b_n}$의 그래프는 $y = \frac{P(x)}{Q(x)}$의 그래프는 수평점근선을 가진다.

예제 2.11 다음 극한을 구하여라.

(1) $\lim_{x\to\infty}\dfrac{3-x}{4+x+x^2}$ (2) $\lim_{x\to\infty}\dfrac{4x^4+5x+1}{37x^3-9}$

(3) $\lim_{x\to\infty}\dfrac{x^3-4x^2+7}{3-6x-2x^3}$

풀이 (1) $\lim_{x\to\infty}\dfrac{3-x}{4+x+x^2}=\lim_{x\to\infty}\dfrac{\dfrac{3}{x^2}-\dfrac{1}{x}}{\dfrac{4}{x^2}+\dfrac{1}{x}+1}=\dfrac{0-0}{0+0+1}=0$

(2) $\lim_{x\to\infty}\dfrac{4x^4+5x+1}{37x^3-9}=\lim_{x\to\infty}\dfrac{4x+\dfrac{5}{x^2}+\dfrac{1}{x^3}}{37-\dfrac{9}{x^3}}=\infty$

(3) $\lim_{x\to\infty}\dfrac{x^3-4x^2+7}{3-6x-2x^3}=\lim_{x\to\infty}\dfrac{1-\dfrac{4}{x}+\dfrac{7}{x^3}}{\dfrac{3}{x^3}-\dfrac{6}{x^2}-2}=\dfrac{1-0+0}{0-0-2}=-\dfrac{1}{2}$ ■

예제 2.12 다음 수렴발산을 정하여라.

(1) $\lim_{x\to\infty}\dfrac{100x^2-19}{x^3+5x^2+2}$ (2) $\lim_{x\to-\infty}\dfrac{x^3-5}{1+x^2}$

(3) $\lim_{x\to\infty}\dfrac{x-4}{13+5x}$ (4) $\lim_{x\to-\infty}\dfrac{4+x^2-3x^3}{x+7x^3}$

(5) $\lim_{x\to\infty}\dfrac{x^3+1}{2-x^2}$

풀이 (1) $\lim_{x\to\infty}\dfrac{100x^2-19}{x^3+5x^2+2}=0$ (2) $\lim_{x\to-\infty}\dfrac{x^3-5}{1+x^2}=-\infty$ (극한값 없음)

(3) $\lim_{x\to\infty}\dfrac{x-4}{13+5x}=\dfrac{1}{5}$ (4) $\lim_{x\to-\infty}\dfrac{4+x^2-3x^3}{x+7x^3}=-\dfrac{3}{7}$

(5) $\lim_{x\to\infty}\dfrac{x^3+1}{2-x^2}=-\infty$ (극한값 없음) ■

예제 2.13 질량 m과 초기속도 $v_0=0$(ft/s)인 어떤 물체가 일정한 힘 F(pound/s)로 움직이기 시작했다. 이 물체의 속력은 뉴턴의 운동법칙에 의하면 $v_N=\dfrac{Ft}{m}$이고, 아인슈타인의 상대성 이론에 의하면, $v_E=\dfrac{Fct}{\sqrt{m^2c^2+F^2t^2}}$이다(여기서 c는 빛의 속력이다). $\lim_{t\to\infty} v_N$과 $\lim_{t\to\infty} v_E$를 계산하여라.

풀이 $\lim_{t\to\infty} v_N = \lim_{t\to\infty} \frac{Ft}{m} = \infty$

$$\lim_{t\to\infty} v_E = \lim_{t\to\infty} \frac{Fct}{\sqrt{m^2c^2+F^2t^2}} = \lim_{t\to\infty} \frac{Fct}{t\sqrt{\frac{m^2c^2}{t^2}+F^2}} = \lim_{t\to\infty} \frac{Fc}{\sqrt{\frac{m^2c^2}{t^2}+F^2}}$$

$$= \frac{Fc}{\sqrt{F^2}} = c$$ ■

2.1.5 다른 기본 극한

삼각함수의 극한

x가 라디안으로 측정된다면 $\lim_{x\to 0}(\frac{\sin x}{x}) = 1$

증명 $0 < x < \frac{\pi}{2}$일 때

중심각의 크기가 x 라디안이고 반지름의 길이가 1인 부채꼴 OAB에서

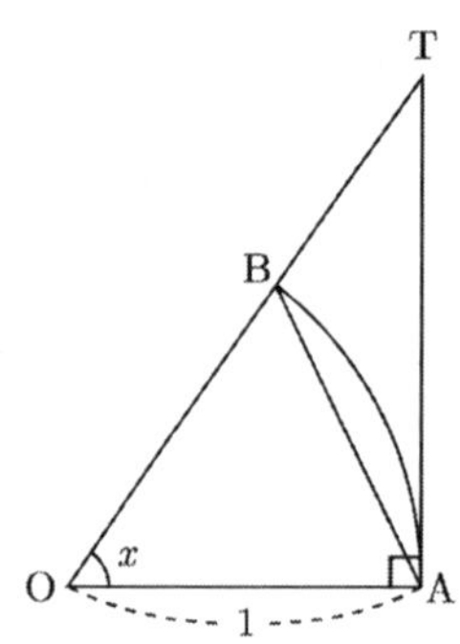

그림 2.7

그림 2.7에서 점 A에서의 접선이 직선 OB의 연장선과 만나는 점을 T라고 하면

$$\triangle OAB < ▽OAB < \triangle OAT$$

여기서 각 넓이를 구해 보면

$$\frac{1}{2}\sin x < \frac{1}{2}x < \frac{1}{2}\tan x \text{ 에서} \qquad \sin x < x < \tan x$$

그런데 $\sin x > 0$이므로 각 변을 $\sin x$로 나누면 $1 < \frac{x}{\sin x} < \frac{1}{\cos x}$

각 항의 역수를 취하면 $\cos x < \dfrac{\sin x}{x} < 1$

그런데 $\lim\limits_{x\to 0^+} \cos x = 1$이므로 $\lim\limits_{x\to 0^+} \dfrac{\sin x}{x} = 1$ (1)

$-\dfrac{\pi}{2} < x < 0$일 때

$x = -\theta$로 놓으면 $x \to 0^-$일 때 $\theta \to 0^+$이므로

$$\lim_{x\to 0^-} \frac{\sin x}{x} = \lim_{\theta\to 0^+} \frac{\sin(-\theta)}{-\theta} = \lim_{\theta\to 0^+} \frac{\sin\theta}{\theta} = 1 \qquad (2)$$

따라서 (1), (2)에 의하여 $\lim\limits_{x\to 0} \dfrac{\sin x}{x} = 1$

예제 2.14 다음 극한값을 구하여라.

(1) $\lim\limits_{x\to 0} \dfrac{\sin 5x}{\sin 2x}$ (2) $\lim\limits_{x\to 0} \dfrac{\tan 3x}{\tan 2x}$

(3) $\lim\limits_{x\to 0} \dfrac{\sin(\sin x)}{x}$ (4) $\lim\limits_{x\to 0^+} \dfrac{\ln(\sin x)}{\ln x}$

풀이

(1) $\lim\limits_{x\to 0} \dfrac{\sin 5x}{\sin 2x} = \lim\limits_{x\to 0} \left(\dfrac{\sin 5x}{5x} \cdot \dfrac{2x}{\sin 2x} \cdot \dfrac{5}{2} \right) = 1 \cdot 1 \cdot \dfrac{5}{2} = \dfrac{5}{2}$

(2) $\lim\limits_{x\to 0} \dfrac{\tan 3x}{\tan 2x} = \lim\limits_{x\to 0} \left(\dfrac{\tan 3x}{3x} \cdot \dfrac{2x}{\tan 2x} \cdot \dfrac{3}{2} \right) = 1 \cdot 1 \cdot \dfrac{3}{2} = \dfrac{3}{2}$

(3) $\lim\limits_{x\to 0} \dfrac{\sin(\sin x)}{x} = \lim\limits_{x\to 0} \left\{ \dfrac{\sin(\sin x)}{\sin x} \cdot \dfrac{\sin x}{x} \right\}$

$\sin x = t$라고 하면 $x \to 0$일 때, $t \to 0$

$\lim\limits_{x\to 0} \dfrac{\sin(\sin x)}{\sin x} = \lim\limits_{t\to 0} \dfrac{\sin t}{t} = 1$이므로

$\lim\limits_{x\to 0} \dfrac{\sin(\sin x)}{x} = 1 \cdot 1 = 1$

(4) $\ln(\sin x) = \ln\left(\dfrac{\sin x}{x} \cdot x \right) = \ln \dfrac{\sin x}{x} + \ln x$

$\lim\limits_{x\to 0^+} \ln \dfrac{\sin x}{x} = \ln 1 = 0$, $\lim\limits_{x\to 0^+} \ln x = -\infty$이므로

$\lim\limits_{x\to 0^+} \dfrac{\ln(\sin x)}{\ln x} = \lim\limits_{x\to 0^+} \left(\dfrac{\ln \dfrac{\sin x}{x}}{\ln x} + 1 \right) = 0 + 1 = 1$ ■

예제 2.15 $\lim_{x\to0}\frac{\sin(x^2)}{x}$을 구하시오.

풀이 $\lim_{x\to0}\frac{\sin(x^2)}{x}=\lim_{x\to0}x\cdot\frac{\sin x^2}{x^2}=\lim_{x\to0}x\cdot\lim_{x\to0}\frac{\sin x^2}{x^2}=0\cdot\lim_{y\to0^+}\frac{\sin y}{y}(y=x^2)$

$=0\cdot1=0$ ■

e의 정의와 e를 이용한 지수로그함수의 극한

(1) $\lim_{x\to\infty}(1+\frac{1}{x})^x=e$

(2) $\lim_{x\to0}\frac{\ln(1+x)}{x}=1$, $\lim_{x\to0}\frac{\log_a(1+x)}{x}=\frac{1}{\ln a}$ (단, $a>0$, $a\neq1$)

(3) $\lim_{x\to0}\frac{e^x-1}{x}=1$, $\lim_{x\to0}\frac{a^x-1}{x}=\ln a$ (단, $a>0$, $a\neq1$)

설명 (2) $\lim_{x\to0}\frac{\log_a(1+x)}{x}=\lim_{x\to0}\log_a(1+x)^{\frac{1}{x}}=\log_a e=\frac{1}{\ln a}$ (단, $a>0$, $a\neq1$)

(3) $\lim_{x\to0}\frac{e^x-1}{x}=1$에서 $e^x-1=t$로 놓으면 $x=\ln(1+t)$이므로

$$\lim_{x\to0}\frac{e^x-1}{x}=\lim_{t\to0}\frac{t}{\ln(1+t)}=\lim_{t\to0}\frac{1}{\ln(1+t)^{\frac{1}{t}}}=\frac{1}{\ln e}=1$$

예제 2.16 다음 극한값을 구하여라.

(1) $\lim_{x\to0}(1+3x)^{\frac{1}{x}}$

(2) $\lim_{x\to0}(1+3x)^{\frac{1}{2x}}$

(3) $\lim_{x\to\infty}\left(1+\frac{1}{x}\right)^{3x}$

(4) $\lim_{x\to\infty}\left(1+\frac{3}{x}\right)^{2x}$

풀이 (1) $\lim_{x\to0}(1+3x)^{\frac{1}{x}}=\lim_{x\to0}((1+3x)^{\frac{1}{3x}})^3=e^3$

(2) $\lim_{x\to0}(1+3x)^{\frac{1}{2x}}=\lim_{x\to0}((1+3x)^{\frac{1}{3x}})^{\frac{3}{2}}=e^{\frac{3}{2}}$

(3) $\lim_{x\to\infty}\left(1+\frac{1}{x}\right)^{3x}=\lim_{x\to\infty}\left(\left(1+\frac{1}{x}\right)^x\right)^3=e^3$

(4) $\lim_{x\to\infty}\left(1+\frac{3}{x}\right)^{2x}=\lim_{x\to\infty}\left(\left(1+\frac{3}{x}\right)^{\frac{x}{3}}\right)^6=e^6$ ■

예제 2.17 다음 극한값을 구하여라.

(1) $\lim_{x \to 0} \frac{\ln(1+x)}{2x}$

(2) $\lim_{x \to 0} \frac{\ln(1+ax)}{x}$ (단, $a \neq 0$)

(3) $\lim_{x \to 0} \frac{e^x - 1}{x}$

(4) $\lim_{x \to 1} \frac{\ln x}{x-1}$

(5) $\lim_{x \to \infty} x\{\ln(x+1) - \ln x\}$

풀이

(1) $\text{준식} = \lim_{x \to 0} \frac{1}{2x} \ln(1+x) = \frac{1}{2} \lim_{x \to 0} \ln(1+x)^{\frac{1}{x}} = \frac{1}{2} \ln e = \frac{1}{2}$

(2) $\text{준식} = \lim_{x \to 0} \frac{1}{x} \ln(1+ax) = \lim_{x \to 0} \ln(1+ax)^{\frac{1}{x}}$

$$= \lim_{x \to 0} \ln\left\{(1+ax)^{\frac{1}{ax}}\right\}^a = \ln e^a = a$$

(3) $e^x - 1 = z$라고 하면 $e^x = 1 + z$

$x = \ln(1+z)$

또, $x \to 0$일 때 $z \to 0$이므로

$$\text{준식} = \lim_{z \to 0} \frac{z}{\ln(1+z)} = \lim_{z \to 0} \frac{1}{\frac{1}{z}\ln(1+z)} = \lim_{z \to 0} \frac{1}{\ln(1+z)^{\frac{1}{z}}} = \frac{1}{\ln e} = 1$$

(4) $x - 1 = z$라고 하면 $x = 1 + z$이고

$x \to 1$일 때 $z \to 0$이므로

$$\text{준식} = \lim_{z \to 0} \frac{\ln(1+z)}{z} = \lim_{z \to 0} \frac{1}{z} \ln(1+z) = \lim_{z \to 0} \ln(1+z)^{\frac{1}{z}} = \ln e = 1$$

(5) $\frac{1}{x} = z$라고 하면 $x = \frac{1}{z}$이고

$x \to \infty$일 때 $z \to +0$이므로

$$\text{준식} = \lim_{z \to +0} \frac{1}{z}\left\{\ln\left(\frac{1}{z}+1\right) - \ln\frac{1}{z}\right\} = \lim_{z \to +0} \frac{1}{z} \ln(1+z)$$

$$= \lim_{z \to +0} \ln(1+z)^{\frac{1}{z}} = \ln e = 1$$

■

2.1 연습문제

1. 극한을 구하여라.

(1) $\lim_{x \to 5} \frac{x-5}{x^2-25}$

(2) $\lim_{x \to -5} \frac{x^2+3x-10}{x+5}$

(3) $\lim_{x \to -2} \frac{-2x-4}{x^3+2x^2}$

(4) $\lim_{u \to 1} \frac{u^4-1}{u^3-1}$

(5) $\lim_{x \to 9} \frac{\sqrt{x}-3}{x-9}$

(6) $\lim_{x \to 2} \frac{\sqrt{x^2+12}-4}{x-2}$

(7) $\lim_{x \to -3} \frac{2-\sqrt{x^2-5}}{x+3}$

(8) $\lim_{x \to 0} \sec x$

(9) $\lim_{x \to 0} \frac{1+x+\sin x}{3\cos x}$

(10) $\lim_{x \to 0} \frac{\sqrt[3]{1+x}-1}{x}$

(11) $\lim_{x \to 0} \frac{1-\cos x}{x \sin x}$

(12) $\lim_{h \to 0} \frac{(x+h)^2-x^2}{h}$

(13) $\lim_{x \to 0} \frac{\frac{1}{2+x}-\frac{1}{2}}{x}$

(14) $\lim_{x \to 1} \frac{x^{\frac{1}{3}}-1}{\sqrt{x}-1}$

(15) $\lim_{\theta \to 0^+} \sqrt{\theta}\, e^{\cos\left(\frac{\pi}{\theta}\right)}$

2. $\lim_{x \to c} f(x) = 5$이고, $\lim_{x \to c} g(x) = -2$일 때 다음의 값을 구하여라.

(1) $\lim_{x \to c} f(x)g(x)$

(2) $\lim_{x \to c} 2f(x)g(x)$

(3) $\lim_{x \to c} (f(x)+3g(x))$

(4) $\lim_{x \to c} \frac{f(x)}{f(x)-g(x)}$

3. 다음을 구하여라.

(1) $\lim_{x \to 2} \frac{f(x)-5}{x-2} = 3$일 때, $\lim_{x \to 2} f(x)$의 값은?

(2) $\lim_{x \to 2} \frac{f(x)-5}{x-2} = 4$일 때, $\lim_{x \to 2} f(x)$의 값은?

4. 극한값을 구하여라.

(1) $\lim_{x \to \infty} \sqrt{\frac{8x^2-3}{2x^2+x}}$

(2) $\lim_{x \to \infty} \frac{2\sqrt{x}+x^{-1}}{3x-7}$

(3) $\lim_{x \to -\infty} \frac{\sqrt[3]{x}-\sqrt[5]{x}}{\sqrt[3]{x}+\sqrt[5]{x}}$

(4) $\lim_{x \to \infty} \frac{2x^{\frac{5}{3}}-x^{\frac{1}{3}}+7}{x^{\frac{8}{5}}+3x+\sqrt{x}}$

(5) $\lim_{x \to -\infty} \frac{x^2-4x+8}{3x^3}$

(6) $\lim_{x \to -\infty} \frac{x^2-7x}{x+1}$

(7) $\lim_{\theta \to \infty} \frac{\cos\theta-1}{\theta}$

(8) $\lim_{x \to \infty} e^{\frac{1}{x}}\cos\frac{1}{x}$

(9) $\lim_{x \to -\infty} \tan^{-1}x$

5. 극한값을 구하여라.

(1) $\lim_{x \to \infty} (\sqrt{x^2+25}-\sqrt{x^2-1})$

(2) $\lim_{x \to -\infty} (\sqrt{4x^2+3x-2}+2x)$

(3) $\lim_{x \to \infty} (\sqrt{x^2+3x}-\sqrt{x^2-2x})$

(4) $\lim_{x \to -\infty} (\sqrt{4x^2+x}+2x)$

6. 극한값을 찾아라. ($\lim_{\theta \to 0}\frac{\sin\theta}{\theta}=1$ 이용)

(1) $\lim_{\theta \to 0} \frac{\sin\sqrt{2}\theta}{\sqrt{2}\theta}$

(2) $\lim_{x \to 0} \frac{\tan 2x}{x}$

(3) $\lim_{x \to 0} \frac{x+x\cos x}{\sin x\cos x}$

(4) $\lim_{t \to 0} \frac{\sin(1-\cos t)}{(1-\cos t)}$

(5) $\lim_{x \to 0} \frac{\tan 3x}{\sin 8x}$

(6) $\lim_{\theta \to 0} \frac{\tan 3\theta}{\theta^2\cot 3\theta}$

(7) $\lim_{x \to 0} \frac{\tan(2x)}{\tan(\pi x)}$

(8) $\lim_{x \to 0} \frac{8x}{2\sin x-x}$

(9) $\lim_{x \to 0} \frac{\sin(1-\cos x)}{x}$

(10) $\lim_{x \to 0} \frac{\sin(\sin x)}{x}$

(11) $\lim_{x \to 2} \frac{\sin(x^2-4)}{x-2}$

(12) $\lim_{x \to 0} \frac{\sin x}{2x^2-x}$

(13) $\lim_{r \to 0} \frac{\sin r}{\tan 2r}$

(14) $\lim_{\theta \to \left(\frac{\pi}{2}\right)^-} \frac{4\tan^2\theta+\tan\theta+1}{\tan^2\theta+5}$

(15) $\lim_{x \to 0} \frac{x\sin x}{2-2\cos x}$

2.2 함수의 연속

2.2.1 연속함수

함수가 어떤 구간에서 연속적이라면, 종이에 연필을 떼지 않고 이 그래프를 그릴 수 있다. 그래프는 간격에 구멍, 끊김, 또는 점프되는 곳이 없다. $f(x)$가 $x = c$의 점에서 연속적이라면, x가 c에 가까울수록 $f(x)$가 $f(c)$와 같다.

함수 $y = f(x)$는 $x = c$의 점에서 연속적이기 위한 필요충분조건은 다음과 같다.

(1) $f(c)$가 존재한다.

(2) $\lim_{x \to c} f(x)$가 존재한다.

(3) $\lim_{x \to c} f(x) = f(c)$

함수가 $a \le x \le b$인 각 x에서 연속적이라면, 닫혀진 간격 $[a, b]$에서의 함수는 연속적이다.

$x = c$에서 연속적이지 않은 함수는 그 점에서 불연속적이라고 한다. $x = c$를 불연속점이라고 부른다.

예제 2.18 $x = 3$에서 연속인 함수 $f(x)$에 대하여 $\lim_{x \to 3} f(x) = 5$일 때, $f(3)$의 값을 구하여라.

풀이 함수 $f(x)$가 $x = 3$에서 연속이고 $\lim_{x \to 3} f(x) = 5$이므로 $f(3) = \lim_{x \to 3} f(x) = 5$ ■

예제 2.19 함수 $y = f(x)$의 그래프가 그림과 같을 때, 열린 구간 $(-2, 5)$에서 함수 $f(x)$가 불연속점의 개수를 구하여라.

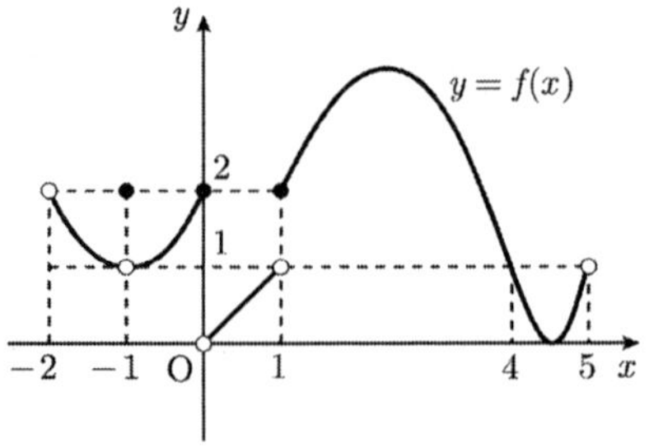

그림 2.8

풀이 $\lim_{x\to -1} f(x) = 1$, $f(-1) = 2$이므로 함수 $f(x)$는 $x = -1$에서 불연속이다.

$\lim_{x\to -0} f(x) = 2$, $\lim_{x\to +0} f(x) = 0$이므로 함수 $f(x)$는 $x = 0$에서 불연속이다.

$\lim_{x\to 1-0} f(x) = 1$, $\lim_{x\to 1+0} f(x) = 2$이므로 함수 $f(x)$는 $x = 1$에서 불연속이다.

따라서 열린 구간 $(-2, 5)$에서 함수 $f(x)$가 불연속인 점의 개수는 3개이다. ■

예제 2.20 다음 함수가 $x = 1$에서 연속일 때, 상수 a, b의 값을 구하여라.

$$f(x) = \begin{cases} \dfrac{a\sqrt{x+1}-b}{x-1}, & (x \neq 1) \\ \sqrt{2}, & (x = 1) \end{cases}$$

풀이 $\lim_{x\to 1} f(x) = f(1)$에서 $\lim_{x\to 1} \dfrac{a\sqrt{x+1}-b}{x-1} = \sqrt{2}$

$\lim_{x\to 1} (a\sqrt{x+1}-b) = 0$, $\sqrt{2}a - b = 0$, $b = \sqrt{2}a$

$$\lim_{x\to 1} \frac{a\sqrt{x+1}-b}{x-1} = \lim_{x\to 1} \frac{a}{\sqrt{x+1}+\sqrt{2}} = \frac{a}{2\sqrt{2}} = \sqrt{2}$$

$a = 4$, $b = 4\sqrt{2}$ ■

예제 2.21 다음 각 함수가 $x = 0$에서 연속일 때, 실수 a의 값을 구하여라.

(1) $f(x) = \begin{cases} \dfrac{\ln(1+ax)}{x}, & x \neq 0 \\ 3, & x = 0 \end{cases}$ (2) $f(x) = \begin{cases} \dfrac{\sin x}{e^x - 1}, & x \neq 0 \\ a, & x = 0 \end{cases}$

풀이 (1) $\lim_{x\to 0} \dfrac{\ln(1+ax)}{x} = a$, $f(0) = 3$에서 $a = 3$

(2) $\lim_{x\to 0} \dfrac{\sin x}{e^x - 1} = 1$, $f(0) = a$에서 $a = 1$ ■

두 함수 $f(x)$, $g(x)$가 $x = a$에서 연속이면 다음 함수는 모두 $x = a$에서 연속이다.

① $cf(x)$ (단, c는 상수이다.)
② $f(x) \pm g(x)$
③ $f(x)g(x)$
④ $\dfrac{f(x)}{g(x)}$ (단, $g(a) \neq 0$)

참고 여러 가지 함수의 연속성

① 다항함수 $y = f(x)$는 모든 실수 x에서 연속이다.

② $f(x)$, $g(x)$가 모든 실수 x에서 연속일 때, 분수함수 $y = \frac{f(x)}{g(x)}$는 $g(x) \neq 0$인 모든 실수 x에서 연속이다.

③ $f(x)$가 모든 실수 x에서 연속일 때, 무리함수 $y = \sqrt{f(x)}$는 $f(x) \geq 0$인 모든 실수 x에서 연속이다.

④ 삼각함수 $y = \sin x$, $y = \cos x$는 모든 실수 x에서 연속이고,
$y = \tan x$는 $x \neq n\pi + \frac{\pi}{2}$($n$은 정수)인 모든 실수 x에서 연속이다.

⑤ 지수함수 $y = a^x(a > 0,\ a \neq 1)$은 모든 실수 x에서 연속이다.

⑥ 로그함수 $y = \log_a x(a > 0,\ a \neq 1)$는 $x > 0$인 모든 실수 x에서 연속이다.

예제 2.22 두 함수 $f(x) = x^2 + 1$, $g(x) = x^2 - 1$에 대하여 다음 중 실수 전체의 집합에서 연속인 함수인가 보여라.

(1) $f(x) + g(x)$ (2) $f(x) - g(x)$ (3) $f(x)g(x)$

(4) $\frac{g(x)}{f(x)}$ (5) $\frac{f(x)}{g(x)}$

풀이 두 함수 $f(x) = x^2 + 1$, $g(x) = x^2 - 1$에서

(1) $f(x) + g(x) = 2x^2$

(2) $f(x) - g(x) = 2$

(3) $f(x)g(x) = (x^2 + 1)(x^2 - 1)$

(1) ~ (3)은 다항함수이므로 모든 실수에서 연속이다.

(4) $f(x) = x^2 + 1 > 0$이므로 $\frac{g(x)}{f(x)} = \frac{x^2 - 1}{x^2 + 1}$은 모든 실수에서 연속이다.

(5) $\frac{f(x)}{g(x)} = \frac{x^2 + 1}{x^2 - 1}$에서 $x = -1$, $x = 1$일 때 $x^2 - 1 = 0$이므로, $\frac{f(x)}{g(x)}$는 $x = -1$, $x = 1$에서 불연속이다. ■

예제 2.23 두 함수 $f(x)$, $g(x)$가 $x = 1$에서 연속일 때, 〈보기〉의 함수 중 $x = 1$에서 연속 함수인가 보여라.

〈보기〉

ㄱ. $2f(x) + 3g(x)$ ㄴ. $\{f(x)\}^2$ ㄷ. $\frac{f(x)}{g(x)}$

풀이 두 함수 $f(x)$, $g(x)$가 $x=1$에서 연속이므로

$$f(1)=\lim_{x\to1}f(x)=\alpha,\ g(1)=\lim_{x\to1}g(x)=\beta\ (\alpha,\ \beta\text{는 상수})$$

로 놓을 수 있다.

ㄱ. $\lim_{x\to1}\{2f(x)+3g(x)\}=2\lim_{x\to1}f(x)+3\lim_{x\to1}g(x)=2\alpha+3\beta$

$2f(1)+3g(1)=2\alpha+3\beta$

즉, $\lim_{x\to1}\{2f(x)+3g(x)\}=2f(1)+3g(1)$이므로 함수 $2f(x)+3g(x)$는 $x=1$에서 연속이다.

ㄴ. $\lim_{x\to1}\{f(x)\}^2=\lim_{x\to1}f(x)\lim_{x\to1}f(x)=\alpha^2$

$\{f(1)\}^2=\alpha^2$

즉, $\lim_{x\to1}\{f(x)\}^2=\{f(1)\}^2$이므로 함수 $\{f(x)\}^2$은 $x=1$에서 연속이다.

ㄷ. [반례] 함수 $g(x)=x-1$이면 $g(x)$는 $x=1$에서 연속이다.

이때, $g(1)=0$이므로 $x=1$에서 함수 $\dfrac{f(x)}{g(x)}$의 값은 존재하지 않는다. 그러므로 함수 $\dfrac{f(x)}{g(x)}$는 $x=1$에서 불연속이다.

따라서 $x=1$에서 연속인 것은 ㄱ, ㄴ이다. ■

예제 2.24 $f(x)=\dfrac{1}{2}x^4-\sqrt{3}x^2+7$은 모든 곳에서 연속인가?

풀이 $f(x)=\dfrac{1}{2}x^4-\sqrt{3}x^2+7$에서, f가 다항함수이기 때문에, 이것은 모든 곳에서 연속적이다. ■

예제 2.25 $k(x)=\dfrac{x^2-4}{x-2}(x\neq2)$의 연속성을 조사하여라.

풀이 $x\neq2$인 모든 수에서는 $k(x)=x+2$이다. (그림 2.9) 함수는 k가 정의되지 않는 $x=2$를 제외한 모든 곳에서 연속적이다. $f(2)$를 4와 같도록 다시 정의한다면, 새로운 함수는 모든 곳에서 연속적이다.

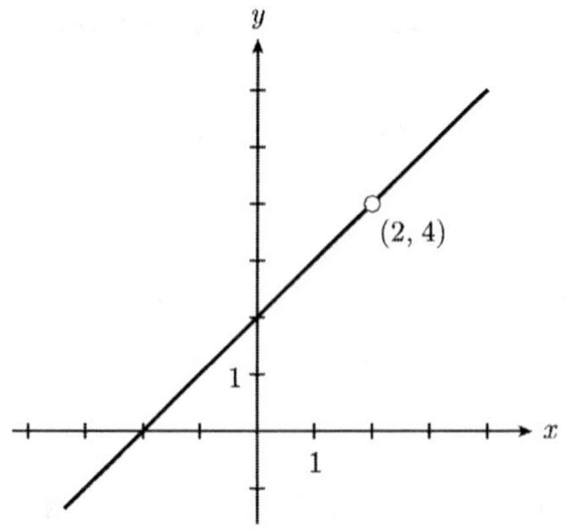

그림 2.9 ■

극한으로 표현된 함수의 연속성에 대하여 알아보자.

함수 $f(x) = \lim_{n \to \infty} x^n$에 대하여 다음이 성립한다(단, n은 자연수이다).

(i) $|x| < 1$일 때, $f(x) = 0$

(ii) $x = 1$일 때, $f(x) = 1$

(iii) $x > 1$일 때, $f(x)$는 정의되지 않는다.

(iv) $x \le -1$일 때, $f(x)$는 정의되지 않는다.

예제 2.26 함수 $f(x) = \lim_{n \to \infty} \dfrac{x^n}{1+x^n}$의 연속성에 대하여 알아보아라(단, n은 자연수이다).

풀이 (i) $|x| < 1$일 때, $\lim_{n \to \infty} x^n = 0$이므로 $f(x) = 0$

(ii) $x = 1$일 때, $\lim_{n \to \infty} x^n = 1$이므로 $f(1) = \dfrac{1}{2}$

(iii) $|x| > 1$일 때, $\lim_{n \to \infty} \dfrac{1}{x^n} = 0$이므로

$$f(x) = \lim_{n \to \infty} \frac{x^n}{1+x^n} = \lim_{n \to \infty} \frac{1}{\frac{1}{x^n}+1} = \frac{1}{0+1} = 1$$

(iv) $x = -1$일 때, $\lim_{n \to \infty} x^n$이 존재하지 않으므로 $f(-1)$은 정의되지 않는다.

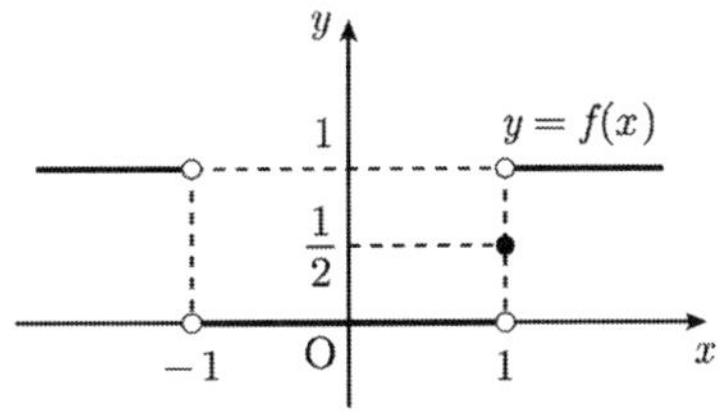

그림 2.10

위의 결과를 이용하여 함수 $f(x) = \lim_{n \to \infty} \frac{x^n}{1+x^n}$의 그래프를 그려 보면 그림 2.10과 같으므로 함수 $f(x)$는 $x = 1$, $x = -1$에서 불연속이고, 그 외의 점에서는 연속임을 알 수 있다. ■

예제 2.27 함수 $f(x) = \lim_{n \to \infty} \frac{x^{2n}+1}{x^{2n}-1}$의 그래프가 불연속인 점의 개수를 구하여라(단, n은 자연수이다).

풀이 함수 $f(x) = \lim_{n \to \infty} \frac{x^{2n}+1}{x^{2n}-1}$에서 $f(x) = \begin{cases} 1(|x|>1) \\ -1(|x|<1) \end{cases}$이고 $f(-1)$, $f(1)$의 값은 존재하지 않으므로 함수 $f(x)$는 $x = -1$, $x = 1$에서 불연속이다.
따라서 불연속인 점의 개수는 2개이다. ■

2.2.2 최대 · 최소의 정리와 중간값의 정리

(i) 최대 · 최소의 정리

함수 $f(x)$가 닫힌 구간 $[a, b]$에서 연속이면 $f(x)$는 그 구간에서 반드시 최댓값과 최솟값을 가진다.

예제 2.28 다음 함수의 최댓값 및 최솟값을 각각 구하여라.

(1) $y = x^2 - 2x - 3\ (0 \le x \le 4)$ (2) $y = |x^2 - 4|\ (-1 \le x \le 3)$

(3) $y = -x^2 + 2x + 8\ (2 \le x < 4)$

풀이 (1) $y = x^2 - 2x - 3 = (x-1)^2 - 4$

꼭짓점: $x = 1$일 때 $y = -4$

양끝점: $\begin{cases} x = 0\text{일 때 } y = -3 \\ x = 4\text{일 때 } y = 5 \end{cases}$

그래프를 보면(그림 2.11)

$x = 4$에서 최댓값: 5

$x = 1$에서 최솟값: -4

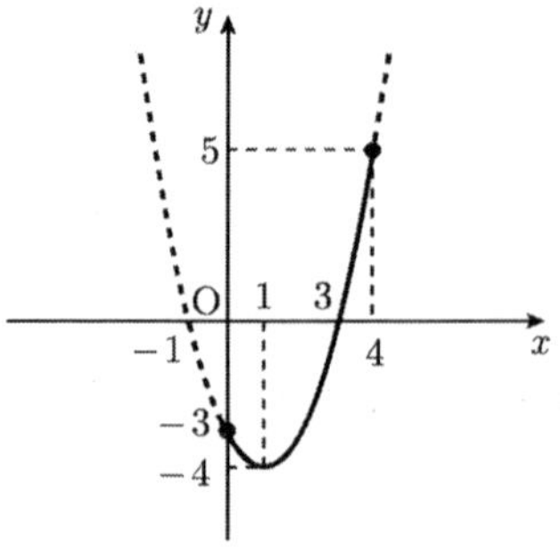

그림 2.11

(2) $y = |x^2 - 4|$의 그래프는 $y = x^2 - 4$의 그래프를 x축의 위쪽은 그대로 두고, x축의 아래쪽만 x축을 대칭축으로 하여 위로 꺾어 올린 것이므로 오른쪽 그림으로 나타내어지고, 이 중 $-1 \le x \le 3$의 부분은 실선으로 나타내어진다.

그래프를 보면(그림 2.12)

$x = 3$에서 최댓값: 5

$x = 2$에서 최솟값: 0

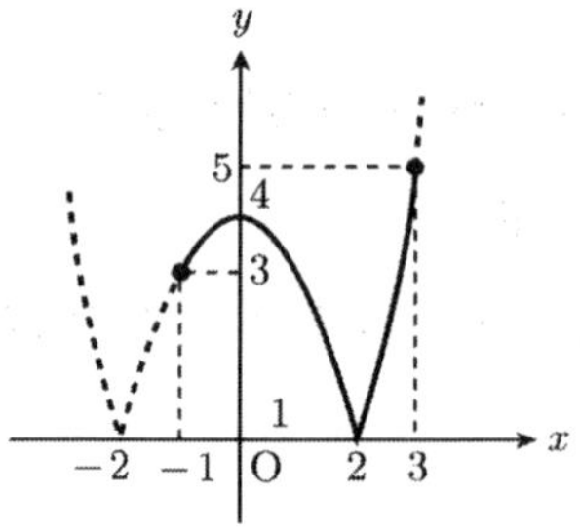

그림 2.12

(3) $y = -x^2 + 2x + 8 = -(x-1)^2 + 9$

꼭짓점: $x = 1$일 때 $y = 9$

양끝점: $\begin{cases} x = 2\text{일 때 } y = 8 \\ x = 4\text{일 때 } y = 0 \end{cases}$

그래프를 보면(그림 2.13)

$x = 2$에서 최댓값: 8

최솟값은 없다.

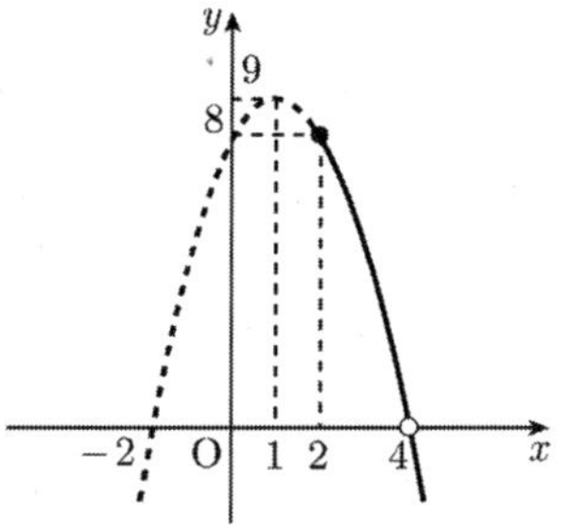

그림 2.13 ■

(ii) 중간값의 정리

함수 $f(x)$가 닫힌 구간 $[a, b]$에서 연속이고 $f(a) \neq f(b)$일 때, $f(a)$와 $f(b)$ 사이의 임의의 실수 k에 대하여

$$f(c) = k$$

가 되는 c가 열린 구간 (a, b)에 적어도 하나 존재한다(그림 2.14).

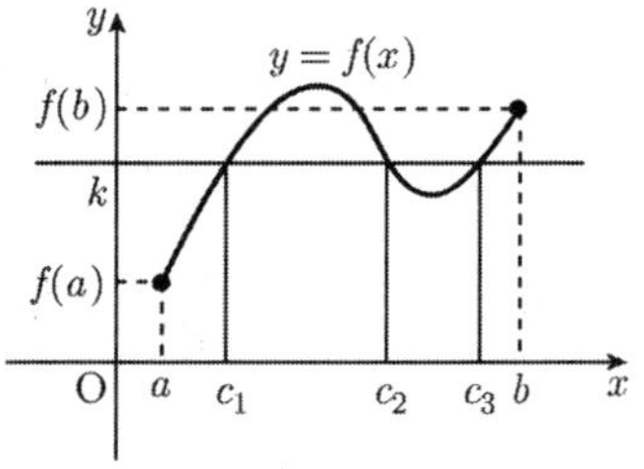

그림 2.14

특히 $y = f(x)$가 $[a, b]$에서 연속이고 $f(a)$와 $f(b)$의 부호가 다르면 0은 $f(a)$와 $f(b)$ 사이의 값이므로 $f(c) = 0$을 만족하는 c가 구간 (a, b)에 적어도 하나 존재한다(그림 2.15).

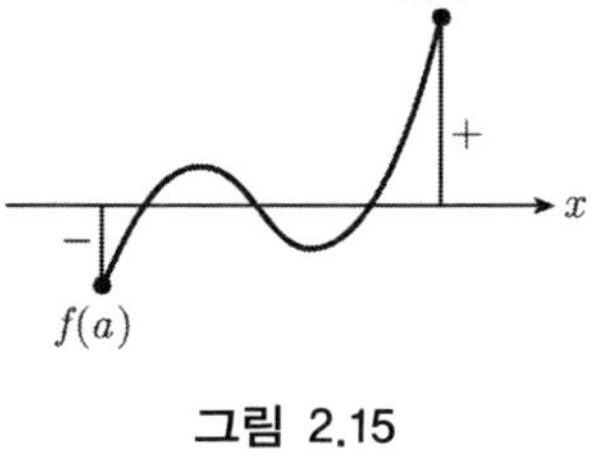

그림 2.15

따라서 이를 이용하여 특정한 구간에서 방정식의 해가 존재한다는 것을 보일 수 있다.

예제 2.29 다음 방정식은 주어진 구간에서 적어도 하나의 실근을 가짐을 보여라.

(1) $x^4 + x^3 - 9x + 1 = 0,\ (1, 3)$ (2) $x - \cos x = 0,\ \left(0, \dfrac{\pi}{2}\right)$

(3) $(x-1)\sin x + \sqrt{2}\cos x = 1,\ \left(0, \dfrac{\pi}{2}\right)$

풀이 (1) $f(x) = x^4 + x^3 - 9x + 1$로 놓으면 $f(x)$는 다항함수이므로 구간 $[1, 3]$에서 연속이다.

또, $f(1) = -6 < 0,\ f(3) = 82 > 0$

따라서 중간값의 정리에 의하여 $f(x) = 0$은 구간 $(1, 3)$에서 적어도 하나의 실근을 가진다.

(2) $f(x) = x - \cos x$로 놓으면 $f(x)$는 구간 $\left[0, \dfrac{\pi}{2}\right]$에서 연속이다.

또, $f(0) = 0 - \cos 0 = -1 < 0,\ f\left(\dfrac{\pi}{2}\right) = \dfrac{\pi}{2} > 0$

따라서 중간값의 정리에 의하여 $f(x) = 0$은 구간 $\left(0, \dfrac{\pi}{2}\right)$에서 적어도 하나의 실근을 가진다.

(3) $f(x) = (x-1)\sin x + \sqrt{2}\cos x - 1$로 놓으면 $f(x)$는 구간 $\left[0, \dfrac{\pi}{2}\right]$에서 연속이다.

또, $f(0) = \sqrt{2} - 1 > 0,\ f\left(\dfrac{\pi}{2}\right) = \dfrac{\pi}{2} - 2 < 0$

따라서 중간값의 정리에 의하여 $(x-1)\sin x + \sqrt{2}\cos x = 1$은 구간 $\left(0, \dfrac{\pi}{2}\right)$에서 적어도 하나의 실근을 가진다. ■

2.2 연습문제

1. 다음 함수에서 연속하기 위한 a, b의 값을 구하여라.

(1) $f(x) = \begin{cases} x^2 - 1, & x < 3 \\ 2ax, & x \geq 3 \end{cases}$ 에서 모든 x에서 연속하기 위한 a의 값은?

(2) $f(x) = \begin{cases} a^2x - 2a, & x \geq 2 \\ 12, & x < 2 \end{cases}$ 에서 모든 x 에서 연속하기 위한 a의 값은?

(3) $f(x) = \begin{cases} -2, & x \leq -1 \\ ax - b, & -1 < x < 1 \\ 3, & x \geq 1 \end{cases}$ 에서 모든 x에서 연속하기 위한 a, b의 값은?

2. 개구간 $(-1, 0)$과 개구간 $(0, 1)$에서는 $f(x) = \dfrac{\sqrt{1+x} - \sqrt{1-x}}{x}$ 로 정의되고, $x = 0$ 에서는 $f(x) = a$로 정의되어 있는 함수 $f(x)$가 $x = 0$에서 연속일 때, 상수 a의 값을 구하여라.

3. 다음 각 함수가 $x = 0$에서 연속일 때, 실수 a의 값을 구하여라.

(1) $f(x) = \begin{cases} \dfrac{e^{2x} - 1}{x}, & x \neq 0 \\ a, & x = 0 \end{cases}$

(2) $f(x) = \begin{cases} \dfrac{\tan ax}{\ln(x+1)}, & x \neq 0 \\ -1, & x = 0 \end{cases}$

4. $x = 0$에서 $f(x) = \begin{cases} \dfrac{\sin^2 3x}{x^2}, & x \neq 0 \\ c, & x = 0 \end{cases}$ 를 연속하게 만들어 주는 c의 값이 있는가?

5. 다음 방정식은 주어진 구간에서 적어도 하나의 실근을 가짐을 보여라.

(1) $\log_3 x + x - 3 = 0$, $(1, 3)$

(2) $\sin x - x\cos x = 0$, $\left(\pi, \dfrac{3}{2}\pi\right)$

(3) $(x^2 - 1)\cos x + \sqrt{2}\sin x = 1$, $\left(0, \dfrac{\pi}{2}\right)$

Chapter

03

미분과 누적확률분포

미분의 정의를 알아보며 미분을 계산할 때 가장 많이 사용되는 연쇄법칙을 적용하는 방법을 설명하고, 양함수, 음함수, 역함수, 삼각함수, 지수, 로그함수 등의 미분 방법을 살펴보도록 한다. 하나의 함수를 두 번 이상 미분하는 고계도함수와 로피탈정리, 누적확률분포함수 미분 등을 익히도록 한다.

3.1 미분계수와 도함수

3.1.1 미분의 정의

함수 $y=f(x)$의 정의역에서 임의의 x에서, 미분은 다음과 같이 정의할 수 있다.

$$\lim_{\Delta x \to 0} \frac{f(x+\Delta x)-f(x)}{\Delta x} \text{ 또는 } \lim_{\Delta x \to 0} \frac{\Delta y}{\Delta x} \tag{1}$$

함수는 이 극한이 존재하는 모든 x에서 미분 가능하다고 할 수 있고, 이 미분은 $f'(x)$, y', $\frac{dy}{dx}$ 또는 $D_x y$로 나타낸다. Δx를 h인 다른 기호로 대체될 수 있다.

$x=a$에서 $y=f(x)$의 미분은 $f'(a)$ 또는 $y'(a)$로 나타내고, 다음과 같이 정의될 것이다.

$$f'(a)=\lim_{h \to 0} \frac{f(a+h)-f(a)}{h} \tag{2}$$

f가 a에서 $a+h$로의 변하는 평균변화율은

$$\frac{\Delta y}{\Delta x}=\frac{f(a+h)-f(a)}{h} \tag{3}$$

이다. 기하학적으로, $y=f(x)$ 선의 점 $P(a,\ f(a))$과 $Q(a+h,\ f(a+h))$를 지나는 할선 PQ의 기울기이다. $f'(a)$는 점 a에서의 f가 변하는 순간변화율이다. 기하학적으로, 미분계수 $f'(a)$는 Q가 P에 접근할 때의 할선 PQ의 기울기의 극한이다.

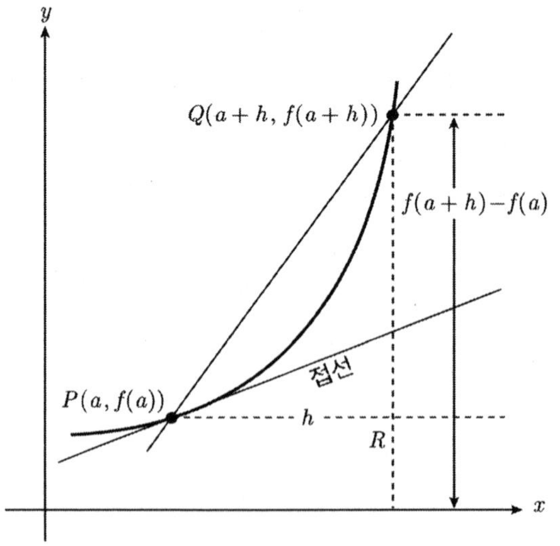

그림 3.1a

그림 3.1a에서 PQ는 $P(a,\ f(a))$와 $Q(a+h,\ f(a+h))$를 지나는 할선이다. a에서 $a+h$로 변하는 비율의 평균은 할선 PQ의 기울기인 $\dfrac{RQ}{PR}$와 같다.

PT는 P에서의 곡선의 접선이다. h가 0으로 가까워질 때, 점 Q는 곡선을 따라 P로 접근하고, PQ는 PT로 접근하고, PQ의 기울기는 PT로 접근한다. 이는 $f'(a)$와 같다.

위 (2)에서 $(a+h)$를 x로 대체하면, $h=x-a$가 되고, 동등한 표현을 갖는다.

$$f'(a)=\lim_{x\to a}\frac{f(x)-f(a)}{x-a} \tag{4}$$

그림 3.1b를 보자.

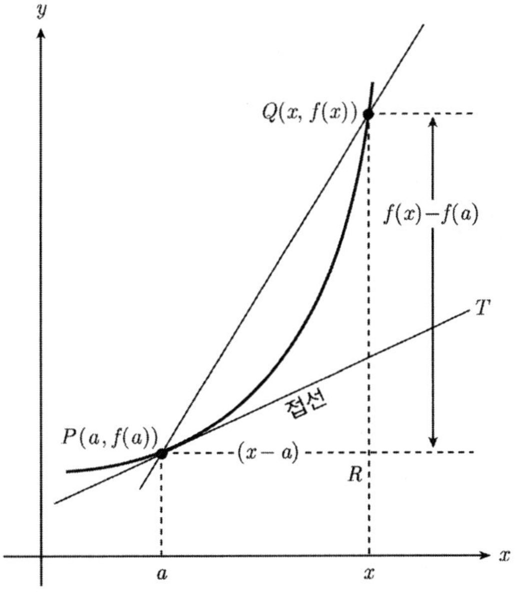

그림 3.1b

$f''(x)$ 또는 $\dfrac{d^2y}{dx^2}$ 또는 y''으로 표기하는 2계도함수는 $f'(x)$의 도함수이다. 또한, $f''(a)$는 $x=a$에서 $f(x)$의 2계 미분계수이다.

예제 3.1 함수 $f(x)=x^3+3x^2-x+2$에서 x의 값이 −1에서 2까지 변할 때의 평균변화율을 구하여라.

풀이

$$\frac{\Delta y}{\Delta x}=\frac{f(2)-f(-1)}{2-(-1)}=\frac{(8+12-2+2)-(-1+3+1+2)}{3}$$

$$=\frac{20-5}{3}=\frac{15}{3}=5$$

■

예제 3.2 함수 $f(x) = x^2 - 3x$에서 x의 값이 a에서 $a + \triangle x$까지 변할 때의 평균변화율을 구하여라(단, a는 상수이다).

풀이

$$\frac{f(a+\triangle x) - f(a)}{(a+\triangle x) - a} = \frac{\{(a+\triangle x)^2 - 3(a+\triangle x)\} - (a^2 - 3a)}{\triangle x}$$

$$= \frac{\triangle x(\triangle x + 2a - 3)}{\triangle x} = 2a - 3 + \triangle x$$ ■

예제 3.3 $g(t) = 400(15 - t)^2$을 관의 방출구가 열리고 t분이 지난 후 물(갤런)이라고 하자. 처음 5분 동안 배수평균변화율과 5분에서 배수순간변화율을 구하여라.

풀이 처음 5분 동안의 평균변화율은

$$\frac{g(5) - g(0)}{5} = \frac{400 \cdot 100 - 400 \cdot 225}{5} = -10{,}000 \text{ 갤런/분}$$

처음 5분 동안의 배수의 평균변화율은 10,000갤런/분이다.

$t = 5$에서의 순간변화율은 $g'(5)$이다. $g'(t) = -800(15 - t)$이기 때문에, $g'(5) = -800(10) = -8000$ 갤런/분이다. 따라서 5분에서 배수순간변화율은 8,000 갤런/분이다. ■

3.1.2 공식

미분계수를 찾는 이 부분에서의 공식들은 매우 중요해서 이 공식들에 익숙해져야 한다. a와 n은 상수이고 u와 v는 x의 미분 가능한 함수들이다.

$$\frac{da}{dx} = 0 \tag{1}$$

$$\frac{d}{dx}ax = a \tag{2}$$

$$\frac{d}{dx}x^n = nx^{n-1} \tag{3}$$

$$\frac{d}{dx}(u+v) = \frac{d}{dx}u + \frac{d}{dx}v;\ \frac{d}{dx}(u-v) = \frac{d}{dx}u - \frac{d}{dx}v \tag{4}$$

$$\frac{d}{dx}(uv) = u\frac{dv}{dx} + v\frac{du}{dx} \tag{5}$$

$$\frac{d}{dx}\left(\frac{u}{v}\right) = \frac{v\frac{du}{dx} - u\frac{dv}{dx}}{v^2} (v \neq 0) \tag{6}$$

$$\frac{d}{dx}\sin x = \cos x \tag{7}$$

$$\frac{d}{dx}\cos x = -\sin x \tag{8}$$

$$\frac{d}{dx}\tan x = \sec^2 x \tag{9}$$

$$\frac{d}{dx}\cot x = -\csc^2 x \tag{10}$$

$$\frac{d}{dx}\sec x = \sec x \tan x \tag{11}$$

$$\frac{d}{dx}\csc x = -\csc x \cot x \tag{12}$$

$$\frac{d}{dx}\ln x = \frac{1}{x} \tag{13}$$

$$\frac{d}{dx}e^x = e^x \tag{14}$$

$$\frac{d}{dx}a^x = a^x \ln a \tag{15}$$

$$\frac{d}{dx}\log_a x = \frac{d}{dx}\left(\frac{\ln x}{\ln a}\right) = \frac{1}{x \ln a} \tag{16}$$

$$\frac{d}{dx}\sin^{-1} x = \frac{d}{dx}\arcsin x = \frac{1}{\sqrt{1-x^2}} (-1 < x < 1) \tag{17}$$

$$\frac{d}{dx}\cos^{-1} x = \frac{d}{dx}\arccos x = -\frac{1}{\sqrt{1-x^2}} (-1 < x < 1) \tag{18}$$

$$\frac{d}{dx}\tan^{-1} x = \frac{d}{dx}\arctan x = \frac{1}{1+x^2} \tag{19}$$

$$\frac{d}{dx}\cot^{-1} x = \frac{d}{dx}\mathrm{arc}\cot x = -\frac{1}{1+x^2} \tag{20}$$

$$\frac{d}{dx}\sec^{-1} x = \frac{d}{dx}\mathrm{arc}\sec x = \frac{1}{|x|\sqrt{x^2-1}} (|x| \geq 1) \tag{21}$$

$$\frac{d}{dx}\csc^{-1} x = \frac{d}{dx}\mathrm{arc}\csc x = -\frac{1}{|x|\sqrt{x^2-1}} (|x| \geq 1) \tag{22}$$

3.1.3 연쇄법칙

$$\frac{d}{dx}u^a = au^{a-1} \times \frac{du}{dx}$$

이 공식은 연쇄법칙의 적용이다. 예를 들어, $(x^2 - x + 2)^4$의 미분계수를 찾기 위해 공식 (3)을 사용한다면,

$$\frac{d}{dx}(x^2 - x + 2)^4 = 4(x^2 - x + 2)^3(2x - 1)$$

$y = (x^2 - x + 2)^4$ 그리고 $u = x^2 - x + 2$라고 한다면, $y = u^4$이다. 앞의 미분계수는 전과 같이 이제 연쇄법칙의 한 형식을 제시한다.

$$\frac{dy}{dx} = \frac{dy}{du}\frac{du}{dx} = 4u^3\frac{du}{dx} = 4(x^2 - x + 2)^3(2x - 1)$$

공식 (3)은 $y = u^4$이고 u는 미분 가능한 x의 함수인 일반적인 경우를 제공한다.

이제 y를 $y = f(u)$이고 $u = g(x)$인 합성함수 $f(g(x))$라고 가정해 보자.

$$(f \circ g)(x))' = f'(g(x)) \cdot g'(x) = f'(u) \cdot g'(x) = \frac{dy}{du}\frac{du}{dx}$$

연쇄법칙은 합성함수를 어떻게 미분하는지를 말해준다. 먼저 '바깥' 함수의 미분계수를 찾아라, '안의' 함수의 미분계수를 곱하여라.

예를 들면,

$$\frac{d}{dx}(x^3 + 1)^{10} = 10(x^3 + 1)^9 \cdot 3x^2 = 30x^2(x^3 + 1)^9$$

$$\frac{d}{dx}\sqrt{7x - 2} = \frac{d}{dx}(7x - 2)^{1/2} = \frac{1}{2}(7x - 2)^{-1/2} \cdot 7$$

$$\frac{d}{dx}\frac{3}{(2 - 4x^2)^4} = \frac{d}{dx}3(2 - 4x^2)^{-4} = 3(-4)(2 - 4x^2)^{-5}(-8x)$$

$$\frac{d}{dx}\sin\left(\frac{\pi}{2} - x\right) = \cos\left(\frac{\pi}{2} - x\right)(-1)$$

$$\frac{d}{dx}\cos^3 2x = \frac{d}{dx}(\cos 2x)^3 = 3(\cos 2x)^2(-\sin 2x \cdot 2)$$

이다.

예제 3.4 다음을 미분하여라.

(1) $f(x) = (3x+2)^5$

(2) $y = \sqrt{3-x-x^2}$

(3) $y = \dfrac{5}{\sqrt{(1-x^2)^3}}$

(4) $s(t) = (t^2+1)(1-t)^2$

(5) $f(v) = \dfrac{2v}{1-2v^2}$

(6) $f(x) = \dfrac{\sin x}{x^2}$

(7) $y = \tan(2x^2+1)$

(8) $x = \cos^3(1-3\theta)$

(9) $y = e^{(\sin x)+1}$

(10) $y = (x+1)\ln^2(x+1)$

(11) $y = \sin^{-1}x + x\sqrt{1-x^2}$

(12) $u = \ln\sqrt{v^2+2v-1}$

(13) $s = e^{-t}(\sin t - \cos t)$

풀이

(1) $f(x) = (3x+2)^5$, $f'(x) = 5(3x+2)^4 \cdot 3 = 15(3x+2)^4$

(2) $y = \sqrt{3-x-x^2}$, $y = (3-x-x^2)^{1/2}$

$$\frac{dy}{dx} = \frac{1}{2}(3-x-x^2)^{-1/2}(-1-2x) = -\frac{1+2x}{2\sqrt{3-x-x^2}}$$

(3) $y = \dfrac{5}{\sqrt{(1-x^2)^3}}$, $y = 5(1-x^2)^{-3/2}$

$$\frac{dy}{dx} = \frac{-15}{2}(1-x^2)^{-5/2}(-2x) = \frac{15x}{(1-x^2)^{5/2}}$$

(4) $s(t) = (t^2+1)(1-t)^2$

$$s'(t) = (t^2+1)2(1-t)(-1) + (1-t)^2 2t = 2(1-t)(-1+t-2t^2)$$

(5) $f(v) = \dfrac{2v}{1-2v^2}$

$$f'(v) = \frac{(1-2v^2)2 - 2v(-4v)}{(1-2v^2)^2} = \frac{2+4v^2}{(1-2v^2)^2}$$

(6) $f(x) = \dfrac{\sin x}{x^2}$, $x \neq 0$

$$f'(x) = \frac{x^2\cos x - \sin x \cdot 2x}{x^4} = \frac{x\cos x - 2\sin x}{x^3}$$

(7) $y = \tan(2x^2+1)$

$y' = 4x\sec^2(2x^2+1)$

(8) $x = \cos^3(1-3\theta)$

$$\frac{dx}{d\theta} = -3\cos^2(1-3\theta)\sin(1-3\theta)(-3) = 9\cos^2(1-3\theta)\sin(1-3\theta)$$

(9) $y = e^{(\sin x)+1}$

$\dfrac{dy}{dx} = \cos x e^{(\sin x)+1}$

(10) $y = (x+1)\ln^2(x+1)$

$\dfrac{dy}{dx} = (x+1)\dfrac{2\ln(x+1)}{x+1} + \ln^2(x+1) = 2\ln(x+1) + \ln^2(x+1)$

(11) $y = \sin^{-1}x + x\sqrt{1-x^2}$

$y' = \dfrac{1}{\sqrt{1-x^2}} + \dfrac{x(-2x)}{2\sqrt{1-x^2}} + \sqrt{1-x^2} = \dfrac{1-x^2+1-x^2}{\sqrt{1-x^2}} = 2\sqrt{1-x^2}$

(12) $u = \ln\sqrt{v^2+2v-1}$, $u = \dfrac{1}{2}\ln(v^2+2v-1)$

$\dfrac{du}{dv} = \dfrac{1}{2}\dfrac{2v+2}{v^2+2v-1} = \dfrac{v+1}{v^2+2v-1}$

(13) $s = e^{-t}(\sin t - \cos t)$

$s' = e^{-t}(\cos t + \sin t) + (\sin t - \cos t)(-e^{-t}) = e^{-t}(2\cos t) = 2e^{-t}\cos t$ ■

예제 3.5 다음을 구하여라.

(1) $y = 4x^3 - 5x + 7$, $y'(1)$과 $y''(1)$는?

(2) $f(t) = e^{2t}\sin 3t$, $f'(0)$는?

(3) $g(x) = (1+\sin^2 3x)^4$일 때, $g'(\frac{\pi}{2})$는?

(4) $f(x) = ae^{kx}$(a와 k는 상수)일 때 $f'(0)$와 $f''(0)$는?

풀이

(1) $y' = \dfrac{dy}{dx} = 12x^2 - 5$ 그리고 $y'' = \dfrac{d^2y}{dx^2} = 24x$

$y'(1) = 7$, $y''(1) = 24$

(2) $f'(t) = e^{2t}(\cos 3t \cdot 3) + \sin 3t(e^{2t} \cdot 2) = e^{2t}(3\cos 3t + 2\sin 3t)$

$f'(0) = 3$

(3) $g'(x) = 4(1+\sin^2 3x)^3(2\sin 3x\cos 3x)(3) = 24(1+\sin^2 3x)^3(\sin 3x\cos 3x)$

$g'\left(\dfrac{\pi}{2}\right) = 24(1+(-1)^2)^3(-1 \cdot 0) = 24 \cdot 8 \cdot 0 = 0$

(4) $f(x) = ae^{kx}$ (a와 k는 상수)

$f'(x) = kae^{kx}$, $f''(x) = k^2ae^{kx}$에서

$f'(0) = ka$, $f''(0) = k^2a$ ■

예제 3.6 용수철에 매달려 있는 물체를 잡아당겼다가 놓은 t초 후의 물체의 변위(단위는 인치) $u(t)$가 $u(t) = 4\cos t$로 주어진다고 하자. 시각 t에서의 속도와 최고속도를 구하여라.

풀이 $u(t)$가 위치(변위)를 나타내므로 속도는 $u'(t)$로 주어진다.
$u'(t) = 4(-\sin t) = -4\sin t$이고 $u'(t)$의 단위는 인치/초이다.
$u'(t)$의 최댓값은 $-4(-1) = 4$ 인치/초이다. 이것은 $\sin t = -1$일 때, 즉 $t = \dfrac{3\pi}{2}$에서 최대이다. ■

예제 3.7 시각 t일 때, 전기용량이 1이고, 유도상수가 1이며 가해진 전압이 $2t^2$라 하면, 시각 t일 때, 회로의 전체 전하 $Q(t)$는 $Q(t) = 2\sin t + 2t^2$이다. 전류는 시간에 대한 전하의 변화율이므로 $I(t) = \dfrac{dQ}{dt}$이다. $t = 0$와 $t = 1$에서의 전류를 비교하여라.

풀이 전류는 $I(t) = \dfrac{dQ}{dt} = 2\cos t + 4t$이다. $t = 0$일 때 $I(0) = 2$이고, $t = 1$일 때 $I(1) = 2\cos 1 + 4 \approx 5.08$이다. 따라서 증가량은 $\dfrac{I(1) - I(0)}{I(0)}(100)\% \approx \dfrac{3.08}{2}(100)\% = 154\%$이다. ■

3.1 연습문제

1. 다음 함수를 미분하여라.

(1) $y = -x^2 + 3$

(2) $y = \dfrac{4x^3}{3} - x + 2e^x$

(3) $y = 6x^2 - 10x - 5x^{-2}$

(4) $y = (3 - x^2)(x^3 - x + 1)$

(5) $y = \dfrac{2x+5}{3x-2}$

(6) $v = (1-t)(1+t^2)^{-1}$

(7) $v = \dfrac{1 + x - 4\sqrt{x}}{x}$

(8) $y = 2e^{-x} + e^{3x}$

(9) $y = x^{\frac{9}{4}} + e^{-2x}$

(10) $y = \sqrt[7]{x^2} - x^e$

(11) $y = \dfrac{x^4}{2} - \dfrac{3}{2}x^2 - x$

(12) $y = \dfrac{x^3 + 7}{x}$

(13) $w = \left(\dfrac{1+3z}{3z}\right)(3-z)$

2. u와 v가 $x = 0$에서 미분 가능하고 $u(0) = 5$, $u'(0) = -3$인 x의 함수 $v(0) = -1$, $v'(0) = 2$라는 것을 가정하자. $x = 0$에서 아래 도함수의 값을 찾아라.

(1) $\dfrac{d}{dx}(uv)$

(2) $\dfrac{d}{dx}\left(\dfrac{u}{v}\right)$

(3) $\dfrac{d}{dx}\left(\dfrac{v}{u}\right)$

(4) $\dfrac{d}{dx}(7v - 2u)$

3. 다음 함수의 도함수를 구하여라.

(1) $y = (2x+1)^5$

(2) $y = \left(\dfrac{x^2}{8} + x - \dfrac{1}{x}\right)^4$

(3) $y = \sin^3 x$

(4) $y = e^{5-7x}$

(5) $s = \dfrac{4}{3\pi}\sin 3x + \dfrac{4}{5\pi}\cos 5x$

(6) $y = x^2 \sin^4 x + x(\cos x)^{-2}$

(7) $y = xe^{-x} + e^{3x}$

(8) $h(x) = x\tan(2\sqrt{x}) + 7$

(9) $y = \dfrac{4}{\cos x} + \dfrac{1}{\tan x}$

(10) $f(x) = x^3 \sin x \cos x$

4. 다음을 미분하여라.

(1) $f(x) = \sqrt{7 + x\sec x}$

(2) $r = \sin(\theta^2)\cos(2\theta)$

(3) $y = \cos(e^{-\theta^2})$

(4) $y = (1 + \cos 2t)^{-4}$

(5) $y = e^{\cos^2(\pi t - 1)}$

(6) $y = \sin(\cos(2t - 5))$

(7) $y = \tan^2(\sin^3 t)$

5. y''를 구하여라.

(1) $y = \dfrac{1}{9}\cot(3x - 1)$

(2) $y = e^{x^2} + 5x$

6. 다음 초월함수를 미분하여라.

(1) $y = \ln(\theta + 1)$

(2) $y = t(\ln t)^2$

(3) $y = \dfrac{\ln t}{t}$

(4) $y = \ln(\ln x)$

(5) $y = \dfrac{1 + \ln t}{1 - \ln t}$

(6) $y = \ln(\sec(\ln\theta))$

(7) $y = \ln(\cos^2\theta)$

(8) $y = \ln\left(\dfrac{e^\theta}{1 + e^\theta}\right)$

(9) $y = 2^x$

(10) $y = x^\pi$

(11) $y = \log_4 x + \log_4 x^2$

(12) $y = \log_3\left(\left(\dfrac{x+1}{x-1}\right)^{\ln 3}\right)$

(13) $y = \log_5 e^x$

(14) $y = \log_2(8t^{\ln 2})$

(15) $y = (x + 1)^x$

(16) $y = (\sin x)^x$

(17) $y = x^{\ln x}$

(18) $y = \cos^{-1}(x^2)$

(19) $y = \sec^{-1}(2x + 1)$

(20) $y = \csc^{-1}\dfrac{x}{2}$

(21) $y = \cot^{-1}\sqrt{t}$

(22) $y = \ln(\tan^{-1}x)$

(23) $y = \csc^{-1}(e^t)$

(24) $y = \tan^{-1}\sqrt{x^2 - 1} + \csc^{-1}x,\ x > 1$

(25) $y = x\sin^{-1}x + \sqrt{1 - x^2}$

7. 모든 실수 x에 대하여 정의된 함수 $f(x)$가 임의의 실수 x, y에 대하여 $f(x+y) = f(x) + f(y)$를 만족시킨다. $f'(0) = 2$일 때, $f'(x)$는?

8. 함수 $f(x)$가 임의의 실수 x, y에 대하여 다음 등식을 만족시킨다.

$$f(x+y) = f(x) + f(y) + xy$$

(1) $f(0)$의 값을 구하여라.

(2) $f'(0) = 2$일 때, $f'(2)$의 값을 구하여라.

9. 함수 $y = \begin{cases} \sin x, & x < \pi \\ mx + b, & x \geq \pi \end{cases}$가

(1) $x = \pi$에서 연속할 때 연속인 m과 b의 값의 관계는?

(2) $x = \pi$에서 미분 가능할 때, 연속인 m과 b의 값을 구하여라.

10. 함수 $f(x) = \begin{cases} \dfrac{1-\cos x}{x}, & x \neq 0 \\ 0, & x = 0 \end{cases}$가 $x = 0$에서 도함수를 갖는가?

11. $f(x) = \begin{cases} ax, & x < 2 \\ ax^2 - bx + 3, & x \geq 2 \end{cases}$에서 모든 x 값에서 미분 가능할 때 a, b는?

3.2 여러 가지 함수의 도함수

3.2.1 음함수 미분

x와 y 사이의 함수적 관계가 $f(x, y) = 0$의 형태인 방정식으로 정의될 때, 방정식은 y를 x의 음함수로 정의한다고 말할 수 있다. 예로 $x^2 + y^2 - 9 = 0$, $y^2 - 4x = 0$, $\cos(xy) = y^2 - 5$(또한, $\cos(xy) - y^2 + 5 = 0$)로 나타낼 수도 있다. 두 개의(또는 그 이상) 양함수들이 $F(x, y) = 0$으로 정의된다. 예를 들어, $x^2 + y^2 - 9 = 0$은 반지름이 3인 원의 중심 원점에서 각각 위의 반, 아래의 반인 두 함수 $y_1 = \sqrt{9 - x^2}$ 와 $y_2 = -\sqrt{9 - x^2}$를 정의한다. 각 함수는 $x = 3$과 $x = -3$에서만 제외하고 미분 가능하다.

음함수미분법은 y가 x의 양의 항으로 정의되지 않지만 미분 가능할 때 미분계수를 찾으려고 사용하는 방법이다. 다음 예에서, 공식을 사용하여 양쪽을 x로 미분한 다음, $\dfrac{dy}{dx}$를 푼다.

예제 3.8 $x^2 + y^2 = 9$에서 $\dfrac{dy}{dx}$을 구하여라.

풀이 $2x + 2y\dfrac{dy}{dx} = 0$ 그리고 $\dfrac{dy}{dx} = -\dfrac{x}{y}$ ■

예제 3.9 $x^2 - 2xy + 3y^2 = 2$에서 $\dfrac{dy}{dx}$을 구하여라.

풀이

$$x^2 - 2xy + 3y^2 = 2$$

$$2x - 2\left(x\frac{dy}{dx} + y\right) + 6y\frac{dy}{dx} = 0 \quad \text{그리고} \quad \frac{dy}{dx}(6y - 2x) = 2y - 2x$$

$$\frac{dy}{dx} = \frac{y - x}{3y - x}$$ ■

예제 3.10 $x\sin y = \cos(x + y)$에서 $\dfrac{dy}{dx}$을 구하여라.

풀이

$$x\sin y = \cos(x + y)$$

$$x\cos y\frac{dy}{dx} + \sin y = -\sin(x + y)\left(1 + \frac{dy}{dx}\right)$$

$$\frac{dy}{dx} = -\frac{\sin y + \sin(x + y)}{x\cos y + \sin(x + y)}$$ ■

예제 3.11 $x^2+y^2=1$에서 음함수미분법을 사용하여 $\dfrac{dy}{dx}$, $\dfrac{d^2y}{dx^2}$를 구하여라.

풀이 $2x+2y\dfrac{dy}{dx}=0$, $\dfrac{dy}{dx}=-\dfrac{x}{y}$

$$\frac{d^2y}{dx^2}=-\frac{y\cdot 1-x\left(\frac{dy}{dx}\right)}{y^2}=-\frac{y-x\left(-\frac{x}{y}\right)}{y^2}=-\frac{y^2+x^2}{y^3}=-\frac{1}{y^3}$$ ■

3.2.2 역함수의 미분

f와 g가 역함수들이라고 가정해 보자. 그들의 미분계수들의 관계는 무엇인가?

역함수들의 그래프들은 $y=x$에서 서로의 대칭이라는 것과 대응하는 점들에서 그들의 $x-$와 $y-$좌표들은 서로 바꿀 수 있다. 그림 3.2는 점 (a,b)를 지나는 함수 f와 그 점에서 접선을 나타낸다. 곡선의 기울기 $f'(a)$는 삼각형 $\dfrac{dy}{dx}$의 두 길이 비율에 의해 나타난다. 이 도형이 $y=x$에서 대칭되며, 점 (b,a)를 지나고 기울기의 가로와 세로 방향을 서로 바꿀 수 있는 f^{-1}의 그래프를 갖는다.

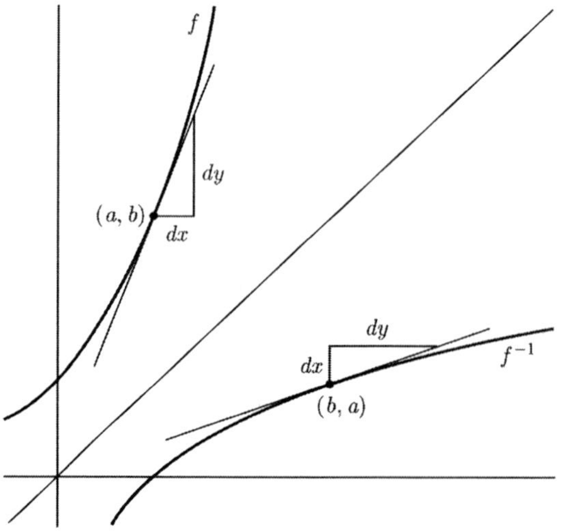

그림 3.2

$x=b$에서 f^{-1}의 그래프에서 기울기는 $x=a$에서의 f의 기울기의 역수인 $\dfrac{dx}{dy}$로 나타낸다. 따라서

$$(f^{-1})'(b)=\frac{1}{f'(a)} \quad \text{또는} \quad (f^{-1})'(x)=\frac{1}{f'((f^{-1}(x))}$$

한 점에서의 역함수의 미분계수는 대응하는 점에서 그 함수의 미분계수의 역수이다.

예제 3.12 sin 함수의 역함수의 계수를 구하고자 한다. 정의역 $[-1, 1]$과 범위 $\left[-\frac{\pi}{2}, \frac{\pi}{2}\right]$을 가진 공식 $y = \sin^{-1}x = \arcsin x$를 미분하여라.

풀이 $y = \sin^{-1}x \leftrightarrow x = \sin y$

양변을 x로 미분하면

$$1 = \cos y \frac{dy}{dx}$$

$$\frac{dy}{dx} = \frac{1}{\cos y} = \frac{1}{\sqrt{1-\sin^2 y}} = \frac{1}{\sqrt{1-x^2}}$$

$\cos y$에 양수의 표시를 선택했다. $\cos y$는 $-\frac{\pi}{2} \le y \le \frac{\pi}{2}$에서 음수가 아니기 때문이다. ■

예제 3.13 $f(3) = 8$, $f'(3) = 5$, $(f^{-1})'$에 대해 무엇을 알 수 있는가?

풀이 f가 점 $(3, 8)$을 지나기 때문에, f^{-1}는 반드시 점 $(8, 3)$을 지나야 한다. f의 그래프가 $(3, 8)$에서 기울기가 5이기 때문에, f^{-1}의 그래프는 $(8, 3)$에서 기울기가 $\frac{1}{5}$이다. ■

예제 3.14 함수 f와 이것의 미분계수가 테이블에 나온 값들을 가진다. g가 f의 역함수라면, $g'(6)$은 얼마인가?

풀이

x	$f(x)$	$f'(x)$
2	6	$\frac{1}{3}$
6	8	$\frac{3}{2}$

$x = 6$에서 g의 기울기를 찾으려면, f에서 $y = 6$인 점을 봐야 한다. $(2, 6)$, $f'(2) = \frac{1}{3}$이기 때문에, $g'(6) = 3$이다. ■

예제 3.15 $y = f(x) = x^3 + x - 2$이라고 하고, g가 역함수라고 하자. $g'(0)$을 구하여라.

풀이 $f'(x) = 3x^2 + 1$이기 때문에 $g'(y) = \dfrac{1}{3x^2+1}$이다. $y = 0$에서의 x를 찾기 위해, 방정식 $x^3 + x - 2 = 0$을 풀어야 한다. $x = 1$ 이므로

$$g'(0) = \frac{1}{3(1)^2+1} = \frac{1}{4}$$ ■

3.2.3 부정형과 로피탈의 법칙

다음 형식의 극한은 부정형이라고 불린다.

$$\frac{0}{0} \text{ 또는 } \frac{\infty}{\infty},\ 0 \cdot \infty,\ \infty - \infty,\ 0^0,\ 1^\infty,\ \infty^0$$

$\dfrac{0}{0}$ 또는 $\dfrac{\infty}{\infty}$ 형태의 부정형 극한을 찾기 위해서, 분모와 분자에 있는 미분을 취하는 로피탈의 법칙을 적용한다.

(a) $\lim_{x\to a} f(x) = \lim_{x\to a} g(x) = 0$, $\lim_{x\to a} g'(x) \neq 0$ 이고 $\lim_{x\to a} \dfrac{f'(x)}{g'(x)}$가 존재한다면,

$$\lim_{x\to a} \frac{f(x)}{g(x)} = \lim_{x\to a} \frac{f'(x)}{g'(x)}$$

가 성립한다.

(b) $\lim_{x\to a} f(x) = \lim_{x\to a} g(x) = \infty$이고, (a)의 경우와 똑같은 결과가 따른다.

(c) $\lim_{x\to \infty} f(x) = \lim_{x\to \infty} g(x) = 0$, $\lim_{x\to \infty} g'(x) \neq 0$이고 $\lim_{x\to \infty} \dfrac{f'(x)}{g'(x)}$가 존재한다면,

$$\lim_{x\to \infty} \frac{f(x)}{g(x)} = \lim_{x\to \infty} \frac{f'(x)}{g'(x)}$$

가 성립한다.

(d) $\lim_{x\to \infty} f(x) = \lim_{x\to \infty} g(x) = \infty$이고, (c)의 경우와 똑같은 결과가 따른다.

위의 어떤 법칙이든 적용했을 때, $\dfrac{0}{0}$ 또는 $\dfrac{\infty}{\infty}$이 나왔다면, 더 이상 부정형이 나오지 않을 때까지 절차를 반복하며, 법칙을 한 번 더 적용해 볼 수 있다.

$0 \cdot \infty$형과 $\infty - \infty$형은 $\frac{0}{0}$형이나 $\frac{\infty}{\infty}$형으로 변형하여 계산하고 0^0, 1^∞, ∞^0형은 자연로그를 취하여 로피탈 법칙을 적용한다.

예제 3.16 다음 극한을 구하여라.

(1) $\lim_{x\to 3}\frac{x^2-9}{x-3}$

(2) $\lim_{x\to 0}\frac{\tan x}{x}$

(3) $\lim_{x\to -2}\frac{x^3+8}{x^2-4}$

(4) $\lim_{h\to 0}\frac{e^h-1}{h}$

(5) $\lim_{x\to\infty}\frac{x^3-4x^2+7}{3-6x-2x^3}$

(6) $\lim_{x\to\infty}\frac{\ln x}{x}$

(7) $\lim_{x\to\infty}x\sin\frac{1}{x}$

(8) $\lim_{x\to 0}(1+x)^{1/x}$

(9) $\lim_{x\to\infty}x^{1/x}$

풀이

(1) $\lim_{x\to 3}\frac{x^2-9}{x-3}$가 $\frac{0}{0}$의 형식이고, 따라서 $\lim_{x\to 3}\frac{2x}{1}=6$

(2) $\lim_{x\to 0}\frac{\tan x}{x}$가 $\frac{0}{0}$의 형식이고, 따라서 $\lim_{x\to 0}\frac{\sec^2 x}{1}=1$

(3) $\lim_{x\to -2}\frac{x^3+8}{x^2-4}$가 $\frac{0}{0}$의 형식이고, 따라서 $\lim_{x\to -2}\frac{3x^2}{2x}=-3$

$\lim_{x\to -2}\frac{3x^2}{2x}$는 부정형이 아니라는 점을 유의하자.

(4) $\lim_{h\to 0}\frac{e^h-1}{h}$가 $\frac{0}{0}$의 형식이고, 따라서 $\lim_{h\to 0}\frac{e^h}{1}=1$

(5) $\lim_{x\to\infty}\frac{x^3-4x^2+7}{3-6x-2x^3}$가 $\frac{\infty}{\infty}$의 형식이고, 따라서 $\lim_{x\to\infty}\frac{3x^2-8x}{-6-6x^2}$와 같다.
로피탈의 법칙을 두 번 더 적용해 보아라:

$$\lim_{x\to\infty}\frac{6x-8}{-12x}=\lim_{x\to\infty}\frac{6}{-12}=\frac{-1}{2}$$

(6) $\lim_{x\to\infty}\frac{\ln x}{x}$가 $\frac{\infty}{\infty}$의 형식이고, 따라서 $\lim_{x\to\infty}\frac{1/x}{1}=0$과 같다.

(7) $\lim_{x\to\infty}x\sin\frac{1}{x}$은 $\infty\cdot 0$의 형식이다. $x\sin\frac{1}{x}=\frac{\sin 1/x}{1/x}$이기 때문에, 두 번째 형식은 $\frac{0}{0}$의 부정형이다.

$$\lim_{x\to\infty} x\sin\frac{1}{x} = \lim_{x\to\infty}\frac{-\frac{1}{x^2}\cos\frac{1}{x}}{-\frac{1}{x^2}} = \lim_{x\to\infty}\cos\frac{1}{x} = 1$$

(더 간단한 답은 $\lim_{x\to\infty} x\sin\frac{1}{x} = \lim_{x\to\infty}\frac{\sin\frac{1}{x}}{\frac{1}{x}} = 1$)

(8) $\lim_{x\to 0}(1+x)^{1/x}$은 1^∞의 형식이다.

$\frac{0}{0}$의 형식인 $\lim_{x\to 0}\ln y = \lim_{x\to 0}\frac{\ln(1+x)}{x}$이다.

$\lim_{x\to 0}\ln y = 1$, $y = e^1 = e$

(9) $\lim_{x\to\infty} x^{1/x}$은 ∞^0의 형식이다. $y = x^{1/x}$이면 $\ln y = \frac{1}{x}\ln x$ ($x\to\infty$ 일때 $\frac{\infty}{\infty}$형식이므로)

따라서 $\lim_{x\to\infty}\ln y = \frac{1/x}{1} = 0$이고, $\lim_{x\to\infty} y = e^0 = 1$ ■

3.2 연습문제

1. y'를 구하여라.

(1) $x^2y + xy^2 = 6$

(2) $x^2(x-y)^2 = x^2 - y^2$

(3) $x = \tan y$

(4) $y\sin\left(\dfrac{1}{y}\right) = 1 - xy$

(5) $e^{2x} = \sin(x+3y)$

2. $\dfrac{dy}{dx}$와 $\dfrac{d^2y}{dx^2}$를 구하여라.

(1) $x^2 + y^2 = 1$

(2) $2\sqrt{y} = x - y$

(3) $x^3 + y^3 = 16$일 때, $(2, 2)$에서 $\dfrac{d^2y}{dx^2}$의 값을 구하여라.

3. 역함수의 미분계수를 구하여라.

(1) $f(x) = x^3 - 3x^2 - 1$, $x \geq 2$라고 하자.
$x = -1 = f(3)$에서 $\dfrac{df^{-1}}{dx}$의 값을 구하여라.

(2) 미분 가능한 $y = f(x)$가 역을 가지고 f의 그래프가 $(2, 4)$를 지나고 거기서 기울기가 $\dfrac{1}{3}$이라고 가정하자. $x = 4$에서 $\dfrac{df^{-1}}{dx}$의 값을 구하여라.

4. 다음 문제들을 로피탈을 사용하여 구하여라.

(1) $\displaystyle\lim_{t \to -3} \frac{t^3 - 4t + 15}{t^2 - t - 12}$

(2) $\displaystyle\lim_{t \to 0} \frac{\sin t^2}{t}$

(3) $\displaystyle\lim_{\theta \to \frac{\pi}{2}} \frac{2\theta - \pi}{\cos(2\pi - \theta)}$

(4) $\displaystyle\lim_{x \to 0} \frac{x^2}{\ln(\sec x)}$

(5) $\displaystyle\lim_{x \to \left(\frac{\pi}{2}\right)^-} \left(x - \frac{\pi}{2}\right)\sec x$

(6) $\displaystyle\lim_{x \to 0} \frac{x2^x}{2^x - 1}$

(7) $\displaystyle\lim_{x \to 0^+} \frac{\ln(x^2 + 2x)}{\ln x}$

(8) $\displaystyle\lim_{x \to \infty} (\ln 2x - \ln(x+1))$

(9) $\lim_{x \to 1^+} \left(\frac{1}{x-1} - \frac{1}{\ln x} \right)$

(10) $\lim_{\theta \to 0} \frac{\cos\theta - 1}{e^\theta - \theta - 1}$

(11) $\lim_{x \to 0} \frac{x - \sin x}{x \tan x}$

(12) $\lim_{x \to 1^+} x^{-\frac{1}{(1-x)}}$

(13) $\lim_{x \to \infty} x^{-\frac{1}{\ln x}}$

(14) $\lim_{x \to 0^+} x^x$

(15) $\lim_{x \to 0^+} x^2 \ln x$

3.3 역 삼각함수의 미분

역삼각함수의 미분은 초월함수이고 그 도함수가 대수함수이다. 다음 여섯 개의 역삼각함수를 전개한 것이다.

(1) $\frac{d}{dx}(\sin^{-1}x)=\frac{1}{\sqrt{1-x^2}}$

(2) $\frac{d}{dx}(\cos^{-1}x)=-\frac{1}{\sqrt{1-x^2}}$

(3) $\frac{d}{dx}(\tan^{-1}x)=\frac{1}{1+x^2}$

(4) $\frac{d}{dx}(\cot^{-1}x)=-\frac{1}{1+x^2}$

(5) $\frac{d}{dx}(\sec^{-1}x)=\frac{1}{|x|\sqrt{x^2-1}}$

(6) $\frac{d}{dx}(\csc^{-1}x)=-\frac{1}{|x|\sqrt{x^2-1}}$

증명 (1) $y=\sin^{-1}x\ ,\ -\frac{\pi}{2}\le y\le\frac{\pi}{2}$

$\sin y=x$

$\Rightarrow \frac{d}{dx}(\sin y)=\frac{d}{dx}(x)$

$\Rightarrow \cos y \cdot y'=1$

$\Rightarrow y'=\frac{1}{\cos y}$ $\qquad \because \sin^2 y+\cos^2 y=1$

$\qquad \cos y=\pm\sqrt{1-\sin^2 y}=\pm\sqrt{1-x^2}$

$=\frac{1}{\sqrt{1-x^2}}$ $\qquad -\frac{\pi}{2}\le y\le\frac{\pi}{2},\ \cos y>0$

$\qquad \Rightarrow \cos y=\sqrt{1-x^2}$

(2) $y=\cos^{-1}x\ ,\ 0\le y\le\pi$

$\cos y=x$

$\Rightarrow \frac{d}{dx}(\cos y)=\frac{d}{dx}(x)$

$\Rightarrow -\sin y\cdot y'=1$

$$\Rightarrow y' = -\frac{1}{\sin y} \qquad \because \sin^2 y + \cos^2 y = 1$$

$$= -\frac{1}{\sqrt{1-x^2}} \qquad \sin y = \pm\sqrt{1-\cos^2 y} = \pm\sqrt{1-x^2}$$

$$0 \le y \le \pi, \sin y > 0$$

$$\Rightarrow \sin y = \sqrt{1-x^2}$$

(3) $y = \tan^{-1}x,\ -\frac{\pi}{2} < y < \frac{\pi}{2}$

$\tan y = x$

$$\Rightarrow \frac{d}{dx}(\tan y) = \frac{d}{dx}(x)$$

$$\Rightarrow \sec^2 y \cdot y' = 1$$

$$\Rightarrow y' = \frac{1}{\sec^2 y} = \frac{1}{1+x^2} \ (\because \tan^2 y + 1 = \sec^2 y)$$

(4) $y = \cot^{-1}x,\ \ 0 < y < \pi$

$\cot y = x$

$$\Rightarrow \frac{d}{dx}(\cot y) = \frac{d}{dx}(x)$$

$$\Rightarrow -\csc^2 y \cdot y' = 1$$

$$\Rightarrow y' = -\frac{1}{\csc^2 y} = -\frac{1}{1+x^2} \ (\because \cot^2 y + 1 = \csc^2 y)$$

(5) $y = \sec^{-1}x\ ,\ 0 \le y \le \pi,\ y \ne \frac{\pi}{2}$

$\sec y = x$

$$\Rightarrow \frac{d}{dx}(\sec y) = \frac{d}{dx}(x)$$

$$\Rightarrow \sec y \tan y \cdot y' = 1$$

$$\Rightarrow y' = \frac{1}{\sec y \tan y} \qquad (\because \tan^2 y + 1 = \sec^2 y$$

$$= \pm\frac{1}{x\sqrt{x^2-1}} = \frac{1}{|x|\sqrt{x^2-1}} \qquad \tan y = \pm\sqrt{\sec^2 y - 1}$$

$$\tan y = \pm\sqrt{x^2-1}\ ,\ \sec y = x)$$

(6) $y = \csc^{-1}x$ 단, $-\frac{\pi}{2} \le y \le \frac{\pi}{2}, y \ne 0$

$$\csc y = x$$
$$\Rightarrow \frac{d}{dx}(\csc y) = \frac{d}{dx}(x)$$
$$\Rightarrow -\csc y \cot y \cdot y' = 1$$
$$\Rightarrow y' = -\frac{1}{\csc y \cot y}$$
$$= \pm\frac{-1}{x\sqrt{x^2-1}}$$
$$= \frac{-1}{|x|\sqrt{x^2-1}}$$

$(\because \cot^2 y + 1 = \csc^2 y$
$\cot y = \pm\sqrt{\csc^2 y - 1}$
$\cot y = \pm\sqrt{x^2-1}$, $\csc y = x)$

예제 3.17 다음을 구하여라.

(1) $\frac{d}{dx}(\sin^{-1}x^2)$ (2) $\frac{d}{dx}(\tan^{-1}(\sin x))$

풀이

(1) $\frac{d}{dx}(\sin^{-1}x^2) = \frac{1}{\sqrt{1-(x^2)^2}} \cdot 2x = \frac{2x}{\sqrt{1-x^4}}$

(2) $\frac{d}{dx}(\tan^{-1}(\sin x)) = \frac{1}{1+(\sin x)^2} \cdot \cos x = \frac{\cos x}{1+\sin^2 x}$

예제 3.18 주어진 점에서 곡선의 접선 기울기를 구하여라.

(1) $y = (\cos^{-1}x)^4$, $x = 0$ (2) $y = x\tan^{-1}(x^2-1)$, $x = \sqrt{2}$

풀이

(1) $y' = 4(\cos^{-1}x)^3 \cdot \frac{-1}{\sqrt{1-x^2}}$

$$y'(0) = 4\left(\cos^{-1}(0)\right)^3 \cdot \frac{-1}{\sqrt{1}}$$
$$= 4\left(\frac{\pi}{2}\right)^3 \cdot (-1)$$
$$= -\frac{\pi^3}{2}$$

(2) $y' = \tan^{-1}\left(x^2-1\right) + x \cdot \frac{1}{1+\left(x^2-1\right)^2} \cdot 2x$

$$= \tan^{-1}\left(x^2-1\right) + \frac{2x^2}{1+(x^2-1)^2}$$
$$y'(-\sqrt{2}) = \tan^{-1}(1) + \frac{4}{1+1} = \frac{\pi}{4} + 2$$

3.3 연습문제

1. y의 도함수를 구하여라.

(1) $y=\sin^{-1}\left(\frac{3}{x^2}\right)$

(2) $y=\cos^{-1}(-3x+2)$

(3) $y=\sin^{-1}(1-x)$

(4) $y=2\cos^{-1}(\sqrt{x-1})$

(5) $y=\tan^{-1}(\ln x)$

(6) $y=\cot^{-1}\left(\frac{1}{x}\right)$

(7) $y=\ln(x^2+4)-x\tan^{-1}\left(\frac{x}{2}\right)$

(8) $y=\cot^{-1}(\csc x^2)$

(9) $y=\sec^{-1}(2x+1)$

(10) $y=\sin^{-1}((1-x^2)^2)$

(11) $y=\tan^{-1}\sqrt{x^2-1}+\csc^{-1}x,\ \ x>1$

(12) $y=\sqrt{x^2-1}+\csc^{-1}x,\ \ x>1$

2. 주어진 점에서 곡선의 접선의 방정식을 구하여라.

(1) $y=\sec^{-1}(\sqrt{x})$, $x=4$

(2) $f(x)=(6\tan^{-1}x)^3$, $x=\sqrt{3}$

3.4 누적확률분포함수 미분

$F(x) = P(X \leq x)$를 임의의 확률변수의 누적분포함수라 할 때 다음이 성립한다.

(1) $F(x)$는 단조증가함수이다. 즉 $a < b$이면 $F(a) \leq F(b)$이다.

(2) $\lim_{x \to +\infty} F(x) = 1$, $\lim_{x \to -\infty} F(x) = 0$

(3) $F(x)$는 연속인 함수이다.

$F(x)$의 성질에서 알 수 있듯이 확률밀도함수 $f(x)$는

$$\int_{-\infty}^{\infty} f(x)dx = 1,\ f(x) \geq 0,\ (-\infty < x < \infty)$$

를 만족한다. 또 미적분의 기본정리에서 $f(x)$가 연속인 모든 x의 값에서 $F'(x) = f(x)$가 성립함을 알 수 있다.

예제 3.19 확률변수 X의 누적분포함수가 다음과 같다. 확률밀도함수를 구하여라.

$$F(x) = \begin{cases} 0, & x < 0 \\ x/2, & 0 \leq x < 2 \\ 1, & x \geq 2 \end{cases}$$

풀이 $f(x) = \begin{cases} 0, & x < 0 \text{ 또는 } x > 2 \\ 1/2, & 0 \leq x \leq 2 \end{cases}$ ■

예제 3.20 확률변수 X의 누적분포함수가 다음과 같다.

$$F(x) = \begin{cases} 0, & x < 0 \\ a + be^{-x}, & 0 \leq x < \infty \end{cases}$$

(1) 상수 a, b를 구하여라.

(2) $P(2 \leq X \leq 4)$를 구하여라.

(3) 확률밀도함수 $f(x)$를 구하여라.

풀이 (1) $F(x)$가 누적분포함수이므로 $\lim_{x \to +\infty} F(x) = 1$이고 $\lim_{x \to -\infty} F(x) = 0$이어야 한다.

즉, $F(0) = 0$이다.

$$\lim_{x \to \infty} F(x) = \lim_{x \to \infty} (a + be^{-x}) = a = 1,\ F(0) = a + b = 0$$

이므로 $a = 1, b = -1$이다.

(2) $P(2 \le X \le 4) = F(4) - F(2) = \dfrac{e^2 - 1}{e^4}$

(3) $0 \le x < \infty$에서 $f(x) = \dfrac{d}{dx}F(x) = \dfrac{d}{dx}(1 - e^{-x}) = e^{-x}$이고, $x < 0$일 때, $f(x) = 0$이다 ■

예제 3.21 다음 누적분포함수를 갖는 확률변수 X에 대하여 확률밀도함수 $f(x)$와 확률 $P(1 \le X \le 2)$을 구하여라.

$$F(x) = \begin{cases} 0, & x < 0 \\ 1 - e^{-\lambda x}, & x \ge 0 \end{cases}$$

풀이 X의 확률밀도함수는 $f(x) = F'(x)$를 갖는다. X의 확률밀도함수는 다음과 같다.

$$f(x) = \begin{cases} 0, & x < 0 \\ \lambda e^{-\lambda x}, & x \ge 0 \end{cases}$$

$$\begin{aligned} P(1 \le X \le 2) &= P(X \le 2) - P(X \le 1) \text{이고} \\ &= F(2) - F(1) \\ &= 1 - e^{-2\lambda} - (1 - e^{-\lambda}) = e^{-\lambda} - e^{-2\lambda} \end{aligned}$$ ■

예제 3.22 누적분포함수가 다음과 같을 때, 확률밀도함수 $f(x)$를 구하여라.

(1) $F(x) = \begin{cases} 0 & , x < 0 \\ 3x^3 - 2x^4, & 0 \le x < 1 \\ 1 & , x \ge 1 \end{cases}$ (2) $F(x) = \begin{cases} 0 & , x < 0 \\ \dfrac{1}{2}(x + x^2), & 0 \le x < 1 \\ 1 & , x \ge 1 \end{cases}$

(3) $F(x) = \begin{cases} 0 & , x < 0 \\ 1 - (1 + 3x)e^{-3x}, & x \ge 0 \end{cases}$ (4) $F(x) = \begin{cases} 0 & , x < 1 \\ 1 - \dfrac{1}{x}, & x \ge 1 \end{cases}$

풀이 (1) $f(x) = \begin{cases} 9x^2 - 8x^3, & 0 \le x < 1 \\ 0, & \text{기타} \end{cases}$ (2) $f(x) = \begin{cases} \dfrac{1 + 2x}{2}, & 0 \le x < 1 \\ 0, & \text{기타} \end{cases}$

(3) $f(x) = \begin{cases} 9xe^{-3x}, & x \ge 0 \\ 0, & x < 0 \end{cases}$ (4) $f(x) = \begin{cases} \dfrac{1}{x^2}, & x \ge 1 \\ 0, & x < 1 \end{cases}$

3.4 연습문제

1. 누적분포함수 $F(x)$가 다음과 같을 때, $f(x) = \frac{d}{dx}F(x)$를 구하여라.

(1) $F(x) = \begin{cases} 0\,;\, x < 0 \\ x\,;\, 0 \le x < 1 \\ 1\,;\, x \ge 1 \end{cases}$

(2) $F(x) = \begin{cases} 0 & ;\, x < 1 \\ 1 - \frac{1}{x} & ;\, x \ge 1 \end{cases}$

(3) $F(x) = \begin{cases} 0 & ;\, x < 0 \\ 1 - e^{-x} & ;\, x \ge 0 \end{cases}$

(4) $F(x) = \frac{1}{\pi}\tan^{-1}x, \quad -\infty < x < +\infty$

2. 함수 $M_X(t) = (1-2t)^{-\frac{1}{2}}\left(t < \frac{1}{2}\right)$의 n계 도함수를 구하여라.

3. 다음 주어진 함수 $M_X(t)$에 대하여 $M_X{}'(0)$, $M_X{}''(0)$, $M_X{}''(0) - (M_X{}'(0))^2$을 구하여라.

(1) $M_X(t) = (1-\beta t)^{-k}, \quad \left(t < \frac{1}{\beta}\right)$

(2) $M_X(t) = \exp\left[\mu t + \frac{\sigma^2}{2}t^2\right]$

$\left(\begin{matrix} -\infty < \mu < +\infty, \sigma^2 > 0 \\ -\infty < t < +\infty \end{matrix}\right)$

(3) $M_X(t) = (1-p+pe^t)^n$

$(0 < p < 1, \quad -\infty < t < +\infty)$

(4) $M_X(t) = \exp[\lambda(e^t - 1)]$

$(\lambda > 0, \quad -\infty < t < +\infty)$

Derivative Formulas(미분 공식)

■ Basic Derivative Formulas(기본 미분)

$$\frac{d}{dx}(x^n) = nx^{n-1}, \quad \frac{d}{dx}(\sqrt{x}) = \frac{1}{2\sqrt{x}}, \quad \frac{d}{dx}\left(\frac{1}{x}\right) = -\frac{1}{x^2}$$

$$\frac{d}{dx}(f(x) \cdot g(x)) = f'(x)g(x) + f(x)g'(x),$$

$$\frac{d}{dx}\left(\frac{f(x)}{g(x)}\right) = \frac{f'(x)g(x) - f(x)g'(x)}{g^2(x)}$$

$$\frac{d}{dx}f(g(x)) = f'(g(x)) \cdot g'(x),$$

$$\frac{d}{dx}f(g(h(x))) = f'(g(h(x))) \cdot g'(h(x)) \cdot h'(x)$$

$$\frac{d}{dx}(\sqrt{f(x)}) = \frac{1}{2\sqrt{f(x)}} \cdot f'(x)$$

■ Derivatives of Trigonometric Formulas(삼각함수 미분)

$$\frac{d}{dx}(\sin x) = \cos x \qquad \frac{d}{dx}(\cos x) = -\sin x$$

$$\frac{d}{dx}(\tan x) = \sec^2 x \qquad \frac{d}{dx}(\cot x) = -\csc^2 x$$

$$\frac{d}{dx}(\sec x) = \sec x \tan x \qquad \frac{d}{dx}(\csc x) = -\csc x \cot x$$

■ Derivatives of Inverse Trigonometric Formulas(역삼각함수 미분)

$$\frac{d}{dx}(\sin^{-1}x) = \frac{1}{\sqrt{1-x^2}} \qquad \frac{d}{dx}(\cos^{-1}x) = -\frac{1}{\sqrt{1-x^2}}$$

$$\frac{d}{dx}(\tan^{-1}x) = \frac{1}{1+x^2} \qquad \frac{d}{dx}(\cot^{-1}x) = -\frac{1}{1+x^2}$$

$$\frac{d}{dx}(\sec^{-1}x) = \frac{1}{|x|\sqrt{x^2-1}} \qquad \frac{d}{dx}(\csc^{-1}x) = -\frac{1}{|x|\sqrt{x^2-1}}$$

■ Derivatives of Exponential and Logarithmic Fuctions Formulas (지수, 로그함수 미분)

$$\frac{d}{dx}(e^x) = e^x \qquad \frac{d}{dx}(a^x) = a^x \ln a \quad (a \neq 1,\ a > 0)$$

$$\frac{d}{dx}(e^{f(x)}) = e^{f(x)} \cdot f'(x) \qquad \frac{d}{dx}(a^{f(x)}) = a^{f(x)} \cdot f'(x) \cdot \ln a$$

$$\frac{d}{dx}(\ln x) = \frac{1}{x} \qquad \frac{d}{dx}(\log_a x) = \frac{1}{x} \cdot \frac{1}{\ln a}$$

$$\frac{d}{dx}(\ln f(x)) = \frac{1}{f(x)} \cdot f'(x) \qquad \frac{d}{dx}(\log_a f(x)) = \frac{1}{f(x)} \cdot f'(x) \cdot \frac{1}{\ln a}$$

■ Derivatives of Inverse Formulas(역함수 미분)

$$(f^{-1})'(x) = \frac{1}{f'(f^{-1}(x))}$$

Chapter

04

미분의 응용

함수가 증가하는 구간과 감소하는 구간을 알아보고 극댓값, 극솟값을 구하는 방법을 알아본다. 또한 함수가 증가 또는 감소할 때 위로 볼록하거나 아래로 볼록한 그래프가 그려지는데, 이러한 그래프를 그리기 위해 이계도함수 판정법도 학습한다. 마지막으로, 생활 속에서 적용되는 최적화 문제를 극댓값, 극솟값을 활용하여 구하는 방법도 자세히 알아본다.

4.1 곡선의 접선과 미분

4.1.1 접선과 법선

$P(x_1,\ y_1)$에서 $y = f(x)$의 미분계수가 존재한다면, P에서의 곡선의 기울기는 $x = x_1$에서의 $f(x)$의 미분계수인 $f'(x_1)$이다. f의 정의역 안에서 $f'(x) = 0$ 또는 $f'(x)$가 존재하지 않는 어떤 $x = c$를 임계점 또는 f의 임계값이라고 부른다. f가 어디에서나 미분계수를 가진다면, 방정식 $f'(x) = 0$에서 임계점이 존재한다.

예제 4.1 다음 함수의 임계점을 구하여라.

(1) $f(x) = 4x^3 - 6x^2 - 8$ (2) $f(x) = 3x^3 + 2x$

(3) $f(x) = (x-1)^{1/3}$

풀이

(1) $f(x) = 4x^3 - 6x^2 - 8$에서

$f'(x) = 12x^2 - 12x = 12x(x-1)$이다.

이것은 x가 0 이거나 1이면 0과 같다. 따라서, 0과 1은 임계점들이다.

(2) $f(x) = 3x^3 + 2x$에서 $f'(x) = 9x^2 + 2$이다.

$f'(x)$가 절대 0이 되지 않기 때문에(항상 양수이다), f는 임계점이 없다.

(3) $f(x) = (x-1)^{1/3}$에서 $f'(x) = \dfrac{1}{3(x-1)^{2/3}}$

$f'(x)$가 절대 0이 아님에도 불구하고, $x = 1$는 f의 임계점이다, 왜냐하면, f'는 $x = 1$에서 존재하지 않기 때문이다. ■

점 $P(x_1,\ y_1)$에서 곡선 $y = f(x)$에 접선의 방정식은

$$y - y_1 = f'(x_1)(x - x_1)$$

이다.

접선에 수직이고 P를 지나는 선을 P에서의 법선이라고 하고, 기울기 $-\dfrac{1}{f'(x_1)}$ 의 법선의 방정식은

$$y - y_1 = -\frac{1}{f'(x_1)}(x - x_1)$$

이다.

예제 4.2 점 (1, −2)에서 $f(x) = x^3 - 3x^2$의 곡선에 접선과 법선의 방정식을 찾아라.

풀이 $f'(x) = 3x^2 - 6x$이고 $f'(1) = -3$이기 때문에, 접선의 방정식은

$y + 2 = -3(x-1)$ 또는 $y + 3x = 1$

법선의 방정식은

$y + 2 = \frac{1}{3}(x-1)$ 또는 $x - 3y = 7$ ■

예제 4.3 $x = 0$일 때의 점에서 곡선 $x^2y - x = y^3 - 8$의 접선의 방정식을 찾아라.

풀이 $\frac{dy}{dx} = \frac{1-2xy}{x^2-3y^2}$이고, $x = 0$일 때 $y = 2$이기 때문에, 이 점에서의 기울기는 $\frac{1-0}{0-12} = -\frac{1}{12}$이다. 접선의 방정식은

$y - 2 = -\frac{1}{12}x$ 또는 $12y + x = 24$ ■

예제 4.4 곡선 $y^2 - 4xy = x^2 + 5$에서 접선이 수평이 되는 점의 좌표를 찾아라.

풀이 $\frac{dy}{dx} = \frac{x+2y}{y-2x}$이고 $\frac{dy}{dx} = 0$일 때, 접선은 수평이기 때문에, $x = -2y$이다. 곡선의 방정식에 이것을 대입하면, 다음의 값을 갖는다.

$y^2 - 4y(-2y) = 4y^2 + 5$, $5y^2 = 5$

따라서 $y = \pm 1$이고 $x = \mp 2$이다. 점들은(2, −1), (−2, 1)이다. ■

예제 4.5 곡선 $y = \sin^2(x+1)$의 접선이 직선 $3x - 3y - 5 = 0$에 평행한 점의 좌표를 찾아라.

풀이 $\frac{dy}{dx} = 2\sin(x+1)\cos(x+1) = \sin 2(x+1)$이고, 주어진 선이 기울기 1을 가지고 있기 때문에, $\sin 2(x+1) = 1$이 되는 x를 찾는다. $2(x+1) = \frac{\pi}{2} + 2n\pi$($n$은 정수)에서 $x + 1 = \frac{\pi}{4} + n\pi$ 따라서 $x = \frac{\pi}{4} + n\pi - 1$ ■

4.1.2 도함수의 성질

함수 $f(x)$가 폐구간 $a \le x \le b$의 모든 점에서 연속적이고, 개구간 $a < x < b$의 모든 점에서 미분계수가 있다면,

$$\frac{f(b) - f(a)}{b - a} = f'(c)$$

가 되는 c, $a < c < b$를 가진다. 평균변화율과 순간변화율에 관련한 정리는 그림 4.1에서 설명된다. 다음에 그려진 함수에서 PQ의 기울기가 곡선 접선의 기울기와 같은 a와 b 사이에 c_1과 c_2가 존재한다.

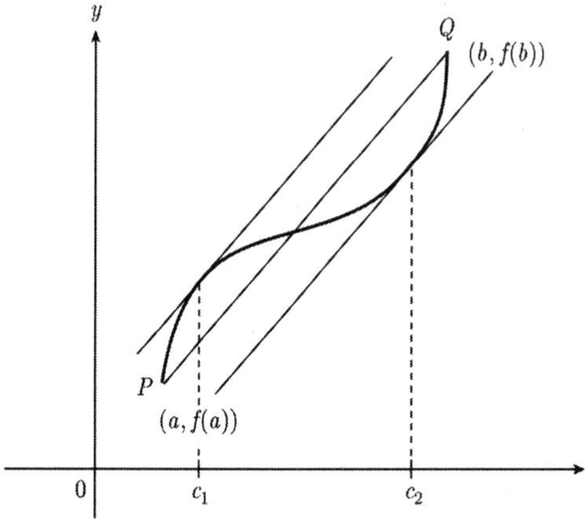

그림 4.1

평균값 정리를 종종 첫 글자를 딴 MVT로 나타내곤 한다.

MVT의 가정에 더하여, $f(a) = f(b) = 0$이라고 주어진다면, $f'(c)$가 되는 a와 b 사이의 c가 있다. MVT의 특별한 이 경우는 Rolle의 정리라고 불리기도 한다(그림 4.2 참조).

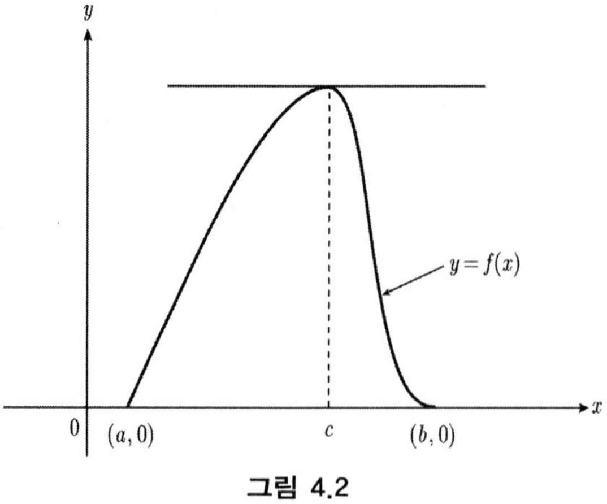

그림 4.2

예제 4.6 다음 각 함수에 대하여 주어진 구간에서 평균값의 정리를 만족시키는 c의 값을 구하여라.

(1) $f(x) = x^2 \ [0, 2]$ (2) $f(x) = \sqrt{x-1} \ [1, 3]$

(3) $f(x) = \ln x \ [1, e]$

풀이 (1) $f(x) = x^2$에서 $f'(x) = 2x$이므로 구하는 c는

$$\frac{f(2)-f(0)}{2-0} = 2c\,(0 < c < 2)\text{에서 } \frac{2^2-0^2}{2} = 2c \qquad c = 1$$

(2) $f(x) = \sqrt{x-1}$에서 $f'(x) = \dfrac{1}{2\sqrt{x-1}}$이므로 구하는 c는

$$\frac{f(3)-f(1)}{3-1} = \frac{1}{2\sqrt{c-1}}\,(1 < c < 3)\text{에서 } \frac{\sqrt{2}-\sqrt{0}}{2} = \frac{1}{2\sqrt{c-1}}$$

$$c = \frac{3}{2}$$

(3) $f(x) = \ln x$에서 $f'(x) = \dfrac{1}{x}$이므로 구하는 c는

$$\frac{f(e)-f(1)}{e-1} = \frac{1}{c}\,(1 < c < e)\text{에서 } \frac{\ln e - \ln 1}{e-1} = \frac{1}{c} \qquad c = e-1$$

■

예제 4.7 함수 $f(x) = x^3 - 3x^2 + 2x$에 대하여 $[0, 2]$에서 $f'(c) = 0$을 만족시키는 모든 상수 c의 값은?

풀이 $f(0) = f(2) = 0$이므로 롤의 정리에 의하여 $f'(c) = 0$인 c가 $(0, 2)$에 적어도 하나 존재한다.

$f'(x) = 3x^2 - 6x + 2$에서 $f'(c) = 3c^2 - 6c + 2 = 0$

$c = \dfrac{3-\sqrt{3}}{3}$ 또는 $c = \dfrac{3+\sqrt{3}}{3}$

■

4.1 연습문제

1. 임계점을 구하시오.

(1) $f(x) = x(4-x)^3$

(2) $y = x^2 + \dfrac{2}{x}$

(3) $y = x^2 - 32\sqrt{x}$

2. $f(x) = (x-2)^{\frac{2}{3}}$에서 다음을 구하여라.

(1) $f'(2)$가 존재하는가?

(2) $x = 2$일 때 f의 극값이 존재하는가?

3. 다음을 구하여라.

(1) 곡선 $y = \left(\dfrac{x}{2}\right) + \dfrac{1}{(2x-4)}$에서 기울기가 $-\dfrac{3}{2}$인 곳에 점이 존재하는가?

(2) 곡선 $y = 2x^3 - 3x^2 - 12x + 20$에서 접선이 x축에 평행하는 점을 구하여라.

4. 곡선 $y = 2x^3 - 3x^2 - 12x + 20$에서 (1), (2)를 구하여라.

(1) 접선이 $y = 1 - \left(\dfrac{x}{24}\right)$에 수직인 점은?

(2) 접선이 $y = \sqrt{2} - 12x$에 평행하는 점은?

5. $y = \dfrac{c}{(x+1)}$이 $(0, 3)$과 $(5, -2)$을 지나는 직선에 접하는 c의 값은?

6. 다음을 구하여라.

(1) 점 $(2, 1)$에서 곡선 $y = x^3 - 4x + 1$에 접하는 수선의 방정식을 구하여라.

(2) 곡선 $y = x^3 - 4x + 1$에서 가장 작은 기울기의 값은?

(3) 곡선 $y = x^3 - 4x + 1$의 기울기가 8인 점에서 곡선에 접하는 방정식을 구하여라.

7. 원점과 점 $(1, 2)$에서 $y = \dfrac{4x}{x^2+1}$에의 접선을 찾아라.

8. 다음 문제에서 미지수를 찾아라.

(1) 곡선 $y = ax^2 + bx + c$이 $(1, 2)$를 지나고 원점에서 $y = x$에 접한다. a, b 그리고 c를 구하여라.

(2) 곡선 $y = x^2 + ax + b$와 $y = cx - x^2$가 $(1, 0)$에서 접선을 가진다. a, b 그리고 c를 구하여라.

(3) 아래 함수를 모든 x 값에서 미분 가능하게 하는 a, b의 값을 구하여라.

$$f(x) = \begin{cases} ax + b, & x > -1 \\ bx^2 - 3, & x \le -1 \end{cases}$$

9. 평균값의 정리의 결과에서 방정식 $\dfrac{f(b) - f(a)}{b - a} = f'(c)$를 만족하는 c의 값을 찾아라.

(1) $f(x) = x^2 + 2x - 1$, $[0, 1]$

(2) $f(x) = x + \dfrac{1}{x}$, $\left[\dfrac{1}{2}, 2\right]$

(3) $f(x) = \sin^{-1} x$, $[-1, 1]$

(4) $f(x) = x^3 - x^2$, $[-1, 2]$

10. 주어진 점에서의 (1) 접선과 (2) 법선을 구하여라.

(1) $x^2 + xy - y^2 = 1$, $(2, 3)$

(2) $6x^2 + 3xy + 2y^2 + 17y - 6 = 0$, $(-1, 0)$

(3) $2xy + \pi \sin y = 2\pi$, $\left(1, \dfrac{\pi}{2}\right)$

(4) $y = 2\sin(\pi x - y)$, $(1, 0)$

11. 주어진 점에서 주어진 식에 접하는 방정식과 법선을 찾아라.

(1) $x^2 + 2y^2 = 9$, $(1, 2)$

(2) $xy + 2x - 5y = 2$, $(3, 2)$

(3) $x + \sqrt{xy} = 6$, $(4, 1)$

(4) 점 $(1, 1)$과 $(1, -1)$에서 $x^3y^3 + y^2 = x + y$의 기울기를 구하여라.

4.2 극대 · 극소와 미분

4.2.1 극대 · 극소

함수 $f(x)$가 $x = a$에서 연속이고 x의 값이 증가하면서 $x = a$의 좌우에서 $f(x)$가 증가 상태에서 감소 상태로 바뀌면 $f(x)$는 $x = a$에서 극대라 하며 $f(a)$를 극댓값이라 한다.

함수 $f(x)$가 $x = b$에서 연속이고 x의 값이 증가하면서 $x = b$의 좌우에서 $f(x)$가 감소 상태에서 증가 상태로 바뀌면 $f(x)$는 $x = b$에서 극소라 하며 $f(b)$를 극솟값이라 한다(그림 4.3).

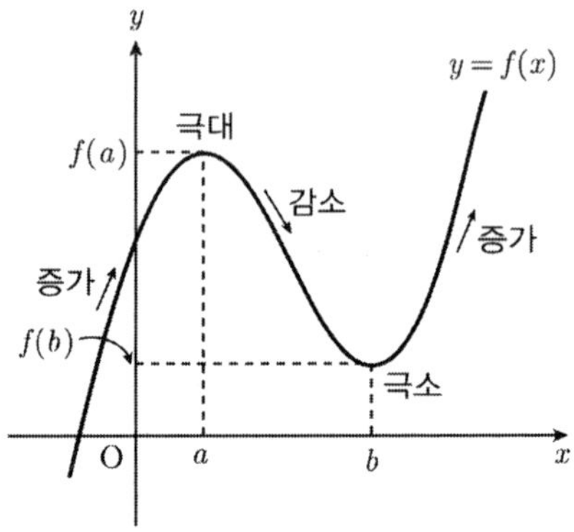

그림 4.3

$y'' > 0$이면 그래프가 아래로 볼록하고, $y'' < 0$이면 그 그래프는 위로 볼록하다. 또한 위로 볼록하다가 아래로 볼록하거나 아래로 볼록하다가 위로 볼록하는 순간점을 변곡점이라 한다.

(1) 함수의 극대, 극소의 판정 I

미분가능한 함수 $f(x)$에 대하여 $f'(a) = 0$이고 $x = a$의 좌우에서 $f'(x)$의 부호가

① 양에서 음으로 변하면 함수 $f(x)$는 $x = a$에서 극댓값을 가진다.

② 음에서 양으로 변하면 함수 $f(x)$는 $x = a$에서 극솟값을 가진다.

설명 $f'(a) = 0$이라고 해서 함수 $f(x)$가 반드시 $x = a$에서 극값을 가지는 것은 아니다. 예를 들면 $f(x) = x^3$은 $f'(0) = 0$이지만 $x = 0$의 좌우에서 $f'(x)$의 부호는 변하지 않고 항상 $f'(x) = 3x^2 > 0\ (x \neq 0)$이다. 따라서 함수 $f(x) = x^3$은 $x = 0$에서 극값을 가지지 않는다. 또한 $f(x)$가 $x = a$에서 극값을 가져도 $f'(a)$가 존재하지 않을 수 있다. 예를 들면 $f(x) = |x|$는 $x = 0$에서 극소이지만 $f'(0)$은 존재하지 않는다.

(2) 함수의 극대, 극소의 판정 II

이계도함수를 가지는 함수 $f(x)$에서 $f'(a) = 0$일 때

① $f''(a) < 0$이면 함수 $f(x)$는 $x = a$에서 극댓값을 가진다.

② $f''(a) > 0$이면 함수 $f(x)$는 $x = a$에서 극솟값을 가진다.

설명 함수 $f(x)$의 이계도함수 $f''(x)$가 존재하고 $f'(a) = 0$일 때 $f''(a) < 0$이면 $f'(x)$는 $x = a$에서 감소 상태에 있으므로 $f'(x)$의 부호는 양에서 음으로 바뀐다. 따라서 함수 $f(x)$는 $x = a$에서 극대이고 극댓값 $f(a)$를 가진다.

예제 4.8 함수 $f(x) = 2x^3 - 3x^2 - 12x + 12$의 극댓값과 극솟값의 합은?

풀이 함수 $f(x) = 2x^3 - 3x^2 - 12x + 12$에서

$$\begin{aligned} f'(x) &= 6x^2 - 6x - 12 \\ &= 6(x^2 - x - 2) \\ &= 6(x+1)(x-2) \end{aligned}$$

$f'(x) = 0$에서 $x = -1$ 또는 $x = 2$

$f(x)$의 증가와 감소를 표로 나타내면 다음과 같다.

x	$\cdots$	-1	$\cdots$	2	$\cdots$
$f'(x)$	$+$	0	$-$	0	$+$
$f(x)$	↗	극대	↘	극소	↗

따라서 $f(x)$는 $x = -1$에서 극댓값 $f(-1) = -2 - 3 + 12 + 12 = 19$

$x = 2$에서 극솟값 $f(2) = 16 - 12 - 24 + 12 = -8$을 가지므로 극댓값과 극솟값의 합은 $19 + (-8) = 11$ ■

예제 4.9 함수 $f(x) = x\ln x^2$이 $x = \alpha$에서 극대이고 $x = \beta$에서 극소일 때, $\alpha - \beta$의 값은? (단, e는 자연로그의 밑이다.)

풀이 $f(x) = x\ln x^2$에서

$$f'(x) = \ln x^2 + x \cdot \frac{2x}{x^2} = \ln x^2 + 2$$

$f'(x) = 0$에서 $\ln x^2 + 2 = 0$, $\ln x^2 = -2$, $x^2 = e^{-2}$

$\therefore\ x = -e^{-1}$ 또는 $x = e^{-1}$

$$f''(x) = \frac{2x}{x^2} = \frac{2}{x}$$

$f''(-e^{-1}) = -\frac{2}{e^{-1}} = -2e < 0$이므로 $f(x)$는 $x = -e^{-1}$에서 극대이다.

$f''(e^{-1}) = \frac{2}{e^{-1}} = 2e > 0$이므로 $f(x)$는 $x = e^{-1}$에서 극소이다.

따라서 $\alpha = -e^{-1}$, $\beta = e^{-1}$이므로

$$\alpha - \beta = -e^{-1} - e^{-1} = -\frac{2}{e}$$ ■

예제 4.10 그래프 $f(x) = x^3 - 5x^2 + 3x + 6$에서 극댓값, 극솟값, 그리고 변곡점들을 찾아서 곡선을 그려라.

풀이 $f'(x) = 3x^2 - 10x + 3$이고 $f''(x) = 6x - 10$

$x = \frac{1}{3}$ 또는 3일 때, $f'(x) = (3x-1)(x-3)$은 0이다.

$f''\left(\frac{1}{3}\right) < 0$이기 때문에, 점 $\left(\frac{1}{3}, f\left(\frac{1}{3}\right)\right)$이 $f(x)$의 극댓값이다.

$f''(3) > 0$이기 때문에, 점 $(3, f(3))$은 극솟값이다. 따라서 $\left(\frac{1}{3}, \frac{175}{27}\right)$은 극댓값이고 $(3, -3)$은 $f(x)$의 극솟값이다.

$x = \frac{5}{3}$일 때, $f''(x) = 0$이고 f''는 x가 $\frac{5}{3}$를 따라 증가함에 따라, 부호를 바꾼다. f의 그래프는 변곡점을 가진다. 그림 4.4를 보자.

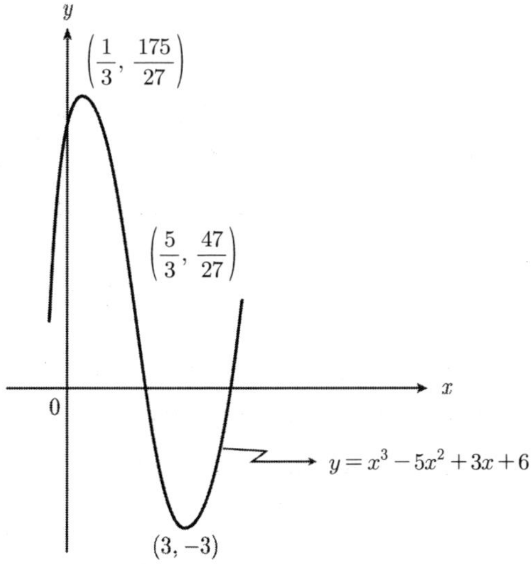

그림 4.4 ■

예제 4.11 표준정규밀도함수 $f(x) = \frac{1}{\sqrt{2\pi}} \exp\left[-\frac{x^2}{2}\right]$의 변곡점을 구하고, 곡선의 개형을 그려라.

풀이 $f'(x) = \frac{-x}{\sqrt{2\pi}} \exp\left[-\frac{x^2}{2}\right]$이므로 $f'(x) = 0$을 만족하는 점을 $x = 0$이고, 주어진 함수 $x = 0$에서 임계값 $f(0) = \frac{1}{\sqrt{2\pi}}$을 갖는다.

$$f''(x) = \frac{1}{\sqrt{2\pi}}(x^2 - 1)\exp\left[-\frac{x^2}{2}\right]$$

이므로 $f''(x) = 0$을 만족하는 점은 $x = \pm 1$이다.

$x < 1$이면 $f''(x) > 0$
$-1 < x < 1$이면 $f''(x) < 0$
$x > 1$이면 $f''(x) > 0$

이므로 변곡점은 $x = \pm 1$이다. $f''(0) = \frac{-1}{\sqrt{2\pi}} < 0$이므로 $f(x)$는 $x = 0$에서 극대이고, 또한

$$\lim_{x \to \pm\infty} \frac{1}{\sqrt{2\pi}} \exp\left[-\frac{x^2}{2}\right] = 0$$

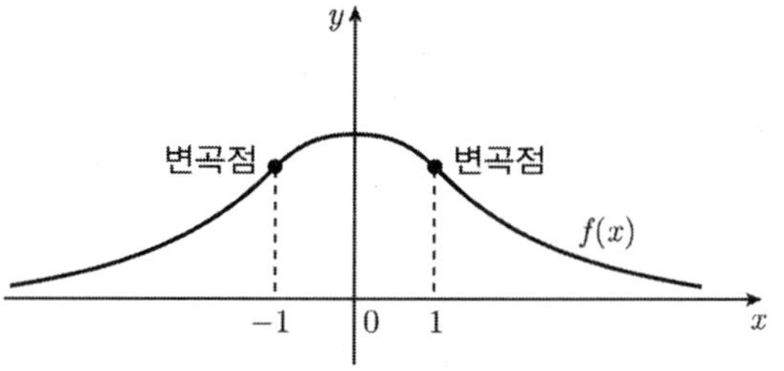

그림 4.5

이므로 수평점근선 $y = 0$(또는 x축)을 갖는다. 또한 $x = 0$을 중심으로 좌우 대칭이므로 그림 4.5와 같은 곡선의 개형을 얻을 수 있다. 이러한 곡선은 통계학에서 매우 널리 사용하는 표준정규분포곡선이다. ■

예제 4.12 $f(x) = x^4 - 4x^3$의 그래프를 그려라.

풀이

(1) $f'(x) = 4x^3 - 12x^2$이고, $f''(x) = 12x^2 - 24x$

(2) $x = 0$또는 $x = 3$일 때, $f'(x) = 4x^2(x-3)$은 0이다.

(3) $f'(x) = 12x(x-2)$이고 $f''(3) > 0$이기 때문에, 점 $(3, -27)$은 극솟값이다. $f''(0) = 0$이기 때문에, 이계도함수판정법은 0이 극댓값 또는 극솟값을 나타내는지 알 수 없다.

(4) $f'(x)$가 x가 0을 따라 증가할 때, 부호를 바꾸지 않기 때문에, 점 $(0, 0)$은 극댓값도 극솟값도 나타내지 않는다.

(5) x이 0 또는 2일 때, $f''(x) = 0$이다 f''는 x가 0을 따라 증가함에 따라 $(+\,0\,-)$ 그리고 또한 x가 2를 따라 증가할 때 $(+\,0\,-)$ 부호를 바꾼다. 따라서 $(0, 0)$과 $(2, -16)$ 모두는 곡선의 변곡점들이다. 이 곡선은 그림 4.6에 그려져 있다.

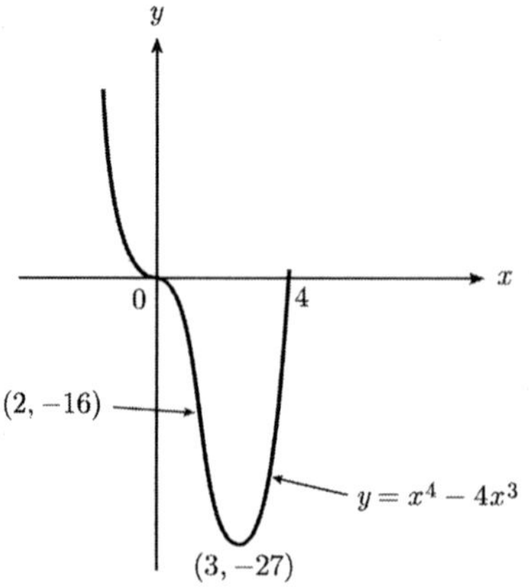

그림 4.6 ■

4.2.2 최댓값 · 최솟값

함수 f가 폐구간 $a \le x \le b$에서 미분 가능하다면, f는 폐구간 $[a, b]$에서 또한 연속적이고 최소최대 정리로부터 f는 폐구간 $[a, b]$에서 최댓값과 최솟값 모두를 가진다는 것을 알고 있다. 이들을 찾기 위해, 구간 $[a, b]$의 임계점을 위한 방정식 $f'(x) = 0$에 대한 각 점들과 $x = a$, $x = b$에서의 f를 계산한다. 구한 f의 가장 큰 값은 최댓값이고 가장 작은 값은 최솟값이다.

예제 4.13 $f(x) = 2x^3 - 3x^2 - 12x$라면, (1) $-2 \le x \le 3$, (2) $0 \le x \le 3$에서 f의 최댓값과 최솟값을 찾아라.

풀이 (1) $f'(x) = 6x^2 - 6x - 12 = 6(x+1)(x-2) = 0$, $x = -1$ 또는 $x = 2$

$f(-2) = -4$, $f(-1) = 7$, $f(2) = -20$, 그리고 $f(3) = -9$, f의 최댓값은 7이고, f의 최솟값은 -20이다.

(2) 오직 임계점 2만 $[0, 3]$ 안에 포함된다. 0, 2, 3에서의 f를 계산한다.

$f(0) = 0$, $f(2) = -2$, $f(3) = -9$이기 때문에, f의 최댓값은 0이고, 최솟값은 -20이다. ■

예제 4.14 다음 함수의 최댓값 또는 최솟값을 구하여라.

(1) $y = \dfrac{x^2 - 3x + 1}{x - 3}\ (-2 \le x < 3)$ (2) $y = \dfrac{x^2 + x - 1}{x^2 - x + 1}$

풀이 (1) $y = \dfrac{x^2 - 3x + 1}{x - 3}$

$$y' = \frac{(2x-3)(x-3) - (x^2 - 3x + 1) \cdot 1}{(x-3)^2} = \frac{(x-2)(x-4)}{(x-3)^2}$$

$y' = 0$에서 $x = 2, 4$

최댓값 1, 최솟값은 없다.

(2) $y = \dfrac{x^2+x-1}{x^2-x+1}$

$$y' = \frac{(2x+1)(x^2-x+1)-(x^2+x-1)(2x-1)}{(x^2-x+1)^2}$$

$$= \frac{-2x(x-2)}{(x^2-x+1)^2}$$

$y' = 0$에서 $x = 0, 2$

최댓값 $\dfrac{5}{3}$, 최솟값 -1 ■

4.2.3 그리기

함수의 그래프를 그리기 전에 다음 항목을 검토하는 것이 아주 중요하다.

(1) 정의역을 구한다.

(2) x축 절편과 y축 절편을 구한다.

(3) 대칭성이 있는지 살펴본다.

$f(-x, y) = f(x, y)$이면 y축에 관하여 대칭이다.

$f(x, -y) = f(x, y)$이면 x축에 관하여 대칭이다.

$f(-x, -y) = f(x, y)$이면 원점에 관하여 대칭이다.

$f(y, x) = f(x, y)$이면 직선 $y = x$에 관하여 대칭이다.

(4) 점근선을 조사한다.

- 수평점근선: $\lim_{x\to\infty} f(x) = L_1$, $\lim_{x\to-\infty} f(x) = L_2$이면 $y = L_1$, $y = L_2$는 수평점근선이다.
- 수직점근선: $\lim_{x\to a+} f(x) = \pm\infty$, $\lim_{x\to a-} f(x) = \pm\infty$이면, $x = a$는 수직점근선이다.
- 경사점근선: $y = f(x)$를 $y = ax+b+h(x)$ 형태로 변경할 수 있으며, 이때 $\lim_{x\to\infty} h(x) = 0$ 또는 $\lim_{x\to-\infty} h(x) = 0$이면, $y = ax+b$는 경사점근선이다.

(5) 임계점, 변곡점, 극값 및 곡선의 볼록성을 조사한다. ■

예제 4.15 함수 $f(x) = \dfrac{x}{(1+x)^2}$의 그래프를 그리시오.

풀이 (1) 정의역: 분모 $\neq 0$ 이어야 하므로 $x \neq -1$인 모든 실수에서 함수 $f(x)$는 정의된다.

(2) 절편점: $f(0) = 0$ 이므로 원점이 x축, y축 절편점이다.

(3) 대칭성은 없다.

(4) 점근선: $\lim_{x\to\infty} \frac{x}{(1+x)^2} = \lim_{x\to-\infty} \frac{x}{(1+x)^2} = 0$이므로 수평점근선은 $y = 0$이다.

(5) 임계점, 변곡점, 극값, 볼록성

$$f'(x) = \frac{1-x}{(1+x)^3},\ f''(x) = \frac{2(x-2)}{(1+x)^4}$$

이므로 임계점은 $x = 1$이다. 그리고 $f''(1) = \frac{-1}{8} < 0$이므로 $x = 1$에서 극댓값 $f(1) = \frac{1}{4}$을 갖는다. 또한 $f''(x) = 0$이면 $x = 2$이므로 $x = 2$에서 변곡점을 갖는다.

위 사실을 종합하여 그림 4.7을 얻을 수 있다.

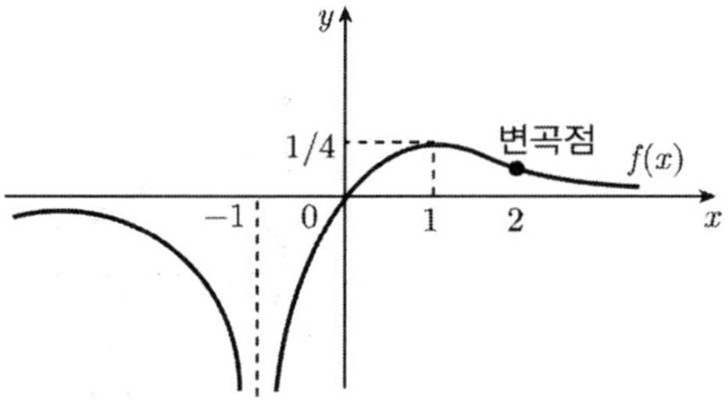

그림 4.7

■

예제 4.16 다음 각 곡선의 개형을 그리시오.

(1) $y = \ln(x^2+1)$　　　　(2) $y = xe^{-x}$

풀이 (1) $y = \ln(x^2+1)$에서

$$y' = \frac{2x}{x^2+1},\ y'' = \frac{2(x^2+1) - 2x2x}{(x^2+1)^2} = \frac{-2(x+1)(x-1)}{(x^2+1)^2}$$

x	$\cdots$	-1	$\cdots$	0	$\cdots$	1	$\cdots$
y'	$-$	$-$	$-$	0	$+$	$+$	$+$
y''	$-$	0	$+$	$+$	$+$	0	$-$
y	↘	변곡	↘	극소	↗	변곡	↗

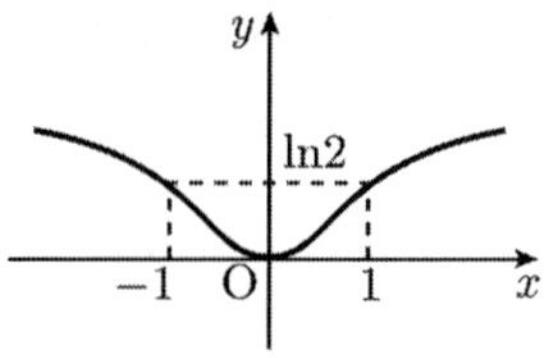

그림 4.8

(2) $y = xe^{-x}$에서

$$y' = e^{-x} - xe^{-x} = -(x-1)e^{-x},\ y'' = -e^{-x} + (x-1)e^{-x} = (x-2)e^{-x}$$

x	$\cdots$	1	$\cdots$	2	$\cdots$
y'	+	0	−	−	−
y''	−	−	−	0	+
y	↗	극대	↘	변곡	↘

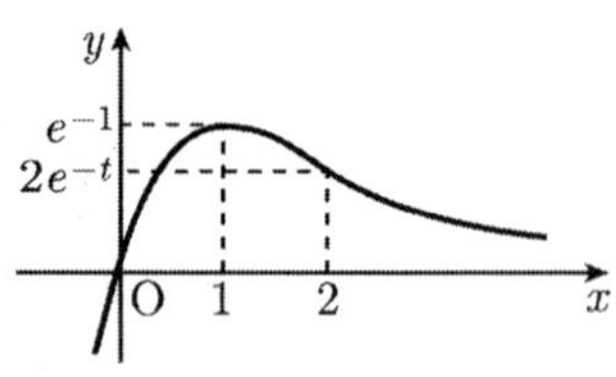

그림 4.9

따라서 극대점은 $(1, e^{-1})$, 변곡점은 $(2, 2e^{-2})$이다. ■

4.2.4 최적화: 최댓값과 최솟값을 포함하는 문제들

최대화되어야 하는(또는 최소화되어야 하는) 함수들이 있는 문제들에 적용할 수 있다. 최대화되어야 하는(또는 최소화되어야 하는) 양인 y를 x로 양수적으로 표현할 수 있다면, 위에 약술한 절차들을 사용할 수 있다. 만약 y의 정의역이 어떤 폐구간으로 제한되어 있다면, 가능한 극값을 못보고 지나치지 않기 위해 구간의 양끝 점들을 반드시 확인해야 한다.

예제 4.17 곡선 $y^2 = x$와 $y = x$로 둘러싸인 1사분면의 범위을 y−축으로 입체를 형성하기 위해 회전하였다. 이 x−축에 평행한 입체의 단면 중 가장 큰 부분의 넓이를 구하여라.

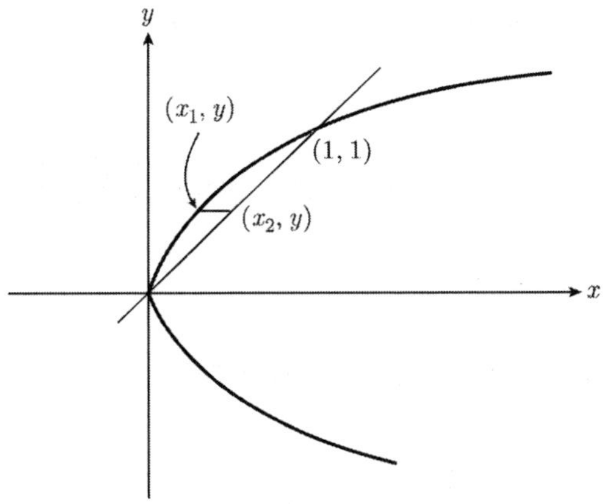

그림 4.10

풀이 그림 4.10을 보라. 곡선들은 원점과 $(1,1)$에서 교차한다. 따라서 $0 < y < 1$. 입체의 단면은 하나는 반지름이 x_2이고 다른 하나는 반지름이 x_1인 두 원들의 넓이 사이에서 넓이 A가 다른 고리이다. 따라서

$$A = \pi x_2^2 - \pi x_1^2 = \pi(y^2 - y^4);\ \frac{dA}{dy} = \pi(2y - 4y^3) = 2\pi y(1 - 2y^2)$$

첫 번째 미분계수 중 0에 상응하는 유일한 값은 $y = \dfrac{1}{\sqrt{2}}$이다. 또 $\dfrac{d^2A}{dy^2} = \pi(2 - 12y^2)$이고 $y = \dfrac{1}{\sqrt{2}}$일 때, $\dfrac{d^2A}{dy^2}$가 음수이므로 극댓값이다. 따라서 최대 넓이 A를 갖는다.

$A = \pi\left(\dfrac{1}{2} - \dfrac{1}{4}\right) = \dfrac{\pi}{4}$는 A는 구간 $[0, 1]$에서 최대 넓이는 $\dfrac{\pi}{4}$이다. ■

예제 4.18 원기둥의 부피가 k일때, 전체 겉넓이를 최소화하는 원기둥의 반지름과 높이의 비율을 구하여라.

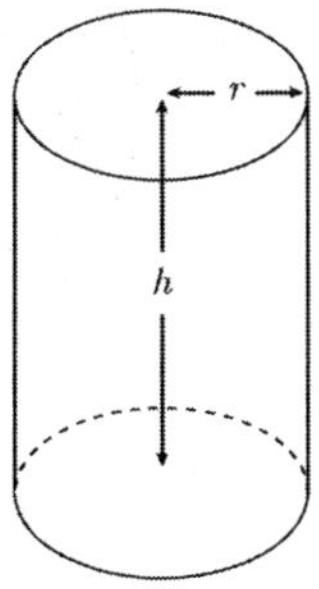

그림 4.11

풀이 그림 4.11을 보라. 부피는 다음과 같다.

$$V = \pi r^2 h = k \tag{1}$$

r은 반지름이고, h는 높이이다. 전체겉넓이인 S를 최소화하려고 한다.

$$S = 2\pi r^2 + 2\pi rh \tag{2}$$

(1)에서 $h = \dfrac{k}{\pi r^2}$을 (2)에 대입하면

$$S = 2\pi r^2 + 2\pi r \frac{k}{\pi r^2} = 2\pi r^2 + \frac{2k}{r} \tag{3}$$

(3)을 r로 미분을 하면

$$\frac{dS}{dr} = 4\pi r - \frac{2k}{r^2}$$

이제 S를 최소로 만드는 상황을 확인하기 위해 $\dfrac{dS}{dr}$을 0으로 둔다.

$$4\pi r - \frac{2k}{r^2} = 0,\ 4\pi r = \frac{2k}{r^2},\ 4\pi r = \frac{2(\pi r^2 h)}{r^2},\ 2r = h.$$

따라서 정해진 부피의 원기둥의 전체 겉넓이는 원기둥의 높이가 이것의 지름과 같을 때 최소이다. ■

예제 4.19 반지름이 r인 공에 내접하는 직원뿔 중에서 부피가 최대가 되는 구의 밑면의 반지름과 높이의 비를 구하여라.

풀이

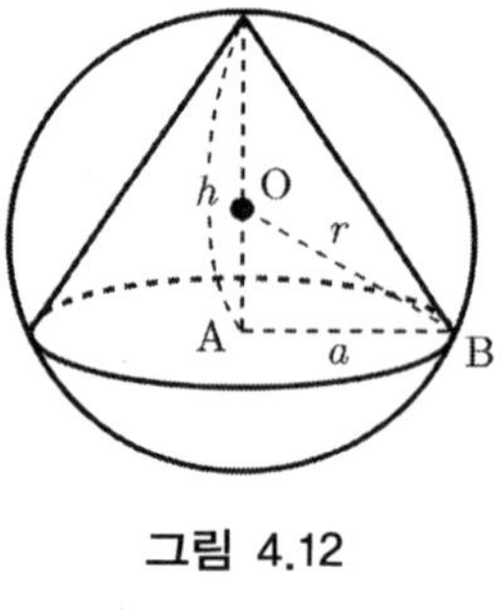

그림 4.12

$V = \dfrac{1}{3}\pi a^2 h$

$V = \dfrac{1}{3}\pi(2rh - h^2)h = \dfrac{1}{3}\pi(2rh^2 - h^3)\,(0 < h < 2r)\;\;(\because\;\; a^2 = r^2 - (h-r)^2)$

$V' = \dfrac{1}{3}\pi(4rh - 3h^2) = -\pi h(h - \dfrac{4}{3}r)$에서 $h = \dfrac{4}{3}r$

$a^2 = 2r\dfrac{4}{3}r - \left(\dfrac{4}{3}r\right)^2 = \dfrac{8}{9}r^2$

$a = \dfrac{2\sqrt{2}}{3}r$

$a : h = \dfrac{2\sqrt{2}}{3}r : \dfrac{4}{3}r = 1 : \sqrt{2}$

$1 : \sqrt{2}$ ■

예제 4.20 기존의 다리에서 동쪽으로 3마일, 남쪽으로 5마일 떨어져 있는 교차로와 연결하여 고속도로를 건설하려고 한다. 강을 건너는 고속도로를 건설하는 데 피트당 4달러가 들고 육지를 건너는 고속도로는 건설하는 데는 피트당 2달러가 든다(1마일 = 5280 피트). $(RT = u)$

(1) 고속도로를 건설하는 총비용을 u의 함수로 나타내어라.
(2) 고속도로를 건설하는 데 최소비용이 되는 u를 구하여라.

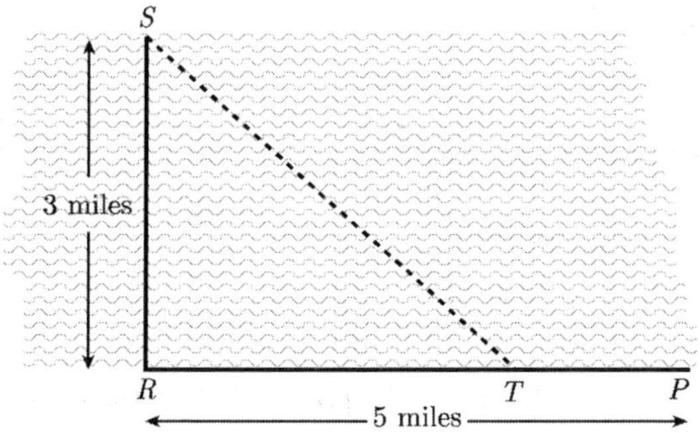

그림 4.13

풀이 (1) $C(u) = 21120\sqrt{9+u^2} + 10560(5-u)$

$= 10560(2\sqrt{9+u^2} + 5 - u)$

(2) $C'(u) = 10560\left(2\left(\dfrac{1}{2}\right)\dfrac{2u}{\sqrt{9+u^2}} - 1\right) = 10560\left(\dfrac{2u}{\sqrt{9+u^2}} - 1\right)$

$$\frac{2u}{\sqrt{9+u^2}}-1=0 \rightarrow \frac{2u}{\sqrt{9+u^2}}=1 \rightarrow \frac{4u^2}{9+u^2}=1$$

$4u^2 = 9+u^2,\ 3u^2 = 9,\ u^2 = 3,\ u = \sqrt{3}$

$C(0) = 10560(2\sqrt{9}+5) = 116160$달러

$C(5) = 10560(2\sqrt{34}) = 123150$달러

$C(\sqrt{3}) = 10560(2\sqrt{12}+5-\sqrt{3}) = 10767$달러

그러므로 최소비용이 되는 u는 $\sqrt{3}$이다. ■

예제 4.21 전기로 작동하는 기계에서 각 회로는 다양한 기능을 한다. 어떤 회로는 전력을 증폭하는 것 대신에 줄임으로써 전기의 흐름을 조절한다. 아래 그림에 주어진 회로에서 전압은 V(볼트)이며 저항이 R(옴Ω)이라고 한다. 이 회로에서 흡수되는 전력은 $p(x)=\dfrac{V^2x}{(R+x)^2}$라고 한다. 흡수된 전력을 최대화하는 x값을 구하여라.

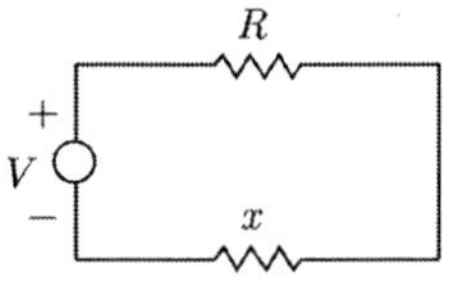

그림 4.14

풀이

$$p(x) = \frac{V^2x}{(R+x)^2}$$

$$p'(x) = \frac{V^2(R+x)^2 - V^2x\cdot 2(R+x)}{(R+x)^4} = \frac{V^2R^2 - V^2x^2}{(R+x)^4} = 0$$

$p'(x) = 0$일 때, $x = R$

$$p'(x) = \begin{cases} >0, & (0, R) \\ <0, & (0, \infty) \end{cases}$$

따라서 $x = R$일 때, 흡수되는 전력은 최대가 된다. ■

4.2 연습문제

1. 극솟값 또는 극댓값을 구하여라.

(1) $y = x^3 + x^2 - 8x + 5$

(2) $y = \dfrac{1}{\sqrt[3]{1 - x^2}}$

(3) $y = \dfrac{x}{x^2 + 1}$

(4) $y = x \ln x$

(5) $y = x^{\frac{2}{3}}(x + 2)$

(6) $y = x\sqrt{4 - x^2}$

(7) $h(x) = -x^3 + 2x^2$

(8) $f(x) = x^4 - 8x^2 + 16$

(9) $h(t) = \dfrac{3}{2}t^4 - t^6$

(10) $g(x) = x\sqrt{8 - x^2}$

(11) $f(x) = \dfrac{x^2 - 3}{x - 2}$, $x \neq 2$

(12) $f(x) = x^{\frac{1}{3}}(x + 8)$

(13) $f(t) = 12t - t^3$, $-3 \leq t < \infty$

(14) $h(x) = \dfrac{x^3}{3} - 2x^2 + 4x$, $0 \leq x < \infty$

(15) $f(x) = \sqrt{25 - x^2}$, $-5 \leq x < 5$

(16) $g(x) = \dfrac{x - 2}{x^2 - 1}$, $0 \leq x < 1$

(17) $f(x) = \sin 2x$, $0 \leq x \leq \pi$

(18) $f(x) = \sqrt{3}\cos x + \sin x$, $0 \leq x \leq 2\pi$

(19) $f(x) = \dfrac{x}{2} - 2\sin\dfrac{x}{2}$, $0 \leq x \leq 2\pi$

(20) $f(x) = \csc^2 x - 2\cot x$, $0 < x < \pi$

2. $(1, 2)$에서 $f(x) = ax^2 + bx$가 최댓값을 가지기 위한 정수 a와 b값을 결정하여라.

3. 극값과 변곡점을 구하여라.

(1) $y = x^3 - 3x + 3$

(2) $y = x^4 - 2x^2 = x^2(x^2 - 2)$

(3) $y = \sin x \cos x$, $0 \leq x \leq \pi$

(4) $y = \dfrac{8x}{x^2 + 4}$

4. 다음 함수들의 극값과 요철 및 개형을 그려라.

(1) $y = 3x^4 - 4x^3 + 1$

(2) $y = \dfrac{1}{\pi}\dfrac{1}{x^2 + 1}$

(3) $y = \dfrac{\ln x}{x}$

(4) $y = x^{-1}e^x$

(5) $y = \dfrac{1}{\sqrt{2\pi}\,\sigma}\exp\left[-\dfrac{(x - \mu)^2}{2\sigma^2}\right]$

5. 둘레의 최소화 넓이가 $16\,\text{in.}^2$인 직사각형의 둘레는 최소 얼마인가? 이때 각 변의 길이는 얼마인가?

6. 직사각형의 밑변은 x축에 있고, 위의 두 꼭짓점은 포물선 $y = 12 - x^2$에 있다. 직사각형의 넓이는 최대 얼마인가? 이때 각 변의 길이는 얼마인가?

7. 반지름이 3인 구에 내접하는 가장 큰 직원뿔의 부피를 구하여라.

8. 반지름이 10인 구에 내접하는 부피가 가장 큰 직원기둥의 규격을 구하여라. 최대 부피는 얼마인가?

9. x축 및 2개의 꼭짓점과 함께 한쪽의 곡선 $y = e^{-x^2}$에 그려져 있을 수 있는 큰 사각형의 면적은?

10. 직선은 점 $(1, 2)$에서 양의 x축 및 y축이 오른쪽 삼각형을 형성을 통해 그려진다. 최소 넓이의 삼각형을 형성하는 직선의 기울기는?

11. 곡선 $y^2x = 18$에서 $(2, 0)$에 가장 가까운 제1사분면 점은?

12. 한 시에서 기존의 다리와 교차로를 연결하는 고속도로를 건설하려고 한다. 교차로는 다리로부터 동쪽으로 8마일, 남쪽으로 10마일 떨어져 있다고 한다. 또한 다리에서 남쪽으로 4마일까지는 습지라고 한다. 습지를 통과하는 건설비는 마일당 500만 달러이며 건조한 지역을 통과하는 건설비는 마일당 200만 달러라고 한다. 고속도로는 다리로부터 습지의 가장자리까지 직선이며 이 가장자리에서 교차로까지도 직선일 것이다. 총 건설비용이 최소가 되도록 하려면 고속도로가 습지의 가장자리 어느 곳에서 밖으로 나와야 하는가? 다리로부터 교차로까지 직선으로 연결하는 고속도로를 건설하는 것보다 비용이 얼마나 절감되는가?

13. 연습문제 12에서 고속도로를 건설하기 시작한 후에 습지를 통과하는 건설비용이 마일 당 600만 달러로 재평가되었다. 고속도를 건설하는 비용이 최소가 되는 습지와 건조한 지역 경계선 위의 지점을 구하고 새 비용함수도 구하여라. 고속도로가 이미 많이 건설되어 경로 변경이 불가능하여 연습문제 12의 경로를 따라 건설한다면 추가 비용이 얼마나 더 소요되는가?

4.3 선형근사법과 관련된 변화율

4.3.1 선형근사법

$f'(a)$가 존재한다면, a에서 $f(x)$의 선형화는 다음과 같다.

$$L(x) = f(a) + f'(a)(x-a)$$

$x = a$에서 $y = f(x)$에 접선인 방정식은

$$y - f(a) = f'(a)(x-a)$$

이기 때문에, 접선 위의 y의 값은 f의 실제 값의 근삿값이다. a에 가까운 x의 값들로, 다음과 같은 선형 근사식을 a에서 $f(x)$의 선형 근사라 한다.

$$f(x) \approx f(a) + f'(a)(x-a)$$

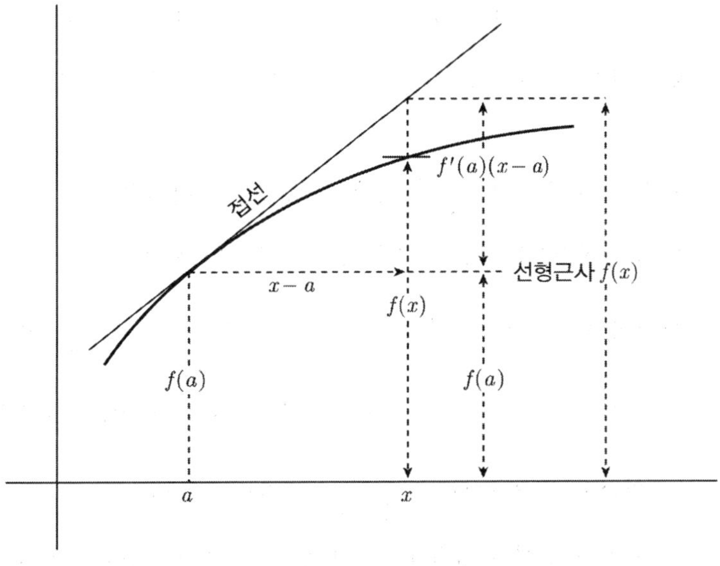

그림 4.15

그림 4.15를 보라. x가 a에 가까울수록, $f(x)$에 더 근사하다.

예제 4.22 이제 주어진 값들에서 다음 각각의 함수들의 선형 근사를 구한다.

(1) $\sin x \qquad a = 0$

(2) $\cos x \qquad a = \dfrac{\pi}{2}$

(3) $2x^3 - 3x \qquad a = 1$

(4) $\sqrt{1+x} \qquad a = 8$

풀이 (1) $a = 0$에서, $\sin x \approx \sin(0) + \cos(0)(x-0) = 0 + 1 \cdot x = x$

(2) $a = \dfrac{\pi}{2}$에서, $\cos x \approx \cos\dfrac{\pi}{2} - \sin\left(\dfrac{\pi}{2}\right)\left(x - \dfrac{\pi}{2}\right) = -x + \dfrac{\pi}{2}$

(3) $a = 1$에서, $2x^3 - 3x \approx -1 + 3(x-1) = 3x - 4$

(4) $a = 8$에서, $\sqrt{1+x} \approx \sqrt{1+8} + \dfrac{1}{2\sqrt{1+8}}(x-8) = 3 + \dfrac{1}{6}(x-8)$ ■

예제 4.23 $(1+x)^k \approx 1 + kx$임을 보여라.

풀이 $(1+x)^k \approx (1+0)^k + k(1+x)^{k-1}|_{x=0}(x-0) = 1 + kx$

예를 들어, $\sqrt{1+x} \approx 1 + \dfrac{1}{2}x$ 그리고 $(1+x)^3 \approx 1 + 3x$ ■

예제 4.24 (1) $x = 0.05$에서 $\dfrac{3}{(1-x)^2}$의 근삿값을 구하여라.

(2) $x = 0.98$에서 $\sqrt{x+3}$의 근삿값을 구하시오.

풀이 (1) 선형화를 구하기 위해, $x = 0$에서 $f(x) = \dfrac{3}{(1-x)^2}$의 접선을 사용한다.

$f(0) = 3$, $f'(x) = \dfrac{6}{(1-x)^3}$이다. 따라서 $f'(0) = 6$이다. $L(x) = 6x + 3$이다.

따라서 선형 근사는 $\dfrac{3}{(1-x)^2} \approx 6x + 3$이다.

$x = 0.05$에서, $f(0.05) \approx 6(0.05) + 3 = 3.3$을 가진다.

$x = 0.05$일 때 $\dfrac{3}{(1-x)^2}$의 세 자리 숫자의 실제값은 3.324이다. 근삿값은 3.3을 가진다.

(2) $f'(x) = \dfrac{1}{2\sqrt{x+3}}$이고 $f(1)=2$, $f'(1)=\dfrac{1}{4}$이다. 이 값을 이용하여 다음과 같은 선형화를 얻는다.

$$L(x) = f(1) + f'(1)(x-1) = \frac{7}{4} + \frac{x}{4}$$

이에 대한 선형 근사식은 $\sqrt{x+3} \approx \dfrac{7}{4} + \dfrac{x}{4}$이므로 $\sqrt{3.98} \approx \dfrac{7}{4} + \dfrac{0.98}{4} = 1.995$. ■

4.3.2 관련된 변화율

t시간의 함수들인 변수들이 방정식과 관련되어 있다면, t로 미분을 하여 그들의 변화율의 관계를 알아낼 수 있다.

예제 4.25 직각 삼각형의 오른쪽 AB가 초당 2인치씩 증가하고, 다른 AC는 초당 3인치씩 감소한다고 하면, $AB = 6$피트이고, AC가 8피트일 때, 빗변은 얼마나 빨리 변하는지 구하여라.
(단, 1 feet = 12 inch)

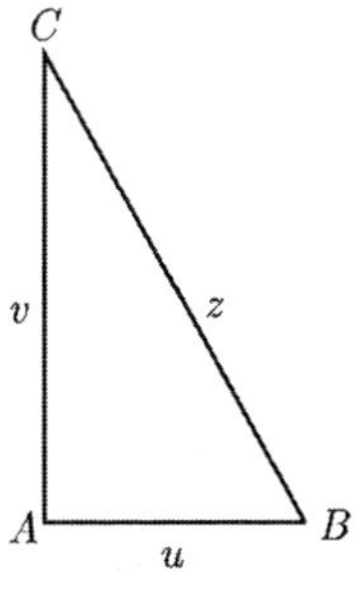

그림 4.16

풀이 그림 4.16을 보라. u, v, z가 각각 AB, AC, BC를 나타낸다고 하자.
$\dfrac{du}{dt} = \dfrac{1}{6}$ (피트/초), 그리고 $\dfrac{dv}{dt} = -\dfrac{1}{4}$인 것을 안다. $z^2 = u^2 + v^2$이기 때문에,

$$2z\frac{dz}{dt} = 2u\frac{du}{dt} + 2v\frac{dv}{dt} \quad \text{그리고} \quad \frac{dz}{dt} = \frac{u\dfrac{du}{dt} + v\dfrac{dv}{dt}}{z}$$

$u = 6$, $v = 8$, $z = 10$을 대입하면

$$\frac{dz}{dt} = \frac{6(\frac{1}{6}) + 8(-\frac{1}{4})}{10} = -\frac{1}{10} \text{ (피트/초)}$$ ■

예제 4.26 원뿔 형태의 종이컵의 지름과 높이는 모두 4인치이다. 그리고 물은 초당 $\frac{1}{2}$세제곱 인치의 속도로 새고 있다. 표면의 지름이 2인치일 때 물의 높이가 떨어지는 변화율을 찾아라.

풀이 그림 4.17을 보라. $\frac{dV}{dt} = -\frac{1}{2}$이고 $h = 2r$이다.

$V = \frac{1}{3}\pi r^2 h = \frac{\pi h^3}{12}$에서 $\frac{dV}{dt} = \frac{\pi h^2}{4}\frac{dh}{dt}$ 그리고 $\frac{dh}{dt} = -\frac{1}{2}\frac{4}{\pi h^2} = -\frac{2}{\pi h^2}$

지름이 2인치일 때, 높이도 2인치이고 $\frac{dh}{dt} = -\frac{1}{2\pi}$이다. 따라서 물의 높이는 $\frac{1}{2\pi}$ 인치/초의 속도로 떨어진다.

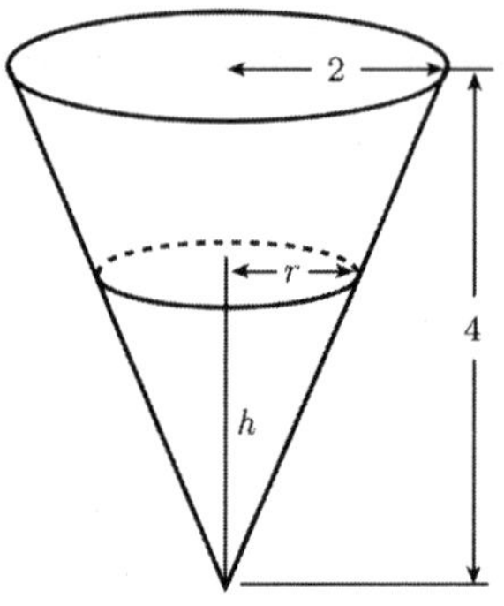

그림 4.17 ■

예제 4.27 수면 위 30m 높이의 암벽 위에서 길이 58m의 로프에 묶여서 끌려오는 배가 있다. 매초 4m의 속력으로 끌면 2초 후에 배의 속력은 얼마인가?

풀이 t초 후의 배에서 암벽 위까지의 거리를 x라 하고 배에서 암벽 밑까지의 거리를 y라 하면

$$x^2 = y^2 + 30^2 \tag{1}$$

양변은 t에 관하여 미분하면

$$2x\frac{dx}{dt} = 2y\frac{dy}{dt} \qquad \frac{dy}{dt} = \frac{x}{y}\frac{dx}{dt} \tag{2}$$

문제의 조건에서 $\frac{dx}{dt} = -4$이고 2초 후의 x는 $x = 58 - 4\times 2 = 50$이므로 이 값을 (1)에 대입하면 $y = 40$

그러므로 (2)에서 $\frac{dy}{dt} = \frac{50}{40}(-4) = -5(m/\sec)$ ■

4.3 연습문제

1. $x = a$에서 $f(x)$의 접선 $L(x)$를 찾아라.

(1) $f(x) = x^3 - 2x + 3,\ a = 2$

(2) $f(x) = x + \dfrac{1}{x},\ a = 1$

(3) $f(x) = \tan x,\ a = \pi$

(4) $f(x) = \sin x,\ a = 0$

(5) $f(x) = \cos x,\ a = \dfrac{\pi}{2}$

(6) $f(x) = e^x,\ a = 0$

(7) $f(x) = \ln(1 + x),\ a = 0$

2. 반지름이 r이고, 높이가 h인 원기둥의 부피는 $V = \pi r^2 h$이다.

(1) r이 상수일 때, 두 변화율 $\dfrac{dV}{dt}$의 관계식을 구하여라.

(2) h가 상수일 때, 부피 변화율 $\dfrac{dV}{dt}$와 $\dfrac{dr}{dt}$의 관계식을 구하여라.

(3) r과 h가 모두 상수가 아닐 때, 변화율 $\dfrac{dV}{dt}$를 두 변화율 $\dfrac{dh}{dt}$와 $\dfrac{dr}{dt}$의 식으로 표현하여라.

3. 길이가 13ft인 사다리가 벽에 기대어 있다가 미끄러지기 시작하였다. 사다리의 아랫부분이 벽으로부터 12ft가 되었을 때의 변화율이 5ft/sec이었다.

(1) 벽에 기대어 있는 부분이 내려오는 변화율을 구하여라.
(2) 사다리와 벽, 그리고 지면이 이루는 삼각형의 넓이의 변화율을 구하여라.
(3) 사다리와 지면이 이루는 각의 크기 θ의 변화율을 구하여라.

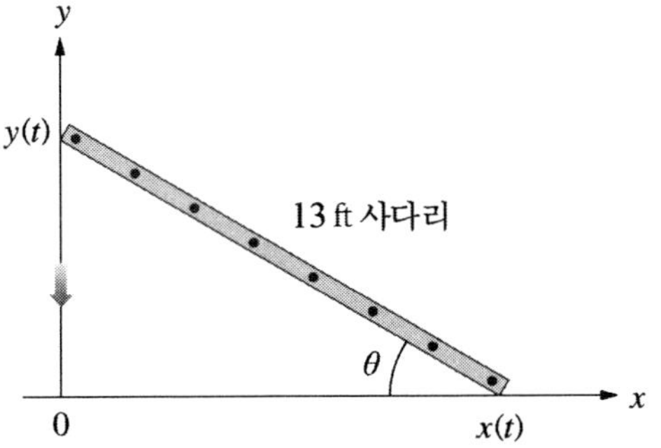

4. 원뿔 모양의 수조에서 1분에 $50\mathrm{m}^3$의 물이 흘러나오고 있다. 수조 윗면의 반지름은 45m이고, 높이는 6m이다.

(1) 물의 높이가 5m일 때 물의 높이가 줄어들고 있는 비율(m/min)을 구하여라.
(2) 이때 수면의 반지름의 변화율(m/min)을 구하여라.

5. 열기구가 일정한 속력 1ft/sec으로 수직으로 상승하고 있고, 자전거는 일정한 속력 17ft/sec로 달리고 있다. 열기구가 65ft 높이에 이르렀을 때, 자전거가 열기구의 바로 밑을 통과하고 있었다. 그로부터 3초 후에 열기구와 자전거 사이의 거리 $s(t)$의 변화율을 구하여라.

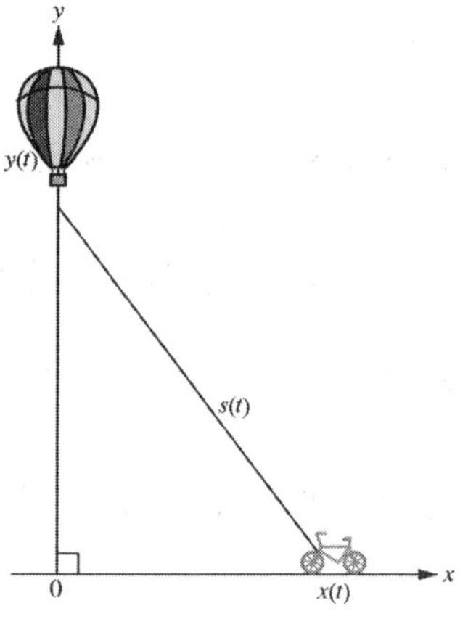

6. 키가 6ft인 사람이 5ft/sec의 속력으로 길이가 16ft인 가로등을 향해 걷고 있다. 이 사람의 그림자의 끝이 움직이는 변화율을 구하여라. 이 사람과 가로등과의 거리가 10ft일 때, 그림자 길이의 변화율을 구하여라.

7. 두 사람 A와 B가 수직으로 교차하는 길을 걷고 있다. A는 2m/sec의 속력으로 교차로를 향해 걷고 있고, B는 1m/sec의 속력으로 교차로로부터 멀어지고 있다. 교차로에서 A까지의 거리가 10m, 교차로에서 B까지의 거리가 20m일 때, 그림에서 보는 바와 같이 각 θ의 변화율을 구하여라(단, 단위는 도/sec를 사용한다).

Chapter

05

부정적분

적분, 부정적분을 정의하고 여러 가지 부정적분의 계산 방법을 알아보기로 한다. 복잡한 피적분함수를 갖는 부정적분을 계산하기 위해 치환적분과 분수함수를 부분분수로 바꾼 다음 적분, 부분적분법 등을 살펴보고자 한다.

5.1 부정적분

정의역에 속하는 모든 x에 대해 $F'(x)=f(x)$일 때 함수 F를 정의역에서 f의 역도함수(antiderivative)라고 한다. 역도함수와 적분 사이의 관계 때문에 기호 $\int f(x)dx$가 전통적으로 f의 한 역도함수로서 사용되며, 이를 부정적분(indefinite integral)이라 한다. 따라서 다음과 같다.

$$\int f(x)dx = F(x)+C,\ (F'(x)=f(x))$$

5.1.1 기본 적분 공식

주어진 구간에서 일반적인 역도함수는 특수 역도함수에 상수를 더해 얻는다.

(1) $\int kf(x)\,dx = k\int f(x)\,dx \quad (k \neq 0)$

(2) $\int [f(x)+g(x)]\,dx = \int f(x)\,dx + \int g(x)dx$

(3) $\int x^n\,dx = \dfrac{x^{n+1}}{n+1} + C \qquad (n \neq -1)$

(4) $\int \dfrac{dx}{x} = \ln|x| + C$

예제 5.1 다음 부정적분을 구하라.

(1) $\int 7\,dx$

(2) $\int 4x^3\,dx$

(3) $\int \left(x^6 + \dfrac{1}{x}\right)dx$

(4) $\int (2\sin x+\cos x)^2\,dx + \int (\sin x - 2\cos x)^2 dx$

풀이

(1) $\int 7\,dx = 7x + C$

(2) $\int 4x^3\,dx = x^4 + C$

(3) $\int \left(x^6 + \dfrac{1}{x}\right)dx = \dfrac{1}{7}x^7 + \ln|x| + C$

(4) $\int (2\sin x+\cos x)^2\,dx + \int (\sin x - 2\cos x)^2 dx$

$= \int [4\sin^2 x + 4\sin x\cos x + \cos^2 x + \sin^2 x - 4\sin x\cos x + 4\cos^2 x]\,dx$

$= \int (5\sin^2 x + 5\cos^2 x)dx \ = \int 5dx \ = 5x + C$

5.1.2 삼각함수의 적분

삼각함수 미분 공식으로부터 다음의 적분 공식을 유도할 수 있다.

$$\int \cos x\, dx = \sin x + C \qquad \int \sin x\, dx = -\cos x + C$$

$$\int \tan x\, dx = \ln|\sec x| + C \text{ 또는 } -\ln|\cos x| + C \qquad \int \cot x\, dx = \ln|\sin x| + C \text{ 또는 } -\ln|\csc x| + C$$

$$\int \sec^2 x\, dx = \tan x + C \qquad \int \csc^2 x\, dx = -\cot x + C$$

$$\int \sec x \tan x\, dx = \sec x + C \qquad \int \csc x \cot x\, dx = -\csc x + C$$

$$\int \sec x\, dx = \ln|\sec x + \tan x| + C \qquad \int \csc x\, dx = \ln|\csc x - \cot x| + C$$

예제 5.2 다음 부정적분을 구하여라.

(1) $\int \sec^2 x - 4\csc x\, dx$ (2) $\int \cot^2 x\, dx$

풀이

(1) $\int \sec^2 x - 4\csc x\, dx = \tan x - 4\ln|\csc x - \cot x| + C$

(2) $\int \cot^2 x\, dx = \int \csc^2 x - 1\, dx = -\cot x - x + C$

5.1.3 역 삼각함수의 적분

삼각함수 미분 공식으로부터 적분 공식을 유도할 수 있다.

(1) $\int \frac{dx}{\sqrt{1-x^2}} = \sin^{-1} x + C$ 또는 $\arcsin x + C$

(2) $\int \frac{dx}{1+x^2} = \tan^{-1} x + C$ 또는 $\arctan x + C$

(3) $\int \frac{dx}{x\sqrt{x^2-1}} = \sec^{-1}|x| + C$ 또는 $\operatorname{arcsec}|x| + C$

예제 5.3 다음 적분을 구하여라.

(1) $\int \frac{3}{x^2+1} dx$ (2) $\int \frac{-7}{x\sqrt{x^2-1}} dx$

풀이 (1) $\int \frac{3}{x^2+1}dx = 3\tan^{-1}x + C$

(2) $\int \frac{-7}{x\sqrt{x^2-1}}dx = -7\sec^{-1}|x| + C$

5.1.4 역 연쇄법칙을 사용한 적분(1)

미분의 연쇄법칙 공식으로부터 다음의 적분 공식을 유도할 수 있다.

$$\int (ax+b)^n dx = \frac{1}{a(n+1)}(ax+b)^{n+1} + C \qquad (a, b\text{는 상수})$$

예제 5.4 다음 적분을 구하여라.

(1) $\int \left(\frac{1}{2}x+3\right)^5 dx$ (2) $\int \sqrt{1-3x}\, dx$

풀이 (1) $\int \left(\frac{1}{2}x+3\right)^5 dx = \frac{1}{3}(\frac{1}{2}x+3)^6 + C$ (2) $\int \sqrt{1-3x}\, dx = -\frac{2}{9}(1-3x)^{\frac{3}{2}} + C$

5.1.5 지수함수의 적분

지수함수 미분의 공식으로부터 다음의 적분 공식을 유도할 수 있다.

(1) $\int e^x dx = e^x + C$

(2) $\int a^x dx = \frac{a^x}{\ln a} + C \qquad (a > 0, a \neq 1)$

예제 5.5 다음 적분을 구하여라.

(1) $\int (e^x + 4)dx$ (2) $\int (5^x - 7^x)dx$

(3) $\int \left(10^x + \frac{10}{x} - \frac{7}{x^3}\right)dx$

풀이 (1) $\int (e^x + 4)dx = e^x + 4x + C$

(2) $\int (5^x - 7^x)dx = \frac{5^x}{\ln 5} - \frac{7^x}{\ln 7} + C$

(3) $\int \left(10^x + \frac{10}{x} - \frac{7}{x^3}\right)dx = \frac{10^x}{\ln 10} + 10\ln|x| + \frac{7}{2}x^{-2} + C$

5.1.6 역 연쇄법칙을 사용한 적분(2)

지수함수, 삼각함수 미분 연쇄법칙 공식으로부터 다음의 적분 공식을 유도할 수 있다.

(1) $\int e^{kx}dx = \frac{1}{k}e^{kx} + C$ (2) $\int a^{kx}dx = \frac{1}{k}\frac{a^{kx}}{\ln a} + C$ (k, a는 상수)

(3) $\int \cos kx\, dx = \frac{1}{k}\sin kx + C$ (4) $\int \sin kx\, dx = -\frac{1}{k}\cos kx + C$

예제 5.6 다음 적분을 구하여라.

(1) $\int (10^{5x} + \sin 2x)dx$ (2) $\int 4^x(4^{2x} + 1)dx$

(3) $\int \sqrt{3^{x+1}}dx$ (4) $\int \left[\cos 3x + \sin\left(\frac{x}{2}\right)\right]dx$

풀이

(1) $\int (10^{5x} + \sin 2x)dx$

$= \frac{10^{5x}}{5\ln 10} - \frac{1}{2}\cos 2x + C$

(2) $\int 4^x(4^{2x} + 1)dx = \int (4^{3x} + 4^x)dx$

$= \frac{4^{3x}}{3\ln 4} + \frac{4^x}{\ln 4} + C$

(3) $\int \sqrt{3^{x+1}}dx = \int (3^{x+1})^{\frac{1}{2}}dx$

$= \int 3^{\frac{1}{2}x + \frac{1}{2}}dx$

$= \frac{2(3)^{\frac{1}{2}x + \frac{1}{2}}}{\ln 3} + C$

(4) $\int \left[\cos 3x + \sin\left(\frac{x}{2}\right)\right]dx$

$= \frac{1}{3}\sin 3x - 2\cos\left(\frac{x}{2}\right) + C$

5.1.7 2배각 공식을 사용한 적분

다음 삼각함수 2배각 공식을 사용하여 여러 삼각함수 적분을 유도할 수 있다.

(1) $\sin 2x = 2\sin x\cos x \Rightarrow \sin x\cos x = \frac{1}{2}\sin 2x$

(2) $\cos 2x = 2\cos^2 x - 1 \Rightarrow \cos^2 x = \frac{1 + \cos 2x}{2} = \frac{1}{2} + \frac{1}{2}\cos 2x$

(3) $\cos 2x = 1 - 2\sin^2 x \Rightarrow \sin^2 x = \frac{1 - \cos 2x}{2} = \frac{1}{2} - \frac{1}{2}\cos 2x$

예제 5.7 다음 적분을 구하여라.

(1) $\int 12\sin 3x\cos 3x\,dx$ (2) $\int \sin^2 3x\,dx$

풀이

(1) $\int 12\sin 3x\cos 3x\,dx = \int 6\sin 6x\,dx$
$= -\cos 6x + C$

(2) $\int \sin^2 3x\,dx = \int \frac{1-\cos 6x}{2}dx$
$= \int\left(\frac{1}{2}-\frac{1}{2}\cos 6x\right)dx$
$= \frac{1}{2}x - \frac{1}{12}\sin 6x + C$

5.1.8 특별한 분수식의 적분

$y=\ln f(x)$을 미분하면 $y' = \frac{f'(x)}{f(x)}$이므로 다음을 유도할 수 있다.

$$\int \frac{f'(x)}{f(x)}dx = \ln|f(x)| + C$$

예제 5.8 다음 적분을 구하여라.

(1) $\int \frac{5\sin x}{1+\cos x}dx$ (2) $\int \frac{x}{2x^2+1}dx$

(3) $\int \frac{e^x - e^{-x}}{e^x + e^{-x}}dx$

풀이

(1) $\int \frac{5\sin x}{1+\cos x}dx = -5\ln|1+\cos x| + C$

(2) $\int \frac{x}{2x^2+1}dx = \int \frac{1}{4}\cdot\frac{4x}{2x^2+1}dx$
$= \frac{1}{4}\ln(2x^2+1) + C$

(3) $\int \frac{e^x - e^{-x}}{e^x + e^{-x}}dx = \ln(e^x + e^{-x}) + C$

예제 5.9 $f(x)$를 구하여라.

(1) $\frac{dy}{dx}=2^x-x^2\sqrt{x}+\sin x$, $y(0)=\frac{1}{\ln 2}$

(2) $y'=\frac{4}{2x-1}+8(2x+1)^3$, $y(0)=3$

(3) $f''(x)=e^{\frac{1}{2}x}-12x+2$, $f(0)=1$, $f'(0)=-1$

(4) $\frac{d^2y}{dx^2}=e^{-x}+6x$, $y(0)=2$, $y(1)=\frac{1}{e}-1$

풀이

(1) $\frac{dy}{dx}=2^x-x^{\frac{5}{2}}+\sin x$, $y=\frac{2^x}{\ln 2}-\frac{2}{7}x^{\frac{7}{2}}-\cos x+C$

$y(0)=\frac{1}{\ln 2}$: $C=1$, $\therefore y=\frac{2^x}{\ln 2}-\frac{2}{7}x^{\frac{7}{2}}-\cos x+1$

(2) $y=2\ln|2x-1|+\frac{1}{2}\cdot\frac{8}{4}(2x+1)^4+C$

$y=2\ln|2x-1|+(2x+1)^4+C'$,

$y(0)=3$: $C=2$

$\therefore y=2\ln|2x-1|+(2x+1)^4+2$

(3) $f'(x)=2e^{\frac{1}{2}x}-6x^2+2x+C$

$f'(0)=-1$: $C=-3$

$\therefore f'(x)=2e^{\frac{1}{2}x}-6x^2+2x-3$, $f(x)=4e^{\frac{1}{2}x}-2x^3+x^2-3x+D$

$f(0)=1$: $D=-3$

$\therefore f(x)=4e^{\frac{1}{2}x}-2x^3+x^2-3x-3$

(4) $\frac{dy}{dx}=-e^{-x}+3x^2+C$, $y=e^{-x}+x^3+Cx+D$

$y(0)=2$: $D=1$

$y(1)=\frac{1}{e}-1$: $C=-3$

$\therefore y=e^{-x}+x^3-3x+1$

5.1 연습문제

1. 다음 적분을 구하여라.

(1) $\int (3-4x+2x^3)\,dx$

(2) $\int 6x^2 \sqrt[3]{x}\,dx$

(3) $\int x^4 + \sqrt[3]{x^2} - \frac{2}{x^2} - \frac{1}{3\sqrt[3]{x}}\,dx$

(4) $\int \left(\frac{2}{x} - \frac{1}{x^2} + \frac{1}{2\sqrt{x}}\right)dx$

(5) $\int \frac{1}{\ln 2}\frac{dx}{x}$

(6) $\int (x-3)(x^2+3x+9)dx$

(7) $\int \frac{x^4}{x^2+1}dx - \int \frac{1}{x^2+1}dx$

(8) $\int (2\sin x+\cos x)^2\,dx + \int (\sin x - 2\cos x)^2 dx$

(9) $\int (t+\sqrt{t})(t^2+3)dt$

2. 다음 부정적분을 구하여라.

(1) $\int \frac{(x-2)^3}{x^2}dx$

(2) $\int \sqrt{x}(x-2)dx$

(3) $\int \frac{x^3-x-1}{x^2}dx$

(4) $\int \left(x-\frac{1}{2x}\right)^2 dx$

(5) $\int (\sqrt{x}+x)\sqrt[3]{x^2}\,dx$

(6) $\int \frac{(2-y)^2}{4\sqrt{y}}dy$

3. 다음 부정적분을 구하여라.

(1) $\int (5\cos x + \sin x)dx$

(2) $\int (2\tan x + 3\cot x)dx$

(3) $\int \frac{1}{\sin x}dx$

(4) $\int (\tan x + 3\sin x)dx$

(5) $\int (\sec x \tan x + 5\cos x)dx$

(6) $\int (\sec^2 x - 4\csc x)dx$

(7) $\int \frac{1}{1-\cos^2 x}dx$

(8) $\int \frac{\sin^2 x}{1-\cos x}dx$

(9) $\int \frac{\sin x}{\cos^2 x}dx$

(10) $\int \frac{\cos x}{\sin^2 x}dx$

(11) $\int \tan^2 x\,dx$

(12) $\int \cot^2 x dx$

(13) $\int \frac{e^x \sin^2 x + 1}{\sin^2 x}dx$

(14) $\int \frac{10^x \cot x - 1}{\cot x}dx$

4. 다음 적분을 구하여라.

(1) $\displaystyle\int \frac{5}{\sqrt{1-x^2}}dx$

(2) $\displaystyle\int \frac{4}{1+x^2}dx$

5. 다음 부정적분을 구하여라.

(1) $\displaystyle\int (2x+1)^3 dx$

(2) $\displaystyle\int (3x-2)^8 dx$

(3) $\displaystyle\int \frac{7}{\sqrt{2x+1}}dx$

(4) $\displaystyle\int \frac{1}{(1-x)^2}dx$

6. 다음 부정적분을 구하여라.

(1) $\displaystyle\int \left(e^{7x}+e^{3x}\right)dx$

(2) $\displaystyle\int (e^{-2x}+\cos 2x)dx$

(3) $\displaystyle\int (e^{-2x}+e^{-\frac{1}{3}x})dx$

(4) $\displaystyle\int \left(4e^{-x}+3^{x-1}\right)dx$

(5) $\displaystyle\int \cos(3x+5)dx$

(6) $\displaystyle\int \sec 5x \tan 5x\, dx$

(7) $\displaystyle\int \left(e^{x}+e^{-x}\right)^2 dx$

(8) $\displaystyle\int \left(\sec^2 2x+\tan 2x\right)dx$

7. 다음 적분을 구하여라.

(1) $\displaystyle\int 3\sin x \cos x\, dx$

(2) $\displaystyle\int \sin\frac{\theta}{2}\cos\frac{\theta}{2}d\theta$

(3) $\displaystyle\int 8\sin 2x \cos 2x\, dx$

(4) $\displaystyle\int \sin^2\frac{1}{2}x\, dx$

(5) $\displaystyle\int \cos^2 x\, dx$

(6) $\displaystyle\int \cos^2 4x\, dx$

8. 다음 부정적분을 구하여라.

(1) $\displaystyle\int \frac{5\cos x}{\sin x}dx$

(2) $\displaystyle\int \frac{3x^2+1}{x^3+x}dx$

(3) $\displaystyle\int \frac{7}{x+1}dx$

(4) $\displaystyle\int \frac{x}{x^2+1}dx$

(5) $\displaystyle\int \frac{6x}{x^2-4}dx$

(6) $\displaystyle\int \frac{2}{1-3x}dx$

9. $f(x)$를 구하여라.

(1) $f'(x) = 1 + \dfrac{1}{x}$, $f(1) = 3$

(2) $f'(x) = \dfrac{8}{1+x^2} + \sec^2 x$, $f(0) = 1$

(3) $f'(x) = \dfrac{2x}{x^2+4} + \cos^2 x$, $f(0) = 0$

(4) $\dfrac{d^2y}{dx^2} = \dfrac{2}{x^3}$, $y(1) = 1$, $y'(1) = 1$

Integration Formulas(적분 공식)

■ **Basic Integration Formulas(기본 적분)**

$$\int k\,dx = kx + C \quad (k: \text{상수})$$

$$\int x^n\,dx = \frac{1}{n+1}x^{n+1} + C,\ n \neq -1$$

$$\int \frac{1}{x}dx = \ln|x| + C$$

■ **Integration of Exponential Functions(지수함수 적분)**

$$\int e^x dx = e^x + C$$

$$\int a^x dx = \frac{a^x}{\ln a} + C \quad (a > 0,\ a \neq 1)$$

■ **Integration of Trigonometric Functions(삼각함수 적분)**

$$\int \cos x\,dx = \sin x + C$$

$$\int \sec^2 x\,dx = \tan x + C$$

$$\int \sec x \tan x\,dx = \sec x + C$$

$$\int \tan x\,dx = \ln|\sec x| + C = -\ln|\cos x| + C$$

$$\int \sec x\,dx = \ln|\sec x + \tan x| + C$$

$$\int \sin^2 x\,dx = \int \left(\frac{1}{2} - \frac{1}{2}\cos 2x\right)dx = \frac{1}{2}x - \frac{1}{4}\sin 2x + C$$

$$\int \sin x\,dx = -\cos x + C$$

$$\int \csc^2 x\,dx = -\cot x + C$$

$$\int \csc x \cot x\,dx = -\csc x + C$$

$$\int \cot x\,dx = \ln|\sin x| + C = -\ln|\csc x| + c$$

$$\int \csc x\,dx = \ln|\csc x - \cot x| + C$$

$$\int \cos^2 x\,dx = \int \left(\frac{1}{2} + \frac{1}{2}\cos 2x\right)dx = \frac{1}{2}x + \frac{1}{4}\sin 2x + C$$

■ Integration Using Reverse Chain Rule(역 연쇄법칙을 사용한 적분)

$$\int e^{kx}dx = \frac{1}{k}e^{kx} + C \qquad \int \sin kx\,dx = -\frac{1}{k}\cos kx + C \qquad \int \cos kx\,dx = \frac{1}{k}\sin kx + C$$

$$\int a^{kx}\,dx = \frac{1}{k}\,\frac{a^{kx}}{\ln a} + C \qquad \int (kx+b)^n dx = \frac{1}{n+1}\cdot\frac{1}{k}(kx+b)^{n+1} + C$$

(k, a 그리고 b는 상수)

■ Integration of Special Fractions(특별한 분수 적분)

$$\int \frac{f'(x)}{f(x)}dx = \ln|f(x)| + C$$

■ Integration of Inverse Trigonometric Functions(역 삼각함수 적분)

$$\int \frac{dx}{\sqrt{1-x^2}} = \sin^{-1}x + C \qquad \int \frac{dx}{\sqrt{a^2-x^2}} = \sin^{-1}\left(\frac{x}{a}\right) + C$$

$$\int \frac{dx}{x^2+1} = \tan^{-1}x + C \qquad \int \frac{dx}{x^2+a^2} = \frac{1}{a}\tan^{-1}\left(\frac{x}{a}\right) + C$$

$$\int \frac{dx}{x\sqrt{x^2-1}} = \sec^{-1}|x| + C$$

5.2 치환적분

5.2.1 치환적분

$u = g(x)$를 미분 가능인 함수라 하고 $u = g(x)$로 치환하면 $du = g'(x)dx$이고 $f(x)$가 연속이면 다음과 같다.

$$\int f(g(x))g'(x)dx = \int f(u)du = F(u) + C = F(g(x)) + C$$

예제 5.10 다음 적분을 계산하여라.

(1) $\int \sec^2(5t+1) \cdot 5\,dt$ (2) $\int \cos(7\theta+3)d\theta$

풀이 (1) $u = 5t+1,\ du = 5dt$

$$\int \sec^2(5t+1) \cdot 5\,dt = \int \sec^2 u\,du$$

$$= \tan u + C = \tan(5t+1) + C$$

(2) $\int \cos(7\theta+3)d\theta = \frac{1}{7}\int \cos u\,du = \frac{1}{7}\sin u + C = \frac{1}{7}\sin(7\theta+3) + C$

5.2.2 역 삼각함수의 적분

$$\int \frac{dx}{\sqrt{a^2-x^2}} = \sin^{-1}\left(\frac{x}{a}\right) + C \qquad \int \frac{dx}{a^2+x^2} = \frac{1}{a}\tan^{-1}\left(\frac{x}{a}\right) + C$$

증명 (1) $\int \frac{dx}{\sqrt{a^2-x^2}} = \int \frac{\frac{1}{a}dx}{\frac{1}{a}\sqrt{a^2-x^2}} = \int \frac{\frac{1}{a}dx}{\sqrt{1-\frac{x^2}{a^2}}} = \sin^{-1}\left(\frac{x}{a}\right) + C$

(2) $\int \frac{dx}{a^2+x^2} = \int \frac{\frac{1}{a^2}dx}{\frac{1}{a^2}(a^2+x^2)} = \int \frac{\frac{1}{a}\cdot\frac{1}{a}dx}{1+\frac{x^2}{a^2}} = \frac{1}{a}\tan^{-1}(\frac{x}{a}) + C$

예제 5.11 다음 적분을 계산하여라.

(1) $\int \frac{1}{\sqrt{9-x^2}}dx$ (2) $\int \frac{1}{9+4x^2}dx$

풀이

(1) $\int \frac{1}{\sqrt{9-x^2}}dx = \frac{1}{3}\int \frac{1}{\sqrt{1-(\frac{x}{3})^2}}dx = \sin^{-1}\left(\frac{x}{3}\right)+C$

(2) $\int \frac{1}{9+4x^2}dx = \int \frac{1}{4} \cdot \frac{1}{\frac{9}{4}+x^2}dx$, $a=\frac{3}{2}$

$$=\frac{1}{4} \cdot \frac{1}{3/2}\tan^{-1}\left(\frac{x}{3/2}\right)$$

$$=\frac{1}{6}\tan^{-1}\left(\frac{2x}{3}\right)+C$$

예제 5.12 $f'(x)=\frac{1}{\sqrt{9-4x^2}}$, $f(-\frac{3}{2})=\frac{\pi}{12}$ 일 때, $f(x)$를 구하여라.

풀이

$$f(x) = \int \frac{1}{\sqrt{9-4x^2}}dx$$

$$= \int \frac{1}{2} \cdot \frac{1}{\sqrt{9/4-x^2}}dx$$

$$= \frac{1}{2}\sin^{-1}\left(\frac{x}{3/2}\right)+C$$

$$= \frac{1}{2}\sin^{-1}\left(\frac{2x}{3}\right)+C$$

$f\left(-\frac{3}{2}\right)=\frac{\pi}{12}$: $\frac{\pi}{12}=\frac{1}{2}\sin^{-1}(-1)+C$

$$\frac{\pi}{12}=\frac{1}{2}\cdot\left(-\frac{\pi}{2}\right)+C$$

$$\frac{\pi}{12}+\frac{\pi}{4}=C$$

$$C=\frac{\pi}{3}$$

$$\therefore f(x)=\frac{1}{2}\sin^{-1}\left(\frac{2x}{3}\right)+\frac{\pi}{3}$$

5.2 연습문제

1. 다음 부정적분을 계산하여라.

(1) $\int x\sqrt[4]{1-x^2}\,dx$

(2) $\int (x^2-2x+3)^{10}(x-1)dx$

(3) $\int \frac{4x^3}{(x^4+1)^2}dx$

(4) $\int \frac{x-3}{\sqrt[4]{x^2-6x}}dx$

(5) $\int \frac{9x^2}{\sqrt{1-x^3}}dx$

(6) $\int \frac{x-2}{\sqrt{4x-x^2}}dx$

(7) $\int 3x\sqrt{7-3x^2}\,dx$

(8) $\int \frac{(1+\sqrt{x})^5}{\sqrt{x}}dx$

(9) $\int \frac{2^{\sqrt{x}}}{\sqrt{x}}dx$

(10) $\int \frac{1}{\sqrt{x}(\sqrt{x}-1)}dx$

2. 다음 부정적분을 구하여라.

(1) $\int \frac{(\ln x)^3}{2x}dx$

(2) $\int \frac{1}{x\ln x}dx$

(3) $\int \frac{\ln x}{x\sqrt{\ln^2 x+1}}dx$

(4) $\int \frac{1}{xlnx \cdot \ln(\ln x)}dx$

(5) $\int \sin^5\frac{x}{3}\cos\frac{x}{3}dx$

(6) $\int \cos^3 3x\sin 3x\,dx$

(7) $\int e^{\sec\pi x}\sec\pi x\tan\pi x\,dx$

(8) $\int \sec^2\theta\tan^2\theta\,d\theta$

(9) $\int \frac{e^{\sin^{-1}x}}{\sqrt{1-x^2}}dx$

(10) $\int \sec^4\theta\,d\theta$

(11) $\int \frac{1}{(\tan^{-1}x)(1+x^2)}dx$

(12) $\int \frac{\sec^2 2\theta}{1+\tan 2\theta}d\theta$

(13) $\int \frac{\sin(2x+1)}{\cos^2(2x+1)}dx$

(14) $\int \frac{\cos 2x}{\sqrt{1+\sin 2x}}dx$

(15) $\int \sin 2x\, e^{\sin^2 x}\,dx$

(16) $\int \frac{\sin x}{1+\cos^2 x}dx$

3. 다음 부정적분을 계산하여라.

(1) $\displaystyle\int \frac{1}{1+4x^2}dx$

(2) $\displaystyle\int \frac{1}{\sqrt{16-x^2}}dx$

(3) $\displaystyle\int \frac{1}{x^2+2x+2}dx$

(4) $\displaystyle\int \frac{3}{9+x^2}dx$

(5) $\displaystyle\int \frac{2x-1}{\sqrt{4x-4x^2}}dx$

(6) $\displaystyle\int \frac{e^x}{9+e^{2x}}dx$

(7) $\displaystyle\int \frac{2x+1}{4+x^2}dx$

(8) $\displaystyle\int \frac{x+1}{\sqrt{4-x^2}}dx$

(9) $\displaystyle\int \frac{1}{x^2-2x+5}dx$

5.3 부분적분법

모든 미분법에는 그에 대응하는 적분법이 있다. 미분의 곱셈공식에 대응하는 적분 공식을 부분적분이라 한다.

5.3.1 부분적분

$$\int u\,v'\,dx = u\,v - \int u'\,v\,dx$$

증명 $\frac{d}{dx}(uv) = u'\,v + u\,v'$

$$\int \frac{d}{dx}(uv)dx = \int (u'\,v + uv')dx$$

$$\int \frac{d}{dx}(uv)dx = \int (u'v)dx + \int (uv')dx$$

$$uv = \int u'vdx + \int uv'dx$$

$$\therefore \int uv'dx = uv - \int u'vdx$$

예제 5.13 다음을 적분하여라.

(1) $\int x \cdot e^{x}dx$

(2) $\int x \cdot e^{-2x}dx$

(3) $\int \ln x\ dx$

풀이

(1) $\int x \cdot e^{x}dx = x \cdot e^{x} - \int 1 \cdot e^{x}dx = xe^{x} - e^{x} + C$

(2) $\int x \cdot e^{-2x}dx = x \cdot \left(-\frac{1}{2}e^{-2x}\right) - \int 1 \cdot \left(-\frac{1}{2}e^{-2x}\right)dx = -\frac{1}{2}xe^{-2x} - \frac{1}{4}e^{-2x} + C$

(3) $\int \ln x\ dx = xlnx - \int dx = xlnx - x + C$

5.3.2 순환 부분적분

$$\int (\text{지수함수}) \times (\text{삼각함수})\ dx$$

예제 5.14 다음 각 적분을 구하여라.

(1) $\int e^x \cos x\, dx$ (2) $\int e^{2x} \sin x\, dx$

풀이 (1) $\int e^x \cos x\, dx = e^x \sin x - \int e^x \sin x\, dx$

$$= e^x \sin x - \left[-e^x \cos x - \int -e^x \cos x\, dx \right]$$

$$= e^x \sin x + e^x \cos x - \int e^x \cos x\, dx$$

$\int e^x \cos x dx = I$ 하자

$I = e^x \sin x + e^x \cos x - I,\quad 2I = e^x(\sin x + \cos x)$

$\therefore I = \dfrac{e^x(\sin x + \cos x)}{2} + C$

(2) $\int e^{2x} \sin x\, dx = -e^{2x} \cos x + 2\int e^{2x} \cos x dx$

$$= -e^{2x} \cos x + 2\left[e^{2x} \sin x - \int 2e^{2x} \sin x dx \right]$$

$$= -e^{2x} \cos x + 2e^{2x} \sin x - 4\int e^{2x} \sin x dx$$

$\int e^{2x} \sin x dx = I$

$I = -e^{2x} \cos x + 2e^{2x} \sin x - 4I$

$5I = -e^{2x} \cos x + 2e^{2x} \sin x$

$\therefore I = \dfrac{e^{2x}(-\cos x + 2\sin x)}{5} + C$

5.3 연습문제

1. 다음 부정적분을 구하여라.

(1) $\int x\cos x\,dx$

(2) $\int xe^{-\frac{1}{2}x}dx$

(3) $\int x\cos 3x\,dx$

(4) $\int x\sin 2x\,dx$

(5) $\int x^2e^x\,dx$

(6) $\int \ln x\,dx$

(7) $\int x^3\ln x\,dx$

(8) $\int \frac{\ln x}{x^2}dx$

(9) $\int \frac{\ln x}{\sqrt{x}}dx$

(10) $\int \tan^{-1}x\,dx$

(11) $\int x\sec^{-1}x\,dx,\ x>0$

2. 다음 각 적분을 구하여라.

(1) $\int e^{2x}\sin x\,dx$

(2) $\int e^x\cos 2x\,dx$

(3) $\int e^{2x}\cos 3x\,dx$

(4) $\int e^{-2x}\sin 2x\,dx$

3. 다음 부정적분을 구하여라.

(1) $\int x^2e^x dx$

(2) $\int x^3e^{-x}dx$

(3) $\int x^3e^{-\frac{x}{2}}dx$

(4) $\int x^2\cos 3x\,dx$

(5) $\int x^3\sin\frac{1}{2}x\,dx$

5.4 부분분수에 의한 적분

이 절에서는 유리함수(다항함수들로 이루어진 분수)를 부분분수(partial fraction)라 불리는 보다 간단한 함수들의 합으로 표현하는 방법을 배운다. 유리함수를 부분분수로 나타내면 적분하기 쉽다. 예를 들어, 유리함수 $(5x-3)/(x^2-2x-3)$은

$$\frac{5x-3}{x^2-2x-3}=\frac{2}{x+1}+\frac{3}{x-3}$$

으로 쓸 수 있다. 위 항등식은 우변의 분수들을 공통 분모 $(x+1)(x-3)$으로 통분하여 대수적으로 증명할 수 있다. 이렇게 유리함수를 부분분수로 표현할 줄 아는 능력은 또 다른 영역에서도(예를 들면, 미분방정식을 풀기 위해 라플라스 변환을 할 때) 유용하다. 유리함수 $(5x-3)/(x^2-2x-3)$을 적분하려면, 다음과 같이 위 항등식 우변의 분수들을 적분하여 더하면 된다.

$$\begin{aligned}\int\frac{5x-3}{(x+1)(x-3)}dx &= \int\frac{2}{x+1}dx+\int\frac{3}{x-3}dx\\ &= 2\ln|x+1|+3\ln|x-3|+C\end{aligned}$$

유리함수를 보다 간단한 분수들의 합으로 나타내는 방법을 부분분수법(method of partial fraction)이라 부른다. 위의 예의 경우에 부분분수로 나타낸다는 것은

$$\frac{5x-3}{x^2-2x-3}=\frac{A}{x+1}+\frac{B}{x-3} \tag{1}$$

을 만족하는 상수 A, B를 찾는 것과 같다. 분수 $A/(x+1)$과 $B/(x-3)$의 분모들은 원래 분모 (x^2-2x-3)의 인수들이기 때문에 이 분수들을 부분분수(partial fraction)라 부른다. 적절한 값이 결정되기 전까지 상수 A, B를 미정계수(undetermined coefficients)라 부른다.

A, B를 찾기 위하여 먼저 식 (1)의 양변에 x^2-2x-3을 곱하면

$$5x-3=A(x-3)+b(x+1)=(A+B)x-3A+B$$

를 얻는다. 위 식이 x에 관한 항등식이 되기 위해서는

$$A+B=5, \qquad -3A+B=-3$$

이어야 하고, 이를 풀면 $A=2, B=3$을 찾을 수 있다.

예제 5.15 다음 적분을 구하여라.

(1) $\int \frac{x-1}{x(x-2)}dx$ (2) $\int_0^1 \frac{dx}{(x+1)(x^2+1)}$

(3) $\int \frac{x^3+x}{x-1}dx$

풀이 (1) $\frac{x-1}{x(x-2)} = \frac{A}{x} + \frac{B}{x-2}$ 에서 $x-1 = A(x-2) + Bx$

$x = 0 : -1 = -2A$, $A = \frac{1}{2}$. $x = 2 : 1 = 2B$, $B = \frac{1}{2}$

$$\int \left(\frac{1}{2x} + \frac{1}{2(x-2)}\right)dx = \frac{1}{2}\ln|x| + \frac{1}{2}\ln|x-2| + C = \frac{1}{2}\ln|x(x-2)| + C$$

(2) $\frac{1}{(x+1)(x^2+1)} = \frac{A}{x+1} + \frac{Bx+C}{x^2+1} \Rightarrow 1 = A(x^2+1) + (Bx+C)(x+1);$

$x = -1 \Rightarrow A = \frac{1}{2}$; x^2의 계수

$= A + B \Rightarrow A + B = 0 \Rightarrow B = -\frac{1}{2};$

상수$= A + C \Rightarrow A + C = 1 \Rightarrow C = \frac{1}{2}; \int_0^1 \frac{dx}{(x+1)(x^2+1)}$

$$\frac{1}{2}\int_0^1 \frac{dx}{x+1} + \frac{1}{2}\int_0^1 \frac{(-x+1)}{x^2+1}dx = \left[\frac{1}{2}\ln|x+1| - \frac{1}{4}\ln(x^2+1) + \frac{1}{2}\tan^{-1}x\right]_0^1$$

$$= \left(\frac{1}{2}\ln 2 - \frac{1}{4}\ln 2 + \frac{1}{2}\tan^{-1}1\right) - \left(\frac{1}{2}\ln 1 - \frac{1}{4}\ln 1 + \frac{1}{2}\tan^{-1}0\right)$$

$$= \frac{1}{4}\ln 2 + \frac{1}{2}\left(\frac{\pi}{4}\right) = \frac{(\pi + 2\ln 2)}{8}$$

(3) 분자의 차수가 분모의 차수보다 크므로 먼저 장제법에 의해 나눗셈을 한다. 그러면 다음을 얻는다.

$$\int \frac{x^3+x}{x-1}dx = \int (x^2 + x + 2 + \frac{2}{x-1})dx = \frac{x^3}{3} + \frac{x^2}{2} + 2x + 2\ln|x-1| + C$$

5.4 연습문제

1. 다음 적분을 구하여라.

(1) $\displaystyle\int_{\frac{1}{2}}^{1} \frac{y+4}{y^2+y}dy$

(2) $\displaystyle\int \frac{dx}{x^2+2x}$

(3) $\displaystyle\int \frac{y-1}{y+1}dy$

(4) $\displaystyle\int \frac{x+4}{x^2+5x-6}dx$

(5) $\displaystyle\int \frac{dt}{t^3+t^2-2t}$

(6) $\displaystyle\int_{0}^{1} \frac{dx}{(x+1)(x^2+1)}$

(7) $\displaystyle\int \frac{4x\,dx}{(x-1)^2(x+1)}$

(8) $\displaystyle\int \frac{2x^2-x+4}{x(x^2+4)}dx$

Chapter

06

정적분

정적분의 정의를 직사각형의 넓이의 합과 이 합에 대한 극한으로 정의하는 방법을 학습한다. 정적분은 어떤 구간에서 계산해야 하는데, 이 계산을 위해 정적분의 기본 정리를 알아보고 치환정적분과 부분정적분을 알아본다. 정적분의 근삿값을 구하는 여러 가지 방법에 대해 학습한다.

6.1 정적분의 정의와 계산

6.1.1 정적분의 정의

함수 $f(x)$가 닫힌 구간 $[a, b]$에서 연속일 때, 닫힌 구간 $[a, b]$를 n등분하여 양끝점을 포함한 각 등분점의 x좌표를 차례로

$$x_0(=a),\ x_1,\ x_2,\ x_3,\ \dots,\ x_n(=b)$$

이라 할 때,

$$\lim_{n\to\infty}\sum_{k=1}^{n} f(x_k)\Delta x \ (\text{단, } \Delta x = \frac{b-a}{n},\ x_k = a + k\Delta x)$$

의 값이 존재한다(그림 6.1).

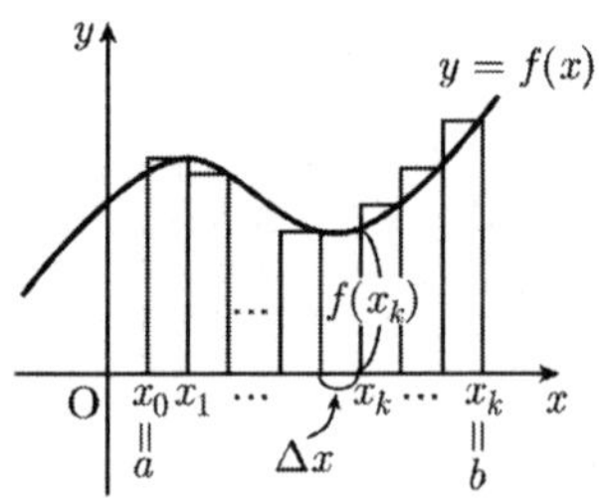

그림 6.1

이 값을 함수 $f(x)$의 a에서 b까지의 정적분이라 하고, 기호로 $\int_a^b f(x)\,dx$로 나타낸다. 즉,

$$\int_a^b f(x)\,dx = \lim_{n\to\infty}\sum_{k=1}^{n} f(x_k)\Delta x$$

이때 a를 아래끝, b를 위끝이라 한다.

참고 (1) 곡선 $y=f(x)$와 x축 및 두 직선 $x=a$, $x=b$(단, $a<b$)로 둘러싸인 부분의 넓이를 S라 하면

(i) 그림 6.2와 같이 닫힌 구간 $[a, b]$에서 $f(x)>0$인 경우에는

$$\int_a^b f(x)\,dx = S$$

(ii) 그림 6.3과 같이 닫힌 구간 $[a, b]$에서 $f(x) < 0$인 경우에는

$$\int_a^b f(x)\,dx = -S$$

(2) 그림 6.4와 같이 닫힌 구간 $[a, b]$에서 $f(x) \geq 0$ $(a \leq x \leq c)$ 과 $f(x) \leq 0$ $(c \leq x \leq b)$을 모두 갖는 경우에는 곡선 $y = f(x)$와 x축 및 직선 $x = a$로 둘러싸인 부분의 넓이를 S_1이라 하고, 곡선 $y = f(x)$와 x축 및 직선 $x = b$로 둘러싸인 부분의 넓이를 S_2라 하면

$$\int_a^b f(x)\,dx = S_1 - S_2$$

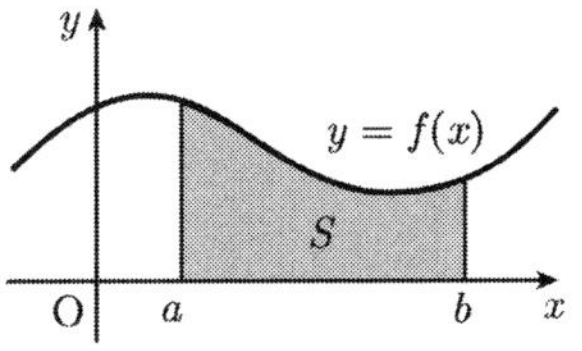

그림 6.2

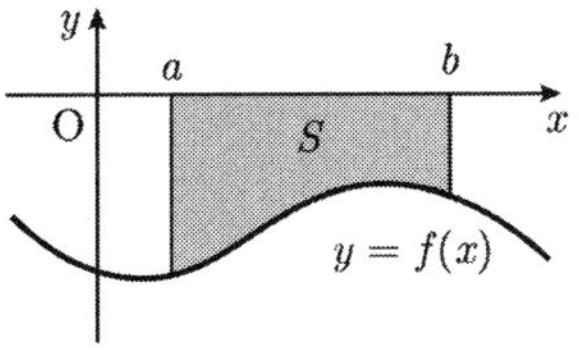

그림 6.3

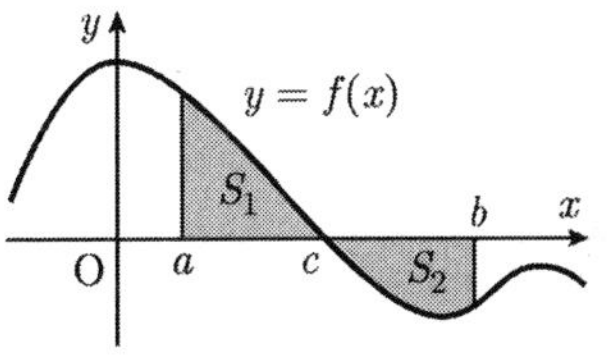

그림 6.4

6.1.2 정적분의 기본 정리

함수 $f(x)$가 닫힌 구간 $[a, b]$에서 연속이고, $F(x)$가 $f(x)$의 한 부정적분이면

$$\int_a^b f(x)\,dx = [F(x)]_a^b = F(b) - F(a)$$

(i) $f(t) \geq 0$이고 곡선 $y = f(t)$와 두 직선 $t = a$, $t = x$ $(a \leq x \leq b)$ 및 t축으로 둘러싸인 부분의 넓이를 $S(x)$라 하면

$$S(x) = \int_a^x f(t)\,dt$$

이때 $\Delta x > 0$이라 하면 함수 $f(t)$는 닫힌 구간 $[x, x + \Delta x]$에서 연속이므로 최댓값 M, 최솟값 m을 갖는다.

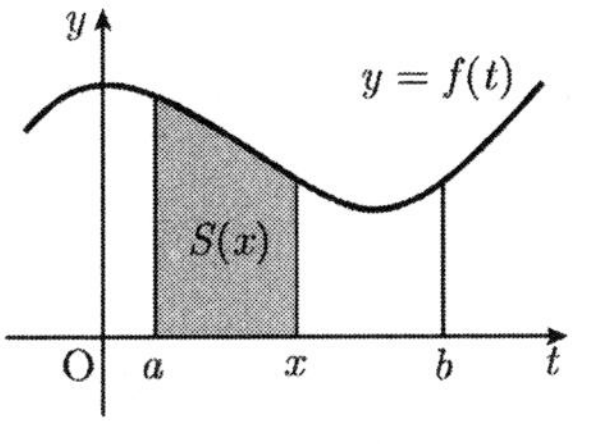

그림 6.5

그러므로 $\triangle S = S(x+\triangle x) - S(x)$라 하면

$$m \cdot \triangle x \le \triangle S \le M \cdot \triangle x, \; m \le \frac{\triangle S}{\triangle x} \le M$$

$$\lim_{\triangle x \to 0} m \le \lim_{\triangle x \to 0} \frac{\triangle S}{\triangle x} \le \lim_{\triangle x \to 0} M$$

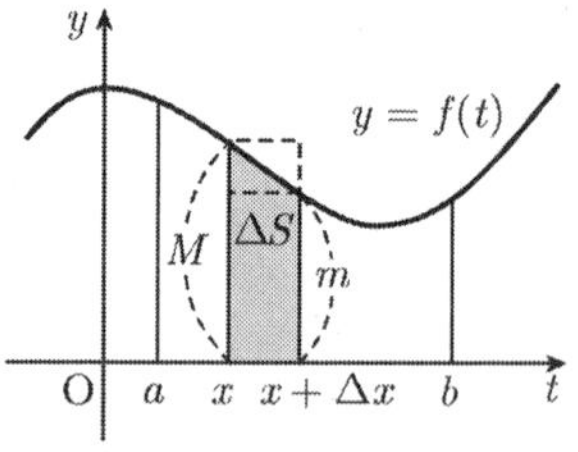

그림 6.6

여기에서 $\triangle x \to 0$이면 $m \to f(x)$, $M \to f(x)$이므로 $S'(x) = f(x)$, 즉

$$\frac{d}{dx}\int_a^x f(t)\,dt = f(x)$$

$S(x)$가 $f(x)$의 한 부정적분이므로 $f(x)$의 또 다른 부정적분을 $F(x)$라 하면

$$S(x) = \int_a^x f(t)\,dt = F(x) + C \text{ (단, } C\text{는 적분상수)} \tag{1}$$

$S(a) = 0$이므로 $C = -F(a)$

(1)에서 $x = b$를 대입하고 적분변수 t를 x로 바꾸면

$$\int_a^b f(x)\,dx = F(b) - F(a) \tag{2}$$

(ii) $f(t) \le 0$, $\triangle x < 0$일 때도 같은 방법으로 하면 위의 식이 성립한다.
이때 (2)의 우변 $F(b) - F(a)$를 기호로 $[F(x)]_a^b$와 같이 나타낸다.

예제 6.1 다음 정적분의 값을 구하여라.

(1) $\int_0^1 x(1-x)\,dx$ (2) $\int_{-1}^1 x(1-x)^2\,dx$

(3) $\int_0^1 (x+1)(x^2-x+1)\,dx$ (4) $\int_{-1}^2 (y+1)(y^2-1)\,dy$

풀이 (1) $\displaystyle\int_0^1 (x-x^2)\,dx = \left[\frac{1}{2}x^2 - \frac{1}{3}x^3\right]_0^1 = \frac{1}{6}$

(2) $\displaystyle\int_{-1}^1 (x-2x^2+x^3)\,dx = \left[\frac{1}{2}x^2 - \frac{2}{3}x^3 + \frac{1}{4}x^4\right]_{-1}^1 = -\frac{4}{3}$

(3) $\displaystyle\int_0^1 (x^3+1)\,dx = \left[\frac{1}{4}x^4 + x\right]_0^1 = \frac{5}{4}$

(4) $\displaystyle\int_{-1}^2 (y^3+y^2-y-1)\,dy = \left[\frac{1}{4}y^4 + \frac{1}{3}y^3 - \frac{1}{2}y^2 - y\right]_{-1}^2 = \frac{9}{4}$ ■

예제 6.2 다음 정적분의 값을 구하여라.

(1) $\displaystyle\int_1^4 \frac{(\sqrt{x}+1)^3}{\sqrt{x}}\,dx$

(2) $\displaystyle\int_{-1}^2 \frac{x}{x^2-x-6}\,dx$

(3) $\displaystyle\int_0^\pi (e^{4x} - \sin^2 x)\,dx$

풀이 (1) $\displaystyle\int_1^4 \frac{(\sqrt{x}+1)^3}{\sqrt{x}}\,dx = \int_1^4 \frac{x\sqrt{x}+3x+3\sqrt{x}+1}{\sqrt{x}}\,dx$

$$= \int_1^4 \left(x+3\sqrt{x}+3+\frac{1}{\sqrt{x}}\right)dx$$

$$= \left[\frac{x^2}{2}+2x\sqrt{x}+3x+2\sqrt{x}\right]_1^4$$

$$= \left(\frac{16}{2}+2\cdot 4\sqrt{4}+3\cdot 4+2\sqrt{4}\right)-\left(\frac{1}{2}+2+3+2\right) = \frac{65}{2}$$

(2) $\displaystyle\int_{-1}^2 \frac{x}{x^2-x-6}\,dx = \int_{-1}^2 \frac{x}{(x-3)(x+2)}\,dx = \int_{-1}^2 \frac{1}{5}\left(\frac{3}{x-3}+\frac{2}{x+2}\right)dx$

$$= \left[\frac{1}{5}(3\ln|x-3|+2\ln|x+2|)\right]_{-1}^2 = \frac{1}{5}\{(3\ln 1+2\ln 4)-(3\ln 4+2\ln 1)\}$$

$$= \frac{1}{5}(2\ln 4-3\ln 4) = -\frac{1}{5}\ln 4 = -\frac{2}{5}\ln 2$$

(3) $\displaystyle\int_0^\pi (e^{4x}-\sin^2 x)\,dx = \int_0^\pi \left(e^{4x}-\frac{1-\cos 2x}{2}\right)dx$

$$= \left[\frac{1}{4}e^{4x}-\frac{1}{2}x+\frac{1}{4}\sin 2x\right]_0^\pi = \left(\frac{1}{4}e^{4\pi}-\frac{\pi}{2}\right)-\left(\frac{1}{4}e^0\right) = \frac{1}{4}(e^{4\pi}-2\pi-1)$$ ■

6.1.3 정적분의 특성

다음 정적분에 관한 정리들은 중요하다.

(1) $\int_a^b kf(x)\,dx = k\int_a^b f(x)\,dx$ (k는 상수)

(2) $\int_a^a f(x)\,dx = 0$

(3) $\int_a^b f(x)\,dx = -\int_b^a f(x)\,dx$

(4) $\int_a^c f(x)\,dx + \int_c^b f(x)\,dx = \int_a^b f(x)\,dx$ $(a < c < b)$

(5) $\int_a^b [f(x) \pm g(x)]\,dx = \int_a^b f(x)\,dx \pm \int_a^b g(x)\,dx$

예제 6.3 다음 정적분을 계산하여라.

(1) $\int_1^2 (\sqrt{x}+1)^3\,dx - \int_1^2 (\sqrt{x}-1)^3\,dx$

(2) $\int_0^1 (e^{2x} - \sin x)\,dx + \int_0^1 (e^{2x} + \sin x)\,dx$

(3) $\int_0^\pi (\sin x + \cos x)^2\,dx - \int_\pi^0 (\sin y - \cos y)^2\,dy$

풀이

(1) $\int_1^2 \{(\sqrt{x}+1)^3 - (\sqrt{x}-1)^3\}\,dx = \int_1^2 (6x+2)\,dx = \left[3x^2+2x\right]_1^2 = 11$

(2) $\int_0^1 \{(e^{2x} - \sin x) + (e^{2x} + \sin x)\}\,dx = \int_0^1 2e^{2x}\,dx = \left[e^{2x}\right]_0^1 = e^2 - 1$

(3) $\int_0^\pi (\sin x + \cos x)^2\,dx + \int_0^\pi (\sin x - \cos x)^2\,dx$

$$= \int_0^\pi \{(\sin x + \cos x)^2 + (\sin x - \cos x)^2\}\,dx = \int_0^\pi 2(\sin^2 x + \cos^2 x)\,dx$$

$$= \int_0^\pi 2\,dx = [2x]_0^\pi = 2\pi$$

■

예제 6.4 다음 정적분을 계산하여라.

(1) $\int_0^1 \frac{x^3}{x+1}\,dx + \int_0^1 \frac{1}{t+1}\,dt$ (2) $\int_0^{\ln 3} \frac{e^{3x}}{e^x+1}\,dx - \int_{\ln 3}^0 \frac{1}{e^t+1}\,dt$

풀이 (1) $\int_0^1 \frac{x^3}{x+1}dx + \int_0^1 \frac{1}{x+1}dx = \int_0^1 \frac{x^3+1}{x+1}dx = \int_0^1 \frac{(x+1)(x^2-x+1)}{x+1}dx$

$= \int_0^1 (x^2-x+1)\,dx = \left[\frac{1}{3}x^3 - \frac{1}{2}x^2 + x\right]_0^1 = \frac{1}{3} - \frac{1}{2} + 1 = \frac{5}{6}$

(2) $\int_0^{\ln 3} \frac{e^{3x}}{e^x+1}dx + \int_0^{\ln 3} \frac{1}{e^t+1}dt = \int_0^{\ln 3} \frac{e^{3x}}{e^x+1}dx + \int_0^{\ln 3} \frac{1}{e^x+1}dx$

$= \int_0^{\ln 3} \frac{e^{3x}+1}{e^x+1}dx = \int_0^{\ln 3} \frac{(e^x+1)(e^{2x}-e^x+1)}{e^x+1}dx = \int_0^{\ln 3} (e^{2x}-e^x+1)\,dx$

$= \left[\frac{1}{2}e^{2x} - e^x + x\right]_0^{\ln 3} = \left(\frac{1}{2}e^{2\ln 3} - e^{\ln 3} + \ln 3\right) - \left(\frac{1}{2} - 1\right) = 2 + \ln 3$

6.1.4 정적분의 치환적분법

닫힌 구간 $[\alpha, \beta]$에서 연속인 함수 $f(t)$에 대하여 닫힌 구간 $[a, b]$에서 미분 가능한 함수 $t = g(x)$의 도함수 $g'(x)$가 닫힌 구간 $[a, b]$에서 연속이고 $g(a) = \alpha$, $g(b) = \beta$이면

$$\int_a^b f(g(x))g'(x)\,dx = \int_\alpha^\beta f(t)\,dt$$

설명 닫힌 구간 $[\alpha, \beta]$에서 연속인 함수 $f(t)$의 부정적분 중 하나를 $F(t)$라고 하면

$$\int_\alpha^\beta f(t)\,dt = [F(t)]_\alpha^\beta = F(\beta) - F(\alpha)$$

이때 닫힌 구간 $[a, b]$에서 미분 가능한 함수 $t = g(x)$의 도함수 $g'(x)$가 닫힌 구간 $[a, b]$에서 연속이고 $g(a) = \alpha$, $g(b) = \beta$라고 하면 합성함수의 미분법에 의하여

$$\{F(g(x))\}' = F'(g(x))g'(x) = f(g(x))g'(x)$$

따라서 정적분의 기본 정리에 의하여

$$\int_a^b f(g(x))g'(x)\,dx = [F(g(x))]_a^b = F(g(b)) - F(g(a)) = F(\beta) - F(\alpha)$$

$$= \int_\alpha^\beta f(t)\,dt$$

참고 삼각치환

(1) $\int_a^b \sqrt{k^2 - x^2}\,dx$는 $x = k\sin\theta$ $\left(-\frac{\pi}{2} \le \theta \le \frac{\pi}{2}\right)$로 치환한다(단, k는 상수).

(2) $\int_a^b \frac{1}{k^2 + x^2}\,dx$는 $x = k\tan\theta$ $\left(-\frac{\pi}{2} \le \theta \le \frac{\pi}{2}\right)$로 치환한다(단, k는 상수).

예제 6.5 다음 정적분의 값을 구하여라.

(1) $\int_0^{\sqrt{3}} x\sqrt{x^2+1}\,dx$

(2) $\int_0^{\frac{\pi}{2}} (\sin^3 x + 1)\cos x\,dx$

(3) $\int_0^{\frac{\pi}{2}} \sin x \cos 2x\,dx$

(4) $\int_0^{\frac{\pi}{2}} \frac{\sin^3 x}{1+\cos x}\,dx$

(5) $\int_0^{\frac{\pi}{2}} \frac{\cos x}{\sqrt{1+\sin x}}\,dx$

(6) $\int_{\ln 2}^1 \frac{1}{e^x - e^{-x}}\,dx$

풀이 (1) $x^2+1 = t$라고 하면 $2x\,dx = dt$이고 $x = 0$일 때 $t = 1$, $x = \sqrt{3}$일 때 $t = 4$

$$\int_1^4 \frac{1}{2}\sqrt{t}\,dt = \left[\frac{1}{3}t\sqrt{t}\right]_1^4 = \frac{7}{3}$$

(2) $\sin x = t$라고 하면 $\cos x\,dx = dt$이고 $x = 0$일 때 $t = 0$, $x = \frac{\pi}{2}$일 때 $t = 1$

$$\int_0^1 (t^3+1)\,dt = \left[\frac{1}{4}t^4 + t\right]_0^1 = \frac{5}{4}$$

(3) $\cos x = t$라고 하면 $-\sin x\,dx = dt$이고 $x = 0$일 때 $t = 1$, $x = \frac{\pi}{2}$일 때 $t = 0$

$$\int_0^{\frac{\pi}{2}} (2\cos^2 x - 1)\sin x\,dx = \int_1^0 (2t^2-1)\cdot(-dt) = \left[\frac{2}{3}t^3 - t\right]_0^1 = -\frac{1}{3}$$

(4) $\cos x = t$라고 하면 $-\sin x\,dx = dt$이고 $x = 0$일 때 $t = 1$, $x = \frac{\pi}{2}$일 때 $t = 0$

$$\int_0^{\frac{\pi}{2}} \frac{\sin^2 x \sin x}{1+\cos x}\,dx = \int_1^0 \frac{(1-t^2)\cdot(-1)}{1+t}\,dt = \int_0^1 \frac{1-t^2}{1+t}\,dt = \int_0^1 (1-t)\,dt$$

$$= \left[t - \frac{1}{2}t^2\right]_0^1 = \frac{1}{2}$$

(5) $1+\sin x = t$라고 하면 $\cos x\,dx = dt$이고 $x = 0$일 때 $t = 1$, $x = \dfrac{\pi}{2}$일 때 $t = 2$

$$\int_1^2 \frac{1}{\sqrt{t}}\,dt = \left[2\sqrt{t}\right]_1^2 = 2(\sqrt{2}-1)$$

(6) $e^x = t$라고 하면 $e^x\,dx = dt$이고 $x = \ln 2$일 때 $t = 2$, $x = 1$일 때 $t = e$

$$\int_{\ln 2}^1 \frac{e^x}{e^{2x}-1}\,dx = \int_2^e \frac{dt}{t^2-1} = \frac{1}{2}\int_2^e \left(\frac{1}{t-1} - \frac{1}{t+1}\right)dt$$

$$= \frac{1}{2}\left[\ln|t-1| - \ln|t+1|\right]_2^e = \frac{1}{2}\ln\frac{3(e-1)}{e+1}$$ ■

6.1.5 정적분의 부분적분법

두 함수 $f(x)$, $g(x)$가 미분 가능하고, $f'(x)$, $g'(x)$가 닫힌 구간 $[a, b]$에서 연속일 때,

$$\int_a^b f'(x)g(x)\,dx = \left[f(x)g(x)\right]_a^b - \int_a^b f(x)g'(x)\,dx$$

설명 두 함수 $f(x)$, $g(x)$가 미분 가능할 때, 두 함수의 곱 $f(x)g(x)$를 미분하면

$$\{f(x)g(x)\}' = f'(x)g(x) + f(x)g'(x)$$

이므로 $f(x)g(x)$는 $f'(x)g(x)+f(x)g'(x)$의 부정적분 중 하나이다.

$$\int_a^b \{f'(x)g(x) + f(x)g'(x)\}\,dx = \left[f(x)g(x)\right]_a^b$$

이므로 $\displaystyle\int_a^b f'(x)g(x)\,dx + \int_a^b f(x)g'(x)\,dx = \left[f(x)g(x)\right]_a^b$

$$\int_a^b f'(x)g(x)\,dx = \left[f(x)g(x)\right]_a^b - \int_a^b f(x)g'(x)\,dx$$

예제 6.6 다음 정적분의 값을 구하여라.

(1) $\displaystyle\int_0^\pi x(\sin x + \cos x)\,dx$

(2) $\displaystyle\int_1^2 \ln x^3\,dx$

(3) $\displaystyle\int_0^1 x\ln(2x+1)\,dx$

(4) $\displaystyle\int_e^{e^2} (\ln x)^2\,dx$

(5) $\displaystyle\int_e^{e^2} \frac{\ln x}{x^2}\,dx$

(6) $\displaystyle\int_0^\pi x^2 \sin x\,dx$

풀이 (1) $\int_0^\pi x(\sin x+\cos x)\,dx$

$= [x(-\cos x+\sin x)]_0^\pi - \int_0^\pi (-\cos x+\sin x)\,dx$

$= \pi - [-\sin x-\cos x]_0^\pi = \pi-2$

(2) $3\int_1^2 \ln x\,dx = 3\left([x\ln x]_1^2 - \int_1^2 x\cdot\frac{1}{x}\,dx\right) = 6\ln 2 - 3[x]_1^2 = 6\ln 2 - 3$

(3) $\int_0^1 x\ln(2x+1)\,dx$

$= \left[\frac{1}{2}x^2\ln(2x+1)\right]_0^1 - \int_0^1 \frac{x^2}{2x+1}\,dx$

$= \frac{1}{2}\ln 3 - \int_0^1 \left\{\frac{1}{2}x - \frac{1}{4} + \frac{1}{4(2x+1)}\right\}dx$

$= \frac{1}{2}\ln 3 - \left[\frac{1}{4}x^2 - \frac{1}{4}x + \frac{1}{8}\ln(2x+1)\right]_0^1 = \frac{3}{8}\ln 3$

(4) $\int_e^{e^2} (\ln x)^2\,dx$

$= [x(\ln x)^2]_e^{e^2} - \int_e^{e^2} x\cdot 2\ln x\cdot\frac{1}{x}\,dx$

$= 4e^2 - e - 2\left([x\ln x]_e^{e^2} - \int_e^{e^2} x\cdot\frac{1}{x}\,dx\right)$

$= 4e^2 - e - 2\left\{(2e^2-e) - [x]_e^{e^2}\right\} = 2e^2 - e$

(5) $\int_e^{e^2} \frac{1}{x^2}\cdot\ln x\,dx = \left[-\frac{1}{x}\ln x\right]_e^{e^2} - \int_e^{e^2}\left(-\frac{1}{x}\cdot\frac{1}{x}\right)dx$

$= \left(-\frac{2}{e^2}+\frac{1}{e}\right) + \left[-\frac{1}{x}\right]_e^{e^2} = \frac{2}{e} - \frac{3}{e^2}$

(6) $\int_0^\pi x^2\sin x\,dx = [-x^2\cos x]_0^\pi - \int_0^\pi (-2x\cos x)\,dx$

$= \pi^2 + 2\left([x\sin x]_0^\pi - \int_0^\pi \sin x\,dx\right)$

$= \pi^2 + 2[\cos x]_0^\pi = \pi^2 - 4$ ■

6.1.6 정적분으로 정의된 함수의 미분

$f(x)$가 연속함수일 때

(1) $\dfrac{d}{dx}\displaystyle\int_a^x f(t)\,dt = f(x)$ (단, a는 상수)

(2) $\dfrac{d}{dx}\displaystyle\int_{h(x)}^{g(x)} f(t)\,dt = f(g(x))g'(x) - f(h(x))h'(x)$

특히 $\dfrac{d}{dx}\displaystyle\int_x^{x+a} f(t)\,dt = f(x+a) - f(x)$ (단, a는 상수)

증명 (1) 함수 $f(x)$가 연속이고 $x > a$이면

$$\frac{d}{dx}\int_a^x f(t)\,dt = f(x)$$

가 성립한다는 것은 이미 앞 단원에서 공부하였다.

그런데 $\int f(x)\,dx = F(x) + C$라고 하면 $F'(x) = f(x)$이고 a, x의 값의 대소와 관계없이 $\int_a^x f(t)\,dt = F(x) - F(a)$이므로

$$\frac{d}{dx}\int_a^x f(t)\,dt = \frac{d}{dx}\{F(x) - F(a)\} = F'(x) - 0 = f(x)$$

따라서 a, x의 값의 대소와 관계없이 다음이 성립한다.

$$\frac{d}{dx}\int_a^x f(t)\,dt = f(x)$$

(2) 또, $\displaystyle\int_{h(x)}^{g(x)} f(t)\,dt = [F(t)]_{h(x)}^{g(x)} = F(g(x)) - F(h(x))$이므로

$$\begin{aligned}\frac{d}{dx}\int_{h(x)}^{g(x)} f(t)\,dt &= \frac{d}{dx}F(g(x)) - \frac{d}{dx}F(h(x)) \\ &= F'(g(x))g'(x) - F'(h(x))h'(x) = f(g(x))g'(x) - f(h(x))h'(x)\end{aligned}$$

예제 6.7 다음 각 함수를 x에 관하여 미분하여라.

(1) $y = \int_2^x (4t^3 + 2t^2 - 5t + 1)\,dt$ (2) $y = \int_0^x e^t \sin t\,dt$

(3) $y = \int_0^x (x-t)\cos t\,dt$

풀이

(1) $y' = 4x^3 + 2x^2 - 5x + 1$

(2) $y' = e^x \sin x$

(3) $y = \int_0^x (x-t)\cos t\,dt = \int_0^x x\cos t\,dt - \int_0^x t\cos t\,dt$

$= x\int_0^x \cos t\,dt - \int_0^x t\cos t\,dt$이므로

$$y' = (x)'\int_0^x \cos t\,dt + x\left(\int_0^x \cos t\,dt\right)' - \left(\int_0^x t\cos t\,dt\right)'$$

$$= \int_0^x \cos t\,dt + x\cos x - x\cos x = [\sin t]_0^x = \sin x$$ ■

예제 6.8 다음 각 함수를 x에 관하여 미분하여라.

(1) $y = \int_x^{x+2} (3t^2 + 4t)\,dt$ (2) $y = \int_x^{x+1} \ln t\,dt$ (단, $x > 0$)

(3) $y = \int_1^{x^2} e^t \cos t\,dt$ (4) $y = \int_{-x}^{2x} \cos^2 t\,dt$

풀이

(1) $y' = \{3(x+2)^2 + 4(x+2)\} - (3x^2 + 4x) = 12x + 20$

(2) $y' = \ln(x+1) - \ln x = \ln\dfrac{x+1}{x}$

(3) $y' = e^{x^2}\cos x^2 \cdot (x^2)' - e \cdot \cos 1 \cdot (1)' = 2xe^{x^2}\cos x^2$

(4) $y' = \cos^2 2x \cdot (2x)' - \cos^2(-x) \cdot (-x)' = 2\cos^2 2x + \cos^2 x$ ■

6.1 연습문제

1. 다음을 정적분하여라.

(1) $\displaystyle\int_0^2 x(x-3)\,dx$

(2) $\displaystyle\int_0^4 \left(3x-\frac{1}{4}x^3\right)dx$

(3) $\displaystyle\int_0^{\frac{\pi}{3}} 2\sec^2 x\,dx$

(4) $\displaystyle\int_0^{\frac{\pi}{4}} \tan^2 x\,dx$

(5) $\displaystyle\int_0^{\frac{\pi}{8}} \sin 2x\,dx$

(6) $\displaystyle\int_{\frac{\pi}{2}}^{\pi} \frac{\sin 2x}{2\sin x}\,dx$

(7) $\displaystyle\int_0^{\frac{1}{2}} \frac{4}{\sqrt{1-x^2}}\,dx$

2. 다음을 구하여라.

(1) $\displaystyle\frac{d}{dx}\int_0^{\sqrt{x}} \cos t\,dt$

(2) $\displaystyle\frac{d}{dx}\int_0^{x^3} e^{-t}\,dt$

(3) $\displaystyle\frac{d}{dx}\int_0^{x} \sqrt{1+t^2}\,dt$

(4) $\displaystyle\frac{d}{dx}\int_{\sqrt{x}}^{0} \sin(t^2)\,dt$

(5) $\displaystyle\frac{d}{dx}\int_0^{\sin x} \frac{dt}{\sqrt{1-t^2}},\ |x|<\frac{\pi}{2}$

(6) $\displaystyle\frac{d}{dx}\int_0^{e^{x^2}} \frac{1}{\sqrt{t}}\,dt$

(7) $\displaystyle\frac{d}{dx}\int_0^{\sin^{-1}x} \cos t\,dt$

(8) $\displaystyle\frac{d}{dx}\int_{\frac{1}{x}}^{x} \frac{1}{t}\,dt$

(9) $\displaystyle\frac{d}{dy}\int_{\sqrt{y}}^{2\sqrt{y}} \sin t^2\,dt$

(10) $\displaystyle\frac{d}{dx}\int_{\frac{x^2}{2}}^{x^2} \ln\sqrt{t}\,dt$

(11) $\displaystyle\frac{d}{dx}\int_0^{\ln x} \sin e^t\,dt$

3. 치환법을 이용하여 정적분을 구하여라.

(1) $\displaystyle\int_0^{\frac{\pi}{4}} \tan x\sec^2 x\,dx$

(2) $\displaystyle\int_{-1}^{1} \frac{5r}{(4+r^2)^2}\,dr$

(3) $\displaystyle\int_0^{\sqrt{3}} \frac{4x}{\sqrt{x^2+1}}\,dx$

(4) $\displaystyle\int_0^{\frac{\pi}{6}} (1-\cos 3t)\sin 3t\,dt$

(5) $\displaystyle\int_0^{2\pi} \frac{\cos x}{\sqrt{4+3\sin x}}\,dx$

(6) $\displaystyle\int_0^{\pi} 5(5-4\cos t)^{\frac{1}{4}} \sin t\,dt$

(7) $\displaystyle\int_0^{\frac{\pi}{4}} (1+e^{\tan\theta})\sec^2\theta\,d\theta$

(8) $\displaystyle\int_0^{\pi} \frac{\sin t}{2-\cos t}\,dt$

(9) $\displaystyle\int_2^{4} \frac{dx}{x(\ln x)^2}$

(10) $\displaystyle\int_0^{\ln\sqrt{3}} \frac{e^x\,dx}{1+e^{2x}}$

(11) $\displaystyle\int_0^{1} \frac{4\,ds}{\sqrt{4-s^2}}$

(12) $\displaystyle\int_{\sqrt{2}}^{2} \frac{\sec^2(\sec^{-1}x)\,dx}{x\sqrt{x^2-1}}$

(13) $\displaystyle\int_0^{\pi} \sin^2 5r\,dr$

(14) $\displaystyle\int_{\pi}^{3\pi} \cot^2\frac{x}{6}\,dx$

(15) $\displaystyle\int_{-\frac{\pi}{3}}^{0} \sec x\tan x\,dx$

(16) $\displaystyle\int_0^{\frac{\pi}{2}} 5(\sin x)^{\frac{3}{2}}\cos x\,dx$

(17) $\displaystyle\int_1^{e} \frac{1}{x}(1+7\ln x)^{-\frac{1}{3}}\,dx$

(18) $\displaystyle\int_1^{8} \frac{\log_4\theta}{\theta}\,d\theta$

(19) $\displaystyle\int_1^{4} \frac{(\ln x)^3}{2x}\,dx$

(20) $\displaystyle\int_{\ln\left(\frac{\pi}{6}\right)}^{\ln\left(\frac{\pi}{2}\right)} 2e^v\cos e^v\,dv$

(21) $\displaystyle\int_1^{\sqrt{2}} x2^{(x^2)}\,dx$

(22) $\displaystyle\int_0^{\frac{\pi}{2}} 7^{\cos t}\sin t\,dt$

(23) $\displaystyle\int_1^{4} \frac{\ln 2\log_2 x}{x}\,dx$

(24) $\displaystyle\int_0^{2} \frac{\log_2(x+2)}{x+2}\,dx$

4. 다음 정적분을 구하여라.

(1) $\displaystyle\int_{-1}^{1} xe^x\,dx$

(2) $\displaystyle\int_{\frac{\pi}{3}}^{\frac{\pi}{2}} x\sin x\,dx$

(3) $\displaystyle\int_0^{\frac{\pi}{2}} x^2\sin 2x\,dx$

(4) $\displaystyle\int_1^{e} x\ln x\,dx$

(5) $\displaystyle\int_1^{e} \ln x\,dx$

(6) $\displaystyle\int_0^{1} \tan^{-1}x\,dx$

(7) $\displaystyle\int_{\frac{1}{2}}^{1} \sin^{-1}x\,dx$

(8) $\displaystyle\int_0^{4} e^{\sqrt{x}}\,dx$

(9) $\displaystyle\int_0^{\pi} e^x\sin x\,dx$

6.2 정적분의 근사치와 평균값

정적분 값의 근사치를 구하는 것을 항상 가능하다, 피적분함수가 기본적인 함수의 식으로 표현되지 못할 때도 가능하다. f가 $[a, b]$에서 음수가 아니라면, $\int_a^b f(x)dx$를 $y = f(x)$의 아래, x–축 위, $x = a$와 $x = b$의 세로선들로 둘러싸인 넓이이다. 그러면 정적분 값의 근삿값은 n 조각들로 나누고, 직사각형 또는 다른 기하학 도형들의 각 조각 넓이의 근사치를 구하고 나서, 그 근사치들을 합하여 구할 수 있다. 이 부분에서 a에서부터 b까지의 구간을 넓이 Δx 같은 n 조각들로 나눈 것이다.

6.2.1 직사각형 이용법

다음의 합계로 $\int_a^b f(x)dx$의 근사치를 구하는 방법은 다음과 같다.

(1) 왼쪽 합계$(L(n))$: $f(x_0)\Delta x + f(x_1)\Delta x + \cdots + f(x_{n-1})\Delta x$, 각 부분 구간의 왼쪽 끝점의 f 값을 사용한다.

(2) 오른쪽 합계$(R(n))$: $f(x_1)\Delta x + f(x_2)\Delta x + \cdots + f(x_n)\Delta x$, 각 부분 구간의 오른쪽 끝의 f 값을 사용한다.

(3) 중간 합계$(M(n))$:

$f\left(\dfrac{x_0 + x_1}{2}\right)\Delta x + f\left(\dfrac{x_1 + x_2}{2}\right)\Delta x + \ \cdots \ + f\left(\dfrac{x_{n-1} + x_n}{2}\right)\Delta x$, 각 부분 구간의 중간점에서의 f값을 사용한다.

예제 6.9 $\int_0^2 x^3 dx$의 근사치를 네 개의 부분 구간들을 사용하고 (1) 왼쪽 합계, (2) 오른쪽 합계, 그리고 (3) 중간점 합계를 계산하여 구하여라. 적분을 정확히 계산하여라.

풀이 여기서 $\Delta x = \dfrac{2-0}{4} = \dfrac{1}{2}$

(1) 왼쪽 합계를 위해서 우리는 $x = 0, \dfrac{1}{2}, 1$에서의 왼쪽 높이를 사용한다. 합계의 근사치는

$$L(4) = (0)^3 \cdot \frac{1}{2} + \left(\frac{1}{2}\right)^3 \cdot \frac{1}{2} + (1)^3 \cdot \frac{1}{2} + \left(\frac{3}{2}\right)^3 \cdot \frac{1}{2} = \frac{9}{4}$$

그림 6.7의 꺾인 선들은 사용된 직사각형들을 나타낸다.

(2) 오른쪽 합계를 위해서 $x=\frac{1}{2}$, 1, $\frac{3}{2}$ 에서의 오른쪽 높이를 사용한다. 합계의 근사치는

$$R(4)=(\frac{1}{2})^3 \cdot \frac{1}{2}+(1)^3 \cdot \frac{1}{2}+(\frac{3}{2})^3 \cdot \frac{1}{2}+(2)^3 \cdot \frac{1}{2}=\frac{25}{4}$$

이 합은 그림 6.7에 나온 둘러싸인 직사각형을 사용한다.

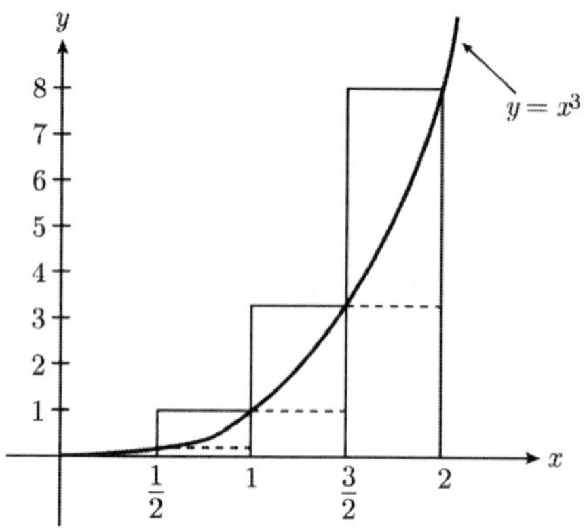

그림 6.7

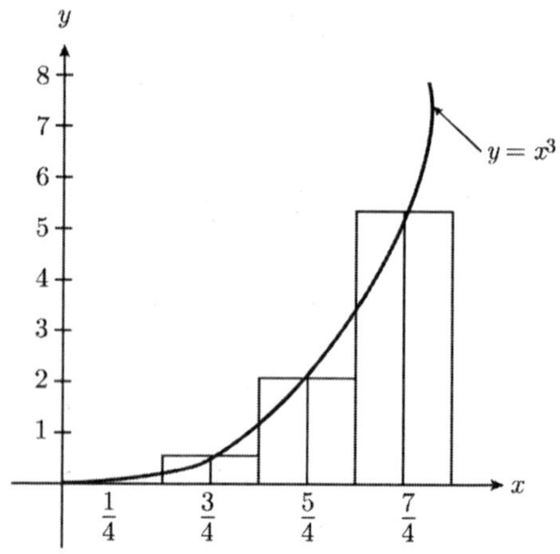

그림 6.8

(3) 중간점 합계는 그림 6.8에서 보면 부분 간격들의 중간점들에서의 높이들을 사용한다.

$$M(4)=\left(\frac{1}{4}\right)^3 \cdot \frac{1}{2}+\left(\frac{3}{4}\right)^3 \cdot \frac{1}{2}+\left(\frac{5}{4}\right)^3 \cdot \frac{1}{2}+\left(\frac{7}{4}\right)^3 \cdot \frac{1}{2}=\frac{31}{8} \text{ 또는 } \frac{15.5}{4}$$

(4) $\int_0^2 x^3 dx$ 의 정확한 값은 $\frac{x^4}{4}\Big|_0^2$ 또는 4이기 때문에, 중간점의 합계는 세 근사치 중에 가장 정확하다. ■

6.2.2 사다리꼴 사용법

이제 사다리꼴을 사용하여 그림 6.9에 있는 조각들의 넓이를 찾는다. 사다리꼴의 높이가 y_0, y_1, y_2, $\cdots$, y_n 그리고 밑변은 $\Delta x = h$로 나타낸다.

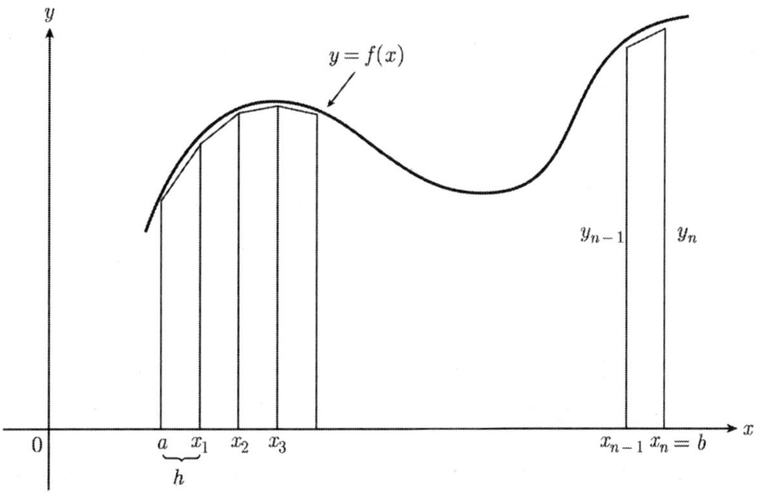

그림 6.9

다음 합계는 a에서부터 b까지의 f와 $x-$축 사이 넓이의 근사치를 구한다.

$$\frac{y_0+y_1}{2}\cdot h+\frac{y_1+y_2}{2}\cdot h+\frac{y_2+y_3}{2}\cdot h+\ \cdots\ +\frac{y_{n-1}+y_n}{2}\cdot h$$

공통 인수 $\frac{h}{2}$로 묶으면, 다음을 갖는다.

$$\frac{h}{2}(y_0+y_1+y_1+y_2+y_2+y_3+\ \cdots\ +y_{n-1}+y_n)$$

n을 부분 간격으로 두고 합계의 근사치를 구하기 위해 $T(n)$를 사용하면, 사다리꼴 법칙을 갖는다.

$$T(n)=\frac{h}{2}(y_0+2y_1+2y_2+\ \cdots\ +2y_{n-1}+y_n)$$

예제 6.10 $\int_0^2 x^3dx$의 근사치를 구하기 위해 $T(4)$를 사용한다.

풀이 $h=\frac{1}{2}$이다.

$$T(4)=\frac{1/2}{2}(0^3+2(\frac{1}{2})^3+2(1)^3+2(\frac{3}{2})^3+2^3)=\frac{17}{4}$$

이것은 $L(4)$ 또는 $R(4)$보다 더 정확하지만, $M(4)$가 가장 정확한 근삿값이다. ■

예제 6.11 1시간 동안 10분 간격으로 자동차의 속도계를 측정한 결과는 테이블에 주어졌다. $t=$ 시간, $v=$속도(시간당 마일)

t	0	10	20	30	40	50	60
v	26	40	55	10	60	32	45

(1) 시간 동안 자동차의 속도를 나타낼 수 있는 그래프를 그려라.

(2) $L(6)$, $R(6)$, $T(6)$를 사용해 운전한 거리의 근삿값을 구하여라.

풀이 (1) 그래프는 그림 6.10에 나온 그래프와 같이 속도 그래프에서 주어진 점들을 지나기만 하면 된다.

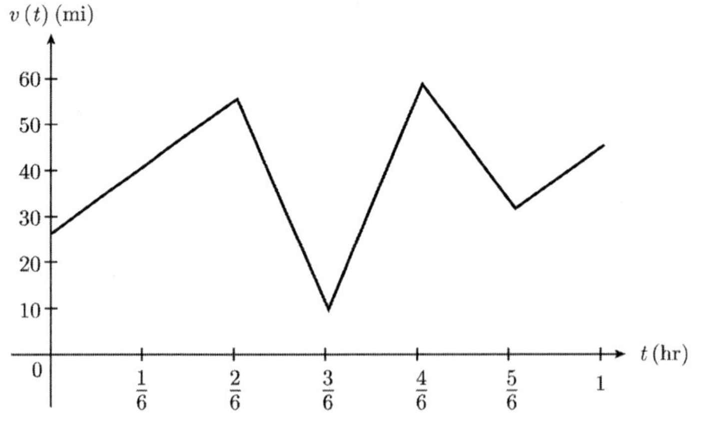

그림 6.10

(2) $L(6)=(26+40+55+10+60+32)\cdot\dfrac{1}{6}=37\dfrac{1}{6}$마일

$$R(6)=(40+55+10+60+32+45)\cdot\frac{1}{6}=40\frac{1}{3}\text{마일}$$

$$T(6)=\frac{\frac{1}{6}}{2}(26+2\cdot40+2\cdot55+2\cdot10+2\cdot60+2\cdot32+45)=38\frac{3}{4}\text{마일}$$

■

예제 6.12 $f(t)$의 그래프는 그림 6.11에 주어졌다. $F(x)=\int_0^x f(t)\,dt$이면, 테이블의 $F(x)$의 값들을 채워라.

풀이

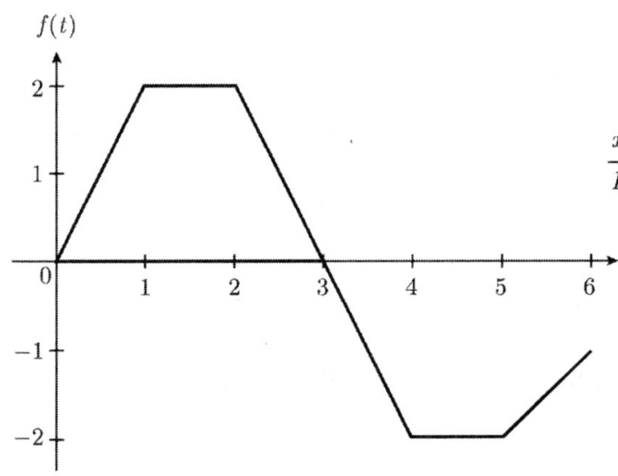

x	0	1	2	3	4	5	6
$F(x)$							

그림 6.11

올바른 부분들의 넓이를 찾아 $F(x)$를 찾는다. 예를 들어,

$$F(0)=\int_0^0 f(t)\,dt=0$$

$$F(1)=\int_0^1 f(t)\,dt=\frac{1}{2}(1)(2)=1 \text{ (삼각형의 넓이)}$$

$$F(2)=\int_0^2 f(t)\,dt=\frac{1}{2}(1)(2)=3 \text{ (삼각형 더하기 직사각형)}$$

그리고 $F(3)=\int_0^3 f(t)\,dt=\frac{1}{2}(3+1)(2)=4$

$F(4)$, $F(5)$, $F(6)$을 계산하면 다음 표와 같다.

x	0	1	2	3	4	5	6
$F(x)$	0	1	3	4	3	1	−0.5

■

6.2.3 평균값

함수 $y=f(x)$가 구간 $a \le x \le b$에서 연속적이라면, a에서부터 b까지의 f의 값의 평균을 다음과 같이 정의한다.

$$\frac{1}{b-a}\int_a^b f(x)dx$$

$$(f\text{의 평균값})\cdot(b-a)=\int_a^b f(x)dx$$

$[a,b]$에서 모든 x가 $f(x)\geq 0$라면 우변은 $y=f(x)$ 곡선 아래, x−축의 위, 그리고 세로 선 $x=a$와 $x=b$에 둘러싸인 넓이를 나타낸다. 좌변은 똑같은 바닥 $(b - a)$에 f의 평균값이 높이인 직사각형의 넓이를 나타낸다. 그림 6.12를 보자.

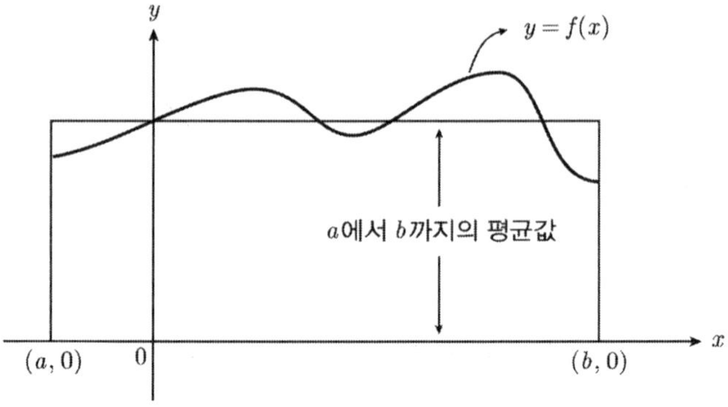

그림 6.12

예제 6.13 구간 [1, 4]에서 $f(x)=\ln x$의 평균값을 구하여라.

풀이 $\frac{1}{4-1}\int_1^4 \ln x\,dx=\frac{1}{3}(x\ln x-x)|_1^4=\frac{4\ln 4-3}{3}$ ■

예제 6.14 $[-2,2]$에서 반원 $y=\sqrt{4-x^2}$의 좌표들의 평균값을 구하여라.

풀이 $\frac{1}{2-(-2)}\int_{-2}^2\sqrt{4-x^2}\,dx=\frac{1}{4}\frac{\pi(2^2)}{2}=\frac{\pi}{2}$

정적분은 반지름이 2인 반원의 넓이와 정확히 같다는 사실을 사용하였다. ■

6.2 연습문제

1. 다음 주어진 간격에서 $f(x)$의 평균값을 구하여라.

(1) $f(x) = x^2 - 1$ $\quad [0, \sqrt{3}]$

(2) $f(x) = (x-1)^2$ $\quad [0, 3]$

(3) $f(x) = \sqrt{64 - x^2}$ $\quad [-8, 8]$

(4) $f(x) = \cos x$ $\quad \left[\frac{\pi}{3}, \frac{\pi}{2}\right]$

(5) $f(x) = \csc^2 x$ $\quad \left[\frac{\pi}{6}, \frac{\pi}{4}\right]$

2. 다음을 구하여라.

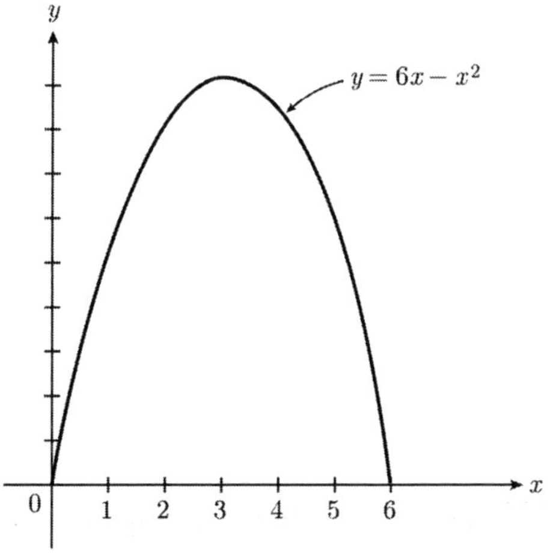

(1) $M(3)$을 이용하여, 가려진 영역의 대략적인 영역은?

(2) $T(6)$을 이용하여, 가려진 영역의 대략적인 영역은?

3. 적분 $y = 4 - x^2$ 의 근사값을 $n = 4$일 때 $L(4), R(4), M(4)$을 이용하여 적분의 근삿값을 구하여라.

(1) $L(4)$

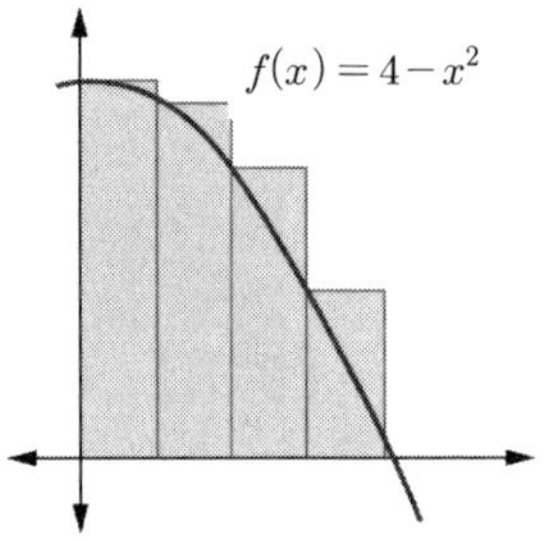

(2) $R(4)$

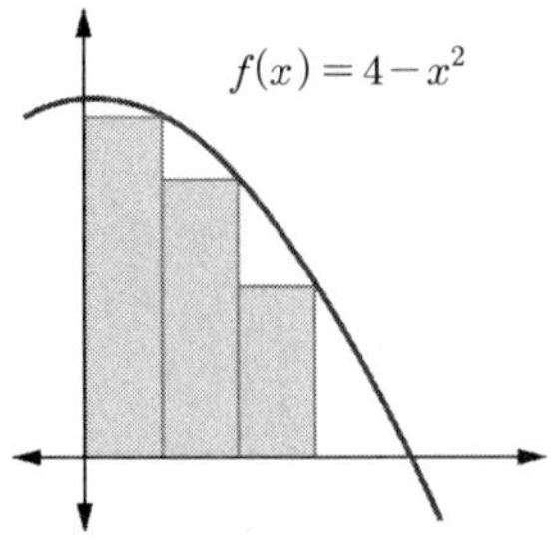

(3) $M(4)$

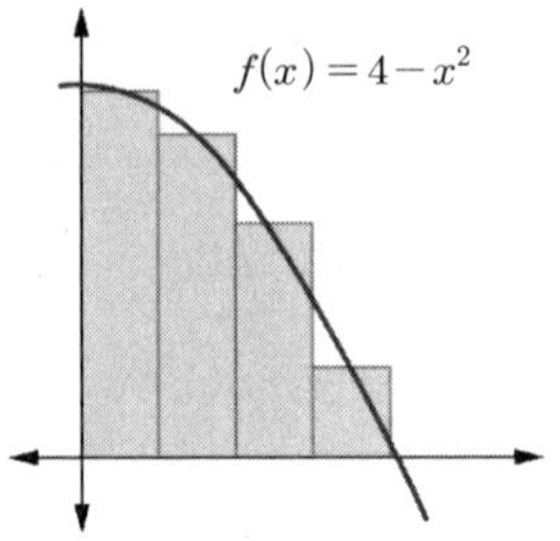

4. $\displaystyle\int_1^6 \frac{120}{x}dx$에서 $L(5), R(5), T(5)$을 구하여라.

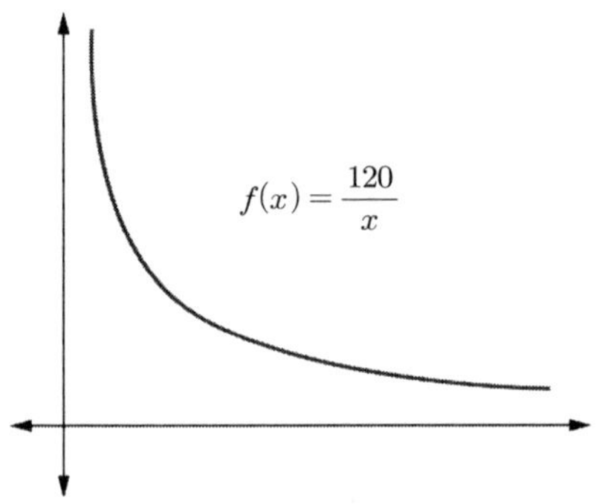

5. 적분 $\displaystyle\int_1^6 \frac{120}{x}dx$에서 $L(5), R(5), T(5)$을 구하여라.

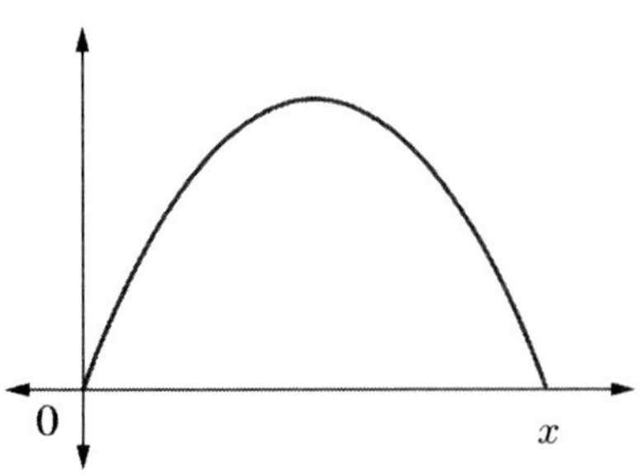

6. 다음 표와 같이 한 탱크에서 원유가 유출되고 있다. 10분동안 유출되는 총 원유의 양의 근삿값을 $L(5)$, $R(5)$, $T(5)$로 구하여라.

t (min)	R(t) (L/min)
0	4
1	6
3	8
6	9
9	7
10	5

Chapter

07

정적분의 응용과 연속적 확률분포

정적분을 활용하여 넓이, 부피, 길이, 속도, 거리, 이상적분을 구하는 방법을 알아본다. 넓이를 구할 때는 하나의 함수와 x축 사이의 넓이, 두 함수 사이의 넓이를 구하는 방법을 살펴보고 부피를 구할 때는 수직단면을 이용하는 방법, 디스크, 와셔, 쉘 방법을 설명한다. 정적분의 최종 변화, 연속적 확률분포 등을 학습한다.

7.1 넓이

7.1.1 축과 곡선 사이의 넓이

넓이를 찾기 위해서는

(1) 주어진 영역과 전형적인 그래프를 그려라.
(2) 전형적인 직사각형의 넓이의 식을 써라. 그리고,
(3) $n \to \infty$ 일 때 n개 넓이의 리만합의 정적분을 세워라.

그림 7.1에서처럼, $f(x)$가 $[a, b]$ 음수가 아니라면 $f(x_k)\Delta x$은 전형적인 직사각형의 넓이로 여겨질 수 있고 x축으로 인해 제한된 넓이, 곡선, 수직선 $x = a$와 $x = b$는 다음과 같이 주어진다.

$$\lim_{n \to \infty} \sum_{k=1}^{n} f(x_k)\Delta x \text{ 그리고 } \int_a^b f(x)dx$$

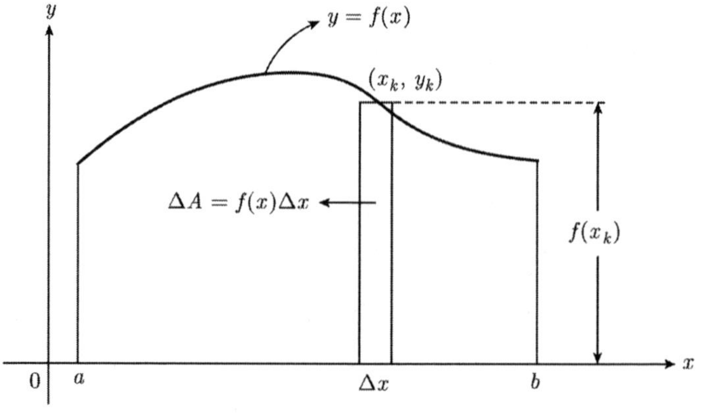

그림 7.1

예제 7.1 다음을 구하여라.

(1) $y = x^2$, $y = 0$, $x = -1$, $x = 2$로 둘러싸인 면적은?

(2) $y = \dfrac{4}{x^2 + 4}$, x축, $x = -2$, $x = 2$로 둘러싸인 면적은?

(3) $y = \cot x$, $x = \dfrac{\pi}{4}$, $x = \dfrac{\pi}{2}$ x축으로 둘러싸인 면적은?

풀이 (1) $\int_{-1}^{2} x^2 dx = \left[\frac{1}{3}x^3\right]_{-1}^{2} = \frac{8}{3} + \frac{1}{3} = 3$

2) $2\int_0^2 \frac{4}{x^2+4}dx = 8\int_0^2 \frac{1}{4+x^2}dx = \frac{8}{4}\cdot 2\int_0^2 \frac{\frac{1}{2}}{1+\left(\frac{x}{2}\right)^2}dx = 4\left[\tan^{-1}\frac{x}{2}\right]_0^2$

$$= 4\cdot(\tan^{-1}1 - \tan^{-1}0) = 4\left(\frac{\pi}{4}\right) = \pi$$

(3) $\int_{\frac{\pi}{4}}^{\frac{\pi}{2}} \cot dx = [\ln|\sin x|]_{\frac{\pi}{4}}^{\frac{\pi}{2}} = \ln 1 - \ln\frac{1}{\sqrt{2}} = \frac{1}{2}\ln 2$ ■

$f(x)$가 그림 7.2와 같다면 $f(x) = 0$인 x의 값을 찾고 $f(x)$가 어디에서 양수이고 음수인지 유의한다. 따라서 $x = a$에서 $x = b$까지의 넓이는 다음과 같다.

$$\int_a^c f(x)dx - \int_c^d f(x)dx + \int_d^b f(x)dx$$

$c < x < d$일 때 $f(x_k)\Delta x$는 음수이다.

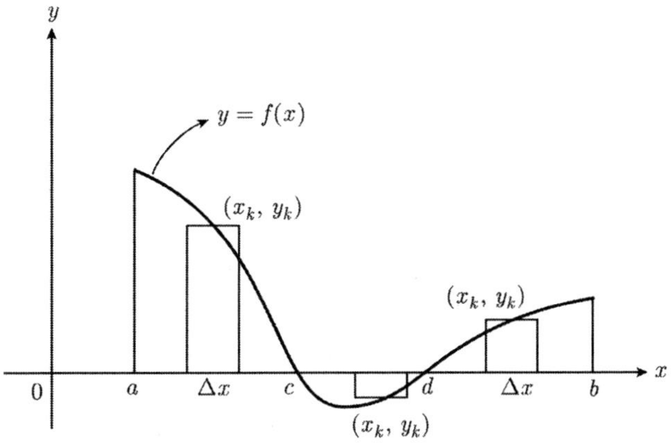

그림 7.2

예제 7.2 $y = x^3 - 2x^2 - 3x$, x축으로 둘러싸인 면적은?

풀이 $y = x(x^2 - 2x - 3) = x(x+1)(x-3)$에서 그래프가

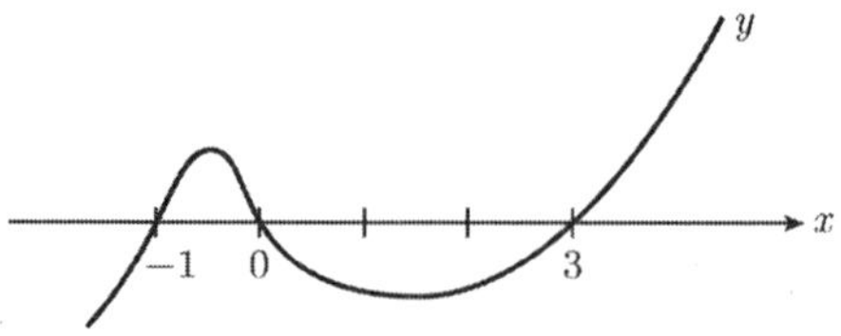

그림 7.3

이므로

$$\int_{-1}^{0}(x^3-2x^2-3x)dx-\int_{0}^{3}(x^3-2x^2-3x)dx=\frac{71}{6}$$ ■

예제 7.3 다음 각 곡선에 대하여 주어진 구간 안에서 곡선과 x축으로 둘러싸인 부분의 넓이 S를 구하여라.

(1) $y=\dfrac{1}{x}\ (1\le x\le e)$　　(2) $y=-\ln x\ (1\le x\le e)$

풀이 (1) $y=\dfrac{1}{x}\ (1\le x\le e)$에서 $y>0$이므로

$$S=\int_{1}^{e}\frac{1}{x}dx=[\ln x]_1^e=1$$

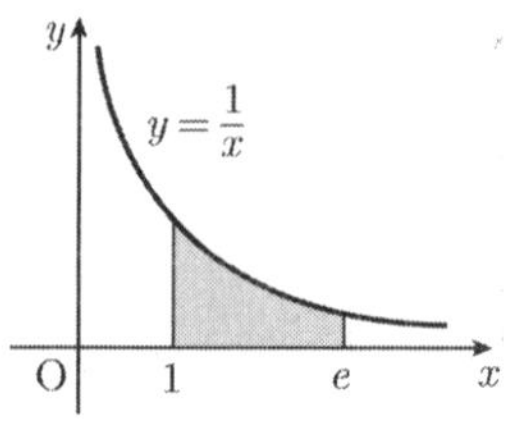

그림 7.4

(2) $y=-\ln x\ (1\le x\le e)$에서 $y\le 0$이므로

$$S=-\int_{1}^{e}(-\ln x)dx=\int_{1}^{e}\ln x\,dx=[x\ln x-x]_1^e=1$$

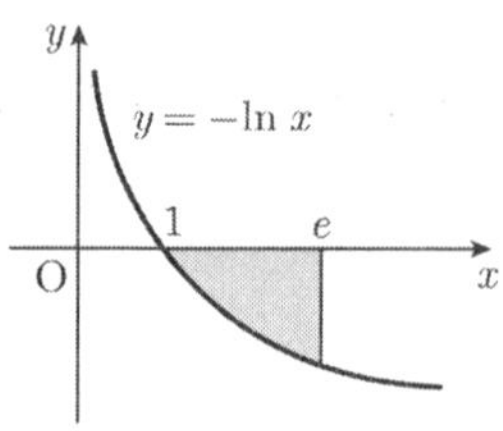

그림 7.5 ■

x가 y의 함수, $x = g(y)$라고 주어졌다면 y축, 곡선, 수직선 $x=a$와 $x=b$로 인해 제한된 넓이는 다음과 같다.

$$\lim_{n \to \infty} \sum_{k=1}^{n} g(y_k) \Delta y = \int_a^b g(y) dy$$

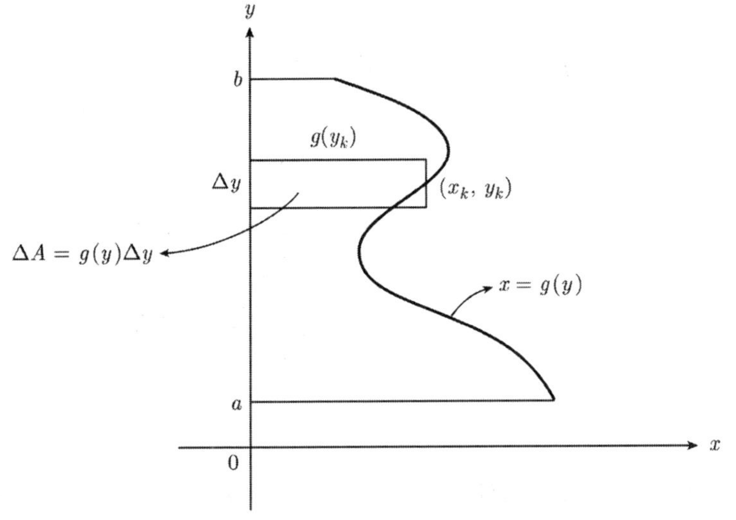

그림 7.6

예제 7.4 $x = y^2 - 1$, y축으로 둘러싸인 면적은?

풀이 $x = y^2 - 1$의 그래프가

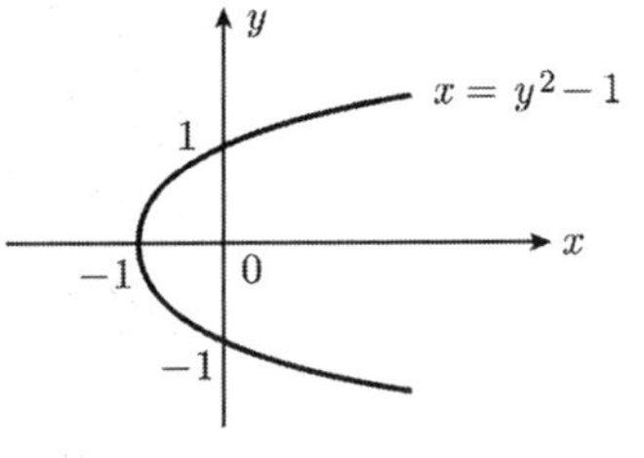

그림 7.7

이므로

$$-2\int_0^1 y^2 - 1\, dy = 2\int_0^1 (1 - y^2)\, dy = 2\left[y - \frac{1}{3}y^3\right]_0^1 = 2\left(1 - \frac{1}{3}\right) = \frac{4}{3} \quad \blacksquare$$

예제 7.5 다음 곡선과 직선으로 둘러싸인 부분의 넓이를 구하여라.

(1) $y = \ln x$, x축, y축, $y = 1$ (2) $x = \sin y\ (0 \le y \le 2\pi)$, y축

풀이 준 도형의 넓이를 S라 하자.

(1) $y = \ln x$에서 $x = e^y$

$$S = \int_0^1 x\,dy = \int_0^1 e^y\,dy = [e^y]_0^1 = e - 1$$

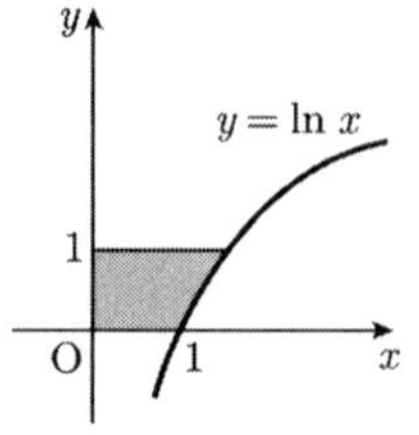

그림 7.8

(2) $0 \le y \le \pi$에서 $\sin y \ge 0$이고 $\pi \le y \le 2\pi$에서 $\sin y \le 0$이므로

$$S = \int_0^\pi x\,dy - \int_\pi^{2\pi} x\,dy = \int_0^\pi \sin y\,dy - \int_\pi^{2\pi} \sin y\,dy$$

$$= [-\cos y]_0^\pi - [-\cos y]_\pi^{2\pi} = 4$$

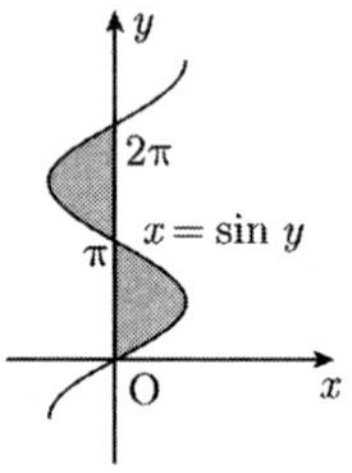

그림 7.9 ■

7.1.2 곡선들 사이의 넓이

곡선 사이의 넓이를 찾으려면(그림 7.10), 곡선들이 교차하는 교점들을 구한다. $x=a$와 $x=e$ 사이의 $y=f(x)$와 $y=g(x)$ 두 곡선이 $(c,\ d)$에서 교차한다면 전체 넓이는 다음과 같다.

$$\int_a^c [f(x)-g(x)]dx + \int_c^e [g(x)-f(x)]dx$$

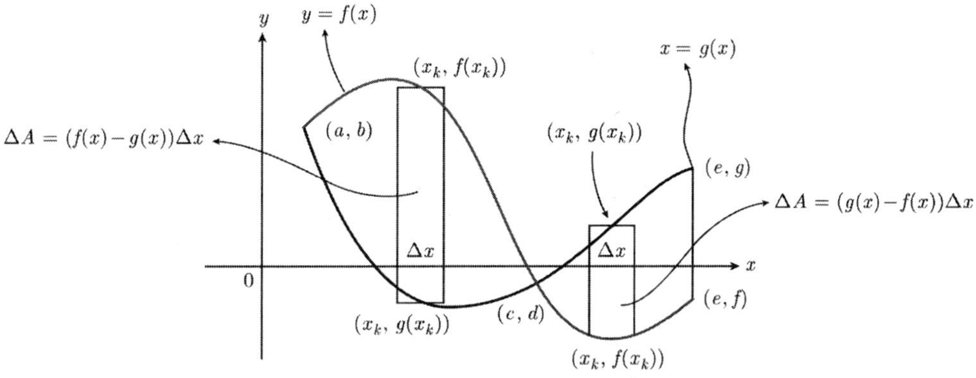

그림 7.10

예제 7.6 다음 직선과 곡선 또는 곡선과 곡선으로 둘러싸인 도형의 넓이를 구하여라.

(1) $y=x^2-1,\ y=-x^2+2x+3$

(2) $y=xe^{-x},\ y=e^{-2}x$

(3) $y=\sin x,\ y=\cos x,\ \left[\frac{\pi}{4},\ \frac{5}{4}\pi\right]$

(4) $y^2=x,\ y=-x+2$

(5) $y=e^x,\ y=x,\ y=1,\ y=2$

풀이 (1) 구하는 넓이를 S라 하자.

두 곡선의 교점의 x좌표는

$x^2-1=-x^2+2x+3$에서 $(x+1)(x-2)=0$

$x=-1,2$

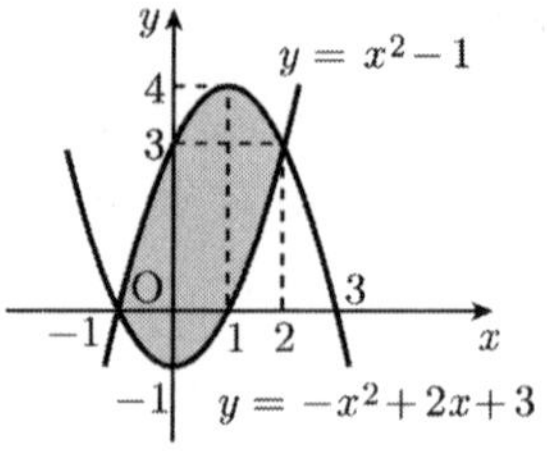

그림 7.11

또, 구간 $[-1, 2]$에서

$$-x^2+2x+3 \geq x^2-1$$

이므로

$$S = \int_{-1}^{2}\{(-x^2+2x+3)-(x^2-1)\}\,dx = \int_{-1}^{2}(-2x^2+2x+4)\,dx$$

$$= \left[-\frac{2}{3}x^3+x^2+4x\right]_{-1}^{2} = 9$$

(2) 곡선과 직선의 교점의 x좌표는

$xe^{-x} = e^{-2}x$에서 $x(e^{-x}-e^{-2}) = 0$

$x = 0, 2$

따라서 구하는 넓이를 S라 하면

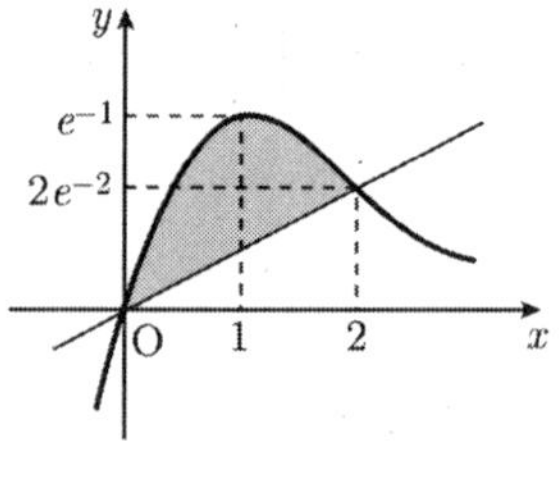

그림 7.12

$$S = \int_{0}^{2}(xe^{-x}-e^{-2}x)\,dx = [-e^{-x}x]_0^2 - \int_0^2(-e^{-x})\,dx - \left[\frac{1}{2e^2}x^2\right]_0^2$$

$$= 1-\frac{5}{e^2}$$

(3) 구하는 넓이를 S라 하자.

두 곡선의 교점의 x좌표는

$\sin x = \cos x$에서 $x = \dfrac{\pi}{4}, \dfrac{5}{4}\pi$

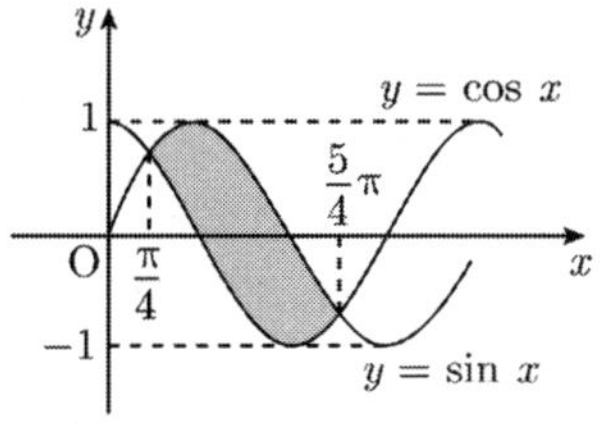

그림 7.13

$$S = \int_{\frac{\pi}{4}}^{\frac{5}{4}\pi} (\sin x - \cos x)\,dx = \left[-\cos x - \sin x\right]_{\frac{\pi}{4}}^{\frac{5}{4}\pi} = 2\sqrt{2}$$

(4) 곡선과 직선의 교점의 y좌표는

$y = -y^2 + 2$에서 $(y-1)(y+2) = 0$

$y = 1, -2$

또, $y^2 = x$에서 $x = y^2$,

$y = -x + 2$에서 $x = 2 - y$

이고 구간 $[-2, 1]$에서 $2 - y \geq y^2$이므로

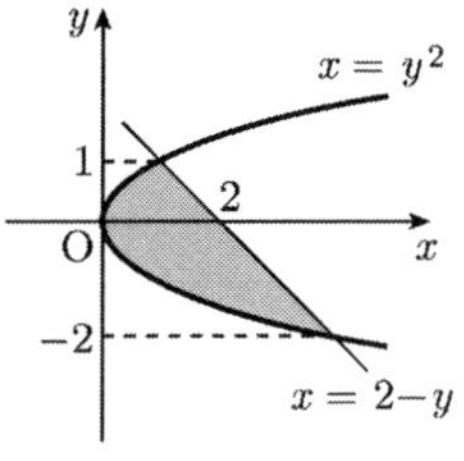

그림 7.14

$$S = \int_{-2}^{1} \{(2-y) - y^2\}\,dy = \left[2y - \frac{1}{2}y^2 - \frac{1}{3}y^3\right]_{-2}^{1} = \frac{9}{2}$$

(5) $y = e^x$에서 $x = \ln y$,

$y = x$에서 $x = y$

이고 구간 $[1, 2]$에서 $y \ge \ln y$이므로

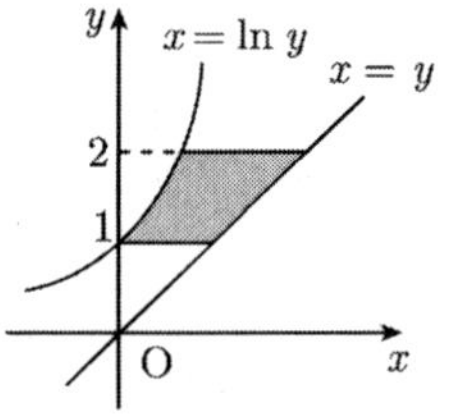

그림 7.15

$$S = \int_1^2 (y - \ln y)\,dy = \left[\frac{1}{2}y^2 - (y\ln y - y)\right]_1^2 = \frac{5}{2} - 2\ln 2 \qquad \blacksquare$$

7.1 연습문제

1. 주어진 범위에서 곡선과 x축으로 둘러싸인 영역의 넓이를 구하여라.

(1) $y = -x^2 - 2x,\ -3 \le x \le 2$

(2) $y = x^3 - 3x^2 + 2x,\ 0 \le x \le 2$

(3) $y = x^{\frac{1}{3}},\ -1 \le x \le 8$

(4) $y = x^3 - 4x,\ -2 \le x \le 2$

2. 직선과 곡선으로 둘러싸인 영역의 넓이를 구하여라.

(1) $y = x^2 - 2,\ y = 2$

(2) $y = x^4,\ y = 8x$

(3) $y = x^2,\ y = -x^2 + 4x$

(4) $y = x^4 - 4x^2 + 4,\ y = x^2$

(5) $x = 2y^2,\ x = 0,\ y = 3$

(6) $y^2 - 4x = 4,\ 4x - y = 16$

3. 두 곡선으로 둘러싸인 영역의 넓이를 구하여라.

(1) $x + y^2 = 0,\ x + 3y^2 = 2$

(2) $4x^2 + y = 4,\ x^4 - y = 1$

(3) $x + 4y^2 = 4,\ x + y^4 = 1,\ x \ge 0$

(4) $y = 2\sin x,\ y = \sin 2x,\ 0 \le x \le \pi$

(5) $y = \sec^2 x$와 $y = \tan^2 x,\ x = -\frac{\pi}{4}$와 $x = \frac{\pi}{4}$

(6) $x = 3\sin y\sqrt{\cos y}$와 $x = 0,\ 0 \le y \le \frac{\pi}{2}$

4. 곡선 사이의 넓이를 구하여라.

(1) 곡선 $x - y^3 = 0$과 직선 $x - y = 0$으로 둘러싸인 프로펠러 모양의 넓이를 구하여라.

(2) 직선 $y = x$, 직선 $x = 2$, 곡선 $y = \frac{1}{x^2}$, x축으로 둘러싸인 제 1사분면 내의 넓이를 구하여라.

(3) 곡선 $y = \ln x$와 $y = \ln 2x$ 사이와 $x = 1$에서 $x = 5$까지의 넓이를 구하여라.

(4) 곡선 $y = e^{2x}$, 곡선 $y = e^x$, 직선 $x = \ln 3$으로 하는 제 1사분면 영역의 넓이를 구하여라.

(5) 곡선 $y = \frac{2x}{(1 + x^2)}$과 x축의 구간 $-2 \le x \le 2$ 사이에 놓여 있는 영역의 넓이를 구하여라.

7.2 부피

7.2.1 단면을 알 때의 입체의 부피

입체 단면의 넓이를 알고 그것이 x식으로 표현될 수 있다면, 전형적인 조각의 부피 ΔV를 구할 수 있다. 입체의 부피는 조각의 수를 무한개로 하여 얻어진다. 그림 7.16에서, $\Delta V = A(x)\Delta x$이기 위해 x축과 직각인 조각들을 이용한다. $A(x)$는 단면의 넓이이고 Δx는 조각의 두께이다. 따라서 부피 $V = \int_a^b A(x)dx$이다.

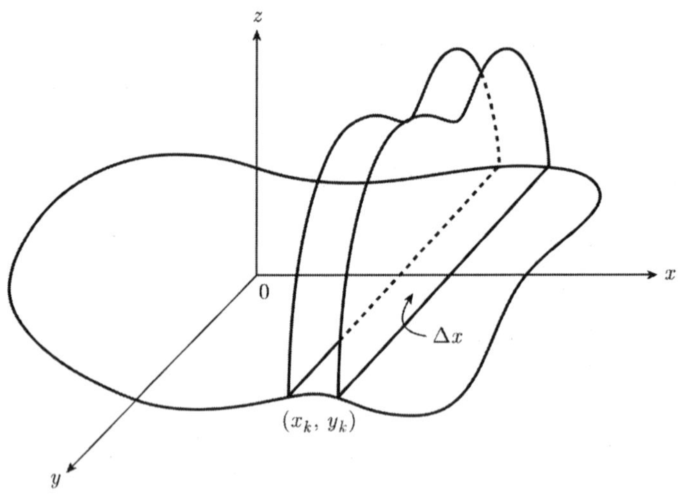

그림 7.16

예제 7.7 (1) 입체는 원 $x^2 + y^2 = 9$을 밑변으로 가지고 있으며, y축과 평행을 이루는 모든 단면은 정사각형이다. 입체의 부피를 찾아라.

(2) 회전체 밑면의 반지름은 a고 각 면이 지름에 수직으로 정사각형이다. 부피는?

(3) 회전체 밑면이 $x^2 = 8y, y = 4$로 둘러싸이고 각 면이 y축에 수직으로 정삼각형이다. 부피는?

(4) 회전체 밑면이 $y = e^{-x}$, x축, y축, $x = 1$로 둘러싸이고 각 면이 x축에 수직으로 정사각형이다. 부피는?

풀이 (1) 그림 7.17에서 부피의 요소는 $2y$의 면 길이와 Δx의 두께를 가진 정사각형 각기둥이다.

$$\Delta V = (2y)^2 \Delta x = 4y^2 \Delta x = 4(9 - x^2)\Delta x$$

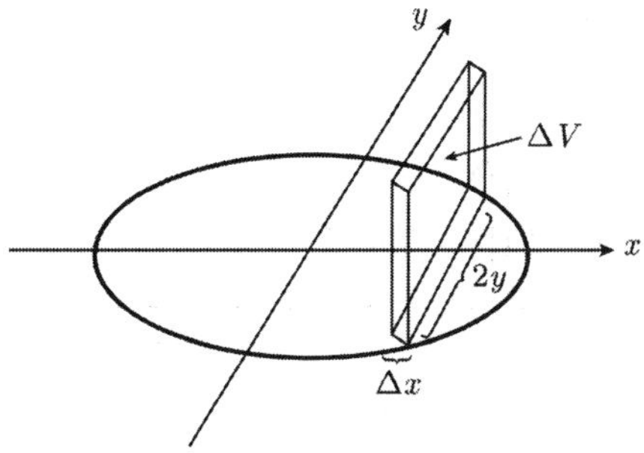

그림 7.17

y축 대칭을 사용하여 입체의 부피를 구하면,

$$V = 2\int_0^2 4(9-x^2)dx = 8\int_0^3 (9-x^2)dx = 8\left(9x - \frac{x^3}{3}\right)\Big|_0^3 = 144$$

(2) $8\int_0^a (a^2 - x^2)dx = \frac{16}{3}a^3$

(3) $8\sqrt{3}\int_0^4 ydy = 64\sqrt{3}$

(4) $\int_0^1 (e^{-x})^2 dx = \frac{1}{2}\left(1 - \frac{1}{e^2}\right)$ ■

7.2.2 회전체

회전체는 평면 영역을 회전축이라고 불리는 고정된 선 주위로 회전시켰을 때 얻을 수 있다. “디스크”와 “와셔”라고 회전체의 부피를 얻을 수 있는 두 가지의 주요한 방식이 있다.

디스크

x축과 곡선으로 제한된 영역은 그림 7.18에 보이는 거와 같이 회전체를 이루며 x축 주위로 회전된다. 오른쪽 그림에서 보인 입체 디스크 ΔV(부피의 요소)를 이루는 다음 그림 영역의 “직사각형 모양의 조각”을 떠올린다.

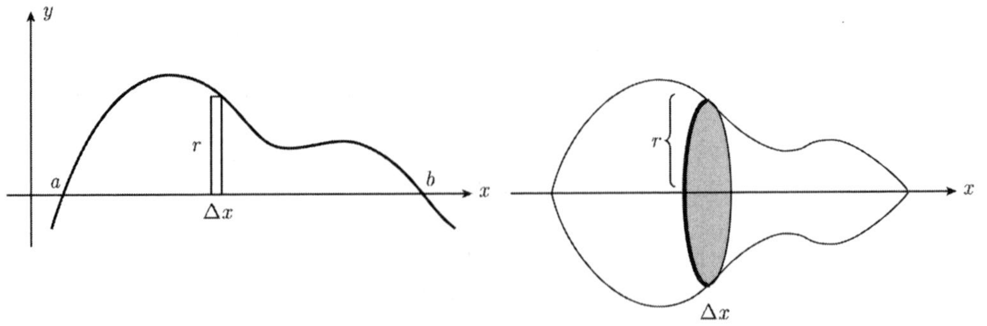

그림 7.18

이 디스크는 반지름이 r(직사각형 조각의 높이)이고 높이는 Δx(조각의 두께)인 원기둥이다. 그러므로,

$$\Delta V = \pi r^2 \Delta x \quad \text{그리고} \quad V = \pi \int_a^b r^2 dx$$

예제 7.8 (1) 반지름 r의 구체의 부피를 구하여라.

(2) 그림 7.19에 보이는 바와 같이 $y = x^2$, $x = 2$, $y = 0$로 제한된 영역이 $x = 2$ 선 주위로 회전해 형성되는 입체의 부피를 찾아라.

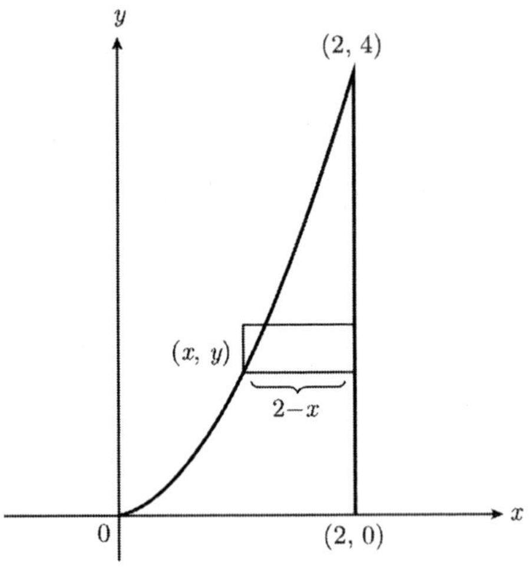

그림 7.19

풀이 (1) 영역이 반원으로 제한됐고 그것의 지름이 x축 주위로 회전한다면, 얻은 회전체는 그림 7.20과 같이, 반지름 r의 구체이다.

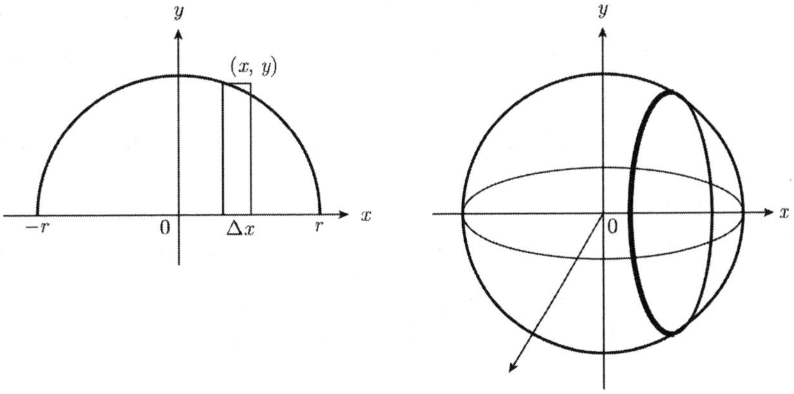

그림 7.20

전형적인 디스크의 부피 ΔV는 $\Delta V = \pi y^2 \Delta x$로 주어졌다. 원의 방정식은 $x^2 + y^2 = r^2$이다. 따라서

$$V = \int_{-r}^{r} \pi y^2 dx = \pi \int_{-r}^{r} (r^2 - x^2) dx = \pi [r^2 x - \frac{x^3}{3}] \Big|_{-r}^{r} = \frac{4}{3} \pi r^3$$

(2) $r = 2 - x$

$\Delta V = \pi (2-x)^2 \Delta y$

$$V = \pi \int_0^4 (2-x)^2 dy = \pi \int_0^4 (2 - \sqrt{y})^2 dy = \frac{8\pi}{3}$$ ■

7.2.3 와셔

와셔는 구멍이 있는 디스크이다. 부피는 중심이 같은 디스크 두 개의 부피의 차이로 여겨질 수 있다. 예를 들면, 그림 7.21에 보이는 두 곡선 사이의 영역이 x축 주위로 회전하며 생기는 회전체의 부피를 생각해 보자.

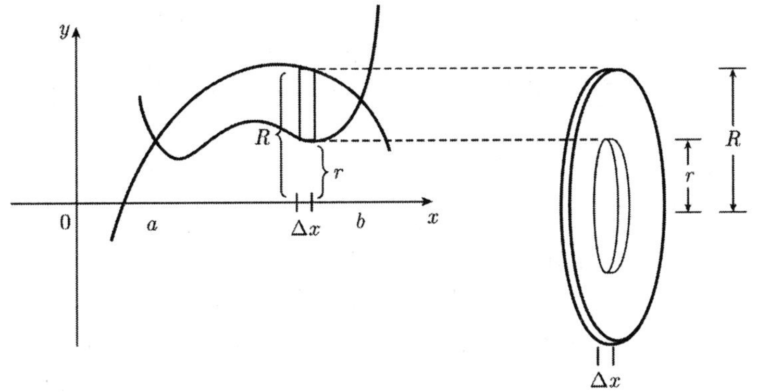

그림 7.21

이 와셔의 높이는 직사각형 조각의 두께 Δx이다. 와셔의 바깥쪽 반지름 R은 직사각형 조각 위까지의 거리이며, 안쪽 반지름 r은 직사각형 조각 밑까지의 거리이다. 그러므로,

$$\Delta V = \pi R^2 \Delta x - \pi r^2 \Delta x = \pi (R^2 - r^2)\Delta x \quad \text{그리고} \quad V = \pi \int_a^b (R^2 - r^2)dx$$

예제 7.9 (1) $y = x^2$와 $y = 2x$로 제한된 영역이 x축 주위로 회전할 때 생기는 부피를 구하여라.

(2) 그림 7.23에서 보이는 바와 같이 $y = x^2$, $x = 2$, 그리고 $y = 0$로 제한된 영역이 y축 주위로 회전할 때 생기는 입체의 부피를 구하여라.

풀이 (1) 그림 7.22에서 보이는 것과 같이 곡선들은 원점과 (2, 4)에서 교차한다. 두 함수를 구분하기 위해 $(x,\ y_1)$을 선의 점으로 놓고 $(x,\ y_2)$를 포물선의 점으로 놓는다는 것을 유의하자.

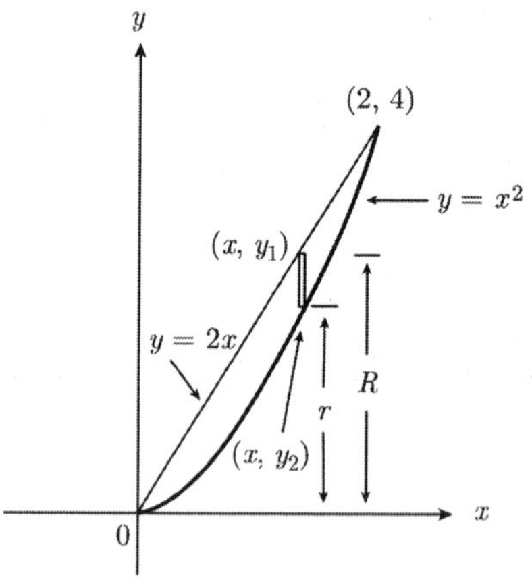

그림 7.22

$$R = y_1 = 2x$$
$$r = y_2 = x^2$$
$$\Delta V = \pi(y_1^2 - y_2^2)\Delta x$$
$$V = \pi \int_0^2 (y_1^2 - y_2^2)dx = \int_0^2 ((2x)^2 - (x^2)^2)dx = \frac{64\pi}{15}$$

(2) $R = 2$

$$r = x$$
$$\Delta V = \pi(2^2 - x^2)\Delta y$$
$$V = \pi \int_0^4 (2^2 - x^2)dy = \pi \int_0^4 (4 - y)dy = 8\pi$$

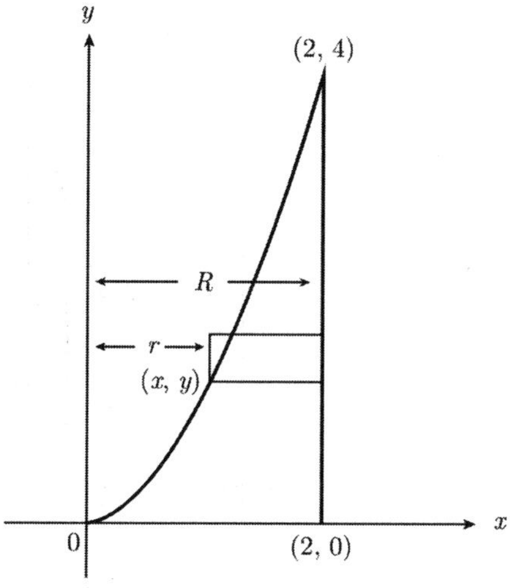

그림 7.23 ■

7.2.4 쉘(껍데기)

원기둥형 쉘은 원기둥의 바깥 껍질이라고 여겨질 수 있다. 이것의 부피는 원기둥에서 이 껍질이 벗겨져 쫙 펴졌을 때의 직사각형 입체의 부피이다. 예를 들면, 그림 7.24에 보이는 두 곡선 사이의 영역이 y축 주위로 회전하며 생기는 회전체의 부피를 생각해 보자.

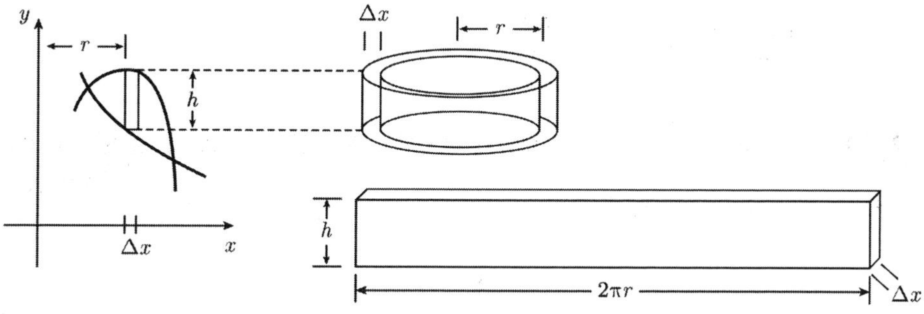

그림 7.24

이 쉘의 반지름 r은 축에서 직사각형 조각까지의 거리이고 높이는 직사각형 조각의 높이이다, h. 쉘이 풀려서 직사각형으로 펼쳐졌을 때, 이것의 길이는 원기둥의 원주 $2\pi r$이다. 이것의 높이는 원기둥의 높이 h이며, 이것의 두께는 직사각형 조각의 두께 Δx이다. 그러므로,

$$\Delta V = 2\pi rh\Delta x \quad \text{그리고} \quad V = 2\pi\int_a^b rh\,dx$$

예제 7.10

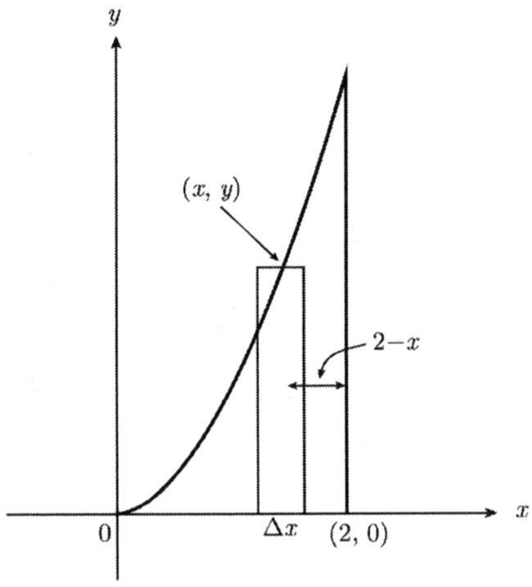

그림 7.25

$y=x^2$와 $x = 2$, 그리고 $y=0$으로 제한된 영역이 선 $x = 2$ 주위로 회전할 때 생기는 입체의 부피를 구하여라.

풀이 그림 7.25를 보자.

$x=2$ 주위로,

쉘 $r=2-x \quad h=y$

$\Delta V=2\pi(2-x)y\Delta x=2\pi(2-x)x^2\Delta x$

$$2\pi\int_0^2(2-x)x^2dx=\frac{8\pi}{3}$$ ■

예제 7.11 $y=3x-x^2$와 $y=x$로 제한된 영역이 y축 주위로 회전됐다. 입체의 부피를 구하여라.

풀이 그림 7.26을 보자.

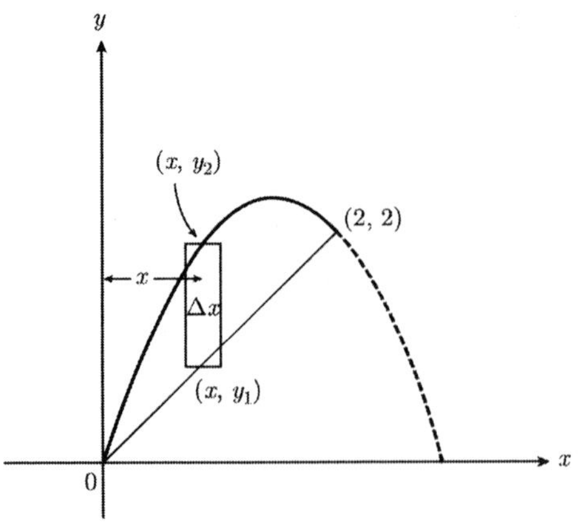

그림 7.26

$$\Delta V = 2\pi x(y_2 - y_1)\Delta x = 2\pi x(2x - x^2)\Delta x$$

$$2\pi \int_0^2 (2x^2 - x^3)dx = \frac{8\pi}{3}$$

■

예제 7.12 $y = x^2$와 y=$2x$로 제한된 영역이 x－축 주위로 회전했을 때 생기는 부피를 구하여라.

풀이 그림 7.27에 보이는 바와 같이 곡선들은 원점과 (2, 4)에서 교차한다. 두 함수를 구분하기 위해 (x_1, y)를 선의 점으로 놓고 (x_2, y)를 포물선의 점으로 놓는다는 것을 유의하자.

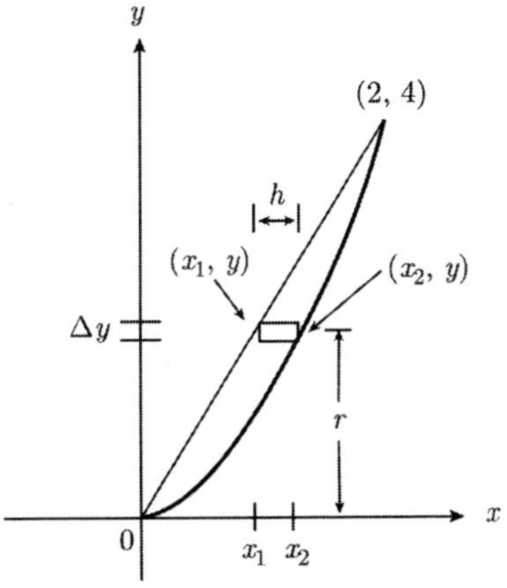

그림 7.27

$$r = y \quad h = x_2 - x_1, \quad \Delta V = 2\pi y(x_2 - x_1)\Delta y$$

$$V = 2\pi \int_0^4 y(x_2 - x_1)dy$$

$$= \pi \int_0^4 y\left(\sqrt{y} - \frac{y}{2}\right)dy = \frac{64\pi}{15}$$

■

7.2 연습문제

1. $x = -1$과 $x = 1$에서 x축에 수직인 평면들 사이에 입체가 놓여 있다. 다음의 각 경우에서 이들 평면 사이에 있고 x축에 수직인 절단면이 반원 $y = -\sqrt{1-x^2}$ 에서 반원 $y = \sqrt{1-x^2}$ 까지 닿아 있다. x축에 수직인 절단면의 넓이 $A(x)$의 공식을 구하여라.

(1) 절단면이 지름이 xy 평면상에 놓여 있는 원반이다.

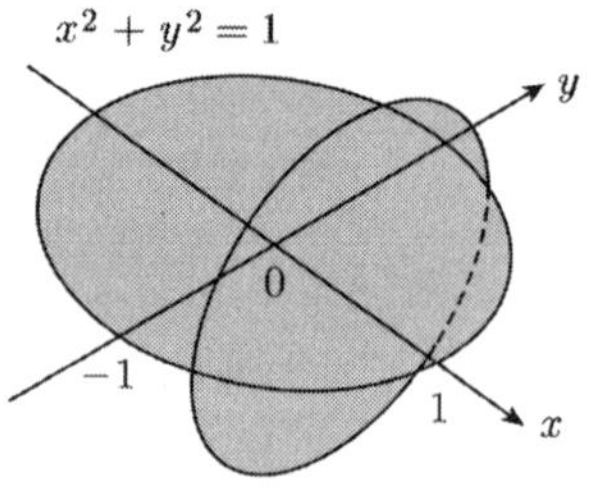

(2) 절단면이 밑변이 xy 평면상에 놓여 있는 정사각형이다.

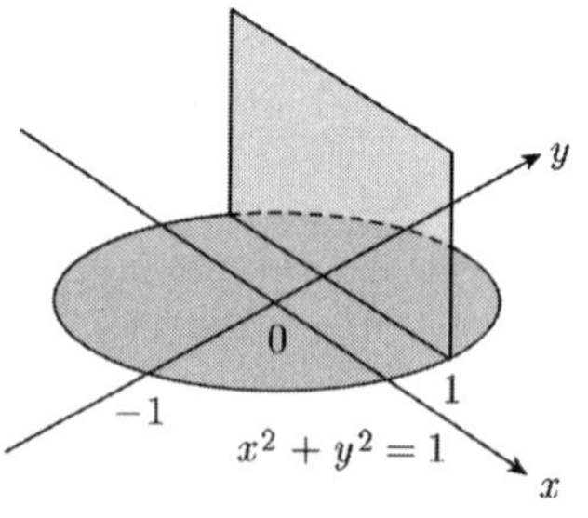

(3) 절단면이 대각선이 xy 평면상에 놓여 있는 정사각형이다(정사각형의 대각선의 길이는 $\sqrt{2}\times$정사각형 의 한 변의 길이이다).

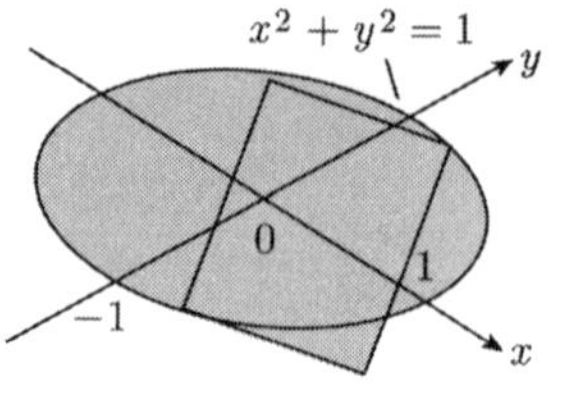

(4) 절단면이 밑변이 평면상에 놓여 있는 정삼각형이다.

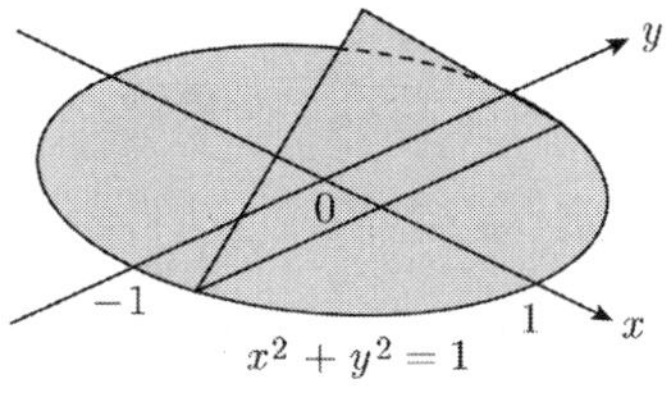

2. $x = -1$과 $x = 1$에서 축에 수직인 평면 사이에 입체가 놓여 있다. 구간 $0 \leq x \leq 4$ 상에 있고 x축에 수직인 절단면이 그것의 지름이 포물선 $y = x^2$에서 포물선 $y = 2 - x^2$까지 닿아 있는 원반이다. 부피를 구하여라.

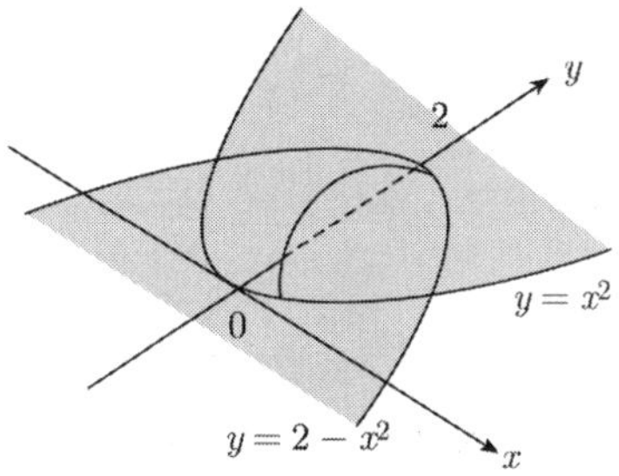

3. 입체의 밑면이 직선 $x = 0$과 직선 $x = \pi$, x축, 그리고 곡선 $y = 2\sqrt{\sin x}$로 둘러싸인 영역이다. 부피를 구하여라.

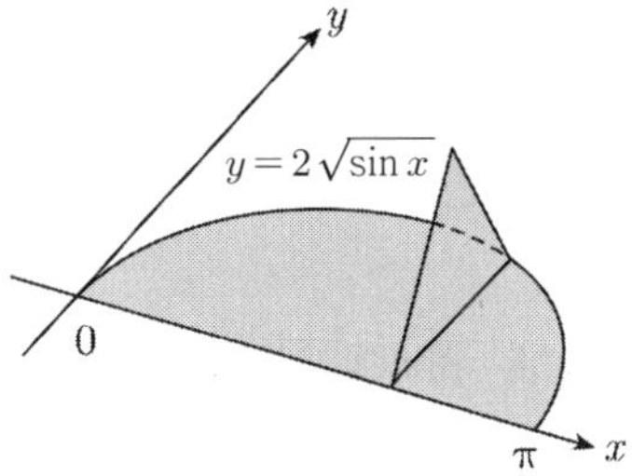

(1) x축에 수직인 절단면이 그림에서와 같이 밑변이 x축과 그 곡선 사이에 놓여 있는 정삼각형이다.

(2) 밑면이 x축과 그 곡선 사이에 놓여 있는 정사각형이다.

4. 직선과 곡선으로 둘러싸인 영역을 x축을 둘레로 회전하여 생기는 입체의 부피를 구하여라.

(1) $y = x^2$, $y = 0$, $x = 2$

(2) $y = \sqrt{\cos x}$, $0 \le x \le \frac{\pi}{2}$, $y = 0$, $x = 0$

(3) $y = e^{-x}$, $y = 0$, $x = 1, x = 0$

(4) 직선 $x = \frac{1}{4}$, 직선 $x = 4$, 곡선 $y = \frac{1}{(2\sqrt{x})}$, x축으로 둘러싸인 영역

(5) $y = x$, $y = 1$, $x = 0$

(6) $y = x^2 + 1$, $y = x + 3$

5. 직선과 곡선으로 둘러싸인 영역을 y축을 둘레로 회전하여 생기는 입체의 부피를 구하여라.

(1) $x = \sqrt{5}\,y^2$, $x = 0$, $y = -1$, $y = 1$로 둘러싸인 영역

(2) $x = \sqrt{2\sin 2y}$, $0 \le y \le \frac{\pi}{2}$, $x = 0$으로 둘러싸인 영역

(3) 좌표축, 직선 $y = 3$, 곡선 $x = \frac{2}{\sqrt{y+1}}$로 둘러싸인 제 1사분면에 있는 영역

(4) $x = y^{\frac{3}{2}}$, $x = 0$, $y = 2$로 둘러싸인 영역

(5) 꼭짓점이 $(1, 0)$, $(2, 1)$과 $(1, 1)$인 삼각형으로 둘러싸인 영역

(6) 위로는 포물선 $y = x^2$, 아래로는 x축, 오른쪽으론 직선 $y = 2$로 둘러싸인 제 1사분면에 있는 영역

6. $y = \sqrt{x}$와 직선 $y = 2$, $x = 0$으로 둘러싸인 영역을

(1) x축

(2) y축

(3) 직선 $y = 2$

(4) 직선 $x = 4$

둘레로 회전하여 생기는 입체의 부피를 구하여라.

7. 포물선 $y = x^2$과 직선 $y = 1$로 둘러싸인 영역을 다음 지정된 축을 중심으로 회전시킬 때 생기는 입체의 부피을 구하여라.

(1) 직선 $y = 1$

(2) 직선 $y = 2$

(3) 직선 $y = -1$

8. 꼭짓점이 $(1, 1)$, $(1, 2)$, $(2, 2)$인 삼각형 영역과 지시된 축을 둘레로 회전하여 생기는 입체의 부피를 구하여라.

(1) x축

(2) y축

(3) 직선 $x = \dfrac{10}{3}$

(4) 직선 $y = 1$

9. 곡선 $y = \sqrt{x}$ 과 곡선 $y = \dfrac{x^2}{8}$ 로 둘러싸인 영역을 지시된 축을 둘레로 회전하여 생기는 입체의 부피를 구하여라.

(1) x축

(2) y축

7.3 정적분의 활용

7.3.1 리만합의 다른 응용들

정적분을 이용해 수많은 양(quantity)을 계산하기 위해 리만합을 만들기를 계속한다. 이와 같은 예제들은 주어진 구간(또는 영역, 링, 입체)을 n으로 동일하게 나누고, 각각 조그맣게 나누어진 부분 구간에서 양의 근사치를 구한 다음, 이 작은 양들을 같이 더한다. 마지막으로, $n\to\infty$ 일수록 원하는 양을 동등한 정적분으로 대체한다.

예제 7.13 2인치의 반지름을 가진 원기둥형 관에서 물이 흘러나온다. 시간 t때 물은 초당 $v(t)$인치의 속도로 흘러나온다. 관으로부터 첫 3분 동안 흘러나온 물의 양을 $v(\mathrm{t})$식의 정적분으로 구하여라.

풀이 3분이 180초이므로, $[0, 180]$을 길이 Δt의 n부분 구간들로 나눈다. Δt초에, 물은 관에서 대략 $v(t)\,\Delta t$인치 정도 흘러나왔다. 단면은 $4\pi\, in^2$의 넓이를 가지고 있으므로(그림 7.28), Δt초에 흘러나온 양은 $4\pi\, in^2\ (v(t)\, in./\mathrm{sec})(\Delta t\ \mathrm{sec}) = 4\pi v(t)\ \Delta t\ in.^3$.

관으로부터 흘러나온 물 n양들의 합은, $n\to\infty$ 일수록, $\int_0^{180} 4\pi\, v(t)\, dt$이다.

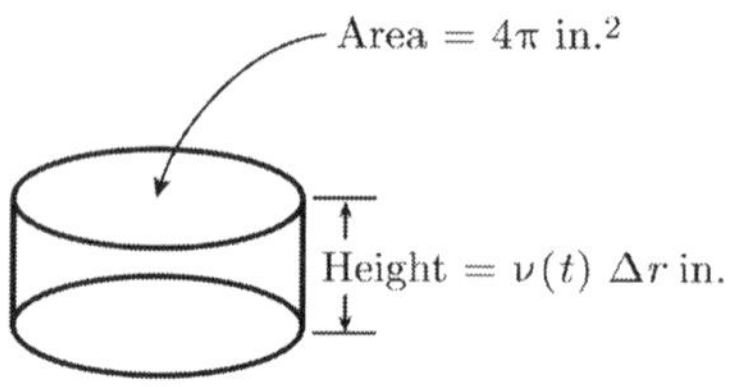

그림 7.28

■

예제 7.14 디즈니 월드로 향하는 간선도로 10마일 구간의 차들의 교통량(마일당 차의 수)은 대략 $f(x) = 200[4 - \ln(2x+3)]$이다. x는 디즈니 월드 입구에서부터 마일 단위로의 거리이다. 10마일 구간의 차들의 총수를 구하여라.

풀이 [0, 10] 구간을 너비 Δx로 n개의 동일한 부분구간으로 나누자. 각 부분구간의 차들의 수는 대략 교통량 $f(x)$ 곱하기 Δx이다. $f(x) = 200[4 - \ln(2x+3)]$이다. $\sum f(x)\,\Delta x$. $n\to\infty$ 일수록 (또는 $\Delta x\to 0$일수록), 리만합은 이 정적분에 다가간다.

$$\int_0^{10} 200[4 - \ln(2x+3)]dx = 3118$$

■

예제 7.15 2,000년에 세계적으로 연간 사용한 석유는 대략 770억 배럴이었다. 연간 급격한 석유 사용 증가율은 2%였다. 대략 총 1,020억 배럴의 기름이 있다면 2,000년 이후로 몇 년 동안 쓰기에 충분한가?

풀이 해(2,000년 후)의 Δt번째 부분인데 주어진 2,000년에 연간 소비 그리고 예상된 소비의 급격한 증가율, 예기된 소비는 $770e^{0.02t}\Delta t$억 배럴이다. n연간의 사용되는 총 석유는 $\int_0^n 770e^{0.02t}dt$억 배럴이다. 이 적분은 1,020억 배럴과 같아야 한다.

따라서

$$38500e^{0.02t}\,|_0^n = 1020,$$

$$38500(e^{0.02n}-1) = 1020,$$

$$e^{0.02n}-1 = \frac{1020}{38500},$$

$$e^{0.02n} = 1+\frac{102}{3850},$$

$$0.02n = \ln\left(1+\frac{102}{3850}\right),$$

$$n = \frac{1}{0.02}\ln\left(1+\frac{102}{3850}\right) \simeq 11.75\text{년}$$ ■

7.3.2 정적분의 최종량

f가 연속함수이고 $f(t)=\dfrac{dF}{dt}$라면

$$\int_a^b f(t)dt = F(b)-F(a)$$

구간의 양의 변화율의 정적분은 구간의 양의 최종량 그러므로, $F(b)-F(a)$는 $F(t)$의 t가 a에서 b의 최종 변화이다.

예제 7.16 $G(t)$가 시간 t의 인구의 증가율이라고 하자. 총인구를 구하여라.

풀이 $t=a$와 $t=b$ 사이의 총인구는 $\int_a^b G(t)\,dt$이다. ■

예제 7.17 경제학자는 한계 생산비를 특정한 생산 수준에서 하나를 더 생산하는 비용이라고 일컫는다. $C(x)$가 생산 수준 x의 비용이라면 $C'(x)$는 그 생산 수준의 한계 비용이라고 보여 질 수 있다. 한계 비용이 달러 단위로, x개의 유닛이 생산될 때, 유닛당 $\frac{1}{x}$이라면, 생산이 50에서 75유닛으로 늘어날 경우 총 비용을 구하여라.

풀이 $\int_{50}^{75} \frac{1}{x} dx \ \simeq \ 0.41$ ■

예제 7.18 t분 후에 화학품이 분당 $10e^{-t}$그램의 속도로 분해되고 있다면, 첫 3분 동안 분해되는 양을 구하여라.

풀이 $\int_{0}^{3} 10e^{-t} dt \ \approx \ 9.5g$이다. ■

예제 7.19 환경 보호국의 공무원이 지금부터 t년 후 공기의 특정한 오염 물질의 레벨이 매년 (0.3 + 0.4t)피피엠의 속도(ppm/년)로 올라간다고 어림했다. 이 어림에 따르면, 두 번째 해의 오염 물질의 최종레벨을 구하여라.

풀이 $\int_{1}^{2} (0.3+0.4t) dt \ \cong \ 0.9ppm.$ ■

예제 7.20 유행병이 도시에 주당 $f(t)$명의 속도로 퍼진다고 가정하자. 첫 주에서 두 번째 주동안 환자 수의 총 인원를 구하여라.

풀이 $\int_{1}^{2} f(t) dt$ ■

7.3.3 호의 길이

함수 $y = f(x)$의 적분이 구간 $a \le x \le b$사이 연속의 함수라면, $x = a$인 점에서 $x = b$인 점까지의 $y = f(x)$ 곡선의 호의 길이 s는 이와 같다.

$$s = \int_{a}^{b} \sqrt{1 + (\frac{dy}{dx})^2} \, dx$$

함수 $x = g(y)$의 적분이 구간 $c \le y \le d$ 사이 연속의 함수라면, $y = c$에서 $y = d$까지의 호의 길이 s는 이와 같다.

$$s = \int_{c}^{d} \sqrt{1 + (\frac{dx}{dy})^2} \, dy$$

곡선이 방정식 $x=x(t)$와 $y=y(t)$로 매개로 설명된다면, 함수 $x(t)$와 $y(t)$의 적분이 $[t_a, t_b]$에서 연속이라면(그리고 곡선이 교차하지 않는다면), $t=t_a$부터 $t=t_b$까지의 호의 길이는 다음과 같다.

$$s=\int_{t_a}^{t_b}\sqrt{(\frac{dx}{dt})^2+(\frac{dy}{dt})^2}\,dt$$
$$ds^2=dx^2+dy^2$$

예제 7.21 (1) 소수점 이하 세 자리까지, $y=x^{3/2}$의 $x=1$부터 $x=8$ 까지의 호의 길이를 찾아라.

(2) 소수점 이하 세 자리까지, $y=0$부터 $y=1$까지 $(x-2)^2=4y^3$ 곡선의 길이를 찾아라.

(3) 시간 t에 입자의 위치(x, y)는 $x=t^2$와 $y=\frac{t^3}{3}-t$로 매개로 주어졌다. $t=1$와 $t=2$ 사이에서 입자가 움직인 거리를 찾아라.

(4) $x=0$부터 $x=\frac{\pi}{3}$까지의 $y=\ln\sec x$의 호의 길이를 찾아라.

풀이 (1) 여기는 $\frac{dy}{dx}=\frac{3}{2}x^{1/2}$

$$s=\int_1^8\sqrt{1+\frac{9}{4}x}\,dx\approx 22.803$$

(2) $(x-2)^2=2y^{3/2}$, $\frac{dx}{dy}=3y^{1/2}$

$$s=\int_0^1\sqrt{1+9y}\,dy=2.268=2.268$$

(3) $ds^2=dx^2+dy^2$, $dx=2t\,dt$이고 $dy=(t^2-1)\,dt$이다.

$$ds=\sqrt{4t^2+t^4-2t^2+1}\,dt$$
$$s=\int_1^2\sqrt{(t^2+1)^2}\,dt=\int_1^2(t^2+1)\,dt=\frac{t^3}{3}+t\Big|_1^2=\frac{10}{3}$$

(4) $\frac{dy}{dx}=\frac{\sec x\tan x}{\sec x}$

$$s=\int_0^{\pi/3}\sqrt{1+\tan^2 x}\,dx=\int_0^{\pi/3}\sec x\,dx=\ln(\sec x+\tan x)\Big|_1^2=\ln(2+\sqrt{3})$$

■

7.3.4 이상적분

이상적분에는 두 가지 종류가 있다.

(1) 함수는 연속이지만 적분 구간이 유한하지 않는 경우
(2) $f(x)$가 적분 구간은 유한하나, $x=c$, $a \le c \le b$에서 불연속점을 가지는 경우

$\int_a^b f(x)dx$ 식의 적분

- 종류 (1)의 이상적분 예

$$\int_0^\infty \frac{dx}{\sqrt[3]{x+1}}; \qquad \int_1^\infty \frac{dx}{x}; \qquad \int_{-\infty}^\infty \frac{dx}{a^2+x^2}; \qquad \int_{-\infty}^0 e^{-x}dx;$$

- 종류 (2)의 이상적분 예

$$\int_0^1 \frac{dx}{x}; \qquad \int_1^2 \frac{dx}{(x-1)^n} \qquad \int_{-1}^1 \frac{dx}{1-x^2};$$
$$\int_0^2 \frac{x}{\sqrt{4-x^2}}dx; \qquad \int_\pi^{2\pi} \frac{dx}{1+\sin x}; \qquad \int_{-1}^2 \frac{dx}{x(x-1)^2};$$

이상적분은 두 종류에 모두 속하는 경우가 있다.

$$\int_0^\infty \frac{dx}{x}; \qquad \int_0^\infty \frac{dx}{\sqrt{x+x^4}}; \qquad \int_{-\infty}^1 \frac{dx}{\sqrt{1-x}};$$

종류 (1)의 경우, 적분 구간이 유한하지 않은 이상적분은 다음과 같이 극한으로 계산한다.

$$\int_a^\infty f(x)dx = \lim_{b\to\infty}\int_a^b f(x)dx$$

단, $[a, b]$에서 f는 연속이다.

우변이 극한치가 존재한다면, 좌변의 이상적분은 수렴한다고 말한다. 우변의 극한치가 존재하지 않으면, 이 이상적분이 발산한다고 말한다.

이상적분은 다음 예시들에서 설명하고 있다.

예제 7.22 다음을 적분하여라.

(1) $\displaystyle\int_1^{\infty} \frac{1}{x^2} dx$　　　　(2) $\displaystyle\int_0^{\infty} \frac{dx}{x^2+9}$

(3) $\displaystyle\int_0^{\infty} \frac{dy}{e^y}$　　　　(4) $\displaystyle\int_{-\infty}^{0} \frac{dz}{(z-1)^2}$

(5) $\displaystyle\int_{-\infty}^{0} e^{-x} dx$　　　　(6) $\displaystyle\int_0^{\infty} \cos x\, dx$

풀이 (1) $\displaystyle\int_1^{\infty} \frac{1}{x^2} dx = \lim_{b\to\infty}\int_1^b x^{-2}dx = \lim_{b\to\infty} -\left(\frac{1}{b}-1\right) = 1$

주어진 적분은 1로 수렴한다. 그림 7.29에서, $\displaystyle\int_1^{\infty}\frac{dx}{x^2}$을 x축 위와, $x=1$, $y=\dfrac{1}{x^2}$ 곡선 밑의 넓이로 해석한다.

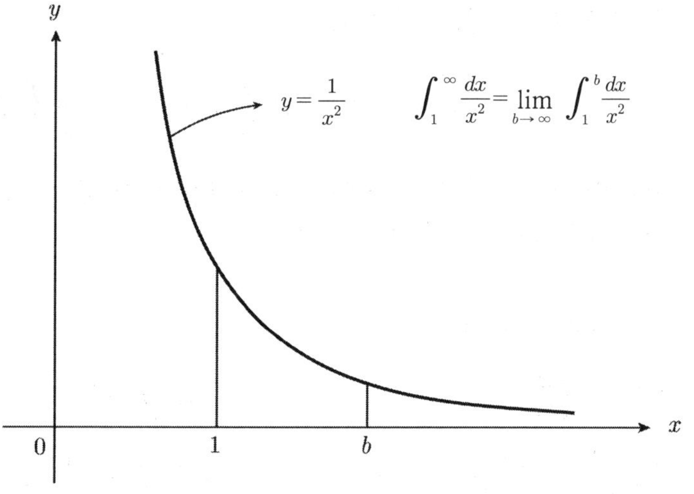

그림 7.29

(2) $\displaystyle\int_0^{\infty}\frac{dx}{x^2+9} = \lim_{b\to\infty}\int_0^b \frac{dx}{x^2+9} = \lim_{b\to\infty}\frac{1}{3}\tan^{-1}\frac{x}{3}\Big|_0^b = \lim_{b\to\infty}\frac{1}{3}\tan^{-1}\frac{b}{3} = \frac{1}{3}\cdot\frac{\pi}{2} = \frac{\pi}{6}$

(3) $\displaystyle\int_0^{\infty}\frac{dy}{e^y} = \lim_{b\to\infty}\int_0^b e^{-y}dy = \lim_{b\to\infty} -(e^{-b}-1) = 1$

(4) $\displaystyle\int_{-\infty}^{0}\frac{dz}{(z-1)^2} = \lim_{b\to-\infty}\int_b^0 (z-1)^{-2}dz = \lim_{b\to\infty} -\frac{1}{z-1}\Big|_b^0$

$\displaystyle\qquad = \lim_{b\to\infty} -(-1-\frac{1}{b-1}) = 1$

(5) $\int_{-\infty}^{0} e^{-x}dx = \lim_{b\to\infty} -e^{-x}|_b^0 = \lim_{b\to\infty} -(1-e^{-b}) = +\infty$. 발산한다.

(6) $\int_{0}^{\infty} \cos x\, dx = \lim_{b\to\infty} \sin x|_b^0 = \lim_{b\to\infty} \sin b$. 이 극한치는 ($\sin b$는 $b\to\infty$일 때 -1과 1 사이의 값을 가진다) 존재하지 않으므로 주어진 적분은 발산한다. ■

종류 (2)의, 함수가 불연속점을 가지고 있는 이상적분은 다음과 같이 다뤄진다. f가 $x=a$일 때 $f(x)=\infty$이거나 $f(x)=-\infty$일 때,

$$\int_a^b f(x)dx = \lim_{k\to a^+}\int_k^b f(x)dx$$

로 푼다. 주어진 적분은 극한치의 존재 여부에 따라 수렴하거나 발산한다. f가 b에서 불연속점을 가진다면, $\int_a^b f(x)dx$를 $\lim_{k\to b^-}\int_a^k f(x)dx$로 푼다. 주어진 적분은 극한치의 존재 여부에 따라 수렴하거나 발산한다. 피적분함수가 적분 구간($a<c<b$) 사이 안쪽의 점 c에서 불연속점을 가진다면,

$$\int_a^b f(x)dx = \lim_{k\to c^-}\int_a^k f(x)dx + \lim_{m\to c^+}\int_m^b f(x)dx$$

이다. 이상적분은 극한치 두 개 다 존재해야만 수립한다. 어느 극한치도 존재하지 않으면, 이상적분은 발산한다고 판정한다.

예제 7.23 다음을 적분하여라.

(1) $\int_0^1 \frac{dx}{\sqrt[3]{x}}$

(2) $\int_0^1 \frac{dx}{x^3}$

(3) $\int_0^2 \frac{dx}{(x-1)^{2/3}}$

(4) $\int_2^3 \frac{dt}{(3-t)^2}$

(5) $\int_{-2}^2 \frac{dx}{x^2}$

풀이 (1) $\int_0^1 \frac{dx}{\sqrt[3]{x}} = \lim_{k\to 0^+}\int_k^1 x^{-1/3}dx = \lim_{k\to 0^+}\frac{3}{2}x^{2/3}|_k^1 = \lim_{k\to 0^+}\frac{3}{2}(1-k^{2/3}) = \frac{3}{2}$

그림 7.30에서, 이 적분을 $y=\frac{1}{\sqrt[3]{x}}$ 밑과 $x=1$ 왼쪽으로의 첫 번째 사분면 넓이로 해석한다.

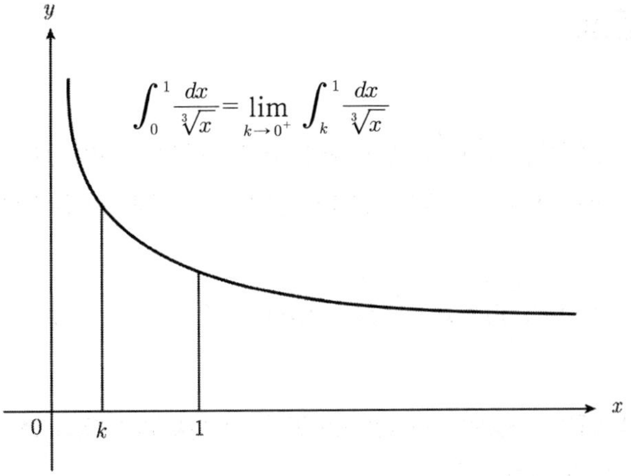

그림 7.30

(2) $\int_0^1 \frac{dx}{x^3} = \lim_{k\to 0^+} \int_k^1 x^{-3} dx = \lim_{k\to 0^+} -\frac{1}{2x^2}\Big|_k^1 = \lim_{k\to 0^+} -\frac{1}{2}\left(1-\frac{1}{k^2}\right) = \infty$. 발산한다.

(3) $\int_0^2 \frac{dx}{(x-1)^{2/3}} = \lim_{k\to 1^-} \int_0^k (x-1)^{-2/3} dx + \lim_{m\to 1^+} \int_m^2 (x-1)^{-2/3} dx$

$$= \lim_{k\to 1^-} 3(x-1)^{1/3}\Big|_0^k + \lim_{m\to 1^+} 3(x-1)^{1/3}\Big|_m^2$$

$$= 3(0+1) + 3(1-0) = 6$$

(4) $\int_2^3 \frac{dt}{(3-t)^2} = \lim_{k\to 3^-} -\int_2^k (3-t)^{-2}(-dt) = \lim_{k\to 3^-} \frac{1}{3-t}\Big|_2^k = +\infty$, 발산한다.

(5) $\int_{-2}^2 \frac{dx}{x^2} = \lim_{k\to 0^-} \int_0^k x^{-2} dx + \lim_{m\to 0^+} \int_m^2 x^{-2} dx$

$= \lim_{k\to 0^-} -\frac{1}{x}\Big|_{-2}^k + \lim_{m\to 0^+} -\frac{1}{x}\Big|_m^2$ 극한치가 존재하지 않는다. 발산한다.

■

7.3 연습문제

1. 현재 세계 인구가 60억이고, 지금으로부터 t년 후 인구가 $P(t) = 6e^{0.024t}$로 계산된다고 가정하자. 이 가정에 기초해서 다음 25년 뒤 평균 세계 인구는 대략 얼마인가? (단위 : 10억 명)

2. 양 $Q(t)$는 1년당 5%의 비율로 늘어나고 있고 Q는 이제 Q_0과 같다. 그러면 t년에 Q는?

3. 한 개의 돌이 처음의 96ft/sec 속도로 위로 던져졌다. 처음 2초 동안 $a(t) = -32ft/\sec^2$라 주어진 평균 속도는?

4. 정맥 주사 투여 후 t시간에 환자의 혈압에서 약의 양을 $\dfrac{30}{(t+1)^2}$mg로 가정하자. 최초 4시간 동안 평균량은?

5. 기름이 $1000e^{-0.3t}gal/hr$의 속도로 탱크에서 나오고 있다. 8시간 동안 흘러나온 기름의 총 양은 대략 얼마인가?

6. 어떤 공장에서 하루당 $\dfrac{\sqrt{t}}{180}$톤의 폐수를 버린다. 7주 동안 버린 폐수의 양은?

7. $160°F$에 달궈진 물체를 $45°F$인 냉장고에 넣었다. 냉장고의 냉각속도는 분당 $(-9e^{-0.08t})°F$이다. 20분 후에 물체의 온도는?

8. 오염물질을 주당 $te^{-0.3t}$톤 배출한다고 할 때 오염물질이 9톤이 되기까지 얼마가 걸리는가?

9. 시간당 $(-0.1t^2 - 0.3t + 2)$갤런씩 물이 샌다고 할 때 3시간 동안 물이 샌 양은?

10. 박테리아는 한 시간에 $1000e^{0.03t}$씩 증가한다고 한다. 두 시간 동안 증가한 박테리아 수의 양은?

11. 매개변수 곡선의 길이를 구하여라.

(1) $x = 1 - t,\ y = 2 + 3t,\ -\dfrac{2}{3} \le t \le 1$

(2) $x = t^3,\ y = \dfrac{3t^2}{2},\ 0 \le t \le \sqrt{3}$

(3) $x = \dfrac{(2t+3)^{\frac{3}{2}}}{3},\ y = \dfrac{t+t^2}{2},\ 0 \le t \le 3$

(4) $x = e^t - t,\ y = 4e^{\frac{t}{2}},\ 0 \le t \le 3$

(5) $x = e^t \cos t,\ y = e^t \sin t,\ 0 \le t \le \pi$

(6) 사이클로이드 $x = a(\theta - \sin\theta),\ y = a(1 - \cos\theta),\ 0 \le \theta \le 2\pi$의 한 호의 길이를 구하여라.

12. 이상적분을 구하여라.

(1) $\displaystyle\int_0^\infty \frac{dx}{x^2+1}$

(2) $\displaystyle\int_{-1}^1 \frac{dx}{x^{\frac{2}{3}}}$

(3) $\displaystyle\int_{-\infty}^{-2} \frac{2\,dx}{x^2-1}$

(4) $\displaystyle\int_{-\infty}^\infty \frac{2x\,dx}{(x^2+1)^2}$

(5) $\displaystyle\int_0^\infty \frac{dx}{(1+x)\sqrt{x}}$

(6) $\displaystyle\int_{-\infty}^0 \theta e^\theta\,d\theta$

(7) $\displaystyle\int_0^1 x \ln x\,dx$

(8) $\displaystyle\int_1^2 \frac{ds}{s\sqrt{s^2-1}}$

(9) $\displaystyle\int_{-1}^\infty \frac{d\theta}{\theta^2+5\theta+6}$

(10) $\displaystyle\int_0^{\frac{\pi}{2}} \tan\theta\,d\theta$

(11) $\displaystyle\int_0^{\ln 2} x^{-2} e^{-\frac{1}{x}}\,dx$

(12) $\displaystyle\int_{-1}^1 \ln|x|\,dx$

(13) $\displaystyle\int_2^\infty \frac{dv}{\sqrt{v-1}}$

(14) $\displaystyle\int_1^\infty \frac{\sqrt{x+1}}{x^2}\,dx$

7.4 연속확률분포

7.4.1 확률밀도함수

연속확률변수 X가 있을 때, 실수의 임의의 구간 A에 대하여

$$P\{X \in A\} = \int_A f(x)dx$$

되는 함수 $f(x)$가 존재할 때, 이 $f(x)$를 X의 확률밀도함수(Probability density function)라 한다.

따라서 X가 연속확률변수일 때, X의 분포함수 $F(x)$는

$$F(x) = P\{X \le x\} = \int_{-\infty}^{x} f(t)dt$$

로 나타내진다. 또한 $f(x) = \dfrac{d}{dx}F(x)$이고,

$$P\{a < X \le b\} = \int_a^b f(x)dx \quad (a < b)$$

이다.

여기서 $f(x)$는 X의 확률밀도함수이고, $F(x)$는 $x \to \infty$일 때 1에 수렴하므로, $\int_{-\infty}^{\infty} f(x)dx = 1$이 된다.

만일 X가 연속이면 $P\{X = c\} = P\{c \le X < c\} = \int_c^c f(x)dx = 0$이다. 그러므로 다음이 성립한다.

$$\begin{aligned} P\{a \le X \le b\} &= P\{a < X \le b\} = P\{a \le X < b\} \\ &= P\{a < X < b\} = \int_a^b f(x)dx = F(b) - F(a) \end{aligned}$$

예제 7.24 지수분포의 확률밀도함수는 다음과 같다.

$$f(x) = \begin{cases} \lambda e^{-\lambda x}, & x \ge 0 \\ 0, & x < 0 \end{cases}$$

(1) 분포함수를 구하고, $P\{1 \le X \le 2\}$를 구하여라.

(2) $P\{(X-1)(X-2) \ge 0\}$를 구하여라.

풀이 (1) $F(x)=\int_{-\infty}^{x} f(t)dt$이며, $x<0$일 때, $f(x)=0$이므로

$$F(x)=\int_{-\infty}^{0} f(t)\,dt+\int_{0}^{x} f(t)dt = \int_{0}^{x} \lambda e^{-\lambda t}dt = 1-e^{-\lambda x}$$

$$P\{1 \le X \le 2\} = \int_{1}^{2} \lambda e^{-\lambda x}dx = e^{-\lambda}-e^{-2\lambda} = F(2)-F(1)$$

(2) $P\{(X-1)(X-2) \ge 0\} = P\{X \le 1 \text{ 또는 } X \ge 2\} = P\{X \le 1\} + P\{X \ge 2\}$

$$= \int_{0}^{1} \lambda e^{-\lambda x}dx + \int_{2}^{\infty} \lambda e^{-\lambda x}dx = 1-e^{-\lambda}+e^{-2\lambda}$$ ■

예제 7.25 확률밀도함수 $f(x)$가

$$f(x)=\begin{cases} kx^2(x-2)^2 & 0 \le x \le 2 \\ 0 & \text{기타} \end{cases} \text{ 일 때,}$$

(1) $F(x)$를 구하여라.

(2) $P\left\{X<\dfrac{3}{4}\right\}$ 및 $P\left\{X>\dfrac{1}{4}\right\}$을 구하여라.

풀이 (1) $\int_{-\infty}^{\infty} f(x)dx = \int_{0}^{2} kx^2(x-2)^2dx = \dfrac{16}{15}k = 1$에서 $k=\dfrac{15}{16}$

$$F(x)=\begin{cases} 0 & (x<0) \\ \int_{0}^{x} \dfrac{15}{16}t^2(t-2)^2dt = \dfrac{1}{16}x^3(3x^2-15x+20) & (0 \le x < 2) \\ 1 & (x \ge 2) \end{cases}$$

(2) $P\left\{X<\dfrac{3}{4}\right\} = F\left(\dfrac{3}{4}\right) = 0.28,\ P\left\{X>\dfrac{1}{4}\right\} = 1-F\left(\dfrac{1}{4}\right) = 1-0.02 = 0.98$ ■

예제 7.26 함수 $f(x)=\begin{cases} a(1+x)^{-3}, & x>0 \\ 0, & x \le 0 \end{cases}$이 확률밀도함수가 되기 위한 상수 a를 구하고 분포함수 $F(x)$를 구하여라.

풀이 확률밀도함수의 정의에 의하여

$$\int_{-\infty}^{\infty} f(x)dx = \int_{-\infty}^{0} 0\,dx + a\int_{0}^{\infty} \frac{dx}{(1+x)^3}$$

$$= a\int_{0}^{\infty} \frac{dx}{(1+x)^3} = a[-\frac{1}{2}\frac{1}{(1+x)^2}]_0^{\infty} = \frac{a}{2} = 1$$

이므로 $a = 2$이다. 한편 분포함수 $F(x)$는

$$F(x) = \int_{-\infty}^{x} f(t)dt = \int_{0}^{x} \frac{2}{(1+t)^3}dt = 1 - \frac{1}{(1+x)^2}, \quad x \geq 0$$

이다. ■

7.4.2 기댓값

이 장에서는 확률변수의 기댓값과 확률변수함수의 기댓값은 정의하고 확률변수 X의 확률밀도함수를 $f(x)$라 할 때 간단한 응용에 대하여 살펴보기로 한다.

확률변수 X의 기댓값은 다음과 같이 정의한다.

(1) $E[X] = \int_{-\infty}^{\infty} xf(x)dx$

(2) $Y = g(X)$의 기댓값은 $E[Y] = E[g(X)] = \int_{-\infty}^{\infty} g(x)f(x)dx$

예제 7.27 다음 확률밀도함수를 갖는 확률변수 X의 기댓값을 구하여라.

$$f(x) = \begin{cases} 2e^{-2x}, & x > 0 \\ 0, & x \leq 0 \end{cases}$$

풀이
$$E[X] = \int_{0}^{\infty} x \cdot 2e^{-2x}dx = \left[x(-e^{-2x})\right]_0^{\infty} + \int_{0}^{\infty} e^{-2x}dx$$

$$= 0 + \left[-\frac{1}{2}e^{-2x}\right]_0^{\infty} = \frac{1}{2}$$ ■

예제 7.28 확률밀도함수가 $f(x) = \begin{cases} \frac{1}{2}, & -1 < x < 1 \\ 0, & \text{기타} \end{cases}$로 주어지는 확률변수 X의 기댓값을 구하여라.

풀이 기댓값의 정의로부터

$$E[X] = \int_{-\infty}^{\infty} xf(x)dx = \int_{-1}^{1} \frac{x}{2}dx = [x^2]_{-1}^{1} = 0$$ ■

예제 7.29 앞의 예제에서 주어진 확률밀도함수에 대하여 $Y=X^2$의 기댓값을 구하여라.

풀이 $E[Y]=E[X^2]=\int_{-\infty}^{\infty} x^2 f(x)dx=\int_{-1}^{1}\frac{x^2}{2}dx=\frac{1}{2}\left[\frac{x^3}{3}\right]_1^{-1}=\frac{1}{3}$

이다. ■

예제 7.30 X가 구간 (a,b)에서 균등분포, 즉 $f(x)=\frac{1}{b-a}$, $a<X<b$를 따를 때 X의 기댓값 $E(X)$를 구하여라.

풀이 $E[X]=\int_a^b \frac{x}{b-a}dx=\left(\frac{1}{b-a}\right)\left(\frac{b^2-a^2}{2}\right)=\frac{(b-a)(b+a)}{(b-a)2}=\frac{b+a}{2}$ ■

예제 7.31 X의 확률밀도함수가 $f(x)=\lambda e^{-\lambda x}$, $x\geq 0$인 지수분포일 때 X의 기댓값 $E(X)$을 구하여라.

풀이 $E[X]=\int_0^{\infty}\lambda x e^{-\lambda x}dx=-xe^{-\lambda x}|_0^{\infty}+\int_0^{\infty}e^{-\lambda x}dx=0-\frac{e^{-\lambda x}}{\lambda}|_0^{\infty}=\frac{1}{\lambda}$ ■

7.4.3 분산

X가 평균이 μ인 확률변수일 때, X의 분산(Variance)을 $Var(X)$로 나타내고, $Var(X)=E[(X-\mu)^2]$로 정의한다.

$Var(X)$의 정의를 전개하면

$$\begin{aligned} Var(X) &= E[(X-\mu)^2]=E[X^2-2\mu X+\mu^2] \\ &= E[X^2]-E[2\mu X]=E[X^2]-2\mu E[X]+\mu^2 \\ &= E[X^2]-\mu^2 \end{aligned}$$

따라서 $Var(X)=E[X^2]-(E[X])^2$ ■

예제 7.32 X가 모수 λ인 지수분포(예제 6.20)에 따를 때, X의 분산을 구하여라.

풀이 $E[X]=\lambda\int_0^{\infty}xe^{-\lambda x}dx=\frac{1}{\lambda}$, $E[X^2]=\lambda\int_0^{\infty}x^2e^{-\lambda x}dx=\frac{2}{\lambda^2}$

이므로

$$Var(X)=\lambda\int_0^{\infty}x^2e^{-\lambda x}dx-\frac{1}{\lambda^2}=\frac{1}{\lambda^2}$$ ■

예제 7.33 X가 구간 $[a, b]$에서 $f(x) = \dfrac{1}{b-a}$일 때, X의 분산을 구하여라.

풀이

$$E[X] = \frac{1}{b-a}\int_a^b x dx = \frac{1}{b-a}\left[\frac{x^2}{2}\right]_a^b = \frac{b^2-a^2}{2(b-a)} = \frac{a+b}{2},$$

$$E[X^2] = \frac{1}{b-a}\int_a^b x^2 dx = \frac{1}{b-a}\cdot\frac{b^3-a^3}{3} = \frac{a^2+ab+b^2}{3}$$

$$Var(X) = E(X^2) - [E(X)]^2 = \frac{a^2+ab+b^2}{3} - \frac{(a+b)^2}{4}$$

$$= \frac{(b-a)^2}{12}$$

■

7.4.4 적률생성함수

연속확률변수 X의 적률생성함수(moment generating function) $M_X(t)$는 다음과 같이 정의한다.

$$M_X(t) = E(e^{tX}) = \int_{-\infty}^{\infty} e^{tx} f(x) dx$$

$M_X(t)$를 t로 1회 미분하면 $\dfrac{dM_X(t)}{dt} = \dfrac{d}{dt}E[e^{tX}] = E\left[\dfrac{d}{dt}(e^{tX})\right] = E[Xe^{tX}]$

따라서 $\left.\dfrac{dM_X(t)}{dt}\right|_{t=0} = M_X{}'(0) = E(X)$.

마찬가지로 2회 미분하고 $t=0$이라면

$$\frac{dM_X^{(2)}(t)}{dt^2} = \frac{d}{dt}\left(\frac{dM_X(t)}{dt}\right) = \frac{d}{dt}E[Xe^{tX}] = E\left[\frac{d}{dt}Xe^{tX}\right] = E[X^2 e^{tX}]$$

따라서 $\left.\dfrac{dM_X^{(2)}(t)}{dt}\right|_{t=0} = M_X{}''(0) = E[X^2]$

일반적으로 k회 미분하고, $t=0$이라면 $\left.\dfrac{dM_X^{(k)}(t)}{dt^k}\right|_{t=0} = M_X^{(k)}(0) = E[X^k]$

적률생성함수의 위 성질을 이용하면, 평균 $E(X)$ 및 분산 $Var(X)$은 다음 관계가 성립한다.

$$E(X) = M_X{}'(0)$$

$$Var(X) = M_X{}''(0) - (M_X{}'(0))^2$$

예제 7.34 다음 분포의 적률생성함수를 구하여라.

(1) 구간 $[a,b]$에서 균등분포 $f(x)=\begin{cases}\dfrac{1}{b-a}, & a \le x \le b \\ 0, & \text{기타}\end{cases}$

(2) 확률밀도함수가 $f(x)=e^{-x}\ (x>0)$

풀이 (1) $M_X(t)=\displaystyle\int_a^b e^{tx}\frac{1}{b-a}dx=\frac{1}{b-a}\left[\frac{e^{tx}}{t}\right]\Bigg|_a^b=\frac{e^{bt}-e^{at}}{(b-a)t}$

(2) $M_X(t)=\displaystyle\int_0^\infty e^{tx}e^{-x}dx=\int_0^\infty e^{(t-1)x}dx=-\frac{1}{t-1}=\frac{1}{1-t}\qquad(|t|<1)$ ■

예제 7.35 다음 확률분포의 적률생성함수를 구하고 이것에 이용하여 기댓값과 분산을 구하여라.

$$f(x)=\begin{cases}\lambda e^{-\lambda x} & (x\ge 0),\ (\lambda>0) \\ 0 & (x<0)\end{cases}$$

풀이

$$\begin{aligned}M_X(t)&=\int_{-\infty}^{\infty}e^{tx}f(x)dx=\int_0^\infty e^{tx}\lambda e^{-\lambda x}dx\\&=\lambda\int_0^\infty e^{-(\lambda-t)x}dx=\frac{\lambda}{\lambda-t}=\left(1-\frac{t}{\lambda}\right)^{-1}\ (\text{단},\ \lambda-t>0)\end{aligned}$$

이므로

$$M_X{}'(t)=\frac{\lambda}{(\lambda-t)^2},\quad M_X{}''(t)=\frac{2\lambda}{(\lambda-t)^3}$$

$$E(X)=M_X{}'(0)=\frac{1}{\lambda},\quad Var(X)=M_X{}''(0)-(M_X{}'(0))^2=\frac{2}{\lambda^2}-\left(\frac{1}{\lambda}\right)^2=\frac{1}{\lambda^2}$$ ■

예제 7.36 정규분포

$$f(x)=\frac{1}{\sqrt{2\pi}\,\sigma}e^{-(x-\mu)^2/2\sigma^2}\qquad(-\infty<x<\infty)$$

의 적률생성함수를 구하고, 이를 이용하여 기댓값과 분산을 구하여라.

풀이

$$\begin{aligned}M_X(t)&=\frac{1}{\sqrt{2\pi}\,\sigma}\int_{-\infty}^{\infty}e^{tx}e^{-(x-\mu)^2/2\sigma^2}dx\\&=\frac{1}{\sqrt{2\pi}\,\sigma}\int_{-\infty}^{\infty}\exp\left[\frac{-\{x^2-2(\mu+t\sigma^2)x+(\mu+t\sigma^2)^2-(\mu+t\sigma^2)^2+\mu^2\}}{2\sigma^2}\right]dx\end{aligned}$$

$$= \exp\left(t\mu + \frac{t^2\sigma^2}{2}\right) \cdot \frac{1}{\sqrt{2\pi}\,\sigma} \int_{-\infty}^{\infty} \exp\left[\frac{-(x-\mu)^2}{2\sigma^2}\right] dx$$

$$= \exp\left(t\mu + \frac{t^2\sigma^2}{2}\right)$$

$M'_X(t) = \exp\left(t\mu + \frac{t^2\sigma^2}{2}\right)(\mu + t\sigma^2)$이므로 $E(X) = M_X'(0) = \mu$

$$M_X''(t) = \sigma^2 \exp\left(t\mu + \frac{t^2\sigma^2}{2}\right) + (\mu + t\sigma^2)^2 \exp\left(t\mu + \frac{t^2\sigma^2}{2}\right)$$

이므로 $E(X^2) = M_X''(0) = \sigma^2 + \mu^2$

따라서 $Var(X) = M_X''(0) - [M_X'(0)]^2 = \sigma^2$ ■

7.4 연습문제

1. 다음에 주어진 함수와 구간에 대하여 $\int_A af(x)dx = 1$이 되도록 상수 a를 구하여라.

(1) $f(x) = x^{-2}$, $A = [1, \infty)$

(2) $f(x) = \frac{1}{2}e^{-x}$, $A = [0, \infty)$

(3) $f(x) = \frac{1}{1+x^2}$, $A = [1, \infty)$

(4) $f(x) = xe^{-x^2}$, $A = [0, \infty)$

2. 확률밀도함수가 다음과 같을 때 분포함수 $F(x)$를 구하여라.

(1) $f(x) = \begin{cases} \frac{3}{26}(x+1)^2, & 0 < x < 2 \\ 0, & \text{기타} \end{cases}$

(2) $f(x) = \begin{cases} x^2(9-8x), & 0 < x < 1 \\ 0, & \text{기타} \end{cases}$

(3) $f(x) = \begin{cases} 9xe^{-3x}, & x > 0 \\ 0, & \text{기타} \end{cases}$

(4) $f(x) = \begin{cases} (a+1)x^a, & 0 < x < 1 \\ 0, & \text{기타} \end{cases}$

3. 다음 적분을 구하여라.

(1) $\int_{-\infty}^{x} \frac{1}{\pi}\frac{1}{1+t^2}dt$

(2) $\int_{-\infty}^{x} \theta e^{-\theta t}dt, \quad (\theta > 0)$

4. $f(x) = \begin{cases} 1, & 0 \le x \le 1 \\ 0, & \text{기타} \end{cases}$에 대하여 다음을 구하여라.

(1) $\int_{-\infty}^{\infty} f(x)dx$

(2) $M_X(t) = \int_{-\infty}^{\infty} e^{tx}f(x)dx, \ (-\infty < t < \infty)$

5. $f(x)=\begin{cases}\dfrac{1}{\beta}e^{-\frac{x}{\beta}}, & 0 \le x\\ 0 & , \text{기타}\end{cases}$ 에 대하여 다음을 구하여라. 단, $\beta > 0$, $t < \dfrac{1}{\beta}$ 이다.

(1) $\displaystyle\int_{-\infty}^{\infty} f(x)dx$

(2) $M_X(t) = \displaystyle\int_{-\infty}^{\infty} e^{tx}f(x)dx$ 가 수렴하기 위한 t의 조건과 이때의 $M_X(t)$

(3) $M_X{}'(0)$, $M_X{}''(0)$, $M_X{}''(0) - [M_X{}'(0)]^2$

(4) $E[X] = \displaystyle\int_{-\infty}^{\infty} xf(x)dx$, $E[X^2] = \displaystyle\int_{-\infty}^{\infty} x^2 f(x)dx$ 라 할 때,

$$E[X],\ E[X^2],\ Var(X) = E[X^2] - E[X]^2$$

(5) (3)과 (4)의 결과를 비교하여라.

6. X의 확률밀도함수 $f(x)$가

$$f(x)=\begin{cases}\dfrac{x}{2} & 0 < x < 2\\ 0 & \text{기타}\end{cases}$$

일 때, 다음을 구하여라.

(1) $E(X)$ (2) $E(3X^2 - 2X)$

7. X의 확률밀도함수가

$$f(x)=\begin{cases}e^{-x}, & x \ge 0\\ 0, & \text{기타}\end{cases}$$

일 때, 다음을 구하여라.

(1) $E[3X-2]$ (2) $E[X^2]$ (3) $E[(X-1)^2]$

8. 다음 확률밀도함수에 대하여 $E[X]$, $E[X^2]$, $Var(X)$를 구하여라.

(1) $f(x)=\begin{cases}\dfrac{1}{b-a}, & a < x < b\\ 0 & , \text{기타}\end{cases}$ (2) $f(x)=\begin{cases}\lambda^2 x e^{-\lambda x}, & x \ge 0\\ 0 & , \text{기타}\end{cases}$

(3) $f(x)=\begin{cases}2x, & 0 < x < 1\\ 0 & , \text{기타}\end{cases}$ (4) $f(x)=\begin{cases}\dfrac{3}{x^4}, & x \ge 1\\ 0 & , \text{기타}\end{cases}$

Chapter

08

수열과 급수와 이산확률분포

무한수열과 급수에 관한 정리는 중요한 응용으로 미분 가능 함수 $f(x)$를 x의 멱급수로 표현하는 법을 알게 된다. 그러면 다항식에서의 계산법이나, 미분법, 적분법을 보다 일반적인 함수까지 적용 가능해진다. 또 $\sin$ 함수나 $\cos$ 함수들 또는 e^x, $\ln x$ 등 무한히 전개되는 함수로 표현할 수 있다. 이 방법은 함수를 연구하는 데 강력한 도구가 될 것이다. 통계에서는 이산확률분포에 응용된다.

8.1 무한수열

무한수열은 정의역이 양의 정수들의 집합인 함수이다. 간단하게 a_n로 쓰인다. 수열 $1, \frac{1}{2}, \frac{1}{3}, \cdots, \frac{1}{n}, \cdots$은 n이 한없이 커질 때, a_n은 한없이 0에 가까워진다. 이와 같이 수열 $\{a_n\}$에서 n이 한없이 커질 때, a_n이 일정한 값 L에 한없이 가까워지면, 수열 $\{a_n\}$은 L에 수렴한다고 하고 L을 수열 $\{a_n\}$의 극한값 또는 극한이라고 한다. 이를 기호로는 다음과 같이 나타낸다.

$$n \to \infty \text{ 일 때, } a_n \to L \quad \text{또는} \quad \lim_{n\to\infty} a_n = L$$

예제 8.1 다음 무한수열의 수렴, 발산을 조사하고, 수렴하면 그 극한값을 구하여라.

(1) $1, \frac{4}{3}, \frac{9}{5}, \frac{16}{7} \cdots$

(2) $\frac{1^2+1}{1}, \frac{2^2+1}{1+2}, \frac{3^2+1}{1+2+3}, \cdots$

(3) $(\log 1 - \log 2), (\log 2 - \log 3), (\log 3 - \log 4), \cdots$

풀이

(1) $a_n = \frac{n^2}{1+(n-1)2} = \frac{n^2}{2n-1}$

$$\lim_{n\to\infty} a_n = \lim_{n\to\infty} \frac{n^2}{2n-1} = \infty \text{ (발산)}$$

(2) $1+2+3+\cdots+n = \frac{n(n+1)}{2}$ 이므로 $a_n = \frac{2(n^2+1)}{n(n+1)}$

$$\lim_{n\to\infty} a_n = \lim_{n\to\infty} \frac{2(n^2+1)}{n^2+n} = \lim_{n\to\infty} \frac{2(1+\frac{1}{n^2})}{1+\frac{1}{n}} = 2 \text{(수렴)}$$

(3) $a_n = \log n - \log(n+1)$

$$\lim_{n\to\infty} a_n = \lim_{n\to\infty} \log\frac{n}{n+1} = \log 1 = 0 \text{(수렴)}$$ ■

예제 8.2 다음 극한을 구하여라.

(1) $\lim_{n\to\infty}(\sqrt{n+1} - \sqrt{n-1})$

(2) $\lim_{n\to\infty} \frac{n}{\sqrt{n^2-1} - \sqrt{n}}$

(3) $\lim_{n\to\infty}(3+2n-n^3)$

(4) $\lim_{n\to\infty} \frac{3n^4+5}{4n^4-7n^2+9}$

풀이 (1) $\lim_{n\to\infty}(\sqrt{n+1}-\sqrt{n-1}) = \lim_{n\to\infty}\frac{(\sqrt{n+1}-\sqrt{n-1})(\sqrt{n+1}+\sqrt{n-1})}{(\sqrt{n+1}+\sqrt{n-1})}$

$$= \lim_{n\to\infty}\frac{2}{(\sqrt{n+1}+\sqrt{n-1})} = 0$$

(2) $\lim_{n\to\infty}\frac{n}{\sqrt{n^2-1}-\sqrt{n}} = \lim_{n\to\infty}\frac{n(\sqrt{n^2-1}+\sqrt{n})}{(\sqrt{n^2-1}-\sqrt{n})(\sqrt{n^2-1}+\sqrt{n})}$

$$= \lim_{n\to\infty}\frac{n(\sqrt{n^2-1}+\sqrt{n})}{n^2-1-n} = 1$$

(3) $\lim_{n\to\infty}(3+2n-n^3) = \lim_{n\to\infty}n^3\left(\frac{3}{n^3}+\frac{2}{n^2}-1\right) = -\infty$ (발산)

(4) $\lim_{n\to\infty}\frac{3n^4+5}{4n^4-7n^2+9} = \frac{3}{4}$ ■

예제 8.3 다음 극한값을 구하여라.

(1) $\lim_{n\to\infty}\frac{3^{n+1}+2^n}{2^{2n}-3^n}$ (2) $\lim_{n\to\infty}\frac{r^n}{1+r^n}$ (단 $r \neq -1$)

풀이 (1) $\lim_{n\to\infty}\frac{3\cdot 3^n+2^n}{4^n-3^n} = \lim_{n\to\infty}\frac{3\left(\frac{3}{4}\right)^n+\left(\frac{2}{4}\right)^n}{1-\left(\frac{3}{4}\right)^n} = 0$

(2) $|r|<1$, $\lim_{n\to\infty} r^n = 0$, $\lim_{n\to\infty}\frac{r^n}{1+r^n} = 0$

$r=1$, $\lim_{n\to\infty} r^n = 1$, $\lim_{n\to\infty}\frac{r^n}{1+r^n} = \frac{1}{2}$

$|r|>1$, $\lim_{n\to\infty}|r|^n = \infty$, $\lim_{n\to\infty}\frac{r^n}{1+r^n} = 1$ ■

예제 8.4 일반항이 다음과 같은 수열의 극한을 구하여라.

(1) $\frac{2^n}{3^n-1}$ (2) $\frac{(-3)^n}{2^n-1}$ (3) $\frac{\sqrt{5^n}+1}{2^n}$

풀이 (1) $\lim_{n\to\infty}\frac{2^n}{3^n-1} = 0$ (2) $\lim_{n\to\infty}\frac{(-3)^n}{2^n-1} = \pm\infty$ 없다(진동)

(3) $\lim_{n\to\infty}\frac{\sqrt{5^n}+1}{2^n} = \infty$ ■

예제 8.5 다음 극한값을 구하여라.

(1) $\lim_{n\to\infty}\frac{1}{n}\cos n\theta$ (2) $\lim_{n\to\infty}\frac{1}{n}\sin\frac{n\pi}{2}$

풀이 (1) $-1 \le \cos n\theta \le 1$이고 $-\frac{1}{n}\le \frac{1}{n}\cos n\theta \le \frac{1}{n}$이므로 샌드위치 정리에 의하여

$\lim_{n\to\infty}\frac{1}{n}\cos n\theta = 0$

(2) $-1 \le \sin\frac{n\pi}{2}\le 1$이고 $-\frac{1}{n}\le \frac{1}{n}\sin\frac{n\pi}{2}\le \frac{1}{n}$이므로 샌드위치 정리에 의하여

$\lim_{n\to\infty}\frac{1}{n}\sin\frac{n\pi}{2}=0$ ■

8.1 연습문제

1. 다음 무한수열의 수렴, 발산을 조사하여라.

(1) $a_n = \dfrac{1-5n^4}{n^4+8n^3}$

(2) $a_n = \dfrac{n^2-2n+1}{n-1}$

(3) $a_n = \dfrac{(-1)^{n+1}}{2n-1}$

(4) $a_n = \sqrt{\dfrac{2n}{n+1}}$

(5) $a_n = \dfrac{n}{2^n}$

(6) $a_n = (1+\dfrac{7}{n})^n$

(7) $a_n = \dfrac{n!}{n^n}$

2. 다음 수열이 수렴하는지 또는 발산하는지를 판정하여라.

(1) $a_n = \dfrac{3n^2+1}{2n^2-1}$

(2) $a_n = \dfrac{n^2+1}{n+1}$

(3) $a_n = \dfrac{n+2}{3n-1}$

(4) $a_n = (-1)^n \dfrac{n+2}{3n-1}$

(5) $a_n = (-1)^n \dfrac{n^2+2}{n^2+4}$

(6) $a_n = \cos \pi n$

(7) $a_n = ne^{-n}$

(8) $a_n = \dfrac{e^n+2}{e^{2n}-1}$

(9) $a_n = \dfrac{3^n}{e^n+1}$

(10) $a_n = \dfrac{\cos n}{n!}$

8.2 무한급수

8.2.1 정의

무한수열 $\{a_n\}$에서 각항 $a_1, a_2, a_3, \ldots$의 합 $a_1 + a_2 + a_3 + \cdots$을 무한급수 또는 간단히 급수라 하며, a_n을 제 n항 또는 일반항이라고 부른다. 또 $S_n = a_1 + a_2 + a_3 + \cdots + a_n$을 무한급수의 $a_1 + a_2 + a_3 + \cdots$의 제 n항까지의 합이라고 한다. 그리고 부분합 S_n의 극한 S가 존재하면, 즉 $\lim_{n\to\infty} S_n = S$이면 무한급수 $a_1 + a_2 + a_3 + \cdots$은 수렴한다고 하고, S를 그 합이라고 한다. 급수 $a_1 + a_2 + a_3 + \cdots$이 수렴하지 않는 경우는 발산한다고 한다. 앞으로 $a_1 + a_2 + a_3 + \cdots$의 급수를 $S = a_1 + a_2 + a_3 + \cdots$ 또는 $S = \sum_{n=1}^{\infty} a_n$으로 나타내고, 수렴하는 경우에는 S는 급수를 나타내는 동시에 그 합도 나타내는 것으로 한다.

예제 8.6 다음 무한급수의 수렴, 발산을 조사하고 수렴하면 합을 구하여라.

(1) $\frac{1}{2}+\frac{1}{4}+\frac{1}{8}+\frac{1}{16}+\cdots+\frac{1}{2^n}+\cdots$

(2) $\frac{1}{\sqrt{2}+1}+\frac{1}{\sqrt{3}+\sqrt{2}}+\frac{1}{\sqrt{4}+\sqrt{3}}+\cdots+\frac{1}{\sqrt{n+1}+\sqrt{n}}+\cdots$

풀이

(1) $S_n = \frac{1}{2}+\frac{1}{4}+\frac{1}{8}+\frac{1}{16}+\cdots+\frac{1}{2^n} = 1-(\frac{1}{2})^n$

$\lim_{n\to\infty} S_n = 1$ (수렴)

(2) $\frac{1}{\sqrt{n+1}+\sqrt{n}} = \frac{\sqrt{n+1}-\sqrt{n}}{(\sqrt{n+1}+\sqrt{n})(\sqrt{n+1}-\sqrt{n})} = \sqrt{n+1}-\sqrt{n}$

$S_n = (\sqrt{2}-1)+(\sqrt{3}-\sqrt{2})+\cdots(\sqrt{n+1}-\sqrt{n}) = -1+\sqrt{n+1}$

$\lim_{n\to\infty} S_n = \lim_{n\to\infty}(\sqrt{n+1}-1) = \infty$ (발산) ■

예제 8.7 다음 무한급수의 합을 구하여라.

(1) $\sum_{n=1}^{\infty} \frac{1}{n(n+2)}$

(2) $\sum_{n=1}^{\infty} \frac{1}{1+2+3+\cdots+n}$

(3) $1+\frac{1}{3}+\frac{1}{6}+\frac{1}{10}+\frac{1}{15}+\cdots$

풀이 (1) $S_n = \sum_{k=1}^{n} \frac{1}{k(k+2)} = \sum_{k=1}^{n} \frac{1}{2}\left(\frac{1}{k} - \frac{1}{k+2}\right) = \frac{1}{2}\left(\frac{1}{1} + \frac{1}{2} - \frac{1}{n+1} - \frac{1}{n+2}\right)$

$\lim_{n\to\infty} S_n = \frac{1}{2}(1+\frac{1}{2}) = \frac{3}{4}$

(2) $S_n = \sum_{k=1}^{n} \frac{1}{1+2+3+\cdots+k} = \sum_{k=1}^{n} \frac{2}{k(k+1)} = \sum_{k=1}^{n} 2\left(\frac{1}{k} - \frac{1}{k+1}\right) = 2\left(1 - \frac{1}{n+1}\right)$

$\lim_{n\to\infty} S_n = 2$

(3) $\frac{1}{a_n} = 1 + \sum_{k=1}^{n-1}(k+1) = \frac{n(n+1)}{2}$

$S_n = \sum_{k=1}^{n} a_k = \sum_{k=1}^{n} \frac{2}{k(k+1)} = \sum_{k=1}^{n} 2(\frac{1}{k} - \frac{1}{k+1}) = 2(1 - \frac{1}{n+1})$

$\lim_{n\to\infty} S_n = 2$ ■

8.2.2 무한급수의 수렴성과 발산성에 대한 정리

다음 정리들은 중요하다.

정리 1. $\sum a_k$가 수렴한다면, $\lim_{n\to\infty} a_n = 0$

정리 2. $\sum_{k=1}^{\infty} a_k$ 그리고 $\sum_{k=m}^{\infty} a_k$(m은 양수이다) 둘 다 수렴하거나 또는 발산한다.

정리 3. $\sum_{k=1}^{\infty} a_k$ 그리고 $\sum_{k=m}^{\infty} ca_k (c \neq 0)$ 둘 다 수렴하거나 또는 둘 다 발산한다.

정리 4. $\sum a_k$ 그리고 $\sum b_k$이 둘 다 수렴한다면, $\sum(a_k + b_k)$도 수렴한다.

정리 5. 수렴하는 급수의 항들이 다시 배열한다면, 새로운 급수는 수렴한다.

정리 6. $\lim_{n\to\infty} a_n \neq 0$ 이라면, $\sum a_n$은 발산한다.

예제 8.8 $\sum \frac{n}{2n+1}$은 수렴하는가, 발산하는가?

풀이 $\lim_{n\to\infty} \frac{n}{2n+1} = \frac{1}{2} \neq 0$이므로 발산한다. ■

정리 7. $|r| < 1$ 일 경우에 한해서만 기하급수 $\sum ar^{n-1}$은 수렴한다.

$|r| < 1$ 라면, 합은 $\frac{a}{(1-r)}$이다.

예제 8.9 무한등비급수 $1+r+r^2+\cdots+r^{n-1}+\cdots$ 의 수렴, 발산을 조사하여라.

풀이 $S_n = 1+r+r^2+\cdots+r^{n-1}$에서 $S_n = \dfrac{1-r^n}{1-r} = \dfrac{1}{1-r} - \dfrac{r^n}{1-r}$

(1) $|r|<1$이면 $\lim_{n\to\infty} r^n = 0$. 따라서 $\lim_{n\to\infty} S_n = S = \dfrac{1}{1-r}$

(2) $r>1$이면 $\lim_{n\to\infty} r^n = \infty$. 따라서 $\lim_{n\to\infty} S_n = \infty$ 발산한다.

(3) $r=1$이면 $\lim_{n\to\infty} S_n = \infty$, 발산한다.

(4) $r<-1$이면 $\lim_{n\to\infty} S_n = -\infty$, $\lim_{n\to\infty} S_{2n+1} = \infty$ 발산한다.

(5) $r=-1$이면 $S_n = 1-1+1-\cdots(-1)^{n-1}$이므로

$\lim_{n\to\infty} S_{2n} = 0$, $\lim_{n\to\infty} S_{2n+1} = 1$, 발산한다. ■

예제 8.10 다음 무한등비급수의 합을 구하여라.

(1) $\lim_{n\to\infty}\sum_{k=0}^{n}(1-\sqrt{2})^k$

(2) $\sum_{n=1}^{\infty}4^{n-1}(\frac{1}{3})^{2n}$

(3) $1-\dfrac{1}{4}+\dfrac{1}{16}-\dfrac{1}{64}+\cdots+(-1)^{n-1}\left(\dfrac{1}{4}\right)^{n-1}+\cdots$

(4) $1-\dfrac{1}{\sqrt{2}}+\dfrac{1}{2}-\dfrac{1}{2\sqrt{2}}+\cdots+(-1)^{n-1}\left(\dfrac{1}{\sqrt{2}}\right)^{n-1}+\cdots$

(5) $\cos 30+\cos^3 30+\cos^5 30+\cdots \cos^{2n-1}30+\cdots$

(6) $\log_9\sqrt{3}+\log_9\sqrt{\sqrt{3}}+\log_9\sqrt{\sqrt{\sqrt{3}}}+\cdots$

풀이 (1) $\lim_{n\to\infty}\sum_{k=0}^{n}(1-\sqrt{2})^k = 1+(1-\sqrt{2})+(1-\sqrt{2})^2+\cdots$

이것은 첫째항이 1이고, 공비가 $1-\sqrt{2}$ 인 무한등비급수이고 $|1-\sqrt{2}|<1$이므로

$\lim_{n\to\infty}\sum_{k=0}^{n}(1-\sqrt{2})^k = \dfrac{1}{1-(1-\sqrt{2})} = \dfrac{1}{\sqrt{2}} = \dfrac{\sqrt{2}}{2}$

(2) $\sum_{n=1}^{\infty}4^{n-1}\left(\dfrac{1}{3}\right)^{2n} = \sum_{n=1}^{\infty}4^{n-1}\left(\dfrac{1}{9}\right)^{n} = \sum_{n=1}^{\infty}\dfrac{1}{9}\left(\dfrac{4}{9}\right)^{n-1} = \dfrac{1}{9}\dfrac{1}{1-(4/9)} = \dfrac{1}{5}$

(3) $\dfrac{4}{5}$

(4) $2-\sqrt{2}$

(5) $2\sqrt{3}$

(6) $\dfrac{1}{2}$ ■

8.2 연습문제

1. 급수의 합을 구하여라.

(1) $\sum_{n=0}^{\infty}\left(\frac{1}{2^n}+\frac{(-1)^n}{5^n}\right)$

(2) $\sum_{n=1}^{\infty}\frac{4}{(4n-3)(4n+1)}$

(3) $\sum_{n=1}^{\infty}\left(\frac{1}{\ln(n+2)}-\frac{1}{\ln(n+1)}\right)$

(4) $\sum_{n=1}^{\infty}(\tan^{-1}(n)-\tan^{-1}(n+1))$

(5) $\sum_{n=1}^{\infty}(-1)^{n+1}\frac{3}{2^n}$

(6) $\sum_{n=0}^{\infty}e^{-2n}$

(7) $\sum_{n=0}^{\infty}\frac{2^n-1}{3^n}$

(8) $\sum_{n=1}^{\infty}\ln\left(\frac{n}{n+1}\right)$

2. 수렴하기 위한 x의 범위를 구하고 그때 합을 구하여라.

(1) $\sum_{n=0}^{\infty}3\left(\frac{x-1}{2}\right)^n$

(2) $\sum_{n=0}^{\infty}(-1)^n(x+1)^n$

(3) $\sum_{n=0}^{\infty}\sin^n x$

3. 다음 급수의 수렴, 발산 여부를 판정하여라. 주어진 급수가 수렴하면 그 합을 구하여라.

(1) $\sum_{k=0}^{\infty}3\left(\frac{1}{5}\right)^k$

(2) $\sum_{k=0}^{\infty}\frac{1}{2}(3)^k$

(3) $\sum_{k=1}^{\infty}\frac{3k}{k+4}$

(4) $\sum_{k=1}^{\infty}\frac{2k+1}{k^2(k+1)^2}$

(5) $\sum_{k=0}^{\infty}\left(\frac{1}{2^k}-\frac{1}{k+1}\right)$

(6) $\sum_{k=0}^{\infty}(-1)^k\frac{3^k}{2^k}$

8.3 음이 아닌 급수의 수렴성 검정

급수 $\sum a_n$은 모든 n에서 $a_n \geq 0$라면, 음이 아닌 급수라고 정의한다.

8.3.1 적분판정법 검정

$f(x)$가 연속, 양수, 감소하는 함수이고 $f(n) = a_n$이라면, $\sum a_n$이 수렴하기 위한 필요충분조건은 이상적분 $\int_1^\infty f(x)dx$이 수렴하는 경우에만 한해서 수렴한다.

예제 8.11 $\sum \frac{n}{n^2+1}$은 수렴하는가?

풀이 $\int_1^\infty \frac{xdx}{x^2+1} = \lim_{b\to\infty}\int_b^\infty \frac{x\,dx}{x^2+1} = \lim_{n\to\infty}\frac{1}{2}\ln(x^2+1)|_1^\infty = \infty$

따라서 $\sum \frac{n}{n^2+1}$은 발산한다. ■

예제 8.12 $\sum \frac{n}{e^n}$의 수렴성을 검정하여라.

풀이 $\int_1^\infty \frac{x}{e^x}dx = \lim_{b\to\infty}\int_1^b xe^{-x}dx = \lim_{b\to\infty}(\frac{1+b}{e^b} - \frac{2}{e}) = \frac{2}{e}$

그러므로 $\sum \frac{n}{e^n}$은 수렴한다. ■

8.3.2 p-급수 검정

p-급수 $\sum_{n=1}^{n} \frac{1}{n^p}$는 $p>1$일 때 수렴하고 $p \leq 1$일 때 발산한다.

이것은 적분 검정과 $\int_1^\infty \frac{1}{x^p}dx$ 형태의 이상적분으로부터 알 수 있다.

예제 8.13 $1 + \frac{1}{2^2} + \frac{1}{3^2} + \cdots$는 수렴하는가?

풀이 $p=2$인 p-급수이다. p-급수 검정으로 인해 수렴한다. ■

예제 8.14 $\sum \frac{1}{\sqrt{n}}$ 의 수렴, 발산을 조사하여라.

풀이 $p = \frac{1}{2}$ 인 p-급수이므로 발산한다. ■

8.3.3 비교검정

$\sum a_n$ 의 일반항들을 수렴하는지, 발산하는지 밝혀진 급수의 일반 항들과 비교한다.

(1) $\sum u_n$ 이 수렴하고 $a_n \le u_n$ 라면, $\sum a_n$ 은 수렴한다.

(2) $\sum u_n$ 이 발산하고 $a_n \ge u_n$ 라면, $\sum a_n$ 은 발산한다.

예제 8.15 $\sum \frac{1}{1+n^4}$ 은 수렴하는가, 발산하는가?

풀이 $\frac{1}{1+n^4} < \frac{1}{n^4}$ 이고 p -급수 $\sum \frac{1}{n^4}$ 은 수렴하므로 수렴한다. ■

예제 8.16 $\frac{1}{\sqrt{2}} + \frac{1}{\sqrt{5}} + \frac{1}{\sqrt{8}} + \cdots + \frac{1}{\sqrt{3n-1}}$ 는 발산하는가?

풀이 $\frac{1}{\sqrt{3n-1}} > \frac{1}{\sqrt{3n}} = \frac{1}{\sqrt{3}\, n^{1/2}}$ p-급수에서 $\sum \frac{c}{n^p}$

위는 $c = \frac{1}{\sqrt{3}}$ 이고 $p = \frac{1}{2}$ 인 발산하는 급수 $\sum \frac{c}{n^p}$ 의 일반항이다.

따라서 발산한다. ■

예제 8.17 $\sum \frac{1}{n^n}$ 은 수렴하는가?

풀이 $\sum \frac{1}{n^n} = 1 + \frac{1}{2^2} + \frac{1}{3^3} + \cdots$ 는 $n > 2$ 일 때, $\frac{1}{n^n} < \frac{1}{2^n}$ 이므로 수렴한다.

$\sum \frac{1}{2^n}$ 은 $r = \frac{1}{2}$ 인 수렴하는 기하급수이다. ■

8.3.4 극한비교검정

$\lim_{n\to\infty}\frac{a_n}{b_n}$ 이 수렴하고 0이 아니면 $\sum a_n$ 그리고 $\sum b_n$ 은 둘 다 수렴하거나 둘 다 발산한다.

예제 8.18 $\sum\frac{1}{2n+1}$ 이 수렴하는가, 발산하는가?

풀이 이 급수는 발산하는 조화급수로 보인다. $\frac{1}{2n+1}<\frac{1}{n}$ 이므로 비교검정이 되지 않는다. 극한비교검정은 다음과 같다.

$$\lim_{n\to\infty}\frac{\frac{1}{2n+1}}{\frac{1}{n}}=\frac{1}{2}$$

$\sum\frac{1}{n}$ 이 발산하므로 $\sum\frac{1}{2n+1}$ 도 극한비교검정으로 발산한다. ■

예제 8.19 급수 $\sum_{n=1}^{\infty}\frac{2n^2+3n}{\sqrt{5+n^5}}$ 의 수렴, 발산을 판정하여라.

풀이 분자의 최고차항은 $2n^2$ 이고 분모의 최고차항은 $\sqrt{n^5}=n^{\frac{5}{2}}$ 이므로

$$a_n=\frac{2n^2+3n}{\sqrt{5+n^5}},\ b_n=\frac{2n^2}{n^{\frac{5}{2}}}=\frac{2}{n^{\frac{1}{2}}}$$

$$\lim_{n\to\infty}\frac{a_n}{b_n}=\lim_{n\to\infty}\frac{(2n^2+3n)}{\sqrt{5+n^5}}\frac{n^{\frac{1}{2}}}{2}=\lim_{n\to\infty}\frac{2n^{\frac{5}{2}}+3n^{\frac{3}{2}}}{2\sqrt{5+n^5}}=\lim_{n\to\infty}\frac{2+\frac{3}{n}}{2\sqrt{\frac{5}{n^5}+1}}=\frac{2+0}{2\sqrt{0+1}}=1$$

$\sum\frac{2}{\sqrt{n}}$ 이 발산하므로 $\sum_{n=1}^{\infty}\frac{2n^2+3n}{\sqrt{5+n^5}}$ 도 극한비교검정으로 발산한다. ■

8.3.5 비판정법

$\lim_{n\to\infty}\frac{a_{n+1}}{a_n}=L$ 이라고 하자. $\sum a_n$ 은 $L<1$ 일 때 수렴하고 $L>1$ 일 때 발산한다. $L=1$ 이라면 판정 불가이다.

예제 8.20 $\sum \frac{1}{n!}$의 수렴, 발산을 판정하여라.

풀이 $\sum \frac{1}{n!}$에서,

$$\lim_{n\to\infty} \frac{a_{n+1}}{a_n} = \lim_{n\to\infty} \frac{n!}{(n+1)!} = 0$$

이 급수는 비검정으로 수렴한다. ■

예제 8.21 급수 $\sum_{n=1}^{\infty} (-1)^n \frac{n^3}{3^n}$이 절대수렴함을 보여라.

풀이 $a_n = (-1)^n \frac{n^3}{3^n}$이라 놓으면

$$\left|\frac{a_{n+1}}{a_n}\right| = \left|\frac{\frac{(-1)^{n+1}(n+1)^3}{3^{n+1}}}{\frac{(-1)^n n^3}{3^n}}\right| = \frac{(n+1)^3}{3^{n+1}} \frac{3^n}{n^3} = \frac{1}{3}\left(\frac{n+1}{n}\right)^3 \to \frac{1}{3} < 1$$

비판정법에 의하여 주어진 급수는 절대수렴한다. 따라서 수렴한다. ■

예제 8.22 $\sum \frac{n^n}{n!}$의 수렴, 발산을 조사하여라.

풀이 $\frac{a_{n+1}}{a_n} = \frac{(n+1)^n}{n^n}$, $\lim_{n\to\infty}\left(\frac{n+1}{n}\right)^n = e$, $e > 1$이므로 $\sum \frac{n^n}{n!}$은 비검정으로 발산한다.

■

8.3.6 n근수검정

$\lim_{n\to\infty} \sqrt[n]{a_n} = L$라고 하자. 그러면 $\sum a_n$은 $L < 1$일 때 수렴하고 $L > 1$일 때 발산한다.

$L = 1$이라면, 이 검정은 판정 불가이다.

예제 8.23 급수 $\sum\left(\frac{n}{2n+1}\right)^n$ 은 수렴하는가?

풀이 $\lim_{n\to\infty}\sqrt[n]{\left(\frac{n}{2n+1}\right)^n}=\lim_{n\to\infty}\frac{n}{2n+1}=\frac{1}{2}<1$ 이므로 급수 $\sum\left(\frac{n}{2n+1}\right)^n$ 는 n근수검정으로 수렴한다. ■

예제 8.24 급수 $\sum_{n=1}^{\infty}\left(\frac{2n+3}{3n+2}\right)^n$ 의 수렴, 발산을 판정하여라.

풀이 $a_n=\left(\frac{2n+3}{3n+2}\right)^n$ 이라 하면 $\sqrt[n]{|a_n|}=\frac{2n+3}{3n+2}=\frac{2+\frac{3}{n}}{3+\frac{2}{n}}\to\frac{2}{3}<1$

급수 $\sum_{n=1}^{\infty}\left(\frac{2n+3}{3n+2}\right)^n$ 는 n근수검정으로 수렴한다. ■

8.3.7 교대급수

음이 아닌 급수에 적용될 수 있는 모든 검정은 모든 항이 음수인 급수에 쓰일 수 있다. 여기서 교대급수라고 불리는 부호가 섞인 급수 유형 한 가지만 고려한다.

$$1-\frac{1}{2}+\frac{1}{3}-\frac{1}{4}+\cdots$$

위는 교대조화급수이다.

교대급수검정

교대급수는 다음과 같을 때 수렴한다.

(1) 모든 n에서 $a_{n+1}<a_n$

(2) $\lim_{n\to\infty}a_n=0$

예제 8.25 교대조화급수 $\sum\frac{(-1)^{n+1}}{n}$ 의 수렴, 발산을 판정하여라.

풀이 (1) 모든 n에서 $\frac{1}{n+1}<\frac{1}{n}$

(2) $\lim_{n\to\infty}\frac{1}{n}=0$ 이므로 교대급수검정으로 수렴한다. ■

예제 8.26 급수 $\frac{1}{2}-\frac{2}{3}+\frac{3}{4}-\cdots$ 의 수렴, 발산을 판정하여라.

풀이 $\lim_{n\to\infty}\frac{n}{n+1}$이 0이 아니고 1이므로 발산한다. ■

예제 8.27 $\sum\frac{1}{1+n^4}$은 수렴하는가, 발산하는가?

풀이 $\frac{1}{1+n^4}<\frac{1}{n^4}$이고 p−급수 $\sum\frac{1}{n^4}$는 수렴하므로 수렴한다. ■

8.3 연습문제

1. 다음 급수의 수렴, 발산을 조사하여라.

(1) $\sum_{n=1}^{\infty} \frac{3}{\sqrt[3]{n}}$

(2) $\sum_{n=2}^{\infty} \frac{\ln n}{n}$

(3) $\sum_{n=0}^{\infty} \frac{-2}{n+1}$

(4) $\sum_{n=2}^{\infty} \frac{\sqrt{n}}{\ln n}$

(5) $\sum \cos n\pi$

(6) $\sum_{n=1}^{\infty} \frac{e^n}{1+e^{2n}}$

(7) $\sum_{n=1}^{\infty} \frac{8\tan^{-1} n}{1+n^2}$

(8) $\sum_{n=1}^{\infty} \frac{\sin^2 n}{2^n}$

(9) $\sum_{n=1}^{\infty} (\frac{n}{3n+1})^n$

(10) $\sum_{n=1}^{\infty} \frac{(\ln n)^2}{n^3}$

(11) $\sum_{n=1}^{\infty} \frac{1}{1+\ln n}$

(12) $\sum \left(1-\frac{1}{n}\right)^n$

(13) $\sum_{n=1}^{\infty} \frac{1}{3^{n-1}+1}$

(14) $\sum_{n=1}^{\infty} \frac{10n+1}{n(n+1)(n+2)}$

(15) $\sum_{n=1}^{\infty} \frac{1}{1+2+3+\cdots+n}$

(16) $\sum_{n=1}^{\infty} \frac{n^{\sqrt{2}}}{2^n}$

(17) $\sum_{n=1}^{\infty} \frac{n^{10}}{10^n}$

(18) $\sum_{n=1}^{\infty} (1-\frac{3}{n})^n$

(19) $\sum_{n=1}^{\infty} (\frac{1}{n}-\frac{1}{n^2})$

(20) $\sum_{n=1}^{\infty} \frac{(n+1)(n+2)}{n!}$

(21) $\sum_{n=1}^{\infty} \frac{n!}{(2n+1)!}$

(22) $\sum_{n=1}^{\infty} \frac{n!\ln n}{n(n+2)!}$

8.4 멱급수

x가 변수이면 다음 무한급수를 멱급수라고 한다.

$$\sum_{k=0}^{\infty} a_k x^k = a_0 + a_1 x + a_2 x^2 + \cdots$$

a_k는 상수이다. 일반적으로 다음 무한급수를 중심 a인 멱급수라 한다.

$$\sum_{k=0}^{\infty} a_k (x-a)^k = a_0 + a_1(x-a) + a_2(x-a)^2 + \cdots$$

위의 멱급수 (1)이 $|x| < r$일 때 수렴하고 $|x| > r$일 때 발산한다면, r은 수렴반경이라고 부른다. (2)가 $|x-a| < r$일 때 수렴하고 $|x-a| > r$일 때 발산한다면 r은 멱급수 (2)의 수렴반경이다. (1), (2)가 수렴하는가를 살펴보기 위해서 비판정법을 이용하여 다음의 몇 가지 예를 생각해 보자.

예제 8.28 다음 급수가 수렴하는 모든 x를 찾아라.

$$1 + x + x^2 + x^3 + \cdots$$

풀이 비검정에 의하여, 다음과 같다면 급수는 수렴한다.

$$\lim_{n\to\infty} \left|\frac{a_{n+1}}{a_n}\right| = \lim_{n\to\infty} |x| = |x| < 1$$

수렴반경은 1이다. $x=1$일 때, $1+1+1+\cdots$이 되고 발산한다. $x=-1$일 때, $1-1+1-1+\cdots$이 되고 발산한다. 수렴구간은 $-1 < x < 1$. ■

예제 8.29 $\displaystyle\sum_{n=1}^{\infty} \frac{(-1)^{n-1} x^{n-1}}{n+1}$이 수렴하는 x의 범위를 구하여라.

풀이 $$\lim_{n\to\infty} \left|\frac{a_{n+1}}{a_n}\right| = \lim_{n\to\infty} |x| = |x| < 1$$

수렴반경은 1이다. $x=1$일 때, 수렴하는 $\frac{1}{2} - \frac{1}{3} + \frac{1}{4} \cdots$ 교대급수를 갖는다. $x=-1$이면 발산하는 급수 $\frac{1}{2} + \frac{1}{3} + \frac{1}{4} + \cdots$이다. 이 급수는 $-1 < x \leq 1$이면 수렴한다. ■

예제 8.30 모든 x에서 $\sum_{n=1}^{\infty} \frac{x^n}{n!}$은 수렴하는가?

풀이 $\lim_{n\to\infty} \left|\frac{a_{n+1}}{a_n}\right| = \lim_{n\to\infty} \frac{|x|}{n+1} = 0$

이것은 모든 x에서 1보다 작다. 급수는 $-\infty < x < \infty$일 때 수렴한다. ■

예제 8.31 $\sum_{n=1}^{\infty} n!x^n$이 수렴하는가?

풀이 $\sum_{n=1}^{\infty} n!x^n$은 $x=0$에서만 수렴한다. $\lim_{n\to\infty} \frac{a_{n+1}}{a_n} = \lim_{n\to\infty} (n+1)x = \infty$이므로 $x=0$일 때 수렴한다. ■

8.4 연습문제

1. 다음 멱급수의 수렴구간을 구하고, 멱급수가 나타내는 함수를 구하여라.

(1) $\sum_{k=0}^{\infty} (x+2)^k$

(2) $\sum_{k=0}^{\infty} (2x-1)^k$

(3) $\sum_{k=0}^{\infty} (-1)^k \left(\frac{x}{2}\right)^k$

2. 다음 멱급수의 수렴반경과 수렴구간을 구하여라.

(1) $\sum_{k=0}^{\infty} \frac{2^k}{k!}(x-2)^k$

(2) $\sum_{k=1}^{\infty} \frac{(-1)^k}{k3^k}(x-1)^k$

(3) $\sum_{k=1}^{\infty} \frac{1}{k}(x-1)^k$

(4) $\sum_{k=0}^{\infty} \frac{k!}{(2k)!}x^k$

3. 급수의 수렴구간을 구하여라.

(1) $\sum_{n=0}^{\infty} (-1)^n (4x+1)^n$

(2) $\sum_{n=1}^{\infty} \frac{x^n}{n\sqrt{n}\,3^n}$

(3) $\sum_{n=0}^{\infty} \frac{x^{2n+1}}{n!}$

(4) $\sum_{n=0}^{\infty} \frac{n(x+3)^n}{5^n}$

(5) $\sum_{n=1}^{\infty} \left(1+\frac{1}{n}\right)^n x^n$

(6) $\sum_{n=1}^{\infty} \frac{(-1)^{n+1}(x+2)^n}{n2^n}$

4. 급수의 수렴구간과 그 안에서 x의 함수로서 합을 구하여라.

(1) $\sum_{n=0}^{\infty} \frac{(x-1)^{2n}}{4^n}$

(2) $\sum_{n=0}^{\infty} \left(\frac{\sqrt{x}}{2}-1\right)^n$

(3) $\sum_{n=0}^{\infty} \left(\frac{x^2+1}{3}\right)^n$

8.5 테일러 급수

8.5.1 테일러 급수와 맥로린 급수

함수 $f(x)$가 $|x-a|<r$ 구간에서, 다음 형태의 멱급수로 표현될 수 있다면 $x=a$에 대한 $f(x)$의 테일러 전개식이라고 한다.

$$c_0 + c_1(x-a) + c_2(x-a)^2 + \cdots + c_n(x-a)^n + \cdots$$

여기서 계수들은 $c_n = \dfrac{f^{(n)}(a)}{n!}$이다.

다음 급수는

$$f(x) = f(a) + f'(a)(x-a) + \frac{f''(a)}{2!}(x-a)^2 + \cdots + \frac{f^{(n)}(a)}{n!}(x-a)^n + \cdots$$

$a=0$일 때 특별한 급수를 가진다.

$$f(x) = f(0) + f'(0)x + \frac{f''(0)}{2!}x^2 + \cdots + \frac{f^{(n)}(0)}{n!}x^n + \cdots$$

위 급수는 함수 f의 맥로린 급수이다. 이것은 $x=0$에 대한 f의 전개식(expansion)이다.

예제 8.32 $f(x)=e^x$의 맥로린 급수를 찾아라.

풀이 모든 n에서 $f'(x)=e^x,\ \cdots,\ f^{(n)}(x)=e^x, \cdots$ 이다.

$f'(0)=1,\ \cdots,\ f^{(n)}(0)=1,\ \cdots,$ 이며 계수 $c_n = \dfrac{1}{n!}$이 된다.

$$e^x = 1 + x + \frac{x^2}{2!} + \frac{x^3}{3!} + \cdots + \frac{x^n}{n!} + \cdots$$ ■

예제 8.33 $f(x)=\sin x$의 맥로린 급수를 찾아라.

풀이 $f(x)=\sin x \qquad f(0)=0$

$f'(x)=\cos x \qquad f'(0)=1$

$f''(x)=-\sin x \qquad f''(0)=0$

$$f'''(x) = -\cos x \qquad f^{(3)}(0) = -1$$

$$f^{(4)}(x) = \sin x \qquad f^{(4)}(0) = 0$$

$$\vdots \qquad \vdots$$

$$\sin x = x - \frac{x^3}{3!} + \frac{x^5}{5!} - \cdots + (-1)^{n-1}\frac{x^{2n-1}}{(2n-1)!} + \cdots$$ ■

예제 8.34 $f(x) = \dfrac{1}{1-x}$의 맥로린 급수를 찾아라.

풀이

$$f(x) = (1-x)^{-1} \qquad f(0) = 1$$

$$f'(x) = (1-x)^{-2} \qquad f'(0) = 1$$

$$f''(x) = 2(1-x)^{-3} \qquad f''(0) = 2$$

$$\cdots \qquad \cdots$$

$$f^{(n)}(x) = n!(1-x)^{-(n+1)} \qquad f^{(n)}(0) = n!$$

$$\frac{1}{1-x} = 1 + x + x^2 + x^3 + \cdots + x^n + \cdots$$ ■

예제 8.35 $x = 1$에 대한 함수 $f(x) = \ln x$의 테일러 급수를 찾아라.

풀이

$$f(x) = \ln x \qquad f(1) = \ln 1 = 0$$

$$f'(x) = \frac{1}{x} \qquad f'(1) = 1$$

$$f''(x) = -\frac{1}{x^2} \qquad f''(1) = -1$$

$$\cdots \qquad \cdots$$

$$f^{(n)}(x) = \frac{(-1)^{n-1}(n-1)!}{x^n} \qquad f^{(n)}(1) = (-1)^{n-1}(n-1)!$$

$$\ln x = (x-1) - \frac{(x-1)^2}{2} + \frac{(x-1)^3}{3} - \frac{(x-1)^4}{4} + \cdots + \frac{(-1)^{n-1}(x-1)^n}{n} + \cdots$$

■

다음은 앞으로의 참고를 위하여 앞 절에서 구한 몇 가지 중요한 맥로린 급수를 나열한 것이다.

표 8.1

함수	맥로린 급수	수렴구간
$\sin x$	$x-\frac{x^3}{3!}+\frac{x^5}{5!}-\cdots+\frac{(-1)^{n-1}x^{2n-1}}{(2n-1)!}+\cdots$	$-\infty < x < \infty$
$\cos x$	$1-\frac{x^2}{2!}+\frac{x^4}{4!}-\cdots+\frac{(-1)^{n-1}x^{2n-2}}{(2n-2)!}+\cdots$	$-\infty < x < \infty$
e^x	$1+x+\frac{x^2}{2!}+\frac{x^3}{3!}+\cdots+\frac{x^n}{n!}+\cdots$	$-\infty < x < \infty$
$\ln(1+x)$	$x-\frac{x^2}{2}+\frac{x^3}{3}-\cdots+\frac{(-1)^{n-1}x^n}{n}+\cdots$	$-1 < x \le 1$
$\tan^{-1}x$	$x-\frac{x^3}{3}+\frac{x^5}{5}-\cdots+\frac{(-1)^{n-1}x^{2n-1}}{2n-1}+\cdots$	$-1 \le x \le 1$

8.5.2 테일러와 맥로린 다항식

점 $x=a$의 함수 $f(x)$는 순서 n의 테일러 다항식 $P_n(x)$으로 접근될 수 있다.

$$f(x) \cong P_n(x) = f(a)+f'(a)(x-a)+\frac{f''(a)}{2!}(x-a)^2+\ \cdots\ +\frac{f^{(n)}(a)}{n!}(x-a)^n$$

$a=0$인 특정한 경우에는, x에 접근하는 n차 맥로린 다항식은

$$P_n(x) = f(0)+f'(0)x+\frac{f''(0)}{2!}x^2+\ \cdots\ +\frac{f^{(n)}(0)}{n!}x^n$$

이다.

예제 8.36 $f(x)=e^{-x}$가 0일 때의 4차 테일러 다항식을 찾아라.

풀이 처음 미분계수 4개는 $-e^{-x}$, e^{-x}, $-e^{-x}$, 그리고 e^{-x}이다. $a=0$에서, 이것들은 각각 −1, 1, −1, 1과 같다. 4차 접근 테일러 다항식은 다음과 같다.

$$e^{-x} \approx 1-x+\frac{1}{2!}x^2-\frac{1}{3!}x^3+\frac{1}{4!}x^4$$

$x=0.25$이면 이것을 가진다.

$$\begin{aligned} e^{-0.25} &\approx 1-0.25+\frac{1}{2!}(0.25)^2-\frac{1}{3!}(0.25)^3+\frac{1}{4!}(0.25)^4 \\ &\approx 0.7788 \end{aligned}$$

이 $e^{-0.25}$의 접근은 네 자리까지 맞다. ■

그림 8.1에서 $f(x)$와 테일러 다항식의 그래프를 보자.

$$P_0(x) = 1$$
$$P_1(x) = 1 - x$$
$$P_2(x) = 1 - x + \frac{x^2}{2!}$$
$$P_3(x) = 1 - x + \frac{x^2}{2!} - \frac{x^3}{3!}$$
$$P_4(x) = 1 - x + \frac{x^2}{2!} - \frac{x^3}{3!} + \frac{x^4}{4!}$$

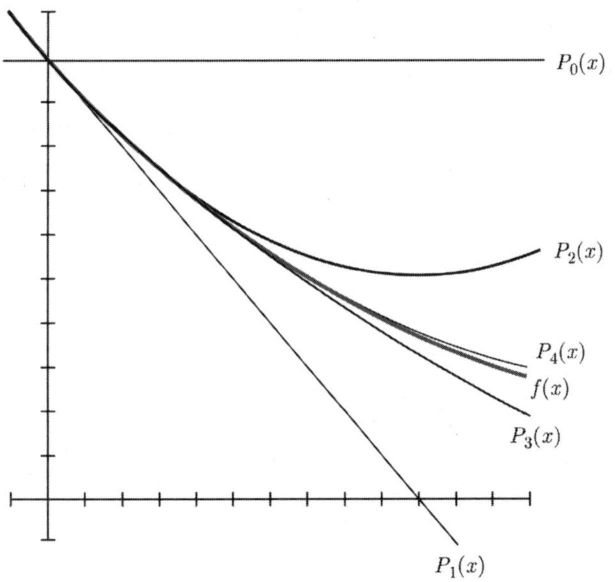

그림 8.1

예제 8.37 (1) $x = 0$일 때 $f(x) = \sin x$의 테일러 다항식 P_1, P_3, P_5, 그리고 P_7을 찾아라.

(2) $[-2\pi,\ 2\pi] \times [-2,\ 2]$에서 $f(x)$와 다항식 4개 모두를 그려라.

(3) 다항식 4개를 각각 사용하여 $\sin\frac{\pi}{3}$의 근사치를 구하여라.

풀이 (1) 0의 $\sin x$ 함수의 미분계수는 다음 표에 주어져 있다.

표 8.2

미분계수 순서	0	1	2	3	4	5	6	7
$\sin x$의 미분	$\sin x$	$\cos x$	$-\sin x$	$-\cos x$	$\sin x$	$\cos x$	$-\sin x$	$-\cos x$
$x=0$일 때	0	1	0	-1	0	1	0	-1

$$P_1(x)=x$$
$$P_3(x)=x-\frac{x^3}{3!}$$
$$P_5(x)=x-\frac{x^3}{3!}+\frac{x^5}{5!}$$
$$P_7(x)=x-\frac{x^3}{3!}+\frac{x^5}{5!}-\frac{x^7}{7!}$$

(2) 그림 8.2a는 $\sin x$와 다항식 4개의 그래프를 나타낸다. 그림 8.2b에서 $\sin x$와 $P_7(x)$의 그래프만 본다. 이것은 $P_7(x)$가 얼마나 가까이 sin 곡선을 따르는지 보여 준다.

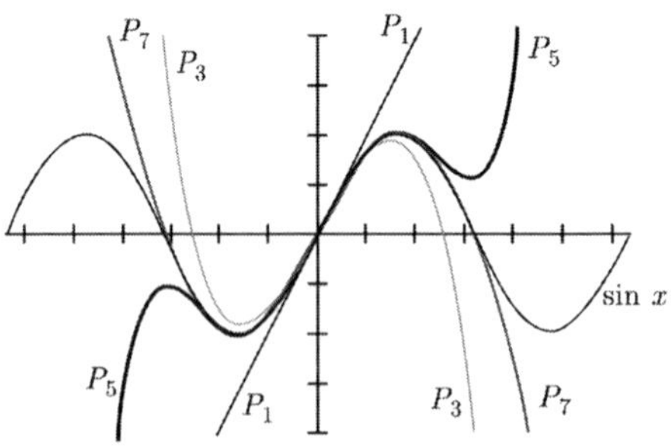

$[-2\pi, 2\pi]\times[-2, 2]$

그림 8.2a

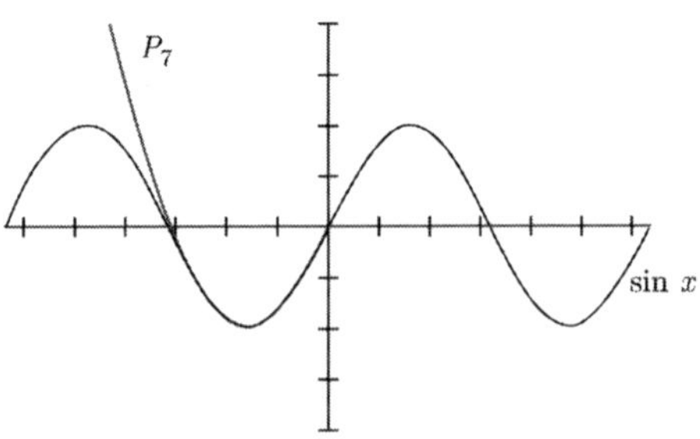

$[-2\pi, 2\pi]\times[-2, 2]$

그림 8.2b

(3) 소수점 이하 네 자리까지, $\sin\frac{\pi}{3}=0.8660$ 이므로 $\frac{\pi}{3}$에서 다항식들을 계산하면 다음과 같다.

$$P_1\left(\frac{\pi}{3}\right)=1.0471,\ P_3\left(\frac{\pi}{3}\right)=0.8558,\ P_5\left(\frac{\pi}{3}\right)=0.8663,\ P_7\left(\frac{\pi}{3}\right)=0.8660$$

P_7가 소수점 이하 네 자리까지 맞는다고 본다. ■

예제 9.38 (1) $x=1$에서 $f(x)=\ln x$로 생성되는 차수 0, 1, 2, 그리고 3의 다항식들을 구하여라.

(2) 똑같은 도표에 f와 다항식 4개를 그려라.

(3) P_2를 사용하여, $\ln 1.3$의 근사치를 구하고 오차를 찾아라.

풀이 (1) $x=1$에서 $\ln x$의 미분계수는 다음 표에 주어져 있다.

표 8.3

미분계수 순서	0	1	2	3
$\ln x$의 미분계수	$\ln x$	$\frac{1}{x}$	$-\frac{1}{x^2}$	$\frac{2}{x^3}$
x=1일 때 미분계수	0	1	−1	2

표로부터 이것들을 갖는다.

$$P_0(x)=0,\ P_1(x)=(x-1),$$

$$P_2(x)=(x-1)-\frac{(x-1)^2}{2},$$

$$P_3(x)=(x-1)-\frac{(x-1)^2}{2}+\frac{(x-1)^3}{3}$$

(2) 그림 8.3은 $\ln x$와 위 다항식 4개의 그래프를 나타낸다.

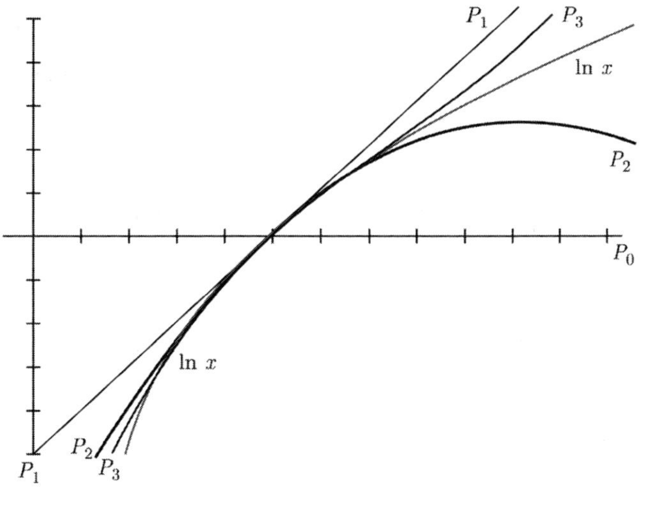

$[0, 2.5]\times[-1, 1]$

그림 8.3

(3) $\ln 1.3 \approx P_2(1.3) = (1.3-1) - \dfrac{(1.3-1)^2}{2} = 0.3 - 0.045 = 0.255.$

$x = 1.3$에 대해 테일러 급수가 교대급수이므로 오차는

$R_2(1.3) < \left|\dfrac{(1.3-1)^3}{3}\right| = 0.009$이다. ■

8.5.3 멱급수 계산

함수의 멱급수 전개식(expansion)은 수렴구간 안에 위치한 x값들의 함수로 간주한다. 그것들은 더해지거나, 빼지거나, 곱해지거나, 나눠지거나, 미분되거나, 또는 적분될 수 있다. 멱급수는 함수값들의 근사치를 구하고, 부정의 형태의 극한치의 값을 구하며 정적분을 어림하는 데 유용하다.

예제 8.39 $\dfrac{1}{\sqrt{e}}$를 소수점 이하 4자리까지 계산하라.

풀이 맥로린 급수를 쓸 수 있다.

$$e^x = 1 + x + \frac{x^2}{2!} + \frac{x^3}{3!} + \frac{x^4}{4!} + \cdots,$$

그리고 $x = -\dfrac{1}{2}$라고 하면 다음을 갖는다.

$$\begin{aligned} e^{-1/2} &= 1 - \frac{1}{2} + \frac{1}{4 \cdot 2} - \frac{1}{8 \cdot 3!} + \frac{1}{16 \cdot 4} - \frac{1}{32 \cdot 5!} + R_5 \\ &= 1 - 0.50000 + 0.12500 - 0.02083 + 0.00260 - 0.00026 + R_5 \\ &= 0.60651 + R_5 \end{aligned}$$

$R_5 < \dfrac{1}{64 \cdot 6!} < 0.00003$ 이므로 $\dfrac{1}{\sqrt{e}} = 0.6065$ 이다. ■

예제 8.40 $|x| < 0.02$이고 근사 공식이 다음과 같다면 오차를 어림하여라.

$$\sqrt{1+x} = 1 + \frac{x}{2}$$

풀이 $f(x)=\sqrt{1+x}$ 로 생성된 맥로린 급수의 처음 항들을 얻는다.

$$f(x)=\sqrt{1+x} \qquad f(0)=1$$

$$f'(x)=\frac{1}{2}(1+x)^{-\frac{1}{2}} \qquad f'(0)=\frac{1}{2}$$

$$f''(x)=-\frac{1}{4}(1+x)^{-\frac{3}{2}} \qquad f''(0)=-\frac{1}{4}$$

$$f'''(x)=\frac{3}{8}(1+x)^{-\frac{5}{2}} \qquad f'''(0)=\frac{3}{8}$$

그렇다면

$$\sqrt{1+x}=1+\frac{x}{2}-\frac{1}{4}\cdot\frac{x^2}{2}+\frac{3}{8}\cdot\frac{x^3}{6}\cdots$$

여기서 $|R_1|$은 $\left|\frac{f''(c)x^2}{2!}\right|$, $|c|<0.02$이므로 $0<c<0.02$이다.

$$|R_1|<\frac{(0.02)^2}{8(1+0.02)^{3/2}}<0.00005$$ ■

예제 8.41 $\lim_{x\to 0}\frac{\sin x}{x}$을 계산하기 위해 급수를 사용하여라.

풀이 $\sin x=x-\frac{x^3}{3!}+\frac{x^5}{5!}-\cdots$

$$\lim_{x\to 0}\frac{\sin x}{x}=\lim_{x\to 0}(1-\frac{x^2}{3!}+\frac{x^4}{5!}-\cdots)=1$$ ■

예제 8.42 $\lim_{x\to 0}\frac{\ln(x+1)}{3x}$을 계산하기 위해 급수를 사용하여라.

풀이 $$\lim_{x\to 0}\frac{x-\frac{x^2}{2}+\frac{x^3}{3}-\frac{x^4}{4}+\cdots}{3x}=\lim_{x\to 0}\frac{1}{3}-\frac{x}{6}+\frac{x^2}{9}-\cdots=\frac{1}{3}$$ ■

예제 8.43 $\lim_{x\to 0}\frac{e^{-x^2}-1}{x^2}$을 계산하기 위해 급수를 사용하여라.

풀이

$$\lim_{x\to 0}\frac{e^{-x^2}-1}{x^2}=\lim_{x\to 0}\frac{(1-x^2+\frac{x^4}{2!}-\frac{x^6}{3!}+\cdots)-1}{x^2}$$

$$=\lim_{x\to 0}(-1+\frac{x^2}{2!}-\frac{x^4}{3!}+\cdots)=-1$$

■

예제 8.44 $\int_0^{0.1}e^{-x^2}dx$를 소수점 이하 4자리까지 계산하기 위해 급수를 사용하여라.

풀이 $\int e^{-x^2}dx$에서 e^u의 급수를 쓸 수 있다. u를 $(-x^2)$로 대신하고 항들을 적분한다.

$$e^{-x^2}=1-x^2+\frac{x^4}{2!}-\frac{x^6}{3!}+\cdots$$

$$\int_0^{0.1}e^{-x^2}dx=x-\frac{x^3}{3}+\frac{x^5}{5\cdot 2!}-\frac{x^7}{7\cdot 3!}+\cdots\Big|_0^{0.1}$$

$$=0.1-\frac{0.001}{3}+\frac{0.00001}{10}-\frac{0.0000001}{42}+\cdots$$

$$=0.1-0.00033+0.000001+R_6$$

$$=0.09967+R_6$$

이것은 수렴하는 교대급수이므로, $|R_6|<\frac{10^{-7}}{42}$ 이것은 네 번째 소수점 이하 자리에 영향을 미치지 않는다.

$$\int_0^{0.1}e^{-x^2}dx=0.0997$$

■

8.5 연습문제

1. a에서 f의 3단계 테일러 다항식을 구하여라.

(1) $f(x)=\ln x, \quad a=1$

(2) $f(x)=1/x, \quad a=2$

(3) $f(x)=\sin x, \quad a=\pi/4$

2. 주어진 함수의 맥로린 급수를 구하여라.

(1) e^{-x}

(2) $\dfrac{1}{1+x}$

(3) $\sin 3x$

(4) $7\cos(-x)$

3. $x=a$일 때 f의 테일러 급수를 구하여라.

(1) $f(x)=x^3-2x+4, \quad a=2$

(2) $f(x)=x^4+x^2+1, \quad a=-2$

(3) $f(x)=1/x^2, \quad a=1$

(4) $f(x)=e^x, \quad a=2$

4. 치환을 이용하여 함수의 $x=0$에서 테일러 급수를 구하여라.

(1) e^{-5x}

(2) $\cos\sqrt{x+1}$

5. 곱을 이용하여 $x=0$에서 테일러 급수를 구하여라.

(1) xe^x

(2) $x\cos\pi x$

(3) $\dfrac{x^2}{1-2x}$

(4) $\dfrac{1}{(1-x)^2}$

6. 급수를 이용하여 오차가 10^{-3}보다 작도록 적분값을 계산하여라.

(1) $\displaystyle\int_0^{0.2} \sin x^2 dx$

(2) $\displaystyle\int_0^{0.2} \frac{e^{-x}-1}{x} dx$

(3) $\displaystyle\int_0^{0.1} \frac{\sin x}{x} dx$

(4) $\displaystyle\int_0^{1} \frac{1-\cos x}{x^2} dx$

7. 다음 부정형의 극한값을 구하여라.

(1) $\displaystyle\lim_{x\to 0} \frac{e^x-(1+x)}{x^2}$

(2) $\displaystyle\lim_{t\to 0} \frac{1-\cos t-(t^2/2)}{t^4}$

(3) $\displaystyle\lim_{y\to 0} \frac{y-\tan^{-1} y}{y^3}$

(4) $\displaystyle\lim_{x\to \infty} x^2 (e^{-1/x^2}-1)$

(5) $\displaystyle\lim_{x\to 0} \frac{\ln(1+x^2)}{1-\cos x}$

(6) $\displaystyle\lim_{x\to 2} \frac{x^2-4}{\ln(x-1)}$

8.6 이산확률분포

이 장에서는 이산변수의 확률분포를 주로 다룬다. 이들 확률분포에 대하여 확률질량함수를 정의하고 그 분포의 기댓값, 분산 등을 구하고 간단한 응용에 대하여 살펴보기로 한다.

8.6.1 기댓값

확률변수 X의 기댓값(평균값)은 다음과 같이 정의한다.

$$E[X] = \sum_i x_i p_i, \text{ 여기서 } p_i = P(X = x_i)$$

예제 8.45 X가 0과 1인 값을 취하는 확률변수이고 $P(x=0) = \frac{1}{3}$, $P(x=1) = \frac{2}{3}$이다. X의 기댓값을 구하여라.

풀이 $E[X] = 0\left(\frac{1}{3}\right) + 1\left(\frac{2}{3}\right) = \frac{2}{3}$ ■

예제 8.46 확률질량함수가 $P(X=x) = \begin{cases} \frac{1}{4}, & x = 1, 2, 3, 4 \\ 0, & \text{다른 곳에서} \end{cases}$ 로 주어지는 확률변수 X의 기댓값을 구하여라.

풀이
$$\begin{aligned} E[X] &= \sum_{x=1}^{4} xP(X=x) \\ &= 1 \cdot P(X=1) + 2 \cdot P(X=2) + 3 \cdot P(X=3) + 4 \cdot P(X=4) \\ &= \frac{1+2+3+4}{6} = \frac{10}{4} = 2.5 \end{aligned}$$

이다. ■

예제 8.47 이산확률변수 X의 확률질량함수 $f(x) = \left(\frac{1}{3}\right)^x$ $(x = 1, 2, \cdots)$일 때, X의 평균 $E(X)$를 구하여라.

풀이 $E(X) = \sum_{x=1}^{\infty} x\left(\frac{1}{3}\right)^x = \frac{1}{3} + 2\left(\frac{1}{9}\right) + 3\left(\frac{1}{27}\right) + \cdots = s$

$s - \frac{1}{3}s = \frac{1}{3} + \frac{1}{9} + \frac{1}{27} + \cdots = \frac{1}{2}$, $\quad s = E(X) = \frac{3}{4}$ ■

예제 8.48 이항분포 $B(n, p)$, $P(X=x)=\binom{n}{x}p^x(1-p)^{n-x}$를 따르는 확률변수 X의 기댓값 $E(X)$를 구하여라.

풀이
$$E(X)=\sum_{k=0}^{n}kP(X=k)=\sum_{k=0}^{n}k\binom{n}{k}p^k(1-p)^{n-k}$$
$$=np\sum_{k=1}^{n}\binom{n-1}{k-1}p^{k-1}(1-p)^{n-k}=np\sum_{j=0}^{n-1}\binom{n-1}{j}p^j(1-p)^{n-1-j}$$
$$=np\{p+(1-p)\}^{n-1}=np$$ ■

예제 8.49 포아송 분포 $P(X=x)=\dfrac{e^{-\lambda}\lambda^x}{x!}$를 따르는 확률변수 X의 기댓값을 구하여라.

풀이
$$E(X)=\sum_{x=0}^{\infty}xe^{-\lambda}\frac{\lambda^x}{x!}=\lambda e^{-\lambda}\sum_{x=1}^{\infty}\frac{\lambda^{x-1}}{(x-1)!}=\lambda$$
$\displaystyle\sum_{x=1}^{\infty}\frac{\lambda^{x-1}}{(x-1)!}=\sum_{k=0}^{\infty}\frac{\lambda^k}{k!}=e^{\lambda}$을 이용했다. ■

예제 8.50 기하분포를 따르는 확률변수 X가 $P\{X=n\}=p(1-p)^{n-1}\quad n\ge 1$에 따를 때, 기댓값을 구하여라.

풀이
$$E(X)=\sum_{n=1}^{\infty}np(1-p)^{n-1}=p\sum_{n=1}^{\infty}nq^{n-1}\qquad(q=1-p)$$
따라서
$$E[X]=p\sum_{n=1}^{\infty}\frac{d}{dq}(q^n)=p\frac{d}{dq}\left(\sum_{n=1}^{\infty}q^n\right)$$
$$=p\frac{d}{dq}\left(\frac{q}{1-q}\right)=\frac{p}{(1-q)^2}$$
$$=\frac{1}{p}$$ ■

8.6.2 분산

이산확률변수 X가 평균이 μ일 때, X의 분산(Variance) $Var(X)$는

$$Var(X)=E[(X-\mu)^2]=\sum_{x}(x-\mu)^2P(X=x)$$

로 정의한다. 7.4.3절에서 보였듯이 $Var(X)=E(X^2)-(E(X))^2$이다.

예제 8.51 확률변수 X가 모수 n과 p를 가지는 이항분포 $B(n,\ p)$에 따를 때, X의 분산을 구하여라.

풀이 $E[X^2] = \sum_{k=0}^{n} k^2 \binom{n}{k} p^k (1-p)^{n-k}$

$X^2 = X(X-1) + X$임을 이용하여 $E(X^2)$을

$$E(X^2) = E[X(X-1) + X] = E[X(X-1)] + E(X)$$

$$\begin{aligned} E[X(X-1)] &= \sum_{k=0}^{n} k(k-1)P\{X=k\} = \sum_{k=0}^{n} k(k-1)\binom{n}{k} p^k (1-p)^{n-k} \\ &= n(n-1)p^2 \sum_{k=2}^{n} \binom{n-2}{k-2} p^{k-2}(1-p)^{n-k} \\ &= n(n-1)p^2 \sum_{j=0}^{n-2} \binom{n-2}{j} p^j (1-p)^{n-2-j} \\ &= n(n-1)p^2 \{p + (1-p)\}^{n-2} = n(n-1)p^2 \end{aligned}$$

평균 $E(X) = np$이므로 $Var(X) = n(n-1)p^2 + np - n^2p^2 = np(1-p)$ ■

예제 8.52 포아송 분포 $P(X=x) = \dfrac{e^{-\lambda}\lambda^x}{x!}$의 분포 $Var(X)$를 구하여라.

$$\begin{aligned} E[X^2] &= \sum_{x=0}^{\infty} x^2 e^{-\lambda} \frac{\lambda^x}{x!} = e^{-\lambda} \left\{ \sum_{x=1}^{\infty} x(x-1)\frac{\lambda^x}{x!} + \sum_{x=1}^{\infty} x \cdot \frac{\lambda^x}{x!} \right\} \\ &= e^{-\lambda} \left\{ \lambda^2 \sum_{x=2}^{\infty} \frac{\lambda^{x-2}}{(x-2)!} + \lambda \sum_{x=1}^{\infty} \frac{\lambda^{x-1}}{(x-1)!} \right\} = \lambda^2 + \lambda \end{aligned}$$

$E[X] = \lambda$이므로 $Var(X) = E[X^2] - (E[X])^2 = \lambda^2 + \lambda - \lambda^2 = \lambda$ ■

8.6.3 적률생성함수

이산확률변수 X의 적률생성함수(moment generating function) $M_X(t)$는 다음과 같이 정의한다.

$$M_X(t) = E(e^{tX}) = \sum_i e^{tx_i} p_i, \text{ 여기서 } p_i = P(X = x_i)$$

7.4.4절에서 언급했듯이 적률생성함수의 성질을 이용하면, 기댓값 $E(X)$ 및 분산 $Var(X)$은 다음 식으로 구해진다.

$$E(X) = M_X{}'(0)$$
$$Var(X) = M_X{}''(0) - (M_X{}'(0))^2$$

예제 8.53 예제 8.51의 이항분포의 적률생성함수를 구하고 기댓값과 분산을 구하여라.

풀이 $M_X(t) = \sum e^{tx}\binom{n}{x}p^x(1-p)^{n-x} = \{pe^t + (1-p)\}^n$

$M_X{}'(t) = n(pe^t + 1 - p)^{n-1}pe^t, \qquad E(X) = M_X{}'(0) = np$

$M_X{}''(0) = n(n-1)p^2 + np, \quad Var(X) = M_X{}''(0) - (np)^2 = np(1-p)$ ■

예제 8.54 주사위를 던져서 나오는 눈의 수를 X라 할 때, X의 기댓값과 분산을 구하여라.

풀이 $E(X) = \frac{1}{6}(1+2+3+4+5+6) = \frac{7}{2}$

$E(X^2) = \frac{1}{6}(1^2+2^2+3^2+4^2+5^2+6^2) = \frac{91}{6}$

$Var(X) = \frac{91}{6} - \left(\frac{7}{2}\right)^2 = \frac{35}{12}$ ■

예제 8.55 동전을 4회 던질 때, 표면이 나오는 횟수를 X라 할 때

(1) $E[X]$를 구하여라. (2) $E[(X-E(X))^2]$를 구하여라.

풀이 (1) $E[X] = \sum_{x=0}^{4} x\binom{4}{x}\left(\frac{1}{2}\right)^4 = 2$

(2) $E[(X-E(X))^2] = (0-2)^2\left(\frac{1}{16}\right) + (1-2)^2\left(\frac{4}{16}\right) + (2-2)\left(\frac{6}{16}\right)$

$+ (3-2)^2\left(\frac{4}{16}\right) + (4-2)^2\left(\frac{1}{16}\right) = 1$ ■

예제 8.56 X는 $E[(X-2)^2] = 10, E[(X-3)^2] = 12$인 확률변수이다. $Var(X)$를 구하여라.

풀이 $E(X^2 - 4X + 4) = 10,\ E(X^2 - 6X + 9) = 12$

$E(X^2) - 4E(X) = 6,\ E(X^2) - 6E(X) = 3$

에서

$E(X) = \frac{3}{2},\ E(X^2) = 12,\ Var(X) = E(X^2) - (E(X))^2 = 12 - \left(\frac{3}{2}\right)^2 = \frac{39}{4}$ ■

8.6 연습문제

1. X의 확률질량함수가

$$P(X=x)=\frac{2}{5^{x+1}} \quad (x=0,\ 1,\ 2,\ \cdots)$$

일 때, 적률생성함수를 구하고, 이것을 써서 평균과 분산을 구하여라.

2. 확률생성함수(probability generating function)

$$P(s)=\sum_{x=0}^{\infty} s^x f(x)$$

를 구하여라. 이 함수 $P(s)$는 다음과 같이 정의한다.
다음 함수 $f(x)$에 대해 $P(s)$를 구하여라.

(1) $f(x)=e^{-\lambda}\dfrac{\lambda^x}{x!}, \qquad x=0,\ 1,\ 2,\ \cdots$

(2) $f(x)=pq^x,\ x=0,\ 1,\ 2,\ \cdots,\ p+q=1,\ 0<p<1$

(3) $f(x)=\dbinom{n}{x}p^x(1-p)^{n-x},\ x=0,\ 1,\ 2,\ \cdots,\ n,\ 0\le p\le 1,$

$\dbinom{n}{x}=\dfrac{n!}{x!(n-x)!}$

3. 문제 2에서 주어진 확률생성함수 $P(s)$에 대하여 $P'(s)$, $P''(s)$와

$$P'(1),\ P''(1),\ P''(1)-[P''(1)]^2+P'(1)$$

을 구하여라.

4. 확률밀도함수

$$f(x)=\frac{\lambda^x}{x!}e^{-\lambda},\ x=0,\ 1,\ 2,\ \cdots,\ \lambda>0$$

에 대하여 $M_X(t)=\displaystyle\sum_{x=0}^{\infty}e^{xt}f(x)$라 할 때,

(1) 적률생성함수 $M_X(t)$를 구하여라.

(2) $M_X(t)$를 이용하여 $E(X)$와 $Var(X)$를 구하여라.

5. 확률질량함수

$$f(x) = pq^x, \ x = 0, 1, 2, \cdots, \ 0 < p < 1, \ p + q = 1$$

에 대하여

(1) 적률생성함수 $M_X(t)$를 구하여라.

(2) $M_X(t)$를 이용하여 $E(X)$와 $Var(X)$를 구하여라.

Chapter

09

편미분과 결합확률분포

지금까지 우리는 독립변수가 한 개인 함수에 대해서만 그들의 도함수와 적분을 구하는 방법과 이의 응용을 알아보았다. 이 장과 다음 장에서는 독립변수가 2개 이상인 함수, 즉 다변수함수를 대상으로 하여 이들의 도함수 및 결합확률분포와 그의 응용을 알아보기로 한다.

9.1 다변수함수

9.1.1 2변수함수

주어진 지표면 위의 한 점에서의 온도 C는 그 점의 경도 x와 위도 y에 의존한다. C는 두 변수 x와 y의 함수 또는 (x, y)의 함수로 생각할 수 있다. 이러한 함수관계를 $C=f(x, y)$로 나타낸다. 원뿔의 부피 V는 반지름 r과 높이 h에 의해 결정된다. 이미 $V=\frac{1}{3}\pi r^2 h$ 이므로 V는 r과 h의 함수라고 말하고, $f(r, h)=\frac{1}{3}\pi r^2 h$라고 쓴다. 2변수함수 f는 집합 $D\subset R^2$안의 각 실수 순서쌍 (x, y)에 대해 $f(x, y)$로 표시되는 유일한 실숫값을 대응시켜주는 규칙이다. 이때 집합 D를 f의 정의역이라 하고, f의 치역은 f가 취하는 값들의 집합, 즉 $\{f(x,y)\,|\,(x,y)\in D\}$이다. 임의의 점 (x, y)에서 f에 의하여 취해지는 값을 양함수로 표시하기 위하여 $z=f(x,y)$로 흔히 쓴다. 변수 x와 y는 독립변수이고, z는 종속변수이다.

예제 9.1 주어진 함수에 대하여 $f(3,2)$의 값과 정의역을 구하여라.

(1) $f(x,y)=\dfrac{\sqrt{x+y+1}}{x-1}$

(2) $f(x,y)=x\ln(y^2-x)$

풀이 (1) $f(3,2)=\dfrac{\sqrt{3+2+1}}{3-1}=\dfrac{\sqrt{6}}{2}$, 정의역$\{(x, y)|x+y+1\geq 0, x\neq 1\}$

(2) $f(3,2)=3\ln(2^2-3)=3\ln 1=0$, 정의역 $\{(x, y)|y^2-x>0\}$ ■

예제 9.2 다음 함수의 정의역을 구하여라.

(1) $f(x,y)=\sqrt{16-x^2-y^2}$

(2) $f(x,y)=\dfrac{\cos(x+y)}{xy}$

풀이 (1) $\{(x,y)|16-x^2-y^2\geq 0\}$

(2) $\{(x,y)|x\neq 0\ \ y\neq 0\}$ ■

9.1.2 3변수 또는 그보다 많은 변수들의 함수

3변수함수 f는 정의역 $D\subset R^3$ 안의 각 실수 순서조 (x, y, z)에 대해 $f(x, y, z)$로 표시되는 유일한 실숫값을 대응시켜 주는 대응규칙이다. 예를 들면, 지구 표면 위의 한 점에서의 온도 C는 그 점의 경도 x와 위도 y뿐만 아니라 시간 t에도 의존한다. 그러므로 이것은 $C=f(x,\ y,\ t)$로 쓸 수 있다.

예제 9.3 $f(x,y,z)=\ln(z-y)+zy\ln z$의 정의역을 구하여라.

풀이 $f(x,\ y,\ z)$에 대한 식은 $z-y>0,\ \ z>0$에서만 정의된다. 그러므로 f의 정의역은

$D=\{(x,y,z)|z>y,\ z>0\}$ ■

예제 9.4 다음 함수의 정의역을 구하고 기술하여라.

(1) $f(x,y,z)=\dfrac{\cos(x+z)}{xy}$ (2) $g(x,y,z)=\sqrt{9-x^2-y^2-z^2}$

풀이 (1) $f(x,y,z)=\dfrac{\cos(x+z)}{xy}$에 대하여 분모가 0이면 $x=0$ 또는 $y=0$이다. 따라서 정의역은 $\{(x,\ y,\ z)|x\neq 0, y\neq 0\}$으로 yz평면과 xz평면을 제외한 삼차원공간 전체이다.

(2) $g(x,y,z)=\sqrt{9-x^2-y^2-z^2}$이 정의되기 위해 $9-x^2-y^2-z^2\geq 0$, 즉 $x^2+y^2+z^2\leq 9$. 따라서 g의 정의역은 중심이 원점에 있고 반지름이 3인 구와 그 내부이다. ■

여러 가지 응용에서, 우리가 관심을 갖는 함수 중에는 수식으로 표현할 수 없는 함수도 있다. 다음 예에서 보는 바와 같이 비교적 적은 개수의 점에서의 함수값만을 알고 있는 경우도 있다.

예제 9.5 다음 표는 초기속도 $x$ft/s, 역회전율 $y$rpm으로 친 야구공이 수평으로 날아간 거리를 컴퓨터 시뮬레이션으로 제공한 데이터 정보이다. 수평선과 30도의 각도로 공을 친다고 가정하자.

표 9.1

x \ y	0	1000	2000	3000	4000
150	294	312	333	350	367
160	314	334	354	373	391
170	335	356	375	395	414
180	355	376	397	417	436

수평으로 날아간 거리를 함수 $f(x,\ y)$로 생각하고, $f(180,0)$, $f(160,0)$, $f(160,4000)$, $f(160,2000)$을 구하여라.

풀이 주어진 x의 값을 갖는 행과 y의 값을 갖는 열이 교차하는 곳이 함수의 값이다. 따라서 $f(180,0)=355$, $f(160,0)=314$, $f(160,4000)=391$, $f(160,2000)=354$이다. ■

변수의 개수가 임의인 함수도 가능하다. n변수 함수는 n개의 실수의 순서쌍 $(x_1, x_2, x_3, \dots, x_n)$에 오직 하나의 실수 $z=f(x_1, x_2, x_3, \dots, x_n)$을 대응시키는 규칙이다. 그런 n개 순서쌍들의 집합을 R^n으로 표시한다. 예를 들어, 어떤 회사가 제품을 만드는 데 n개의 서로 다른 재료를 쓴다고 하자. p_i를 i번째 재료의 가격, x_i를 i번째 재료의 단위 개수라고 하면, 재료를 구입할 때 들어가는 총비용 p는 n변수 함수 $p=f(x_1, x_2, x_3, \dots, x_n)=p_1x_1+p_2x_2+p_3x_3+\cdots+p_nx_n$이다.

9.1.3 결합확률질량함수와 주변확률질량함수

X, Y가 이산확률변수이면, X, Y의 결합확률질량함수는

$$f(x,y)=P(X=x,\ Y=y)\ (x,\ y\text{는 실수})$$

로 정의된다.

X의 확률함수

$$f_X(x)=P(X=x)=\sum_y f(x,y)$$

로 주어진다. 이와 마찬가지로

$$f_Y(y)=P(Y=y)=\sum_x f(x,y)$$

이와 같이 구해진 $f_X(x), f_Y(y)$를 각각 $f(x,y)$에서 정해지는 X, Y의 주변확률질량함수라 한다.

$$\lim_{y\to\infty} F(x,y)=F(x,\infty)=P(X\le x)$$

는 확률변수 X의 분포함수이다.

$$\lim_{x\to\infty} F(x,y)=F(\infty,y)=P(Y\le y)$$

는 확률변수 Y의 분포함수이다.

예제 9.6 각 X, Y의 주변분포함수라 하고, $F_X(x), F_Y(y)$로 나타낸다.

주사위 1개와 동전 1개를 독립적으로 던지는 실험을 한다. 이때 확률변수 X, Y를 각각 다음과 같이 정의할 때,

$X=$ 표면에 나타난 주사위의 눈 x이라 하고, $Y = \begin{cases} 1, \text{ 동전의 표면이 그림} \\ 0, \text{ 동전의 표면이 숫자} \end{cases}$라 하자. 주어진 확률변수에 X, Y에 대하여

(1) 결합확률질량함수를 구하여라.

(2) 주변확률질량함수를 구하여라.

(3) 주변분포함수를 구하여라.

(4) $F(3,1)$을 구하여라.

(5) $P(X \le 2,\ Y \le 0.5)$

풀이 (1) 표본공간은 $S=\{(1,0),\ldots,(6,1)\}$이므로 결합확률질량함수는 다음 표와 같다.

y \ x	1	2	3	4	5	6	f_Y
0	$\frac{1}{12}$	$\frac{1}{12}$	$\frac{1}{12}$	$\frac{1}{12}$	$\frac{1}{12}$	$\frac{1}{12}$	$\frac{1}{2}$
1	$\frac{1}{12}$	$\frac{1}{12}$	$\frac{1}{12}$	$\frac{1}{12}$	$\frac{1}{12}$	$\frac{1}{12}$	$\frac{1}{2}$
f_X	$\frac{1}{6}$	$\frac{1}{6}$	$\frac{1}{6}$	$\frac{1}{6}$	$\frac{1}{6}$	$\frac{1}{6}$	1

(2) 위의 표로부터 X, Y의 주변확률함수는 각각

$$f_X(x) = \frac{1}{6}, x = 1,2,\ldots,6$$
$$f_Y(y) = \frac{1}{2}, y = 1,2$$

이다.

(3) (2)로부터 주변분포함수를 각각 구하면 다음과 같다.

$$F_X(x) = \begin{cases} \frac{1}{6}, & 1 \le x < 2 \\ \frac{2}{6}, & 2 \le x < 3 \\ \cdots & \cdots \\ 1, & x \ge 6 \\ 0, & \text{기타} \end{cases} \qquad F_Y(y) = \begin{cases} \frac{1}{2}, & 0 \le y < 1 \\ 1, & y \ge 1 \\ 0, & \text{기타} \end{cases}$$

(4) $F(3,1) = P[X \le 3,\ Y \le 1]$

$$= P[\{(0,1), (1,1), (2,0), (2,1), (3,0), (3,1)\}]$$

$$= \frac{1}{2}$$

(5) $P(X \le 2,\ Y \le 0.5) = P[(1,0),(2,0)] = \dfrac{2}{12} = \dfrac{1}{6}$ ■

예제 9.7 확률변수 X와 Y가 다음과 같은 결합확률질량함수를 갖는다고 한다.

$$f(x, y) = \begin{cases} \dfrac{2x+y}{12}, & (x, y) = (0,1), (0,2), (1,2), (1,3) \\ 0, & \text{기타} \end{cases}$$

(1) 이산확률변수 X와 Y의 주변확률질량함수를 구하여라.

(2) $P(X=1,\ Y=2)$와 $P(X \le 1,\ Y < 3)$을 구하여라.

풀이 (1)

y \ x	0	1	f_Y
1	$\frac{1}{12}$	0	$\frac{1}{12}$
2	$\frac{2}{12}$	$\frac{4}{12}$	$\frac{6}{12}$
3	0	$\frac{5}{12}$	$\frac{5}{12}$
f_X	$\frac{3}{12}$	$\frac{9}{12}$	1

$$f_X(x) = \begin{cases} \dfrac{3}{12}, & x = 0 \\ \dfrac{9}{12}, & x = 1 \end{cases} \qquad f_Y(y) = \begin{cases} \dfrac{1}{12}, & y = 1 \\ \dfrac{6}{12}, & y = 2 \\ \dfrac{5}{12}, & y = 3 \end{cases}$$

(2) $P(X=1,\ Y=2) = \dfrac{4}{12} = \dfrac{1}{3}$

$P(X \le 1,\ Y < 3) = P(0,1) + P(0,2) + P(1,1) + P(1,2) = \dfrac{7}{12}$ ■

9.1 연습문제

1. $f(x,y) = \ln(x+y-1)$이라고 하자.

(1) $f(1,1)$일 때를 구하여라.

(2) $f(e,1)$일 때를 구하여라.

(3) f의 정의역을 구하여라.

(4) f의 치역을 구하여라.

2. $f(x,y) = x^2 e^{3xy}$라고 하자.

(1) $f(2,0)$일 때를 구하여라.

(2) f의 정의역을 구하여라.

(3) f의 치역을 구하여라.

3. 다음 함수의 정의역과 치역을 구하여라.

$$f(x,y) = \sqrt{1+x-y^2}$$

4. $f(x,y,z) = e^{\sqrt{z-x^2-y^2}}$라고 하자.

(1) $f(2,-1,6)$일 때를 구하여라.

(2) f의 정의역을 구하여라.

(3) f의 치역을 구하여라.

5. $g(x,y,z) = \ln(25-x^2-y^2-z^2)$

(1) $g(2,-2,4)$일 때를 구하여라.

(2) g의 정의역을 구하여라.

(3) g의 치역을 구하여라.

6. 다음 함수들의 정의역을 구하여라.

(1) $f(x,y) = \sqrt{x+y}$

(2) $f(x,y) = \ln(9-x^2-9y^2)$

(3) $f(x,y) = \sqrt{1-x^2} - \sqrt{1-y^2}$

(4) $f(x,y) = \dfrac{\sqrt{y-x^2}}{1-x^2}$

(5) $f(x,y,z) = \sqrt{1-x^2-y^2-z^2}$

7. 다음 함수의 정의역을 기술하여라.

(1) $f(x,y) = \dfrac{1}{x+y}$

(2) $f(x,y) = \ln(2+x+y)$

8. 다음 함수의 치역을 기술하여라.

(1) $f(x,y) = \sqrt{2+x-y}$ (2) $f(x,y) = \cos(x^2+y^2)$

(3) $f(x,y) = x^2+y^2-1$

9. 다음에 제시된 함수값을 계산하여라.

$$f(x,y) = x^2 + y : f(1,2), f(0,3)$$

10. 공정한 주사위와 동전을 독립적으로 던지는 통계적 실험을 한다. 이때, X는 동전의 윗면이 그림이면 '1', 숫자이면 '0'인 값을 가지며, Y는 주사위의 눈의 수를 나타낸다고 하자.

(1) 결합확률질량함수 $f(x, y)$를 구하여라.

(2) 결합분포함수 $F(x, y)$를 구하여라.

11. X, Y의 결합질량함수가 다음과 같을 때,

$$f(x, y) = \frac{x+y}{110},\ x = 1, 2, 3, 4,\ y = 1, 2, 3, 4, 5$$

(1) X, Y의 주변질량함수를 구하여라.

(2) $E(X), E(Y)$를 구하여라.

(3) $P(X < Y)$

(4) $P(Y = 2X)$

(5) $P(X + Y = 5)$

(6) $P(3 \le X + Y \le 5)$

9.2 극한과 연속

9.2.1 극한

일반적으로, $(x,\ y)$가 정의역 안에 있는 임의의 경로를 따라 (a, b)에 가까이 갈 때, $f(x, y)$가 L에 가까이 가면,

$$\lim_{(x,y)\to(a,b)} f(x, y) = L$$

이라 쓴다. 점$(x,\ y)$를 점 (a, b)와 같게 하지는 않고 충분히 가깝게만 함으로써 $f(x,\ y)$를 L에 가깝게 할 수 있는 것이다. 보다 정확한 정의는 다음과 같다.

$$\lim_{\substack{x\to a\\ y\to b}} f(x, y) = L \text{은 } (x, y)\to(a, b) \text{일 때 } f(x, y)\to L$$

과 같다.

예제 9.8 $\displaystyle\lim_{(x,y)\to(0,0)} \frac{x^2-y^2}{x^2+y^2}$이 존재하지 않음을 보여라.

풀이 x축을 따라 $(0, 0)$에 접근하여 보자. $y=0$이므로 $x \neq 0$인 모든 x에서 $f(x, 0) = x^2/x^2 = 1$이다. 따라서 $(x,y)\to(0,0)$이면 $f(x,y)\to 1$이다. 다음 $x=0$으로 놓고 y축을 따라 접근하여 보자. $y\neq 0$인 모든 y에 대해서 $f(0, y) = -y^2/y^2 = -1$이다. $(x,y)\to(0,0)$이면 $f(x,y)\to -1$. 따라서 존재하지 않는다. ■

예제 9.9 $f(x, y) = \dfrac{xy}{x^2+y^2}$일 때 $\displaystyle\lim_{(x,y)\to(0,0)} f(x, y)$는 존재하는가?

풀이 $y=0$이면 $f(x,0) = 0/x^2 = 0$이다. 따라서 $f(x, y)\to 0$. $x=0$이면 $f(0,y) = 0/y^2 = 0$이다. 따라서 $f(x, y)\to 0$. 직선 $y=x$를 따라 $(0,0)$으로 접근해 보자. 그러면 $f(x, y)\to\dfrac{1}{2}$. 따라서 존재하지 않는다. ■

예제 9.10 $\displaystyle\lim_{(x,y)\to(3,4)} \left[e^{xy}\sin\frac{\pi y}{8} + x^2 y \ln\sqrt{y-x}\right]$를 구하여라.

풀이 $\lim_{(x,y)\to(3,4)}\left[e^{xy}\sin\frac{\pi y}{8}+x^2y\ln\sqrt{y-x}\right]$

$$= \lim_{(x,y)\to(3,4)} e^{xy}\sin\frac{\pi y}{8} + \lim_{(x,y)\to(3,4)} x^2y\ln\sqrt{y-x}$$

$$= \left(\lim_{(x,y)\to(3,4)} e^{xy}\right)\left(\lim_{(x,y)\to(3,4)} \sin\frac{\pi y}{8}\right) + \left(\lim_{(x,y)\to(3,4)} x^2y\right)\left(\lim_{(x,y)\to(3,4)} \ln\sqrt{y-x}\right)$$

$$= (e^{12})(1) + (36)(\ln 1) = e^{12}$$

■

9.2.2 연속

1변수 연속함수들의 극한 계산은 쉽다는 것을 상기하자. 그 극한값 계산은 직접 값을 대입함으로써 얻을 수 있다. 연속함수를 정의하는 성질은 $\lim_{x\to a} f(x) = f(a)$이기 때문이다. 2변수함수의 연속성도 역시 직접 값을 대입하는 특징으로서 정의될 수 있다.

정의 9.1 2변수함수 f에 대하여 만일 $\lim_{(x,y)\to(a,b)} f(x,y) = f(a,b)$가 성립하면 f는 (a, b)에서 연속이라고 한다. 모든 점 (a, b)에서 f가 연속이면, f는 연속이라고 한다.

예제 9.11 $\lim_{(x,y)\to(1,2)} (x^2y^3 - x^3y^2 + 3x + 2y)$를 계산하여라.

풀이 $\lim_{(x,y)\to(1,2)} (x^2y^3 - x^3y^2 + 3x + 2y) = 1^2 \cdot 2^3 - 1^3 \cdot 2^2 + 3 \cdot 1 + 2 \cdot 2 = 11$ ■

예제 9.12 함수 $f(x, y) = \dfrac{x^2 - y^2}{x^2 + y^2}$는 어디에서 연속인가?

풀이 함수 f는 $(0, 0)$에서 불연속이다. 왜냐하면 그 점에서 정의되지 않기 때문이다. f는 유리함수이므로, 정의역 $D = \{(x,y) \mid (x,y) \neq (0,0)\}$에서 연속이다. ■

예제 9.13 다음 함수는 점 $(0, 0)$에서 연속인가?

$$g(x, y) = \begin{cases} \dfrac{x^2 - y^2}{x^2 + y^2}, & (x,y) \neq (0,0) \\ 0, & (x,y) = (0,0) \end{cases}$$

풀이 g가 $(0, 0)$에서 정의되었지만 $\lim_{(x,y)\to(0,0)} g(x,y)$가 존재하지 않으므로 여전히 불연속이다.

■

예제 9.14 다음 함수는 연속함수인가?

$$f(x, y) = \begin{cases} \dfrac{3x^2y}{x^2+y^2}, & (x,y) \neq (0,0) \\ 0, & (x,y) = (0,0) \end{cases}$$

풀이 $(x,y) \neq (0,0)$일 때 f가 연속일 것을 알고 있다. 이것은 유리함수이기 때문이다. 또한 $\lim_{(x,y)\to(0,0)} \dfrac{3x^2y}{x^2+y^2} = 0 = f(0,0)$이다. 그러므로 f는 $(0,0)$에서 연속이고, 따라서 R^2 위에서 연속이다. ■

9.2 연습문제

1. 극한을 구하여라.

(1) $\displaystyle\lim_{(x,y)\to(5,-2)}(x^5+4x^3y-5xy^2)$

(2) $\displaystyle\lim_{(x,y)\to(2,1)}\frac{4-xy}{x^2+3y^2}$

(3) $\displaystyle\lim_{(x,y)\to(0,0)}\frac{y^4}{x^4+3y^4}$

(4) $\displaystyle\lim_{(x,y)\to(0,0)}\frac{xy\cos y}{3x^2+y^2}$

(5) $\displaystyle\lim_{(x,y)\to(0,0)}\frac{xy}{\sqrt{x^2+y^2}}$

(6) $\displaystyle\lim_{(x,y)\to(0,0)}\frac{x^2ye^y}{x^4+4y^2}$

(7) $\displaystyle\lim_{(x,y)\to(0,0)}\frac{x^2+y^2}{\sqrt{x^2+y^2+1}-1}$

(8) $\displaystyle\lim_{(x,y,z)\to(3,0,1)}e^{-xy}\sin(\pi z/2)$

(9) $\displaystyle\lim_{(x,y,z)\to(0,0,0)}\frac{xy+yz^2+xz^2}{x^2+y^2+z^4}$

(10) $\displaystyle\lim_{(x,y,z)\to(0,0,0)}\frac{2x^2+3xy+4y^2}{3x^2+5y^2}$

2. 연속인 집합을 구하여라.

(1) $f(x,y)=\dfrac{1}{x^2-y}$`

(2) $f(x,y)=\arctan(x+\sqrt{y})$

(3) $g(x,y)=\ln(x^2+y^2-4)$

(4) $f(x,y,z)=\dfrac{\sqrt{y}}{x^2-y^2+z^2}$

(5) $f(x,y)=\begin{cases}\dfrac{x^2y^3}{2x^2+y^2} & \text{만약 } (x,y)\neq(0,0)\\ 1 & \text{만약 } (x,y)\neq(0,0)\end{cases}$

3. 다음 극한을 계산하여라.

(1) $\displaystyle\lim_{(x,y)\to(1,3)}\frac{x^2y}{4x^2-y}$

(2) $\displaystyle\lim_{(x,y,z)\to(1,0,2)}\frac{4xz}{y^2+z^2}$

(3) $\displaystyle\lim_{(x,y)\to(0,0)}\frac{4xy}{3y^2-x^2}$

(4) $\displaystyle\lim_{(x,y)\to(0,0)}\frac{\sqrt[3]{x}\,y^2}{x+y^3}$

(5) $\displaystyle\lim_{(x,y)\to(0,0)}\frac{2x^2\sin y}{2x^2+y^2}$

(6) $\displaystyle\lim_{(x,y,z)\to(0,0,0)}\frac{3x^3}{x^2+y^2+z^2}$

4. 주어진 함수가 연속인 모든 점을 결정하여라.

(1) $f(x,y)=4xy+\sin 3x^2y$

(2) $f(x,y)=\sqrt{9-x^2-y^2}$

(3) $f(x,y)=\ln(3-x^2+y)$

(4) $f(x,y,z)=\dfrac{x^3}{y}+\sin z$

(5) $f(x,y,z)=\sqrt{x^2+y^2+z^2-4}$

9.3 편도함수

9.3.1 편미분

x, y의 함수 $z=f(x,y)$에 대하여 $y=b$로서 일정하다면 $z=f(x,y)$는 x만의 함수로 생각할 수 있으며, 또한 $x=a$로 일정하다면 $z=f(x,y)$는 y만의 함수로 간주할 수 있다. 따라서 x만의 함수 $f(x,\ b)$가 $x=a$에서 미분 가능하다면 도함수의 정의에 의하여

$$\frac{\partial}{\partial x}f(a,b)=\lim_{h\to 0}\frac{f(a+h,b)-f(a,b)}{h}$$

이고, 이 극한값은 (a,b)에서 x에 관한 편미분계수(partial differential coefficient)라 하고, $f_x(a,b)$로 나타낸다. 마찬가지로 y만의 함수 $f(a,y)$가 $y=b$에서 미분 가능하다면 (a,b)에서 y에 관한 편미분계수 $f_y(a,b)$는

$$\frac{\partial}{\partial y}f(a,b)=\lim_{h\to 0}\frac{f(a,b+h)-f(a,b)}{h}$$

로 나타낸다.

편도함수는 다음과 같은 기하학적 의미를 가진다. 지금 2변수함수 $z=f(x,y)$를 생각해 보자. 평면 $y=b$와의 곡면 $z=f(x,y)$와 공통부분을 곡선 QPR로 나타내자.

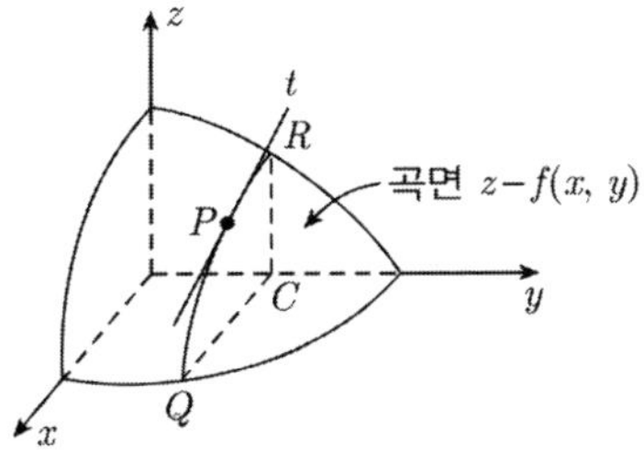

그림 9.1

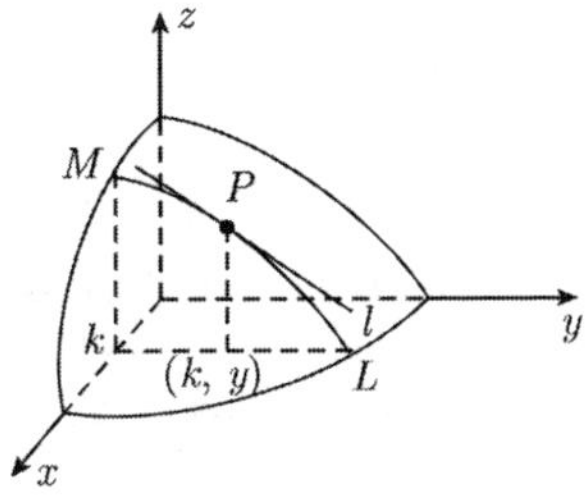

그림 9.2

점 P에서 $\dfrac{\partial f}{\partial x}$의 값은 곡선 QPR의 점 P에서의 접선 l의 기울기를 표시한다(그림 9.1). 또 비슷하게 곡면 $z=f(x,y)$가 평면 $x=k$로 잘렸을 때 생긴 곡선 LPM에서 $f_y(k,y)$는 점 $(k,y,f(k,y))$에서의 접선 l의 기울기를 표시한다(그림 9.2).

$z=f(x,y)$의 편도함수를 구하는 규칙

1. f_x를 구하기 위해서 y를 상수로 보고 x에 관해 미분한다.
2. f_y를 구하기 위해서 x를 상수로 보고 y에 관해 미분한다.

예제 9.15 $f(x,y)=x^3+x^2y^3-2y^2$일 때, $f_x(2,1), f_y(2,1)$을 구하여라.

풀이 y를 상수로 생각하고 x에 관하여 미분하면, $f_x(x,\ y)=3x^2+2xy^3$,

$f_x(2,1)=3(2^2)+2(2)(1^3)=16$

x를 상수로 생각하고 y에 관하여 미분하면, $f_y(x,\ y)=3x^2y^2-4y$,

$f_y(2,1)=3(2^2)(1^2)-4(1)=8$ ■

예제 9.16 $f(x,y)=\sin\left(\dfrac{x}{1+y}\right)$일 때 $\dfrac{\partial f}{\partial x}, \dfrac{\partial f}{\partial y}$를 구하여라.

풀이 1변수함수에 관한 연쇄법칙을 이용하면

$$\frac{\partial f}{\partial x}=\cos\left(\frac{x}{1+y}\right)\frac{d}{dx}\left(\frac{x}{1+y}\right)=\cos\left(\frac{x}{1+y}\right)\left(\frac{1}{1+y}\right),$$
$$\frac{\partial f}{\partial y}=\cos\left(\frac{x}{1+y}\right)\frac{d}{dy}\left(\frac{x}{1+y}\right)=-\cos\left(\frac{x}{1+y}\right)\left(\frac{x}{(1+y)^2}\right).$$

이다. ■

예제 9.17 $f(x,y,z)=e^{xy}\ln z$일 때, f_x, f_y, f_z를 구하여라.

풀이 1변수함수에 관한 연쇄법칙을 이용하면

$f_x=ye^{xy}\ln z$, $f_y=xe^{xy}\ln z$, $f_z=\dfrac{e^{xy}}{z}$ 이다. ■

9.3.2 고계편도함수

f가 2변수함수이면 편도함수 f_x와 f_y도 또한 2변수함수이므로, 그것들의 편도함수 $(f_x)_x$, $(f_x)_y$, $(f_y)_x$, $(f_y)_y$도 생각할 수 있고, 이것들을 f의 2계편도함수라 부른다. $z=f(x,y)$이면 2계편도함수는 다음과 같다.

$$(f_x)_x = f_{xx} = \frac{\partial^2 f}{\partial x^2} = \frac{\partial^2 z}{\partial x^2} \qquad (f_y)_x = f_{yx} = \frac{\partial^2 f}{\partial x\,\partial y} = \frac{\partial^2 z}{\partial x\,\partial y}$$

$$(f_x)_y = f_{xy} = \frac{\partial^2 f}{\partial y\,\partial x} = \frac{\partial^2 z}{\partial y\,\partial x} \qquad (f_y)_y = f_{yy} = \frac{\partial^2 f}{\partial y^2} = \frac{\partial^2 z}{\partial y^2}$$

그러므로 f_{xy}(또는 $\frac{\partial^2 f}{\partial y \partial x}$) 표기법은 우선 x에 관하여 미분하고 다음으로 y에 관하여 미분하는 것이고, 반면 f_{yx}는 우선 y에 관하여 미분하고 다음으로 x에 관하여 미분하는 것이다.

예제 9.18 $f(x, y) = x^3 + x^2y^3 - 2y^2$의 2계편도함수를 구하여라.

풀이

$f_x = 3x^2 + 2xy^3$

$f_y = 3x^2y^2 - 4y$

$$f_{xx} = \frac{\partial^2 f}{\partial x^2} = \frac{\partial^2 z}{\partial x^2} = 6x + 2y^3 \qquad f_{yx} = \frac{\partial^2 f}{\partial x\,\partial y} = \frac{\partial^2 z}{\partial x\,\partial y} = 6xy^2$$

$$f_{xy} = \frac{\partial^2 f}{\partial y\,\partial x} = \frac{\partial^2 z}{\partial y\,\partial x} = 6xy^2 \qquad f_{yy} = \frac{\partial^2 f}{\partial y^2} = \frac{\partial^2 z}{\partial y^2} = 6x^2y - 4$$

이다. ■

예제 9.19 $f(x, y, z) = xyze^{-x-y-z}$일 때, f_{xyz}를 구하여라.

풀이

$f_x(x, y, z) = yze^{-x-y-z} - xyze^{-x-y-z} = (1-x)yze^{-x-y-z}$

$f_{xy}(x,y,z) = (1-x)(1-y)ze^{-x-y-z}$

$f_{xyz}(x, y, z) = (1-x)(1-y)(1-z)e^{-x-y-z}$ ■

예제 9.20 함수 $f(x,y) = x^2y - y^3 + \ln x$의 모든 2계편도함수를 구하여라.

풀이 1계편도함수는

$$\frac{\partial^2 f}{\partial x^2} = 2xy + \frac{1}{x} \text{ 이고 } \frac{\partial f}{\partial y} = x^2 - 3y^2$$

이다. 따라서

$$\frac{\partial^2 f}{\partial x^2} = \frac{\partial}{\partial x}\left(\frac{\partial f}{\partial x}\right) = \frac{\partial}{\partial x}\left(2xy + \frac{1}{x}\right) = 2y - \frac{1}{x^2}$$

$$\frac{\partial^2 f}{\partial x \partial y} = \frac{\partial}{\partial x}\left(\frac{\partial f}{\partial y}\right) = \frac{\partial}{\partial x}(x^2 - 3y^2) = 2x$$

이고 마지막으로

$$\frac{\partial^2 f}{\partial y^2} = \frac{\partial}{\partial y}\left(\frac{\partial f}{\partial y}\right) = \frac{\partial}{\partial y}(x^2 - 3y^2) = -6y$$

이다. ■

9.3.3 연쇄법칙

정리 9.1

$z = f(x, y)$가 x, y에 관하여 편미분 가능한 함수이고, $x = g(t)$와 $y = h(t)$가 t에 대하여 미분 가능하면

$$\frac{dz}{dt} = \frac{\partial f}{\partial x}\frac{dx}{dt} + \frac{\partial f}{\partial y}\frac{dy}{dt}$$

이다.

예제 9.21 $x = \sin t, y = e^t$일 때, $z = x^2 y + 3xy^4$에 대한 $\dfrac{dz}{dt}$를 구하여라.

풀이

$$\frac{dx}{dt} = \cos t,\ \frac{dy}{dt} = e^t$$

$$\frac{dz}{dx} = 2xy + 3y^4,\ \frac{dz}{dy} = x^2 + 12xy^3$$

$$\frac{dz}{dt} = \frac{\partial f}{\partial x}\frac{dx}{dt} + \frac{\partial f}{\partial y}\frac{dy}{dt} = (2xy + 3y^4)\cos t + (x^2 + 12xy^3)e^t$$

$$= (2\sin t + 3e^{3t})e^t \cos t + (\sin^2 t + 12\sin t e^{3t})e^t$$

이다. ■

예제 9.22 $x = \sin 2t, y = \cos t$이고, $z = x^2 y + 3xy^4$일 때 $t = 0$에서 $\dfrac{dz}{dt}$를 구하여라.

풀이 연쇄법칙에 의하여

$$\frac{dz}{dt} = \frac{\partial f}{\partial x}\frac{dx}{dt} + \frac{\partial f}{\partial y}\frac{dy}{dt} = (2xy + 3y^4)(2\cos 2t) + (x^2 + 12xy^3)(-\sin t)$$

여기서 x, y를 다시 t로 바꾸어 쓸 필요 없이, $t=0$일 때 $x=\sin 0=0$, $y=\cos 0=1$이므로

$$\frac{dz}{dt}=(0+3)(2\cos 0)+(0+0)(-\sin 0)=6$$ ■

정리 9.2 $z=f(x, y)$, $x=g(s, t)$, $y=h(s, t)$가 모두 편미분 가능한 함수이면

$$\frac{\partial z}{\partial s}=\frac{\partial z}{\partial x}\frac{\partial x}{\partial s}+\frac{\partial z}{\partial y}\frac{\partial y}{\partial s}, \quad \frac{\partial z}{\partial t}=\frac{\partial z}{\partial x}\frac{\partial x}{\partial t}+\frac{\partial z}{\partial y}\frac{\partial y}{\partial t}$$

이다.

예제 9.23 $z=e^x \sin y$, $x=uv^2$, $y=u^2v$일 때, $\frac{\partial z}{\partial u}$, $\frac{\partial z}{\partial v}$를 구하여라.

풀이

$$\frac{\partial z}{\partial u}=\frac{\partial z}{\partial x}\frac{\partial x}{\partial u}+\frac{\partial z}{\partial y}\frac{\partial y}{\partial u}=(v^2\sin u^2v+2uv\cos u^2v)e^{uv^2}$$

$$\frac{\partial z}{\partial v}=\frac{\partial z}{\partial x}\frac{\partial x}{\partial v}+\frac{\partial z}{\partial y}\frac{\partial y}{\partial v}=(2uv\sin u^2v+u^2\cos u^2v)e^{uv^2}$$ 이다. ■

예제 9.24 $z=e^x \sin y$, $x=st^2$, $y=s^2t$일 때 $\frac{\partial z}{\partial s}$, $\frac{\partial z}{\partial t}$를 구하여라.

풀이 연쇄법칙을 이용하면

$$\frac{\partial z}{\partial s}=\frac{\partial z}{\partial x}\frac{\partial x}{\partial s}+\frac{\partial z}{\partial y}\frac{\partial y}{\partial s}=t^2e^{st^2}\sin(s^2t)+2ste^{st^2}\cos(s^2t)$$

$$\frac{\partial z}{\partial t}=\frac{\partial z}{\partial x}\frac{\partial x}{\partial t}+\frac{\partial z}{\partial y}\frac{\partial y}{\partial t}=2ste^{st^2}\sin(s^2t)+s^2e^{st^2}\cos(s^2t)$$ ■

정리 9.3 $w=f(x, y, z)$가 편미분 가능하고, x, y, z 모두 u, v에 관하여 편미분 가능한 함수이면

$$\frac{\partial w}{\partial u}=\frac{\partial w}{\partial x}\frac{\partial x}{\partial u}+\frac{\partial w}{\partial y}\frac{\partial y}{\partial u}+\frac{\partial w}{\partial z}\frac{\partial z}{\partial u}, \quad \frac{\partial w}{\partial v}=\frac{\partial w}{\partial x}\frac{\partial x}{\partial v}+\frac{\partial w}{\partial y}\frac{\partial y}{\partial v}+\frac{\partial w}{\partial z}\frac{\partial z}{\partial v}$$

이다.

예제 9.25 $w = x + 2y + z^2$, $x = \dfrac{r}{s}$, $y = r^2 + \ln s$, $z = 2r$일 때 $\dfrac{\partial w}{\partial r}$, $\dfrac{\partial w}{\partial s}$를 r과 s에 관한 함수로 나타내어라.

풀이

$$\frac{\partial w}{\partial r} = \frac{\partial w}{\partial x}\frac{\partial x}{\partial r} + \frac{\partial w}{\partial y}\frac{\partial y}{\partial r} + \frac{\partial w}{\partial z}\frac{\partial z}{\partial r} = (1)(\frac{1}{s}) + (2)(2r) + (2z)(2)$$

$$\frac{\partial w}{\partial s} = \frac{\partial w}{\partial x}\frac{\partial x}{\partial s} + \frac{\partial w}{\partial y}\frac{\partial y}{\partial s} + \frac{\partial w}{\partial z}\frac{\partial z}{\partial s} = (1)(-\frac{r}{s^2}) + (2)(\frac{1}{s}) + (2z)(0) = \frac{2}{s} - \frac{r}{s^2}$$ ■

예제 9.26 $x = rse^t, y = rs^2e^{-t}, z = r^2s\,\sin t$이고, $u = x^4y + y^2z^3$이면 $r = 2, s = 1, t = 0$에서 $\dfrac{\partial u}{\partial s}$의 값을 구하여라.

풀이

$$\frac{\partial u}{\partial s} = \frac{\partial u}{\partial x}\frac{\partial x}{\partial s} + \frac{\partial u}{\partial y}\frac{\partial y}{\partial s} + \frac{\partial u}{\partial z}\frac{\partial z}{\partial s}$$
$$= (4x^3y)(re^t) + (x^4 + 2yz^3)(2rse^{-t}) + (3y^2z^2)(r^2\sin t)$$

$r = 2, s = 1, t = 0$ 일 때 $x = 2, y = 2, z = 0$이므로

$$\frac{\partial u}{\partial s} = (64)(2) + (16)(4) + (0)(0) = 192$$ ■

9.3 연습문제

1. 도함수를 구하여라.

(1) $f(x, y) = 3x - 2y^4$

(2) $z = xe^{3y}$

(3) $f(x, y) = \dfrac{x-y}{x+y}$

(4) $w = \sin\alpha\cos\beta$

(5) $f(r, s) = r\ln(r^2 + s^2)$

(6) $f(x, y, z) = xz - 5x^2y^3z^4$

(7) $w = \ln(x + 2y + 3z)$

(8) $u = xy\sin^{-1}(yz)$

2. 도함수를 구하여라.

(1) $f(x, y) = 3xy^4 + x^3y^2$; f_{xxy}, f_{yyy}

(2) $f(x, y, z) = \cos(4x + 3y + 2z)$; f_{xyz}, f_{yzz}

(3) $u = e^{r\theta}\sin\theta$; $\dfrac{\partial^3 u}{\partial r^2 \partial\theta}$

(4) $w = \dfrac{x}{y+2z}$; $\dfrac{\partial^3 w}{\partial z\,\partial y\,\partial x}$, $\dfrac{\partial^3 w}{\partial x^2\,\partial y}$

3. 체인 방법을 이용하여 $\dfrac{dz}{ds}$, $\dfrac{dz}{dt}$ 혹은 $\dfrac{dw}{ds}$, $\dfrac{dw}{dt}$를 구하여라.

(1) $w = x^2y + xy^2$, $x = 2 + t^4$, $y = 1 - t^3$

(2) $w = xe^{y/z}$, $x = t^2$, $y = 1 - t$, $z = 1 + 2t$

(3) $z = x^2y^3$, $x = s\cos t$, $y = s\sin t$

(4) $z = \sin\theta\cos\phi$, $\theta = st^2$, $\phi = s^2t$

4. 모든 1계편도함수를 구하여라.

(1) $f(x,y) = x^3 - 4xy^2 + y^4$

(2) $f(x,y) = x^2e^y - 4y$

(3) $f(x,y) = x^2\sin xy - 3y^3$

(4) $f(x,y) = 4e^{x/y} - \dfrac{y}{x}$

(5) $f(x,y,z) = 3x\sin y + 4x^3y^2z$

5. 제시된 편도함수를 구하여라.

(1) $f(x,y) = x^3 - 4xy^2 + 3y\,;\ \dfrac{\partial^2 f}{\partial x^2},\ \dfrac{\partial^2 f}{\partial y^2},\ \dfrac{\partial^2 f}{\partial y \partial x}$

(2) $f(x,y) = x^4 - 3x^2y^3 + 5y\,;\ f_{xx}, f_{xy}, f_{xyy}$

(3) $f(x,y,z) = x^3y^2 - \sin yz\,;\ f_{xx}, f_{yz}, f_{xyz}$

(4) $f(x,y,z) = e^{2xy} - \dfrac{z^2}{y} + xz\sin y\ :\ f_{xx}, f_{yy}, f_{yyzz}$

(5) $f(w,x,y,z) = w^2xy - e^{wz};\ f_{ww}, f_{wxy}, f_{wwxyz}$

6. 화학반응에서 온도 T, 엔트로피 S, 깁스(Gibbs)의 자유에너지 G, 엔탈피 H 사이에는 $G = H - TS$인 관계가 있다.

$\dfrac{\partial (G/T)}{\partial T} = -\dfrac{H}{T^2}$가 성립함을 보여라.

9.4 통계에서 편미분의 응용

9.4.1 결합확률분포의 편미분

연속확률변수 X, Y의 결합분포함수와 결합확률밀도함수 그리고 주변분포함수와 주변확률밀도함수 사이에 다음이 성립한다.

(1) $f(x, y) = \dfrac{\partial^2}{\partial x \, \partial y} F(x, y)$

(2) $f_X(x) = \dfrac{d}{dx} F_X(x), f_Y(y) = \dfrac{d}{dy} F_Y(y)$

예제 9.27 확률변수 X, Y의 결합분포함수가 다음과 같을 때,

$$F(x, y) = (1 - e^{-3x})(1 - e^{-2y}), 0 \le x < \infty, 0 \le y < \infty$$

(1) X, Y의 결합확률밀도함수를 구하여라.
(2) X, Y의 주변확률밀도함수를 구하여라.

풀이 X, Y의 각각의 주변분포함수를 구하면, $0 \le x < \infty, 0 \le y < \infty$ 에서

$$F_X(x) = \lim_{y \to \infty} F(x, y) = \lim_{y \to \infty} (1 - e^{-3x})(1 - e^{-2y}) = 1 - e^{-3x}$$
$$F_Y(y) = \lim_{x \to \infty} F(x, y) = \lim_{x \to \infty} (1 - e^{-3x})(1 - e^{-2y}) = 1 - e^{-2y}$$

이다. 그러므로 X, Y의 결합확률밀도함수와 주변확률밀도함수는 각각 다음과 같다.

(1) $f(x, y) = \dfrac{\partial^2}{\partial x \, \partial y} F(x, y) = \dfrac{\partial^2}{\partial x \, \partial y}(1 - e^{-3x})(1 - e^{-2y})$

$= 3(e^{-3x})(2e^{-2y}) = 6e^{-(3x+2y)}, \ 0 \le x < \infty, 0 \le y < \infty$

(2) $f_X(x) = \dfrac{d}{dx} F_X(x) = \dfrac{d}{dx}(1 - e^{-3x}) = 3e^{-3x}, 0 \le x < \infty$

$f_Y(y) = \dfrac{d}{dy} F_Y(y) = \dfrac{d}{dy}(1 - e^{-2y}) = 2e^{-2y}, \ 0 \le y < \infty$ ■

또한 두 확률변수 X, Y가 동일한 확률분포를 가지는 경우, 즉 모든 실수 x에 대하여 $f_X(x) = f_Y(x)$이면, X, Y는 동일한 분포(identically distributed)를 가진다고 한다. 예를 들어, 결합확률밀도함수가

$$f(x, y) = 9e^{-3x}e^{-3y}, \ 0 \le x < \infty, 0 \le y < \infty$$

이면, 각각의 주변확률밀도함수는

$$f_X(x) = 3e^{-3x}, 0 \le x < \infty,\ f_Y(y) = 3e^{-3y}, 0 \le y < \infty$$

이고 $f(x, y) = f_X(x) \cdot f_Y(y)$이다. 따라서 X, Y는 독립이다.

$f_Y(x) = 3e^{-3x} = f_X(x), 0 \le x < \infty$ 즉, X, Y는 동일한 분포를 가진다. 이와 같이 두 개 이상의 확률변수가 독립이고 동일한 분포(independent identically distributed)를 가지는 경우, 이들 확률변수는 간단히 $i.i.d$ 확률변수라 한다.

예제 9.28 두 확률변수 X, Y의 결합분포함수가 다음과 같을 때,

$$F(x, y) = (1 - e^{-3x})(1 - e^{-2y}), 0 \le x < \infty, 0 \le y < \infty$$

X, Y는 $i.i.d$ 확률변수인가?

풀이 X, Y의 결합확률밀도함수와 주변확률밀도함수는 각각 다음과 같다.

$$f_X(x) = \int_0^{\infty} 6e^{-(3x+2y)}dy = 3e^{-3x}, 0 \le x < \infty$$

$$f_Y(y) = \int_0^{\infty} 6e^{-(3x+2y)}dx = 2e^{-2y}, 0 \le y < \infty$$

이므로 $0 \le x < \infty, 0 \le y < \infty$에 대하여 $f(x, y) = f_X(x) f_Y(y)$가 성립한다. 따라서 X, Y는 독립이다. 그러나 $f_X(x) = 3e^{-3x} \ne f_Y(x) = 2e^{-2y}, 0 \le x < \infty$이므로 동일한분포를 따르지 않는다. ■

9.4.2 최소제곱법과 적합모형

이 절에서는 회귀직선을 추정하여 자료에 적합시키는 방법을 살펴보기로 한다. 이것은 (α, β)의 추정치 $(\hat{\alpha}, \hat{\beta})$를 구하는 것과 같은 의미이다. 물론 추정된 적합선으로부터 예측치를 구할 수 있고, 선형관계의 강도와 적합모형의 적절성 등에 관한 정보도 얻을 수 있다. 최소제곱추정법을 알아보기 전에 먼저 잔차(residual)의 개념을 알아보는 것이 중요하다. 잔차란 모형 $\hat{y} = \hat{\alpha} + \hat{\beta}x$를 적합시킬 때 생기는 오차이다.

회귀자료와 적합모형 $\hat{y} = \hat{\alpha} + \hat{\beta}x_i$가 주어졌을 때, i번째 잔차 e_i는 $e_i = y_i - \hat{y}_i$, $i = 1, 2, \ldots, n$이다. 잔차가 크면 모형의 적합성은 좋지 않다고 할 수 있다. 반대로 잔차가 작으면 적합성이 좋다는 것이다. α와 β의 추정값 $\hat{\alpha}$와 $\hat{\beta}$는 잔차제곱합(residual sum of squares)을 최소화시키면 구할 수 있다. 잔차제곱합은 기호로는 $S(\hat{\alpha}, \hat{\beta})$로 나타낸다. 모

수 α와 β를 추정하는 이러한 방법을 최소제곱법(method of least squares)이라고 부른다. $S(\hat{\alpha},\ \hat{\beta})$를 수식으로 표현하면

$$S(\hat{\alpha}, \hat{\beta}) = \sum_{i=1}^{n} e_i^2 = \sum_{i=1}^{n} (y_i - \hat{y_i})^2 = \sum_{i=1}^{n} (y_i - \hat{\alpha} - \hat{\beta} x_i)^2$$

이 된다. 이 $S(\hat{\alpha}, \hat{\beta})$를 최소화하기 위하여 $\hat{\alpha}, \hat{\beta}$로 각각 편미분하면

$$\frac{\partial}{\partial \hat{\alpha}} S(\hat{\alpha}, \hat{\beta}) = -2\sum (y_i - \hat{\alpha} - \hat{\beta} x_i) = 0,$$

$$\frac{\partial}{\partial \hat{\beta}} S(\hat{\alpha}, \hat{\beta}) = -2\sum (y_i - \hat{\alpha} - \hat{\beta} x_i) x_i = 0.$$

정리하면 다음과 같은 정규방정식(normal equations)을 얻는다.

$$\begin{cases} n\hat{\alpha} + \hat{\beta}\sum x_i = \sum y_i \\ \hat{\alpha}\sum x_i + \hat{\beta}\sum x_i^2 = \sum x_i y_i \end{cases}$$

따라서 이 정규방정식을 $\hat{\alpha}, \hat{\beta}$에 대하여 연립으로 풀면 다음의 해가 구해진다.

$$\hat{\beta} = \frac{\sum_{i=1}^{n} (x_i - \overline{x})(y_i - \overline{y})}{\sum_{i=1}^{n} (x_i - \overline{x})^2} = \frac{S_{xy}}{S_{xx}}$$

$$\hat{\alpha} = \overline{y} - \hat{\beta}\overline{x}$$

단, $\overline{x} = \dfrac{1}{n}\sum x_i$, $\overline{y} = \dfrac{1}{n}\sum y_i$

$$S_{xx} = \sum (x_i - \overline{x})^2 = \sum x_i^2 - \frac{(\sum x_i)^2}{n}$$

$$S_{yy} = \sum (y_i - \overline{y})^2 = \sum y_i^2 - \frac{(\sum y_i)^2}{n}$$

$$S_{xy} = \sum (x_i - \overline{x})(y_i - \overline{y}) = \sum x_i y_i - \frac{(\sum x_i)(\sum y_i)}{n}$$

예제 9.29 α, β의 최소제곱 추정치를 구하여라.

x	1 2 3 3 4 5
y	8 4 5 2 2 0

풀이 $\sum x_i = 18,\ \sum y_i = 21,\ \sum x_i y_i = 45,\ \sum x_i^2 = 64$이므로, $\hat{\alpha}$과 $\hat{\beta}$를 구하면

$$\hat{\beta} = \frac{6 \times 45 - 18 \times 21}{6 \times 64 - 18^2} = -\frac{9}{5} = -1.8$$

$$\hat{\alpha} = \frac{21}{6} - (-1.8)\frac{18}{6} = 8.9$$이 된다.

따라서 추정된 회귀선은 $y = 8.9 - 1.8x$이다. ■

예제 9.30 (1) α, β의 최소제곱추정치를 구하여라.
(2) 회귀직선을 구하여라.

x	0 2 4 6 8
y	4 3 6 8 9

풀이 (1) $\hat{\alpha} = 3.00,\ \hat{\beta} = 0.75$
(2) $y = 3.00 + 0.75x$ ■

예제 9.31 최소제곱법을 사용하여 무게에 대한 몸길이를 추정하여라.

무게	57	84	90	71	77	68	73
몸길이	123	129	143	125	122	125	122

풀이 $\sum x_i = 520,\ \sum y_i = 889,\ \sum x_i^2 = 39328,\ \sum x_i y_i = 66392$
$y = 89.61 + 0.503x$ ■

9.4 연습문제

1. 다음 함수들의 x, y에 대하여 편도함수들을 구하여라.

(1) $f(x,y) = (1-e^{-x})(1-e^{-y}),\ 0 < x, y < \infty$

(2) $f(x,y) = \dfrac{c}{2\pi}(c^2+x^2+y^2)^{-\frac{3}{2}},\ -\infty < x, y < \infty, c > 0$

(3) $f(x,y) = \dfrac{\Gamma(a+b+c)}{\Gamma(a)\Gamma(b)\Gamma(c)} x^{a-1} y^{b-1} (1-x-y)^{c-1}$

단, $x, y \geq 0, x+y \leq 1, a, b, c$는 임의의 양수이다.

(4) $f(x,y) = \dfrac{\beta^{a+\lambda}}{\Gamma(a)\Gamma(\lambda)} x^{a-1}(y-x)^{\lambda-1} e^{-\beta y}$

단, $0 < x < y, \alpha, \beta, \lambda > 0$

(5) $f(x,y) = \dfrac{1}{2\pi\sigma_1\sigma_2\sqrt{1-\rho^2}}$

$$\exp\left\{-\frac{1}{2(1-\rho^2)}\left[\frac{(x-\mu_1)^2}{\sigma_1^2} - \frac{2\rho(x-\mu_1)(y-\mu_2)}{\sigma_1\sigma_2} + \frac{(y-\mu_2)^2}{\sigma_2^2}\right]\right\}$$

2. $M(t_1, t_2) = \exp\left[\mu_1 t_1 + \mu_2 t_2 + \dfrac{\sigma_1^2 t_1^2 + \sigma_2^2 t_2^2 + 2\rho\sigma_1\sigma_2 t_1 t_2}{2}\right]$에 대하여 다음을 구하여라.

단, $-\infty < x, y, \mu_1, \mu_2 < \infty, \sigma_1, \sigma_2 > 0, \rho < 1$이다.

(1) $\dfrac{\partial M(t_1, t_2)}{\partial t_1}, \dfrac{\partial M(t_1, t_2)}{\partial t_2}$를 구하여라.

(2) $E(X) = \left.\dfrac{\partial M(t_1, t_2)}{\partial t_1}\right|_{t_2=0}^{t_1=0},\ E(Y) = \left.\dfrac{M(t_1, t_2)}{\partial t_2}\right|_{t_2=0}^{t_1=0}$

를 구하여라.

(3) $E(XY) = \dfrac{\partial^2 M(t_1, t_2)}{\partial t_1 \partial t_2}$을 구하여라.

(4) $cov(X, Y)$

$$= \left.\frac{\partial^2 M(t_1, t_2)}{\partial t_1 \partial t_2}\right|_{t_2=0}^{t_1=0} - \left(\left.\frac{\partial M(t_1, t_2)}{\partial t_1}\right|_{t_2=0}^{t_1=0}\right)\left(\left.\frac{\partial M(t_1, t_2)}{\partial t_2}\right|_{t_2=0}^{t_1=0}\right)$$

를 구하여라.

3. 연속확률변수 X, Y의 결합분포함수가 다음과 같을 때,

$$F(x, y) = (1 - e^{-2x})(1 - e^{-3y}),\ 0 \le x < \infty,\ 0 \le y < \infty$$

(1) X, Y의 결합밀도함수를 구하여라.

(2) X, Y의 주변분포함수를 구하여라.

(3) X의 주변분포함수와 주변밀도함수를 구하여라.

(4) X, Y의 독립성을 조사하여라.

4. 다음은 어떤 공정에서 여러 수준의 온도에 따라 당분으로 변화된 양을 측정한 결과이다.

온도 x	1.0	1.1	1.2	1.3	1.4	1.5	1.6	1.7	1.8	1.9	2.0
당분 y	8.1	7.8	8.5	9.8	9.5	8.9	8.6	10.2	9.3	9.2	10.5

(1) 회귀직선을 추정하여라.

(2) 온도가 1.75일 때 당분으로 변화된 양을 추정하여라.

5. 다음은 여러 수준의 온도에 따라 물 100g 속에 용해된 혼합물의 양을 측정한 자료이다.

온도 x	혼합물의 양 y	온도 x	혼합물의 양 y
0	8	6	8
15	12	10	14
30	25	21	24
45	31	33	28
60	44	39	42
75	48	51	44

(1) 회귀직선을 구하여라.

(2) 산점도상에 회귀직선을 그려라.

(3) 온도가 50도일 때 물 100g 속에 용해 된 혼합물의 양을 추정하여라.

6. 어떤 도매상에서 주당 광고비와 상품매출액과 어떤 관계가 있는가를 알기 위하여 조사를 하였더니 다음과 같은 자료가 얻어졌다.

주당광고비	매출액
40	385
20	400
25	395
20	365
30	475
50	440
40	490
20	420
50	560
40	525
25	480
50	510

(1) 산점도를 그려라.

(2) 주당 광고비를 지출액으로부터 매출액을 추정할 수 있는 회귀직선을 구하여라.

(3) 주당 광고비가 $35일 때 매출액을 추정하여라.

Chapter

10

중적분과 연속결합확률분포

이 절에서는 1변수함수의 적분, 즉 $\int_a^b f(x)dx$의 정의를 살펴본 후에 2변수함수의 새로운 적분을 정의한다. 1변수함수와 2변수함수의 적분을 비교해 보면 비슷한 전개 과정과 공통된 응용 분야를 발견하게 될 것이다. 또 3변수함수의 새로운 적분의 계산도 다룰 것이다. 통계에서는 연속결합확률분포와 변수변환을 알아보기로 한다.

10.1 이중적분과 연속적확률분포

10.1.1 이중적분

이 절에서 이중적분을 반복적분으로 표현하고, 두 개의 단순적분을 계산하여 구하는 방법을 배울 것이다. f가 직사각형 $R=[a,b]\times[c,d]$에서 적분 가능한 2변수함수라고 하자. x를 고정하고 $f(x,y)$를 $y=c$에서 $y=d$까지 y에 관해 적분한 것을 $\int_c^d f(x,y)dy$로 나타내기로 하자. 이것을 y에 관한 적분이라 한다. $\int_c^d f(x,y)dy$는 x의 값에 따라 정해지는 값이므로 x의 함수이다. $A(x)=\int_c^d f(x,y)dy$라 하자. 함수 $A(x)$를 $x=a$에서 $x=b$까지 x에 관하여 적분하면

$$\int_a^b A(x)dx = \int_a^b \left[\int_c^d f(x,y)dy\right]dx$$

라 쓰고, 이것은 먼저 c에서 d까지 y에 관하여 적분한 뒤 a에서 b까지 x에 관하여 적분하는 것을 의미한다.

마찬가지로 반복적분

$$\int_c^d \int_a^b f(x,y)dxdy = \int_c^d \left[\int_a^b f(x,y)dx\right]dy$$

는 먼저 a에서 b까지 x에 관하여 적분한 뒤 얻어진 함수를 c에서 d까지 y에 관하여 적분하는 것을 의미한다.

예제 10.1 반복적분을 계산하여라.

(1) $\int_0^3 \int_1^2 x^2 y dydx$ (2) $\int_1^2 \int_0^3 x^2 y dxdy$

풀이 (1) x를 상수로 보고 안쪽 적분을 하면,

$$\int_1^2 x^2 ydy = \left[x^2 \frac{1}{2}y^2\right]_1^2 = x^2\left(\frac{2^2}{2}\right) - x^2\left(\frac{1^2}{2}\right) = \frac{3}{2}x^2$$

$A(x)=\frac{3}{2}x^2$이 되고 이것을 $x=0$부터 $x=3$까지 적분한다.

$$\int_0^3 \int_1^2 x^2 ydydx = \int_0^3 \frac{3}{2}x^2 dx = \frac{27}{2}$$

(2) 이번에는 x에 대해 적분을 먼저 한다.

$$\int_1^2 \int_0^3 x^2 y dx dy = \int_1^2 \left[\int_0^3 x^2 y dx \right] dy = \int_1^2 9y dy = \frac{27}{2}$$ ■

f가 직사각형 $R = \{(x, y) | a \le x \le b, c \le y \le d\}$상에서 연속이면 다음 식이 성립한다.

$$\iint_R f(x, y) dA = \int_a^b \int_c^d f(x, y) dy dx = \int_c^d \int_a^b f(x, y) dx dy$$

일반적으로 f가 R상에서 유계(bounded)이고 f가 매끄러운 곡선의 유한개 점에서만 불연속이며 반복적분이 존재하면, 위의 식이 성립한다.

예제 10.2 $R = \{(x, y) | 0 \le x \le 2, 1 \le y \le 2\}$에 대하여 이중적분 $\iint_R (x - 3y^2) dy dx$를 계산하여라.

풀이 $$\iint_R (x - 3y^2) dy dx = \int_0^2 \int_1^2 (x - 3y^2) dy dx = \int_0^2 (x - 7) dx = -12$$ ■

예제 10.3 $\iint_R y \sin(xy) dy dx$, $R = [1, 2] \times [0, \pi]$를 계산하여라.

풀이 $$\iint_R y \sin(xy) dy dx = \int_0^\pi \int_1^2 y \sin(xy) dx dy = \int_0^\pi (-\cos 2y + \cos y) dy = 0$$ ■

예제 10.4 영역 $R = \{(x, y) | 0 \le x \le 2, 1 \le y \le 4\}$에서 $\iint_R (6x^2 + 4xy^3) dA$을 계산하여라.

풀이
$$\begin{aligned}
\iint_R (6x^2 + 4xy^3) dA &= \int_1^4 \int_0^2 (6x^2 + 4xy^3) dx dy \\
&= \int_1^4 \left[\int_0^2 6x^2 + 4xy^3 dx \right] dy \\
&= \int_1^4 \left[6\frac{x^3}{3} + 4\frac{x^2}{2} y^3 \right]_{x=0}^{x=2} dy \\
&= \int_1^4 (16 + 8y^3) dy \\
&= \left[16y + 8\frac{y^4}{4} \right]_1^4 \\
&= [16(4) + 2(4)^4] - [16(1) + 2(1)^4] = 558
\end{aligned}$$ ■

10.1.2 일반영역 위에서 반복적분

영역 D가 사각형이 아닌 폐곡선으로 주어진다면 영역 D을 포함하는 좌표축에 평행한 직선으로 둘러싸인 사각형을 생각한다. 이를 위하여 다음과 같은 폐곡선을 다루어 보자. 폐구간 $[a,b]$에서 연속인 함수 $g_1(x), g_2(x)$에 대하여 영역 D가 $D=\{(x,y) | a \le x \le b, g_1(x) \le y \le g_2(x)\}$라 하면, 다음 그림(그림 10.1)과 같은 유형(형태 I 영역)들을 생각할 수 있다.

$$\iint_D f(x,y)\,dydx = \int_a^b \int_{g_1(x)}^{g_2(x)} f(x,y)\,dy\,dx$$

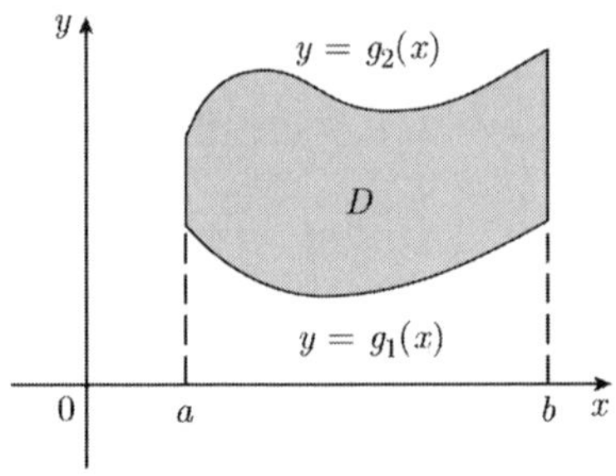

그림 10.1

와 같이 적분할 수 있다. 또한 D가 $D=\{(x,y) | h_1(y) \le x \le h_2(y), c \le y \le d\}$이면 앞에서와 동일한 방법으로 $\iint_D f(x,y)\,dA = \int_c^d \int_{h_1(y)}^{h_2 y)} f(x,y)\,dx\,dy$와 같이 영역 D(형태 영역 II)에서의 중적분을 구할 수 있다(그림 10.2).

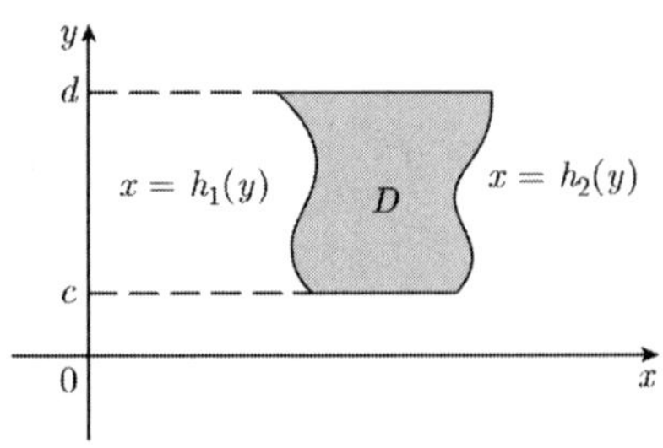

그림 10.2

예제 10.5 세 직선 $y=x, y=0, x=4$로 만들어지는 영역 R의 경우 $\iint_R (4e^{x^2}-5\sin y)dA$을 계산하여라.

$$\begin{aligned}\iint_R (4e^{x^2}-5\sin y)dA &= \int_0^4 \int_0^x (4e^{x^2}-5\sin y)dydx \\ &= \int_0^4 (4ye^{x^2}+5\cos y)\Big|_{y=0}^{y=x} dx \\ &= \int_0^4 [(4xe^{x^2}+5\cos x)-(0+5\cos 0)]dx \\ &= \int_0^4 (4xe^{x^2}+5\cos x-5)dx \\ &= (2e^{x^2}+5\sin x-5x)\Big|_0^4 \\ &= 2e^{16}+5\sin 4-22 \approx 1.78\times 10^7\end{aligned}$$

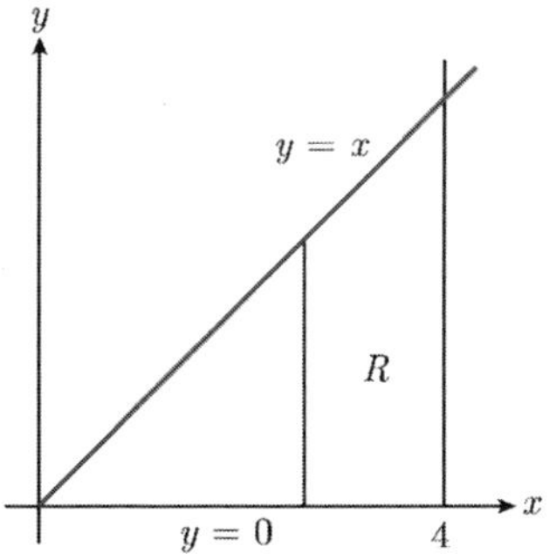

그림 10.3

■

예제 10.6 포물면 $z=x^2+y^2$아래에 있고, 직선 $y=2x$와 포물선 $y=x^2$에 의해 둘러싸인 xy평면에의 영역 D 위에 있는 입체의 부피를 구하여라.

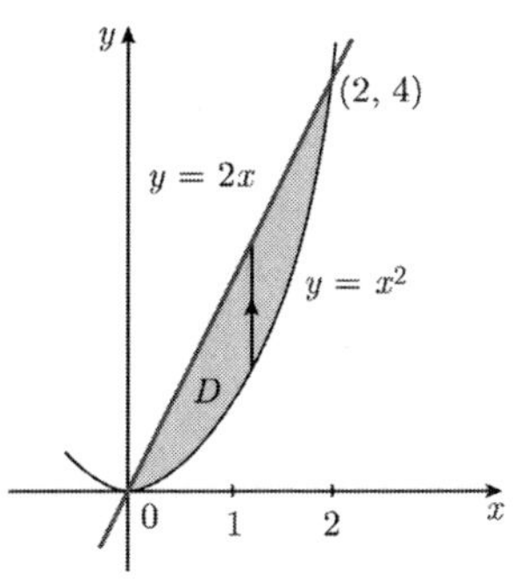

그림 10.4

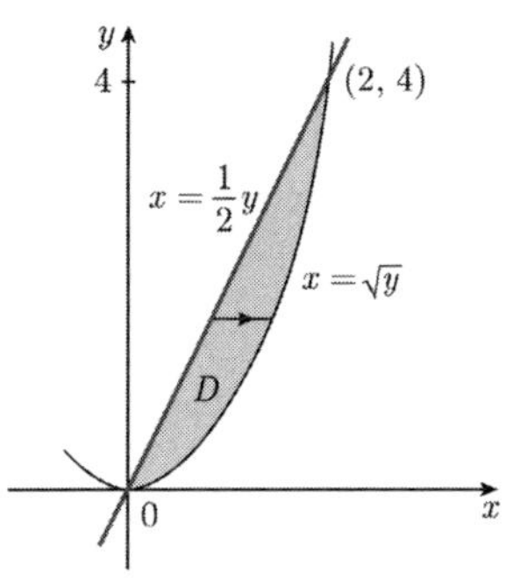

그림 10.5

풀이 그림 10.4로부터 D는 형태 I 영역임을 알 수 있다. 즉,

$$D=\{(x,y)|0 \le x \le 2, x^2 \le y \le 2x\}$$

따라서 구하는 부피는

$$V=\iint_D (x^2+y^2)dA=\int_0^2\int_{x^2}^{2x}(x^2+y^2)dydx$$

그림 10.5로부터 D는 형태 II 영역으로 쓰일 수 있음을 알 수 있다.

$$D=\left\{(x,y)|0 \le x \le 4, \frac{y}{2} \le x \le \sqrt{y}\right\}$$

따라서 구하는 부피는

$$V=\iint_D (x^2+y^2)dA=\int_0^4\int_{\frac{y}{2}}^{\sqrt{y}}(x^2+y^2)dxdy$$

■

예제 10.7 직선 $y=x-1$과 포물선 $y^2=2x+6$에 의해 둘러싸인 영역 D에 대해서 $\iint_D xydA$를 구하여라.

풀이 $D=\left\{(x,y)|-2 \le y \le 4, \frac{y^2}{2}-3 \le x \le y+1\right\}$

$$\iint_D xydA=\int_{-2}^4\int_{\frac{y^2}{2}-3}^{y+1}xydxdy=\int_{-2}^4\left[\frac{x^2}{2}y\right]_{x=\frac{y^2}{2}-3}^{x=y+1}dy$$

$$=\frac{1}{2}\int_{-2}^4 y\left[(y+1)^2-(\frac{y^2}{2}-3)^2\right]dy$$

$$=\frac{1}{2}\int_{-2}^4\left(-\frac{y^5}{4}+4y^3+2y^2-8y\right)dy$$

$$=\frac{1}{2}\left[-\frac{y^6}{24}+y^4+2\frac{y^3}{3}-4y^2\right]_{-2}^4=36$$

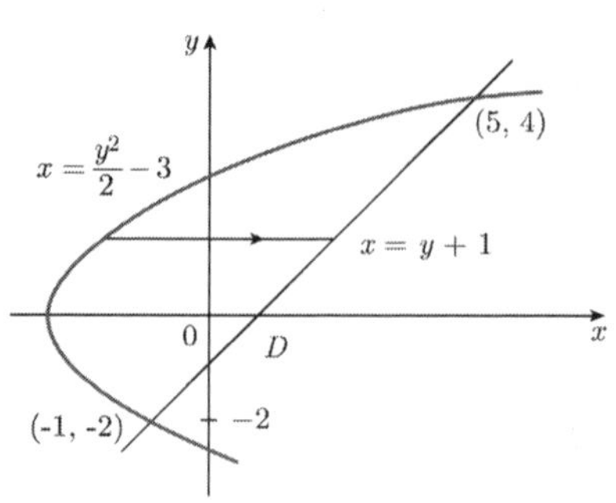

그림 10.6

■

10.1.3 연속결합확률분포

분포함수 $F(x, y)$를 2차원 확률변수 (X, Y)에 대하여

$$F(x, y) = P(X \leq x,\ Y \leq y) = \int_{-\infty}^{x} \int_{-\infty}^{y} f(x, y)\,dydx$$

를 만족하는 음이 아닌 함수 $f(x, y)$가 존재할 때, 2차원 확률변수 (X, Y)를 연속형 2차원 확률변수라 하고, 함수 $f(x, y)$를 (X, Y)의 결합확률밀도함수라 한다.

연속형 확률변수 (X, Y)에 대하여 다음과 같은 성질을 살펴볼 수 있다.

(1) $\int_{-\infty}^{\infty} \int_{-\infty}^{\infty} f(x, y)\,dydx = 1$

(2) $F(x, y)$가 (x, y)에서 연속이면, $\dfrac{\partial^2 F(x, y)}{\partial x \partial y} = f(x, y)$이다.

(3) 연속확률변수 X와 Y에 대하여 $A = \{(x, y) \mid a \leq x \leq b, c \leq y \leq d\}$이라 할 때

$$P[(X, Y) \in A] = \iint_A f(x, y)\,dydx = \int_a^b \int_c^d f(x, y)\,dydx$$

이다.

(4) $f_X(x) = \int_{-\infty}^{\infty} f(x, y)\,dy$와 $f_Y(y) = \int_{-\infty}^{\infty} f(x, y)\,dx$이고 $f_X(x)$와 $f_Y(y)$를 각각 X와 Y의 주변확률밀도함수라 한다.

(5) X와 Y의 주변분포함수(marginal distribution function)는 각각 다음과 같이 정의된다.

$$F_X(x) = \int_{-\infty}^{x} f_X(x)\,dx = \int_{-\infty}^{x} \int_{-\infty}^{\infty} f(x, y)\,dydx$$

$$F_Y(y) = \int_{-\infty}^{y} f_Y(y)\,dy = \int_{-\infty}^{y} \int_{-\infty}^{\infty} f(x, y)\,dxdy$$

예제 10.8 (X, Y)의 결합확률밀도함수가 다음과 같이 정의된다고 하자.

$$f(x, y) = \begin{cases} e^{-(x+y)}, & 0 < x < \infty, 0 < y < \infty \\ 0, & \text{기타} \end{cases}$$

(1) (X, Y)의 결합분포함수 $F(x, y)$을 구하여라.

(2) X의 주변분포함수 $F_X(x)$를 구하여라.

(3) X의 주변확률밀도함수 $f_X(x)$를 구하여라.

(4) $P[0 < X < 1, 0 < Y < 1]$을 구하여라.

풀이

(1) $F(x,y)=\int_0^x\int_0^y f(x,y)dydx=\int_0^x\int_0^y e^{-x}e^{-y}dydx=(1-e^{-x})(1-e^{-y})$

(2) $F_X(x)=\int_0^x\int_0^\infty e^{-(x+y)}dydx=\int_o^x e^{-x}dx=1-e^{-x}\quad(0<x<\infty)$

(3) $f_X(x)=\dfrac{dF_X(x)}{dx}=e^{-x}\ (0<x<\infty)$

(4) $P[0<X<1, 0<Y<1]=\int_0^1\int_0^1 e^{-(x+y)}dxdy=(1-e^{-1})^2$ ■

예제 10.9 (X, Y)의 결합확률밀도함수가 다음과 같을 때, x 와 y의 주변확률밀도함수를 구하여라.

$$f(x,y)=\begin{cases}\dfrac{1}{4}(1+xy), -1\le x\le 1, -1\le y\le 1\\ 0, \qquad\qquad \text{기타}\end{cases}$$

풀이

$$f_X(x)=\int_{-\infty}^{\infty}f(x,y)dy=\begin{cases}\dfrac{1}{4}\int_{-1}^{1}(1+xy)dy=\dfrac{1}{2}, -1\le x\le 1\\ 0, \qquad\qquad \text{기타}\end{cases}$$

$$f_Y(y)=\int_{-\infty}^{\infty}f(x,y)dx=\begin{cases}\dfrac{1}{4}\int_{-1}^{1}(1+xy)dx=\dfrac{1}{2}, -1\le y\le 1\\ 0, \qquad\qquad \text{기타}\end{cases}$$ ■

예제 10.10 다음 $f(x,y)$가 2차원 확률변수(X, Y)의 결합확률밀도함수가 되도록 상수 k를 정하고, 또한 각각의 주변확률밀도함수를 구하여라.

$$f(x,y)=\begin{cases}ke^{-x-y} & x\ge 0, y\ge 0\\ 0 & \text{기타}\end{cases}$$

풀이 $\int_{-\infty}^{\infty}\int_{-\infty}^{\infty}f(x,y)dxdy=1$에 의하여

$$\int_0^\infty\int_0^\infty ke^{-x-y}dxdy=k\int_0^\infty e^{-x}dx\int_0^\infty e^{-y}dy=k,\ \ k=1$$

$$f_X(x)=\int_{-\infty}^{\infty}f(x,y)dy=e^{-x}\int_0^\infty e^{-y}dy=e^{-x}$$

$$f_Y(y)=\int_{-\infty}^{\infty}f(x,y)dx=e^{-y}\int_0^\infty e^{-x}dx=e^{-y}$$ ■

예제 10.11 다음과 같은 결합확률밀도함수의 주변확률밀도함수를 구하여라.

(1) $f(x,y)=\begin{cases}2-x-y, & 0<x<1, 0<y<1\\ 0, & \text{기타}\end{cases}$

(2) $f(x,y)=\begin{cases}\frac{1}{2}xy, & 0<x<2, 0<y<2\\ 0, & \text{기타}\end{cases}$

풀이 (1) $f_X(x)=\int_0^1(2-x-y)dy=\frac{3}{2}-x\ (0<x<1)$

$f_Y(y)=\int_y^2(2-x-y)dx=\frac{3}{2}-y\ (0<y<1)$

(2) $f_X(x)=\int_0^2\frac{1}{2}xydy=x\ (0<x<2)$

$f_Y(y)=\int_0^2\frac{1}{2}xydx=y\ (0<y<2)$ ■

예제 10.12 $f(x,y)=\begin{cases}8xy, & 0\le y\le x\le 1\\ 0, & \text{기타}\end{cases}$ 일 때, (X, Y)의 주변확률밀도함수를 구하여라.

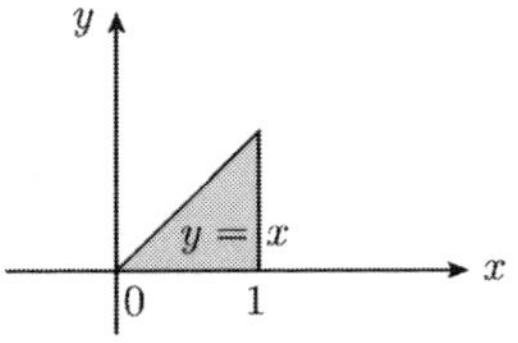

그림 10.7

$$f_X(x)=\begin{cases}\int_0^x 8xydy=4x^3, & 0\le x\le 1\\ 0, & x<0,\ x>1\end{cases}$$

$$f_Y(y)=\begin{cases}\int_y^1 8xydx=4y(1-y^2), & 0\le y<1\\ 0, & y<0,\ y>1\end{cases}$$

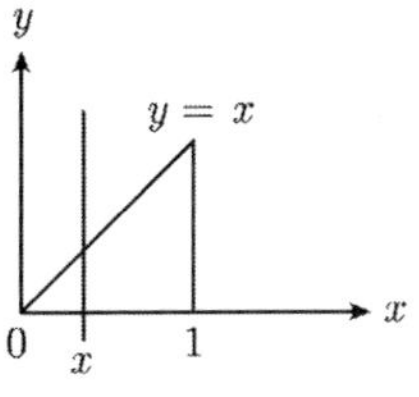

그림 10.8

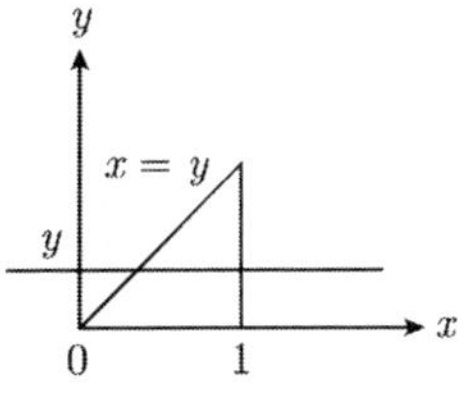

그림 10.9 ■

예제 10.13 $f(x,y)=e^{-(x+y)}$, $x>0, y>0$일 때, 다음 사상의 확률을 구하여라.

(1) $X<2$ (2) $X<Y$

(3) $X+Y<2$

풀이 (1) X에 관한 주변확률밀도함수를 구하면 $f_X(x)=\int_0^{\infty} e^{-(x+y)}dy=e^{-x}$, 따라서

$$P(X<2)=\int_0^2 e^{-x}dx=1-e^{-2}$$

$$(2)\ P(X<Y)=\int_0^{\infty}\int_x^{\infty} e^{-(x+y)}dydx=\int_0^{\infty} e^{-2x}dx=\frac{1}{2}$$

$$(3)\ P(X+Y<2)=\int_0^2\int_0^{2-x} e^{-(x+y)}dydx=\int_0^2 (e^{-x}-e^{-2})dx$$
$$=1-e^{-2}-2e^{-2}=1-3e^{-2}$$

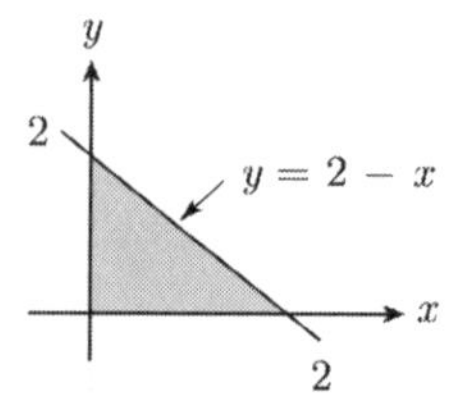

그림 10.10

■

예제 10.14 다음과 같은 결합확률밀도함수를 가지는 경우 $X\geq Y\geq 2$될 확률을 구하여라.

$$f(x,y)=\begin{cases} e^{-(x+y)}, & x,y\geq 0 \\ 0, & \text{기타} \end{cases}$$

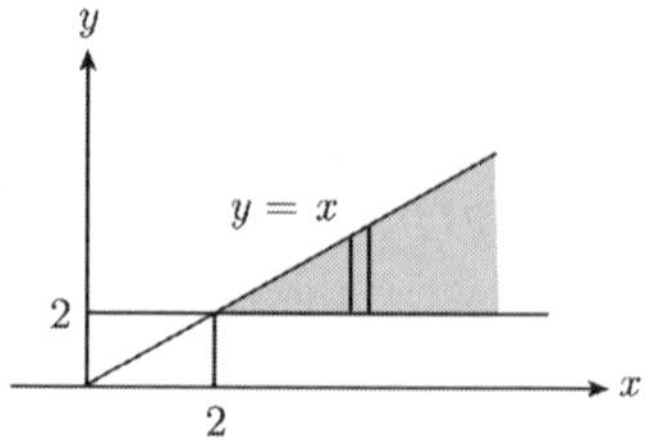

그림 10.11

$$P(X\geq Y\geq 2)=\int\int_{X\geq Y\geq 2} f(x,y)dxdy=\int_2^{\infty}\int_2^{x} e^{-x-y}dydx$$
$$=\int_2^{\infty} e^{-x}(e^{-2}-e^{-x})dx=e^{-4}-\frac{1}{2}e^{-4}=\frac{1}{2}e^{-4}$$

■

10.1 연습문제

1. 다음을 이중적분하여라.

(1) $\int_1^3 \int_0^1 (1+4xy)\,dx\,dy$

(2) $\int_0^{\pi/2} \int_0^{\pi/2} \sin x \cos y\, dy\,dx$

(3) $\int_1^4 \int_1^2 \left(\frac{x}{y}+\frac{y}{x}\right) dy\,dx$

(4) $\int_0^2 \int_0^{\pi} r\sin^2\theta\, d\theta\, dr$

2. 다음을 반복적분하여라.

(1) $\int_0^1 \int_0^{2x} (x+2y)\,dy\,dx$

(2) $\int_0^1 \int_0^{2y} (4x\sqrt{y}+y)\,dx\,dy$

(3) $\int_0^2 \int_0^{2y} e^{y^2}\,dx\,dy$

(4) $\int_1^4 \int_0^{1/x} \cos xy\, dy\,dx$

3. 다음 이중적분을 계산하여라.

(1) $\iint_R (x^2-2y)\,dy\,dx,\ R=\{(x,\ y)\mid 0\le x\le 2,\ -1\le y\le 1\}$

(2) $\iint_R 4xe^{2y}\,dy\,dx,\ R=\{(x,\ y)\mid 2\le x\le 4,\ 0\le y\le 1\}$

(3) $\iint_R (1-ye^{xy})\,dy\,dx,\ R=\{(x,\ y)\mid 0\le x\le 2,\ 0\le y\le 3\}$

4. 다음 반복적분을 계산하여라.

(1) $\int_0^1 \int_0^{2x} (x+2y)\,dy\,dx$

(2) $\int_0^2 \int_0^{y} 2e^{y^2}\,dx\,dy$

(3) $\int_0^1 \int_0^{x} 3xe^{x^3}\,dy\,dx$

5. 다음 이변수함수

$$f(x, y) = \begin{cases} xe^{-(x+xy)} & x, y > 0 \\ 0 & \text{기타} \end{cases}$$

에 대하여

(1) $f(x, y)$는 확률밀도함수임을 보여라.
(2) X, Y의 주변확률밀도함수를 구하여라.
(3) X, Y의 주변분포함수를 구하여라.
(4) X, Y의 결합분포함수를 구하여라.

6. 다음 결합확률밀도함수

$$f(x, y) = \begin{cases} cx^2y, & 0 < x < 2,\ 0 < y < 2 - x \\ 0, & \text{기타} \end{cases}$$

에 대하여

(1) $f(x, y)$가 결합확률밀도함수가 되기 위한 상수 c를 구하여라.
(2) X, Y의 주변확률밀도함수 $f_X(x), f_Y(y)$를 구하여라.
(3) $f(x, y) = f_X(x) f_Y(y)$가 성립하는지 조사하여라.

7. (X, Y)의 결합확률밀도함수가 $f(x, y) = k(xy^2 + e^x)$, $0 < x < 1$, $0 < y < 1$일 때,

(1) k의 값을 구하여라.
(2) X의 주변확률밀도함수 $f_X(x)$를 구하여라.
(3) X와 Y는 독립인가?

8. $f(x, y) = \begin{cases} \theta xy, & 0 < x < 1, 0 < y < 1 \\ 0, & \text{기타} \end{cases}$ 이라 하자.

(1) $f(x, y)$가 확률변수 X와 Y의 결합확률밀도함수일 때, θ의 값을 구하여라.
(2) $P(X \leq 0.5,\ Y \leq 0.5)$를 구하여라.

9. $f(x, y) = e^{-(x+y)}$ $(-\infty < x, y < \infty)$를 X와 Y의 결합확률밀도함수라 하자.

$P(1 < X \leq 2, 0 \leq Y \leq 2)$를 구하여라.

10.2 극좌표에서 이중적분

$\iint_R f(x, y)dx\,dy$를 계산할 때, 적분영역 R을 극좌표계로 변환하여 구하면 편리할 때가 종종 있다. 이러한 경우에는 직교좌표계와 극좌표계의 관계

$$x = r\cos\theta, y = r\sin\theta, r = x^2 + y^2, \theta = \tan^{-1}\frac{y}{x}$$

를 이용한다.

즉, 적분영역 R'에서의 중적분을 극좌표계로 변환하여 적분한 결과는 다음과 같다.

$$\iint_R f(x, y)dx\,dy = \iint_{R'} f(r\cos\theta, r\sin\theta)rdrd\theta$$

여기서 R'은 R에 일대일 대응을 이루는 극좌표계의 폐영역이다.

예제 10.15 원 $x^2 + y^2 = 1, x^2 + y^2 = 4$에 의해 둘러싸이고 x축 위쪽 반 평면에 있는 영역을 R이라 할 때 $\iint_R (3x + 4y^2)dxdy$를 계산하여라.

풀이

$$\iint_R (3x + 4y^2)dydx = \int_0^{\pi}\int_1^2 (3r\cos\theta + 4r^2\sin^2\theta\,)rdrd\theta$$

$$= \int_0^{\pi}(7\cos\theta + 15\sin^2\theta)d\theta = \frac{15\pi}{2}$$

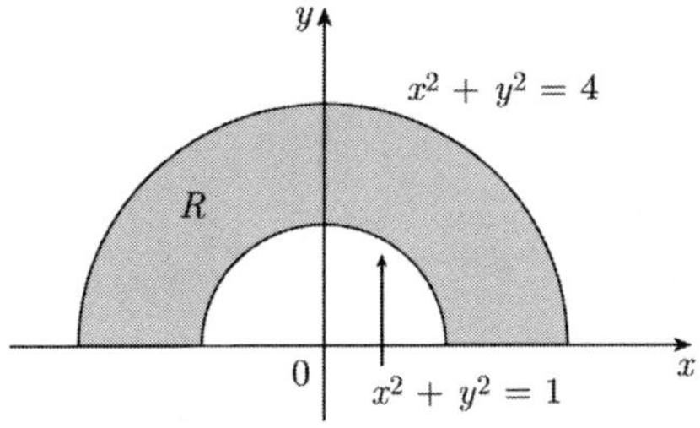

그림 10.12

■

예제 10.16 $x^2+y^2=1, x^2+y^2=9$로 둘러싸인 제1사분면 R에서 $\iint_R e^{x^2+y^2}dxdy$를 구하여라.

풀이 적분영역 R을 극좌표로 변형하면

$$R'=\left\{(r,\theta)|1 \le r \le 3, 0 \le \theta \le \frac{\pi}{2}\right\}$$

이고 $dxdy = rdrd\theta, x^2+y^2=r^2$이므로

$$\iint_R e^{x^2+y^2}dxdy = \iint_{R'} e^{r^2}rdrd\theta = \frac{1}{2}\int_0^{\frac{\pi}{2}}\int_1^3 2re^{r^2}drd\theta$$

$$= \frac{1}{2}\int_0^{\frac{\pi}{2}}(e^9-e)d\theta = \frac{\pi(e^9-e)}{4}$$

이다. ■

예제 10.17 정규분포 확률밀도함수 $f(x)=\frac{1}{\sqrt{2\pi}\,\sigma}e^{-(x-\mu)^2/2\sigma^2}$일 때, X는 정규분포를 따른다고 한다. $y=f(x)$ 아래의 면적이 1임을 보여라.

풀이 $I=\int_{-\infty}^{\infty}e^{-x^2}dx$이라면

$$I^2=\int_{-\infty}^{\infty}e^{-x^2}dx\int_{-\infty}^{\infty}e^{-y^2}dy=\int_{-\infty}^{\infty}\int_{-\infty}^{\infty}e^{-(x^2+y^2)}dxdy$$

$x=r\cos\theta$, $y=r\sin\theta$인 극좌표로 변수변환하면

$$I^2=\int_0^{2\pi}d\theta\int_0^{\infty}re^{-r^2}dr=\pi$$

따라서 $I=\int_{-\infty}^{\infty}e^{-x^2}dx=\sqrt{\pi}$

$y=\frac{x-\mu}{\sqrt{2}\,\sigma}$이라면, $dy=\frac{1}{\sqrt{2}\,\sigma}dx$, $dx=\sqrt{2}\,\sigma\, dy$ 이므로

$$\int_{-\infty}^{\infty}\frac{1}{\sqrt{2\pi}\,\sigma}e^{-(x-\mu)^2/2\sigma^2}dx=\int_{-\infty}^{\infty}\frac{1}{\sqrt{\pi}}e^{-y^2}dy=1$$

따라서 $f(x)$는 확률밀도함수이다. ■

예제 10.18 영역 R은 중심이 원점이고 반지름이 2인 원이다. $\iint_R (x^2+y^2+3)dydx$을 계산하여라.

풀이

$$\iint_R (x^2+y^2+3)dydx = \int_0^{2\pi}\int_0^2 (r^2+3)rdrd\theta = \int_0^{2\pi}\int_0^2 (r^3+3r)drd\theta$$

$$= \int_0^{2\pi}\left[(\frac{2^4}{4}+3\frac{2^2}{2}-0)\right]d\theta$$

$$= 10\int_0^{2\pi} d\theta = 20\pi$$

■

예제 10.19 xy평면 위의 원기둥 $x^2+y^2=4$의 외부와 포물면 $z=9-x^2-y^2$의 내부가 이루는 입체의 부피를 구하여라.

풀이

$$V=\iint_R (9-x^2-y^2)dydx = \int_0^{2\pi}\int_2^3 (9-r^2)rdrd\theta = \int_0^{2\pi}\int_2^3 (9r-r^3)drd\theta$$

$$=\frac{25}{2}\pi$$

■

예제 10.20 반복적분 $\int_{-1}^1\int_0^{\sqrt{1-x^2}} x^2(x^2+y^2)^2dydx$을 계산하여라.

풀이

$$\int_{-1}^1\int_0^{\sqrt{1-x^2}} x^2(x^2+y^2)^2dydx = \int\int_R x^2(x^2+y^2)^2dA = \int_0^{\pi}\int_0^1 r^7\cos^2\theta drd\theta$$

$$= \frac{1}{8}\int_0^{\pi}\frac{1}{2}(1+\cos 2\theta)d\theta = \frac{\pi}{16}$$

10.2 연습문제

1. 극 좌표계를 사용하여 이중적분을 계산하여라.

(1) R이 $x^2+y^2 \le 9$ 일 때, $\iint_R \sqrt{x^2+y^2}\,dA$

(2) R이 $x^2+y^2 \le 4$ 일 때, $\iint_R e^{-x^2-y^2}dA$

(3) R이 $r=2-\cos\theta$의 내부일 때, $\iint_R ydA$

(4) R이 $x^2+y^2=9$의 내부일 때, $\iint_R (x^2+y^2)dA$

2. 직교 좌표계를 극 좌표계로 변환하여 반복적분을 계산하여라.

(1) $\int_{-2}^{2}\int_{-\sqrt{4-x^2}}^{\sqrt{4-x^2}} \sqrt{x^2+y^2}\,dydx$

(2) $\int_{0}^{2}\int_{-\sqrt{4-x^2}}^{\sqrt{4-x^2}} e^{-x^2-y^2}dydx$

(3) $\int_{0}^{2}\int_{0}^{\sqrt{8-x^2}} (x^2+y^2)^{3/2}dydx$

(4) 작은 동물 종의 개체군 밀도가 $f(x,y)=20{,}000e^{-x^2-y^2}$일 때 영역 $x^2+y^2=1$에서 개체군수를 구하여라.

3. 적절한 좌표계를 사용하여 주어진 입체의 부피를 구하여라.

(1) $z=x^2+y^2$아래, $z=0$ 위, $x^2+y^2=9$내부.

(2) $z=\sqrt{x^2+y^2}$ 아래, $z=0$ 위, $x^2+y^2=4$내부.

10.3 삼중적분

10.3.1 삼중적분

중적분의 개념을 삼중적분으로 일반화할 수 있다. 이제 $\mu = f(x, y, z)$가 공간상의 직육면체 B에서 x, y, z 각각에 대하여 연속이라 하자.

그리고 직육면체 $B = \{(x, y, z) \mid a \le x \le b, c \le y \le d, r \le z \le s\}$를 x, y, z축 방향으로 각각 l, m, n개로 분할하여 만들어지는 부분 직육면체를 $B_{ijk} = [x_{i-1}, x_i] \times [y_{j-1}, y_j] \times [z_{k-1}, z_k]$라고 하면 직육면체 B는 lmn개의 작은 직육면체들로 분할된다(그림 10.13 참조).

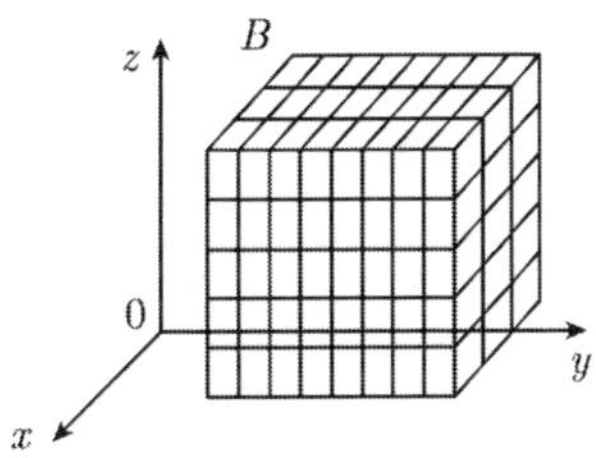

그림 10.13(a)

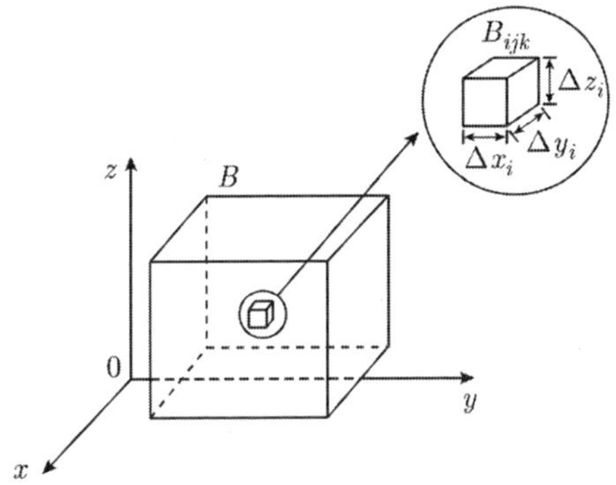

그림 10.13(b)

이때 B_{ijk}의 부피는 $\Delta V_{ijk} = \Delta x_i \Delta y_j \Delta z_k$이다.

이제 B_{ijk} 내부의 임의의 점 $(x_{ijk}{}^*, y_{ijk}{}^*, z_{ijk}{}^*)$에 대한

$$\sum_{i=1}^{l} \sum_{j=1}^{m} \sum_{k=1}^{n} f(x_{ijk}{}^*, y_{ijk}{}^*, z_{ijk}{}^*)\Delta V$$

에 대하여 $l, m, n \to \infty$일 때, 유한 확정값에 수렴한다면 그 수렴값을 삼중적분(triple integral)이라 한다. 즉,

$$\iiint_B f(x, y, z)dV = \iiint_B f(x, y, z)\,dxdydz$$

$$= \lim_{l, m, n \to \infty} \sum_{i=1}^{l} \sum_{j=1}^{m} \sum_{k=1}^{n} f(x_i{}^*, y_j{}^*, z_k{}^*)\Delta V_{ijk}$$

그리고 이러한 삼중적분의 계산도 역시 이중적분의 계산 방법을 따른다.

중적분과 같이 삼중적분을 계산하는 실제적인 방법은 다음과 같이 삼중적분을 반복적분으로 표현하는 것이다.

> f가 $B=[a,\ b]\times[c,\ d]\times[r,\ s]$ 위에서 적분 가능한 경우,
>
> $$\iiint_B f(x,\ y,\ z)dV=\int_r^s\int_c^d\int_a^b f(x,\ y,\ y)\,dx\,dy\,dz$$

예제 10.21 $B=\{(x,y,z)\mid 0\le x\le 1,\ -1\le y\le 2, 0\le z\le 3\}$일 때 $\iiint_B xyz^2dxdydz$를 계산하여라.

풀이 $\int_0^3\int_{-1}^2\int_0^1 xyz^2dxdydz=\int_0^3\frac{3z^2}{4}dz=\frac{27}{4}$ ■

예제 10.22 $Q=\{(x,y,z)|1\le x\le 2, 0\le y\le 1, 0\le z\le \pi\}$에서 삼중적분 $\iiint_Q 2xe^y\sin z\,dxdydz$을 계산하여라.

풀이 $$\int_0^\pi\int_0^1\int_1^2 2xe^y\sin z dxdydz=3\int_0^\pi\int_0^1 e^y\sin z\,x^2|_{x=1}^{x=2}dydz=3\int_0^\pi e^y\sin z|_{y=0}^{y=1}dz$$

$$=3(e-1)\int_0^\pi \sin z dz=3(e^1-1)(-\cos z)|_{z=0}^{z=\pi}$$

$$=3(e-1)(-\cos\pi+\cos 0)=6(e-1)$$ ■

10.3.2 3차원 확률변수 $(X,\ Y,Z)$의 연속결합확률분포

분포함수 $F(x,y,z)$를 3차원 확률변수 $(X,\ Y,Z)$에 대하여

$$F(x,y,z)=P(X\le x,\ Y\le y,Z\le z)=\int_{-\infty}^x\int_{-\infty}^y\int_{-\infty}^z f(x,y,z)dzdydx$$

를 만족하는 음이 아닌 함수 $f(x,y,z)$가 존재할 때, 3차원 확률변수 $(X,\ Y,Z)$를 연속형 3차원 확률변수라 하고, 함수 $f(x,y,z)$를 $(X,\ Y,Z)$의 결합확률밀도함수라 한다.

연속형 확률변수 $(X,\ Y,Z)$에 대하여 다음과 같은 성질을 살펴볼 수 있다.

(1) $\int_{-\infty}^{\infty}\int_{-\infty}^{\infty}\int_{-\infty}^{\infty} f(x,y,z)dzdydx = 1$

(2) $F(x,y,z)$가 (x,y,z)에서 연속이면, $\dfrac{\partial^3 F(x,y,z)}{\partial x \partial y \partial z} = f(x,y,z)$이다.

(3) 연속확률변수 X와 Y와 Z에 대하여

$A = \{(x,y,z) | a \le x \le b, c \le y \le d, e \le z \le f\}$이라 할 때

$P[(X, Y, Z) \in A] = \iiint_A f(x,y,z)dzdydx = \int_a^b \int_c^d \int_e^f f(x,y,z)dzdydx$이다.

(4) $f_X(x) = \int_{\infty}^{\infty}\int_{-\infty}^{\infty} f(x,y,z)dzdy$와 $f_Y(y) = \int_{-\infty}^{\infty}\int_{\infty}^{\infty} f(x,y,z)dzdx$이고

$f_Z(z) = \int_{-\infty}^{\infty}\int_{\infty}^{\infty} f(x,y,z)dydx$ $f_X(x)$와 $f_Y(y)$와 $f_Z(z)$를 각각 X와 Y와 Z의 주변확률밀도함수라 한다.

(5) X와 Y의 주변분포함수(marginal distribution function)는 각각 다음과 같이 정의된다.

$$F_{XY}(x,y) = \int_{-\infty}^{x}\int_{-\infty}^{y} f_{XY}(x,y)dydx = \int_{-\infty}^{x}\int_{-\infty}^{y}\int_{-\infty}^{\infty} f(x,y,z)dzdydx$$

(6) X와 Z의 주변분포함수(marginal distribution function)는 각각 다음과 같이 정의된다.

$$F_{XZ}(x,z) = \int_{-\infty}^{x}\int_{-\infty}^{z} f_{XZ}(x,z)dzdx = \int_{-\infty}^{x}\int_{-\infty}^{z}\int_{-\infty}^{\infty} f(x,y,z)dydzdx$$

(7) Y와 Z의 주변분포함수(marginal distribution function)는 각각 다음과 같이 정의된다.

$$F_{YZ}(y,z) = \int_{-\infty}^{y}\int_{-\infty}^{z} f_{YZ}(y,z)dzdy = \int_{-\infty}^{y}\int_{-\infty}^{z}\int_{-\infty}^{\infty} f(x,y,z)dxdzdy$$

예제 10.23 확률변수들 X, Y, Z의 결합확률밀도함수가 아래와 같이 정의된다고 하자.

$$f(x,y,z) = \begin{cases} e^{-(x+y+z)}, & 0 < x,y,z < \infty \\ 0, & \text{기타} \end{cases}$$

(1) (X, Y, Z)의 결합분포함수 $F(x,y,z)$를 구하여라.

(2) (X, Y)의 결합밀도함수 $f_{XY}(x,y)$를 구하여라.

(3) (X, Y)의 주변분포함수 $F_{XY}(x,y)$를 구하여라.

풀이

(1) $F(x,y,z) = \int_0^x \int_0^y \int_0^z f(x,y,z)dzdydx = \int_0^x \int_0^y \int_0^z e^{-x}e^{-y}e^{-z}dzdydx$

$= (1-e^{-x})(1-e^{-y})(1-e^{-z})$

(2) $f_{XY}(x,y) = \int_0^\infty e^{-x}e^{-y}e^{-z}dz = e^{-(x+y)}$

(3) $F_{XY}(x,y) = \int_0^x \int_0^y f_{XY}(x,y)dydx$

$= \int_0^x \int_0^y \int_0^\infty f(x,y,z)\,dzdydz = (1-e^{-x})(1-e^{-y})$

예제 10.24 확률변수들 X, Y, Z의 결합확률밀도함수가 아래와 같이 정의된다고 하자.

$$f(x,y,z) = \frac{x+y+1}{2}, 0 < x < 1, 0 < y < 1, 0 < z < 1$$

(1) (X, Y)의 주변확률밀도함수를 구하여라.
(2) (X, Z)의 주변확률밀도함수를 구하여라.
(3) Z의 확률밀도함수를 구하여라.
(4) X의 확률밀도함수를 구하여라.

풀이

(1) $f_{XY}(x,y) = \int_0^1 \frac{x+y+1}{2}dz = \frac{x+y+1}{2}, 0 < x < 1, 0 < y < 1$

(2) $f_{XZ}(x,z) = \int_0^1 \frac{x+y+1}{2}dy = \frac{2x+3}{4}, 0 < x < 1, 0 < z < 1$

(3) $f_Z(z) = \int_0^1 f(x,z)dx = \int_0^1 \frac{2x+3}{4}dx = 1,\ 0 < z < 1$

(4) $f_X(x) = \int_0^1 f(x,z)dz = \int_0^1 \frac{2x+3}{4}dz = \frac{2x+3}{4}, 0 < x < 1$

10.3 연습문제

1. 삼중적분 $\iiint_B f(x, y, z)dV$을 계산하여라.

(1) $f(x, y, z,) = 2x + y - z$

$$B = \left\{ \begin{matrix} (x, y, z) | 0 \le x \le 2, \\ -2 \le y \le 2, 0 \le z \le 2 \end{matrix} \right\}$$

(2) $f(x, y, z,) = \sqrt{y} - 3z^2$

$$B = \left\{ \begin{matrix} (x, y, z) | 2 \le x \le 3, 0 \le y \le 1, \\ -1 \le z \le 1 \end{matrix} \right\}$$

2. 다음을 삼중적분하여라.

(1) $\int_0^1 \int_0^z \int_0^{x+z} 6xz \, dydxdz$

(2) $\int_0^3 \int_0^1 \int_0^{\sqrt{1-z^2}} ze^y \, dxdzdy$

(3) $\int_0^{\pi/2} \int_0^y \int_0^x \cos(x+y+z) \, dzdxdy$

3. 다음을 삼중적분하여라.

(1) $\iiint_E 2x \, dzdxdy$

$$E = \left\{ \begin{matrix} (x,y,z) \mid 0 \le y \le 2, 0 \le x \le \sqrt{4-y^2} \\ , 0 \le z \le y \end{matrix} \right\}$$

(2) $\iiint_E 6xy \, dV$, E는 곡선 $y = \sqrt{x}$와 $y = 0$, $x = 1$에 의해

둘러싸인 xy평면의 위와 평면 $z = 1 + x + y$ 아래에 놓여 있는 부분

4. 좌표평면과 평면 $2x + y + z = 4$에 의하여 둘러싸인 사면체의 부피를 구하여라.

5. 적분값을 구하여라.

(1) $\int_0^1 \int_0^1 \int_0^1 (x^2 + y^2 + z^2) \, dzdydx$

(2) $\int_1^e \int_1^e \int_1^e \frac{1}{xyz} dxdydz$

(3) $\int_0^1 \int_0^\pi \int_0^\pi y\sin z\, dxdydz$

(4) $\int_0^3 \int_0^{\sqrt{9-x^2}} \int_0^{\sqrt{9-x^2}} dzdydx$

(5) $\int_0^1 \int_0^{2-x} \int_0^{2-x-y} dzdydx$

(6) $\int_0^\pi \int_0^\pi \int_0^\pi \cos(u+v+w)\, dudvdw$

(7) $\int_1^e \int_1^e \int_1^e \ln r \ln s \ln t\, dtdrds$

6. 확률변수들 X, Y, Z의 결합확률밀도함수가 아래와 같이 정의된다고 하자.

$$f(x, y, z) = \begin{cases} e^{-(x+y+z)}, & 0 < x, y, z < \infty \\ 0, & \text{기타} \end{cases}$$

(1) (X, Z)의 결합밀도함수 $f_{XZ}(x, z)$를 구하여라.

(2) (X, Z)의 주변분포함수 $F_{XZ}(x, z)$를 구하여라.

(3) (Y, Z)의 주변분포함수 $F_{YZ}(y, z)$를 구하여라.

7. 확률변수들 X, Y, Z의 결합확률밀도함수가 아래와 같이 정의된다고 하자.

$$f(x, y, z) = \frac{x+y+1}{2}, 0 < x < 1, 0 < y < 1, 0 < z < 1$$

(1) (Y, Z)의 주변확률밀도함수를 구하여라.

(2) (X, Z)의 주변분포함수를 구하여라.

(3) Y의 확률밀도함수를 구하여라.

(4) X, Y, Z는 독립인지를 판정하여라.

8. X, Y, Z의 결합밀도함수는 다음과 같다.

$$f(x, y, z) = \begin{cases} kxy^2z, & 0 < x, y < 1, 0 < z < 2 \\ 0, & \text{다른곳에서} \end{cases}$$

(1) k를 구하라.

(2) $P\left(X < \frac{1}{4},\ Y > \frac{1}{2},\ 1 < Z < 2\right)$를 구하라.

10.4 확률밀도함수의 변수변환

연속확률변수 X의 함수 $Y=g(x)$가 연속이면 Y도 확률변수이다. 여기서 새로운 확률변수 Y의 분포함수 및 확률밀도함수에 대하여 알아보자.

10.4.1 분포함수를 이용하는 방법

X가 연속형 확률변수이라면 X의 함수, 즉, $Y=g(X)$도 확률변수이므로 그것의 확률분포를 가져야 할 것이다. Y의 분포함수가

$$F(y)=P(Y\le y)=P[g(X)\le y]$$

으로 주어지면 확률밀도함수는 $f(y)=F'(y)$이다. 이러한 분포함수기법(distribution function technique)이 다음의 두 예제에 의해 설명된다.

예제 10.25 X의 확률밀도함수가 $f_X(x)=2(1-x),\ 0\le x\le 1$일 때, $Y=3X-1$의 확률밀도함수를 구하여라.

풀이 $P(X\le x)=\int_0^x f(t)dt=\int_0^x 2(1-t)dt=2x-x^2$

$$P(Y\le y)=P(3X-1\le y)=P\left(X\le \frac{y+1}{3}\right)$$
$$=2\left(\frac{y+1}{3}\right)-\left(\frac{y+1}{3}\right)^2=\frac{(y+1)(5-y)}{3}$$

따라서 $f_Y(y)=\frac{d}{dy}\frac{(y+1)(5-y)}{3}=-\frac{2}{3}y+\frac{4}{3}$이고 y의 범위는 $0\le x=\frac{y+1}{3}\le 1$이므로 $-1\le y\le 2$이다. ■

예제 10.26 확률변수 X가 $f_X(x)=\frac{1}{2},\ -1<x<1$일 때, $Y=X^2$의 분포함수를 구하여라.

풀이 $-1<x<1$일 때 $0<y<1$이다.

$$P(Y\le y)=P(X^2\le Y)=P(-\sqrt{y}\le X\le\sqrt{y})=\int_{-\sqrt{y}}^{\sqrt{y}}\frac{1}{2}dx=\sqrt{y},\ 0<y<1$$

따라서 $F_Y(y)=\sqrt{y}$, Y의 밀도함수는 $f_Y(x)=\frac{1}{2\sqrt{y}},\ 0<y<1$이다. ■

10.4.2 변수변환에 의한 방법

X는 $f_X(x)$인 연속형 확률변수이고 $f_X(x)$의 정의역에서 단조증가 또는 단조감소일 때 $y=g(x)$를 x에 대하여 풀면 $x=w(y)$ 밀도함수는 다음과 같다.

$$f_Y(y)=f(w(y))|J|$$

여기서 $J=w'(y)$이다.

예제 10.27 확률변수 X가 $f_X(x)=\frac{1}{6}$, $1 \le x \le 7$일 때, $Y=2X^2$의 확률밀도함수를 구하여라.

풀이 $2x^2=y$, $x=\frac{\sqrt{y}}{\sqrt{2}}$, $|J|=\left|\frac{dx}{dy}\right|=\left|\frac{1}{\sqrt{2}\,2\sqrt{y}}\right|=\frac{1}{2\sqrt{2y}}$

$f_Y(y)=\frac{1}{6}|J|=\frac{1}{12\sqrt{2y}}$, $2 \le y \le 98$이다. ■

예제 10.28 확률변수 X가 $f_X(x)=2x$, $0<x<1$일 때, 확률변수 $Y=8X^3$의 확률밀도함수를 구하여라.

풀이 $y=8x^3$, $x=\frac{y^{1/3}}{2}$, $0<y<8$, $|J|=\frac{y^{-2/3}}{6}$

그러므로 $f_Y(y)=f\left(\frac{y^{1/3}}{2}\right)|J|=2\left(\frac{y^{1/3}}{2}\right)\left(\frac{y^{-2/3}}{6}\right)=\frac{1}{6}y^{-1/3}$, $0<y<8$ ■

10.4.3 결합확률밀도함수의 변수변환

확률변수 X과 Y의 결합확률밀도함수가 $f(x,y)$이고 $U=u_1(X, Y)$, $V=u_2(X, Y)$로 정해지는 확률변수 U, V의 결합확률밀도함수는 $g(u,v)=f(w_1(u, v), w_2(u, v))|J|$가 된다. 여기서 $u=u_1(x,y)$, $v=u_2(x,y)$를 x, y에 대하여 풀면 $x=w_1(u,v)$, $y=w_2(u,v)$이고,

$$J=\begin{vmatrix} \frac{\partial x}{\partial u} & \frac{\partial x}{\partial v} \\ \frac{\partial y}{\partial u} & \frac{\partial y}{\partial v} \end{vmatrix}$$

이다.

예제 10.29 X, Y의 결합밀도함수 $f(x,y)=\begin{cases}24xy, & 0\le x\le 1,\ 0\le y\le 1,\ x+y\le 1\\ 0, & \text{기타}\end{cases}$

일 때, $u=x, v=x+y$이라 하고

(1) u, v의 결합밀도함수 $g(u,v)$를 구하여라.

(2) v의 주변밀도함수 $g(v)$를 구하여라.

풀이 (1) $u=x, v=x+y$에서 $x=u,\ y=v-u,\ 0<u<v, 0<v<1,\ J=\begin{vmatrix}1 & 0\\ -1 & 1\end{vmatrix}=1$

$$g(u,v)=f(u,v-u)|J|=24u(v-u),\ 0<u<v,\ 0<v<1$$

(2) $g(v)=\int_0^v 24u(v-u)du=4v^3,\ 0<v<1$ ■

예제 10.30 X, Y가 $N(0,1)$에서 추출된 확률표본 $\frac{X}{Y}$의 확률밀도함수를 구하여라.

풀이 (X, Y)의 결합밀도함수 $f(x,y)=\frac{1}{2\pi}\exp\left(-\frac{x^2+y^2}{2}\right)$

$v=\frac{x}{y}$, $u=y$이라면 $x=uv, y=u$이므로, $J=\begin{vmatrix}v & u\\ 1 & 0\end{vmatrix}=-u$이므로 (u,v)의 결합확률밀도함수 $g(u,v)=\frac{1}{2\pi}\exp\left(-\frac{u^2v^2+u^2}{2}\right)|u|$

따라서 V의 확률밀도함수 $h(v)$는

$$h(v)=\frac{1}{2\pi}\int_{-\infty}^{\infty}\exp\left(-\frac{v^2+1}{2}u^2\right)|u|du=\frac{2}{2\pi}\int_0^{\infty}\exp\left(-\frac{v^2+1}{2}u^2\right)udu$$

$$=\frac{1}{\pi}\left[-\frac{1}{v^2+1}\exp\left(-\frac{v^2+1}{2}u^2\right)\right]_0^{\infty}=\frac{1}{\pi}\left(\frac{1}{v^2+1}\right),\quad -\infty<v<\infty$$ ■

10.4 연습문제

1. X의 확률밀도함수가 다음과 같이 주어졌다.

$$f_X(x) = 2(1-x),\ 0 \le x \le 1$$

(1) $Y = 2X - 1$의 확률밀도함수를 구하여라.

(2) $Y = 1 - 2X$의 확률밀도함수를 구하여라.

(3) $Y = X^2$의 확률밀도함수를 구하여라.

2. $f_X(x) = e^{-x},\ x \ge 0$일 때, $Y = \ln X$의 확률밀도함수를 구하여라.

3. 다음에 주어진 확률밀도함수에 대하여 $Y = e^X$의 확률밀도함수를 구하여라.

$$f_X(x) = 2e^{-2x}\ (0 < x < \infty)$$

4. 확률변수 X가 평균 1인 지수분포 $f_X(x) = e^{-x}$를 따를 때 $Y = \sqrt{X}$의 확률밀도함수를 구하여라.

5. X는 다음과 같은 확률분포를 따르는 확률변수이다.

$$f_X(x) = \begin{cases} \dfrac{1+x}{2}, & -1 < x < 1 \\ 0, & \text{기타} \end{cases}$$

확률변수 $Y = X^2$의 확률분포를 구하여라.

6. 확률밀도함수 $f_X(x) = \dfrac{1}{\pi}\dfrac{1}{1+x^2},\ -\infty < x < \infty$에 대하여 $Y = X^2$의 확률밀도함수를 구하여라.

7. 임의의 양수 λ에 대하여 확률밀도함수 $f_X(x) = \lambda e^{-\lambda x},\ x > 0$를 생각하자.

(1) $Y = \dfrac{1}{X+1}$의 확률밀도함수와 분포함수를 구하여라.

(2) $Y = X^2$의 확률밀도함수를 구하여라.

(3) $Y = 1 - e^{-\lambda X}$의 확률밀도함수를 구하여라.

(4) $Y = \dfrac{1}{\sqrt{X}}$의 확률밀도함수를 구하여라.

8. 확률밀도함수 $f(z) = \frac{1}{\sqrt{2\pi}} e^{-\frac{z^2}{2}}, -\infty < z < \infty$에 대하여

(1) $Y = \frac{1}{3} Z^2$의 확률밀도함수를 구하여라.

(2) $X = \sigma Z + \mu$의 확률밀도함수를 구하여라. 단, $\sigma > 0, -\infty < \mu < \infty$이다.

9. 2변수의 확률변수 (X, Y)의 확률밀도함수가

$$f(x, y) = \frac{1}{2\pi} e^{-(1/2)(x^2+y^2)}, \quad -\infty < x, y < \infty$$

로 주어질 때, 다음 식으로 주어지는 확률변수 (Z, W)의 확률밀도함수를 구하여라.

$$Z = X + Y, \ W = X - Y$$

10. X, Y가 독립이고, 각 확률밀도함수가

$$f_X(x) = e^{-x} (x > 0), \quad f_Y(y) = e^{-y} (y > 0)$$

일 때 $Z = Y/X$의 확률밀도함수를 구하여라.

11. X와 Y가 서로 독립이고 평균이 1인 지수분포 $f(x) = e^{-x}$를 따를 때 다음의 분포를 구하여라. $(u > 0, 0 < v < 1)$

$$U = X + Y$$
$$V = X/(X + Y)$$

12. 주어진 변환 식의 자코비안을 구하여라.

(1) $x = ue^v, y = ue^{-v}$

(2) $x = u/v, y = v^2$

(3) $x = 5u - v, y = u + 3v$

(4) $x = \frac{u}{u+v}, v = \frac{u}{u-v}$

(5) $x = uv, \ y = vw, \ z = uw$

연습문제 해답

제1장 함수

연습문제 1.1

1.

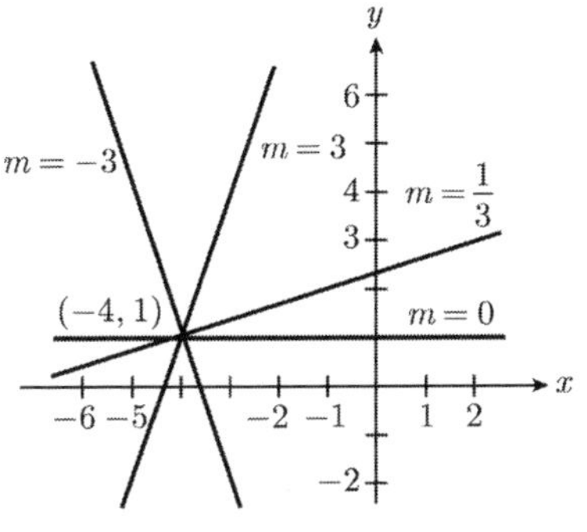

2. $m = \dfrac{-2-(-2)}{4-3} = 0$

3. (1) $6x-5y = 15$

$y = \dfrac{6}{5}x-3$

그러므로 기울기 $\dfrac{6}{5}$이고 y의 절편은 $(0, -3)$이다.

(2) $y = -1$

기울기 $m = 0$이고 y의 절편은 $(0, -1)$

4. (1) $m = \dfrac{4-(-4)}{1-(-3)} = \dfrac{8}{4} = 2$

$y-4 = 2(x-1) = 2x-2$

$0 = 2x-y+2$

(2) $m = 0$

$y = -2$

$y+2 = 0$

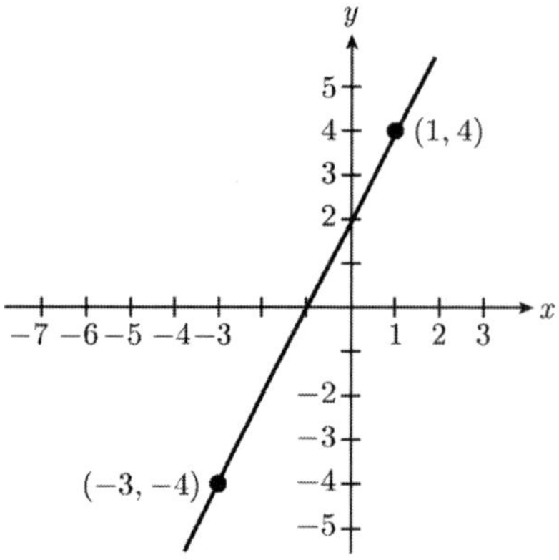

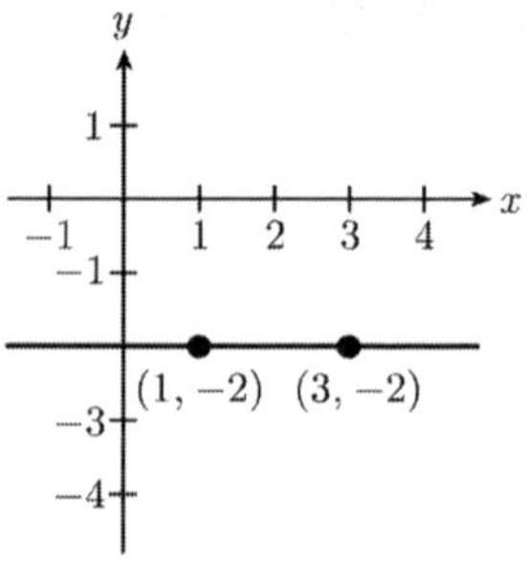

(3) $m = \dfrac{\left(\frac{3}{4}\right)-\left(-\frac{1}{4}\right)}{\left(\frac{7}{8}\right)-\left(\frac{5}{4}\right)} = \dfrac{1}{-\frac{3}{8}} = -\dfrac{8}{3}$

$y+\frac{1}{4} = -\frac{8}{3}\left(x-\frac{5}{4}\right)$

$12y+3 = -32x+40$

$32x+12y-37 = 0$

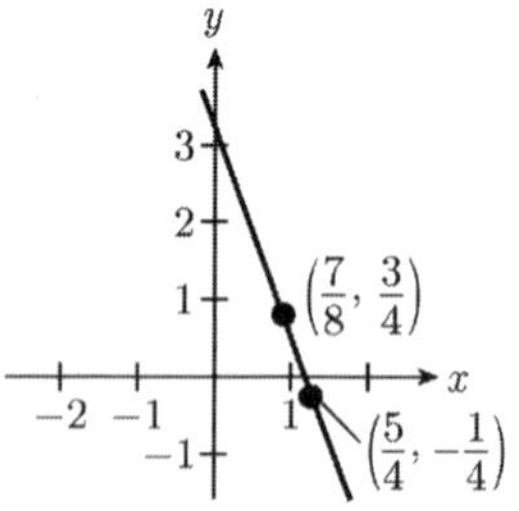

5. (1) $3x+4y = 7$

$y = -\frac{3}{4}x+\frac{7}{4}$

$m = -\frac{3}{4}$

(a) $y-4 = -\frac{3}{4}(x+6)$

$4y-16 = -3x-18$

$3x+4y+2 = 0$

(b) $y-4 = \frac{4}{3}(x+6)$

$3y-12 = 4x+24$

$4x-3y+36 = 0$

(2) (a) $y = 0$

(b) $x = -1 \Rightarrow x+1 = 0$

6. $k=1$일 때 $A(1,1)$, $B(1,-1)$, $C(0,5)$이므로 주어진 세 점을 지나는 직선은 없다.
$k\neq 1$일 때, 두 점 A, B를 지나는 직선의 방정식은

$$y-k=\frac{(k-2)-k}{k-1}(x-1)=\frac{-2}{k-1}(x-1)$$

이 직선 위에 점 $C(-k+1,k+4)$가 있으므로 대입하면

$$k+4-k=\frac{-2}{k-1}(-k+1-1)$$

$$k=2$$

연습문제 1.2

1. (1) (a) $f(-2)=\sqrt{-2+3}=\sqrt{1}=1$

(b) $f(6)=\sqrt{6+3}=\sqrt{9}=3$

(c) $f(-5)=\sqrt{-5+3}=\sqrt{-2}=\sqrt{2}i$

(d) $f(x+\Delta x)=\sqrt{x+\Delta x+3}$

(2) (a) $f(\pi)=\sin\pi=0$

(b) $f\left(\frac{5}{4}\pi\right)=\sin\left(\frac{5}{4}\pi\right)=-\frac{\sqrt{2}}{2}$

(c) $f\left(\frac{2}{3}\pi\right)=\sin\left(\frac{2}{3}\pi\right)=\frac{\sqrt{3}}{2}$

(3) (a) $\dfrac{f(x)-f(1)}{x-1}=\dfrac{x^3-x-0}{x-1}=\dfrac{x(x+1)(x-1)}{x-1}=x(x+1),\ x\neq 1$

(b)
$$\begin{aligned}\frac{f(x+\Delta x)-f(x)}{\Delta x}&=\frac{(x+\Delta x)^3-(x+\Delta x)-(x^3-x)}{\Delta x}\\&=\frac{x^3+3x^2\Delta x+3x(\Delta x)^2+(\Delta x)^3-x-\Delta x-x^3+x}{\Delta x}\\&=\frac{3x^2\Delta x+3x(\Delta x)^2-\Delta x+(\Delta x)^3}{\Delta x}\\&=3x^2-1+3x\Delta x+(\Delta x)^2\end{aligned}$$

2. (1) 정의역 : $(-\infty,\infty)$
치역 : $[-5,\infty)$

(2) 정의역 : $t\neq k\pi$, k는 정수
치역 : $(-\infty,\infty)$

(3) 정의역 : $(-\infty,1]\cup[1,\infty)$
치역 : $(-\infty,0)\cup(0,\infty)$

3. (1) $x^2-3x+2 \geq 0$

$(x-2)(x-1) \geq 0$

$x \geq 2$ or $x \leq 1$

(2) $x \neq \dfrac{\pi}{6}+2n\pi$, $\dfrac{5}{6}\pi+2n\pi$, n은 정수

(3) $x \neq \pm 2$

4. $f(x) = \sin x$, $g(x) = \pi x$

(1) $f(g(2)) = f(2\pi) = \sin(2\pi) = 0$

(2) $f\left(g\left(\dfrac{1}{2}\right)\right) = f\left(\dfrac{\pi}{2}\right) = \sin\left(\dfrac{\pi}{2}\right) = 1$

(3) $g(f(0)) = g(0) = 0$

(4) $g\left(f\left(\dfrac{\pi}{4}\right)\right) = g\left(\sin\left(\dfrac{\pi}{4}\right)\right) = g\left(\dfrac{\sqrt{2}}{2}\right) = \pi\left(\dfrac{\sqrt{2}}{2}\right) = \dfrac{\pi\sqrt{2}}{2}$

(5) $f(g(x)) = f(\pi x) = \sin(\pi x)$

(6) $g(f(x)) = g(\sin x) = \pi \sin x$

연습문제 1.3

1. (1) $f(x) = 3x = y$

$x = \dfrac{y}{3}$

$y = \dfrac{x}{3}$

$f^{-1}(x) = \dfrac{x}{3}$

(2) $f(x) = x^3-1 = y$

$x = \sqrt[3]{y+1}$

$y = \sqrt[3]{x+1}$

$f^{-1}(x) = \sqrt[3]{x+1}$

(3) $f(x) = x^2 = y$, $0 \leq x$

$x = \sqrt{y}$

$y = \sqrt{x}$

$f^{-1}(x) = \sqrt{x}$

(4) $f(x) = \sqrt{x^2-4} = y$, $x \geq 2$

$x = \sqrt{y^2+4}$

$y = \sqrt{x^2+4}$

$f^{-1}(x) = \sqrt{x^2+4}$, $x \geq 0$

2. (1) $f(x) = 2x^5+x^3+1$

$f(-1) = -2 = a \Rightarrow f^{-1}(-2) = -1$

(2) $f(x) = \cos 2x$

$f(0) = 1 = a \Rightarrow f^{-1}(1) = 0$

(3) $f(x) = \sqrt{x-4}$

$f(8) = 2 = a \Rightarrow f^{-1}(2) = 8$

3. (1) $\arcsin\frac{1}{2}=\frac{\pi}{6}$

(2) $\arcsin 0=0$

(3) $\arccos\frac{1}{2}=\frac{\pi}{3}$

(4) $\arccos 0=\frac{\pi}{2}$

(5) $\arctan\frac{\sqrt{3}}{3}=\frac{\pi}{6}$

(6) $\operatorname{arc}\cot(-\sqrt{3})=-\frac{1}{6}\pi$

(7) $\operatorname{arc}csc(-\sqrt{2})=-\frac{\pi}{4}$

(8) $\arccos\left(-\frac{\sqrt{3}}{2}\right)=\frac{5}{6}\pi$

4. (1) $\sin\left(\arcsin\frac{1}{2}\right)=\sin\left(\frac{\pi}{6}\right)=\frac{1}{2}$

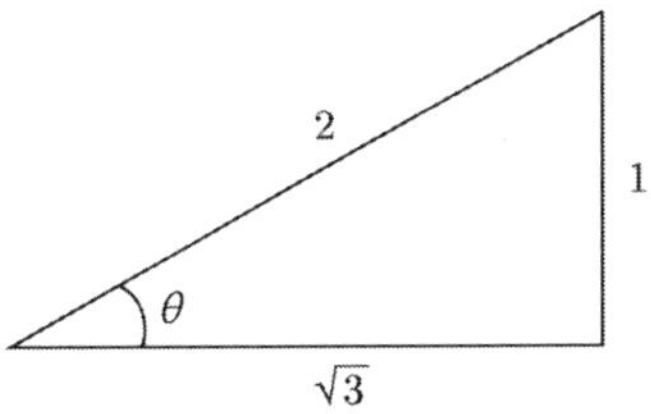

(2) $\cos\left(\arcsin\frac{1}{2}\right)=\cos\left(\frac{\pi}{6}\right)=\frac{\sqrt{3}}{2}$

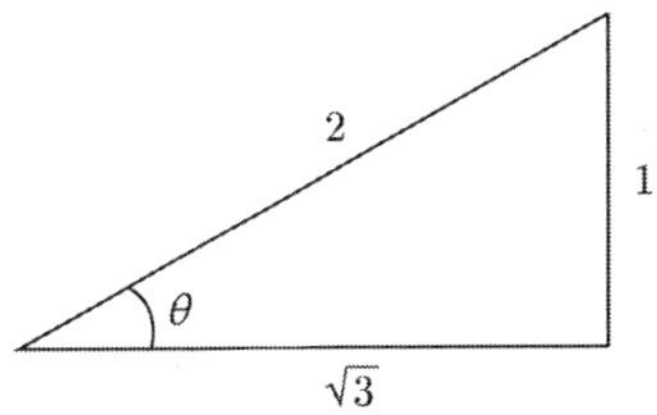

(3) $\tan\left(\arccos\frac{\sqrt{2}}{2}\right)=\tan\left(\frac{\pi}{4}\right)=1$

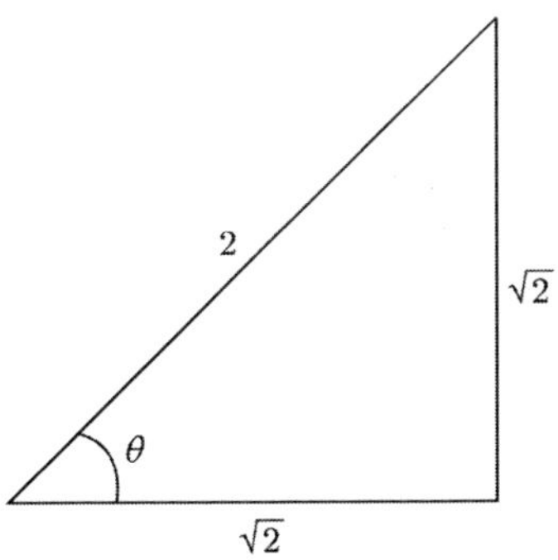

(4) $\cos\left(\arcsin\frac{5}{13}\right)=\frac{12}{13}$

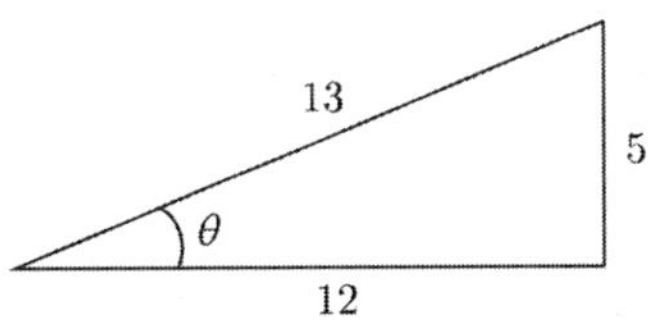

(5) $\sin\left(\arctan\frac{3}{4}\right)=\frac{3}{5}$

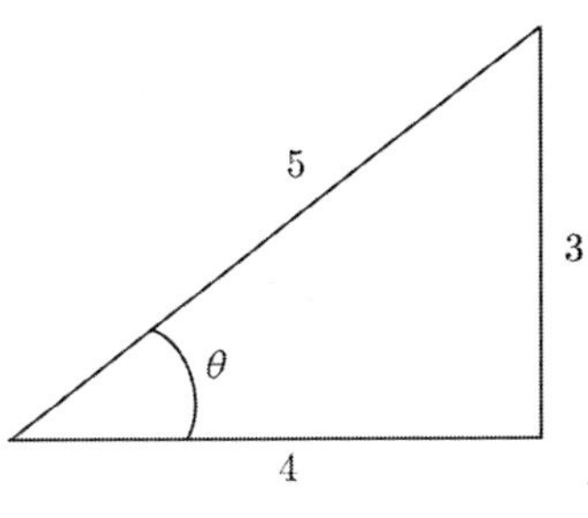

(6) $\sec\left(\arcsin\frac{4}{5}\right)=\frac{5}{3}$

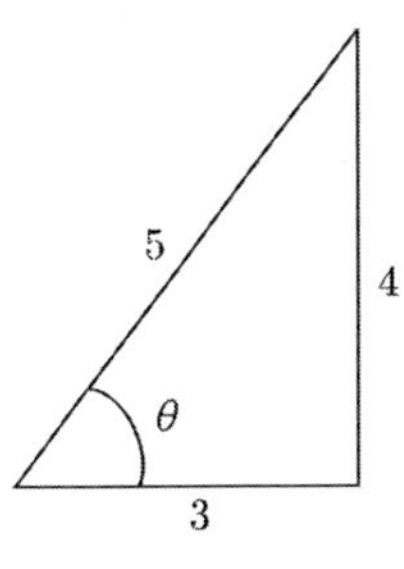

(7) $\tan(\operatorname{arc}\cot 2) = \frac{1}{2}$

(8) $\cos(\operatorname{arc}\sec\sqrt{5}) = \frac{\sqrt{5}}{5}$

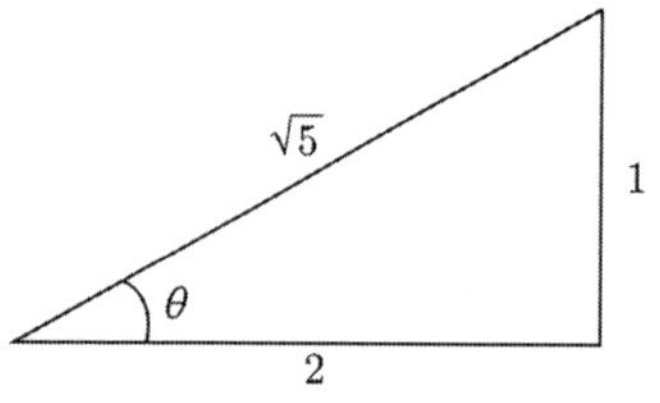

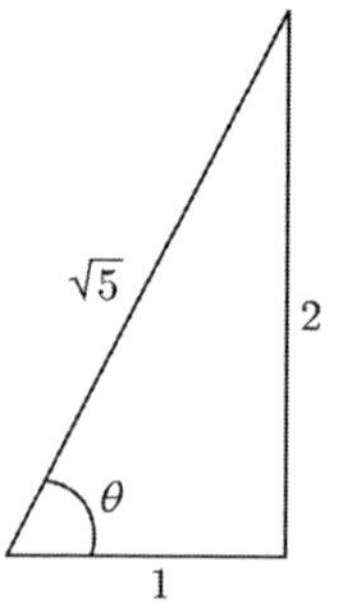

연습문제 1.4

1. (1) $\left(\frac{1}{e}\right)^{-2} = e^2$

(2) $\left(\frac{e^5}{e^2}\right)^{-1} = (e^3)^{-1} = \frac{1}{e^3}$

(3) $e^0 = 1$

(4) $\frac{1}{e^{-3}} = e^3$

2. (1) $3^x = 81 \Rightarrow x = 4$

(2) $\left(\frac{1}{5}\right)^{2x} = 625 \Rightarrow 5^{-2x} = 5^4 \Rightarrow -2x = 4 \Rightarrow x = -2$

(3) $4^3 = (x+2)^3 \Rightarrow 4 = x+2 \Rightarrow x = 2$

(4) $(x+3)^{\frac{4}{3}} = 16 \Rightarrow x+3 = \pm 16^{\frac{3}{4}} \Rightarrow x+3 = \pm 8 \Rightarrow x = 5, -11$

(5) $e^{-2x} = e^5 \Rightarrow -2x = 5 \Rightarrow x = -\frac{5}{2}$

(6) $e^x = 1 = e^0 \Rightarrow x = 0$

3. (1) $y = 3^{x-1}$

x	−1	0	1	2	3
y	$\frac{1}{9}$	$\frac{1}{3}$	1	3	9

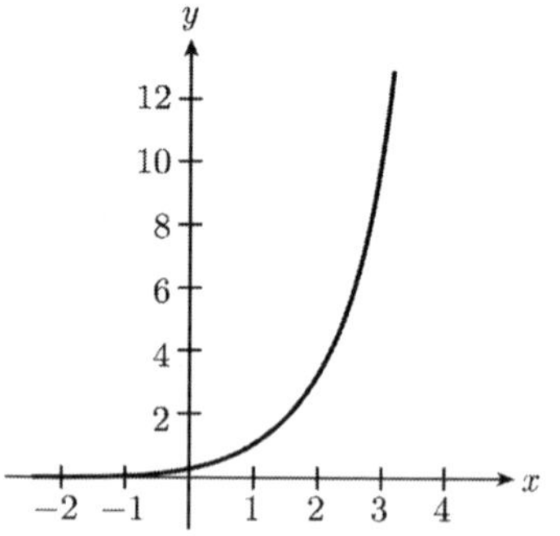

(2) $y = 2^{-x^2}$

x	-2	-1	0	1	2	3
y	$\frac{1}{16}$	$\frac{1}{2}$	1	$\frac{1}{2}$	$\frac{1}{16}$	0.002

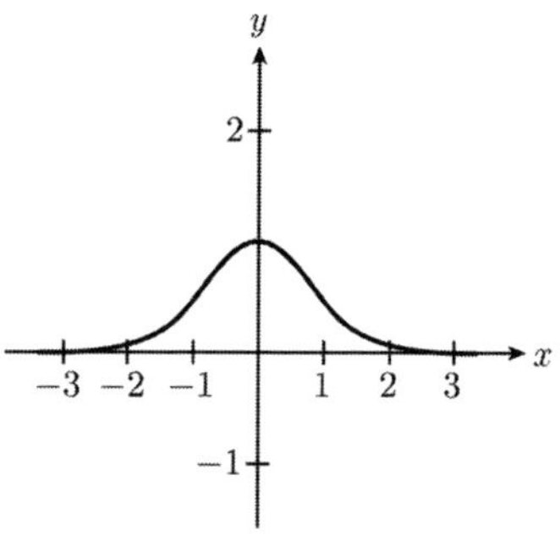

(3) $y = 3^{|x|}$

x	0	± 1	± 2
y	1	3	9

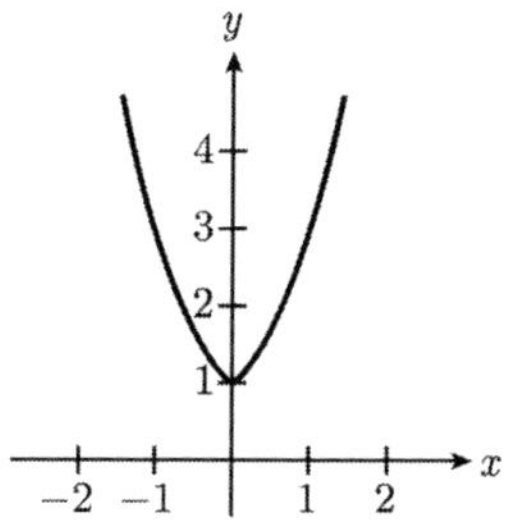

(4) $y = -e^{\frac{x}{2}}$

x	-2	0	2	4
y	$-\frac{1}{e}$	-1	$-e$	$-e^2$

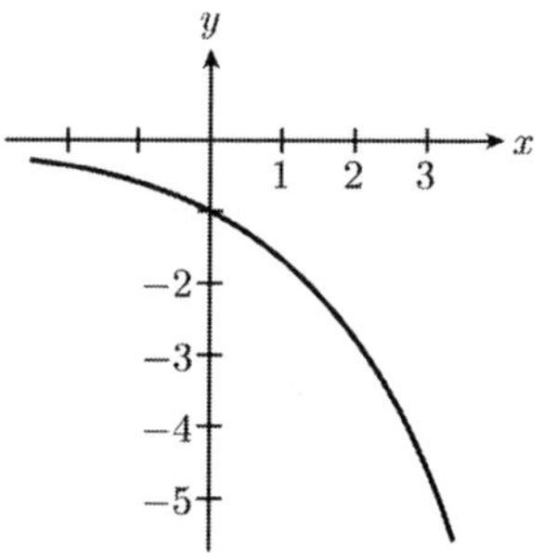

(5) $y = e^{-\frac{x}{4}}$

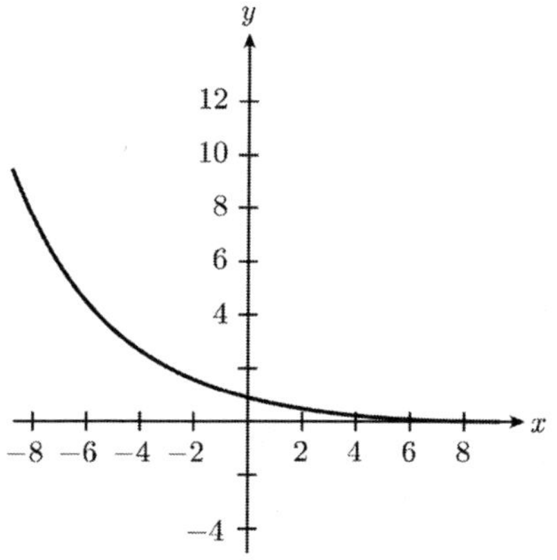

4. (1) $y = 3\ln x$

정의역 : $x > 0$

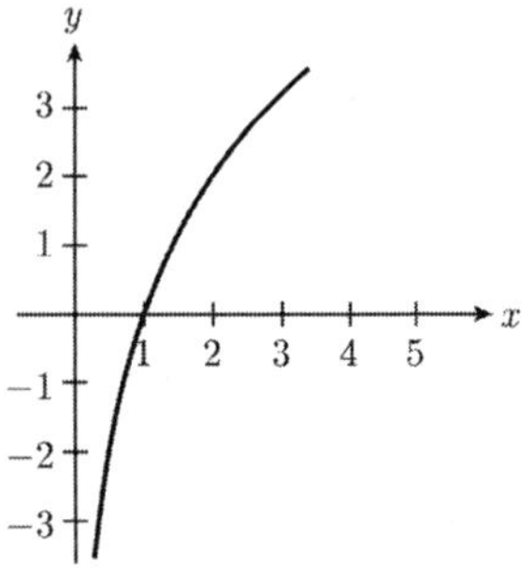

(2) $y = -2\ln x$

정의역 : $x > 0$

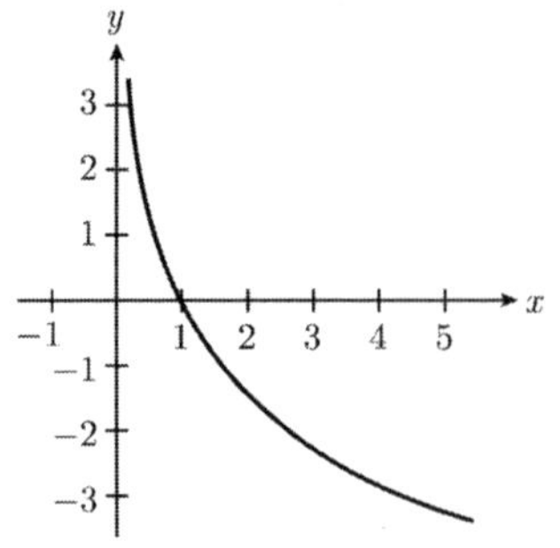

(3) $y = \ln 2x$

정의역 : $x > 0$

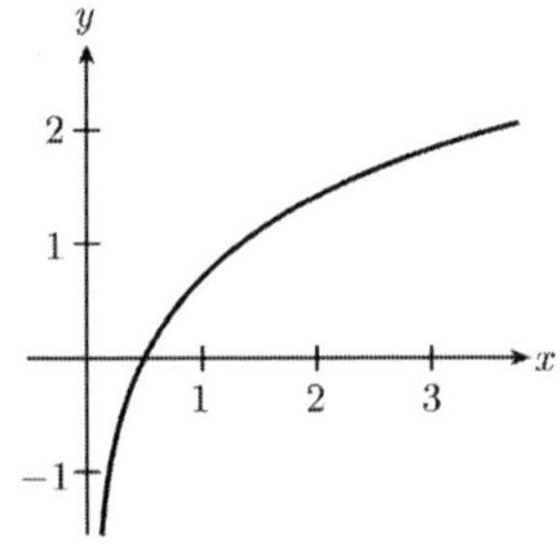

(4) $y = \ln |x|$

정의역 : $x \neq 0$

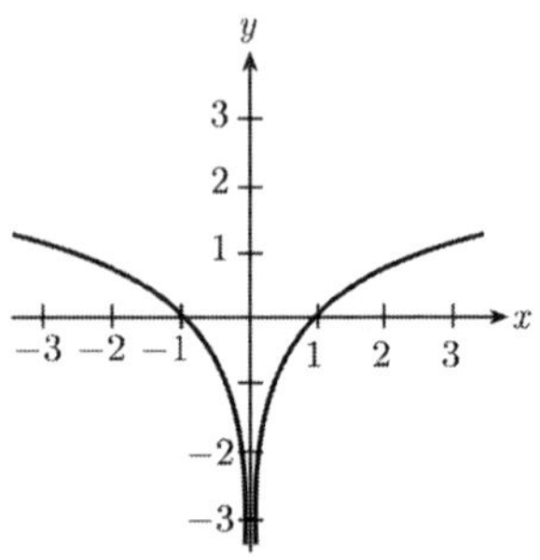

(5) $y = \ln (x-1)$

정의역 : $x > 1$

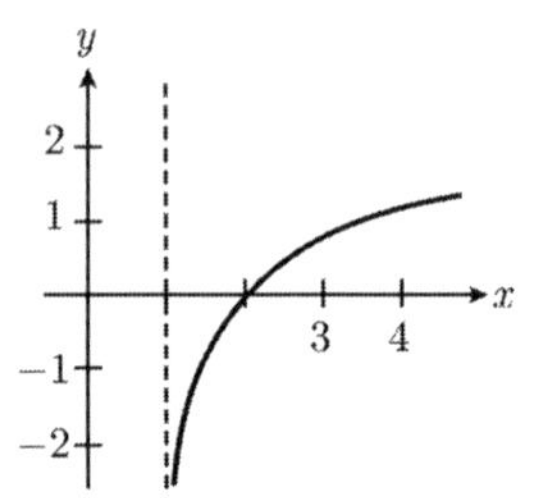

(6) $y = 2 + \ln x$

정의역 : $x > 0$

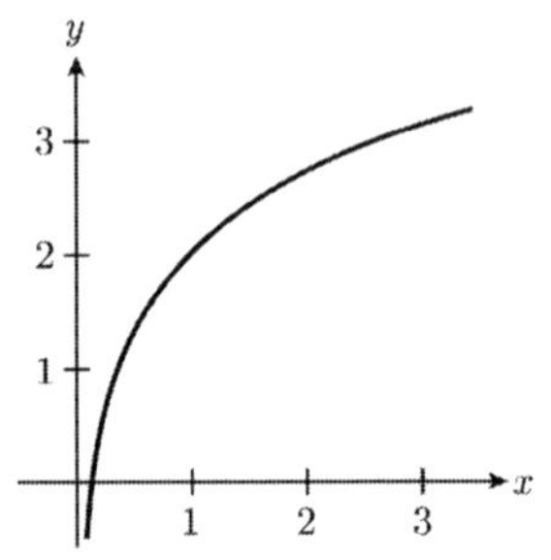

5. (1) $\ln \sqrt{2^3} = \ln 2^{\frac{3}{2}} = \dfrac{3}{2}\ln 2$

(2) $\ln \sqrt[3]{z+1} = \ln (z+1)^{\frac{1}{3}} = \dfrac{1}{3}\ln (z+1)$

(3) $\ln z(z-1)^2 = \ln z + \ln (z-1)^2 = \ln z + 2\ln (z-1)$

(4) $\ln \dfrac{1}{e} = \ln 1 - \ln e = -1$

6. (1) $3\ln x + 2\ln y - 4\ln z = \ln x^3 + \ln y^2 - \ln z^4 = \ln \dfrac{x^3y^2}{z^4}$

(2) $\dfrac{1}{3}[2\ln (x+3) + \ln x - \ln (x^2-1)] = \dfrac{1}{3}\ln \dfrac{x(x+3)^2}{x^2-1} = \ln \sqrt[3]{\dfrac{x(x+3)^2}{x^2-1}}$

(3) $2\ln 3 - \dfrac{1}{2}\ln (x^2+1) = \ln 9 - \ln (x^2+1)^{\frac{1}{2}} = \ln \dfrac{9}{\sqrt{x^2+1}}$

(4) $\dfrac{3}{2}[\ln (x^2+1) - \ln (x+1) - \ln (x-1)] = \dfrac{3}{2}\ln \dfrac{x^2+1}{(x+1)(x-1)} = \ln \sqrt{\left(\dfrac{x^2+1}{x^2-1}\right)^3}$

7. (1) $e^{\ln x} = 4 \qquad x = 4$

(2) $\ln e^{2x} = 3 \qquad 2x = 3$

$x = \dfrac{3}{2}$

(3) $e^{\ln 2x} = 12 \qquad 2x = 12$

$x = 6$

(4) $\ln e^{-x} = 0 \qquad -x = 0$

$x = 0$

(5) $\ln x = 2 \qquad x = e^2 \approx 7.389$

(6) $e^x = 4$

$x = \ln 4 \approx 1.386$

(7) $\ln x^2 = 8 \qquad x^2 = e^8$

$x = \pm e^4 \approx \pm 54.598$

(8) $e^{-2x} = 5 \qquad -2x = \ln 5$

$x = -\dfrac{1}{2}\ln 5 \approx -0.805$

연습문제 1.5

1. (1) $\sin 405^\circ = \sin 45^\circ = \dfrac{1}{\sqrt{2}}$

(2) $\cos 840^\circ = \cos 120^\circ = -\cos 60^\circ = -\dfrac{1}{2}$

(3) $\tan(-405^\circ) = -\tan 405^\circ = -\tan 45^\circ = -1$

(4) $\tan 150^\circ = -\tan 30^\circ = -\dfrac{1}{\sqrt{3}}$

2. $\sin^2\theta + \cos^2\theta = 1$에서

$\cos^2\theta = 1 - \sin^2\theta = 1 - \left(-\dfrac{3}{5}\right)^2 = \dfrac{16}{25}$

$270^\circ < \theta < 360^\circ$이므로 $\cos\theta = \dfrac{4}{5}$

$\tan\theta = \dfrac{\sin\theta}{\cos\theta} = \dfrac{-\dfrac{3}{5}}{\dfrac{4}{5}} = -\dfrac{3}{4}$

3. $60^\circ = 60^\circ\left(\dfrac{\pi}{180^\circ}\right) = \dfrac{\pi}{3} radians$이므로

$8\pi = r\dfrac{\pi}{3}$에서 $r = 24$

4. $C = 2\pi r = 16$, $r = \dfrac{8}{\pi} = 2.55$, $A = \dfrac{1}{2}r^2\theta = \dfrac{1}{2}(2.55)^2(4.7) = 15$

5. (1) $y = \sin(2x - 120°)$

최댓값 : 1, 최솟값 : −1, 주기 : $\dfrac{360°}{2} = 180°$

(2) $y = 3\cos 2x$

최댓값 : 3, 최솟값 : −3, 주기 : $\dfrac{360°}{2} = 180°$

(3) $y = \tan 3x + 1$

최댓값, 최솟값은 없다. 주기 : $\dfrac{180°}{3} = 60°$

6. (1) $2\cos^2 x - \sin x - 1 = 0$

$(2\sin x - 1)(\sin x + 1) = 0$

$\sin x = \dfrac{1}{2}$ 또는 -1

$\sin x = \dfrac{1}{2}$에서 $x = 30°$, $150°$, $\sin x = -1$에서 $x = 270°$

$x = 30°$, $150°$, $270°$

(2) $\tan x - \sqrt{3}\cot x + 1 - \sqrt{3} = 0$

$\tan = \sqrt{3}$에서 $x = 60°$, $240°$

$(\tan x - \sqrt{3})(\tan x - 1) = 0$

$\tan x = -1$에서 $x = 130°$, $315°$

$\tan x = \sqrt{3}, -1$에서 $x = 60°$, $240°$, $135°$, $315°$

7. θ=2(rad)

8. −3/5, −4/5, 3/4

9. (1) 0, −2 (2) 0, −2

10. (1) $0 \le x < 45°, 225° < x \le 360°$ (2) $60° \le x \le 300°$

제2장 함수의 극한과 연속

연습문제 2.1

1. (1) $\frac{1}{10}$ (2) -7 (3) $-\frac{1}{2}$ (4) $\frac{4}{3}$

(5) $\frac{1}{6}$ (6) $\frac{1}{2}$ (7) $\frac{3}{2}$ (8) 1

(9) $\frac{1}{3}$ (10) $\frac{1}{3}$ (11) $\frac{1}{2}$ (12) $2x$

(13) $-\frac{1}{4}$ (14) $\frac{2}{3}$ (15) 0

2. (1) -10 (2) -20 (3) -1 (4) $\frac{5}{7}$

3. (1) 5 (2) 5

4. (1) 2 (2) 0 (3) 1 (4) ∞

(5) 0 (6) $-\infty$ (7) 0 (8) 1

(9) $-\frac{\pi}{2}$

5. (1) 0 (2) $-\frac{3}{4}$ (3) $\frac{5}{2}$ (4) $-\frac{1}{4}$

6. (1) 1 (2) 2 (3) 2 (4) 1

(5) $\frac{3}{8}$ (6) 9 (7) $\frac{2}{\pi}$ (8) 8

(9) 0 (10) 1 (11) 4 (12) -1

(13) $\frac{1}{2}$ (14) 4 (15) 1

연습문제 2.2

1. (1) $\frac{4}{3}$ (2) -2 or 3 (3) $a=\frac{5}{2}$, $b=-\frac{1}{2}$

2. $a=1$

3. (1) $a = 2$ (2) $a = -1$

4. $c = 9$

5. (1) $f(x) = \log_3 x + x - 3$으로 놓으면 $f(x)$는 구간 $[1, 3]$에서 연속이다.
또, $f(1) = 0+1-3 = -2 < 0$, $f(3) = \log_3 3 + 3 - 3 = 1 > 0$
따라서 중간값의 정리에 의하여 $f(x) = 0$은 구간 $(1, 3)$에서 적어도 하나의 실근을 가진다.

(2) $f(x) = \sin x - x\cos x$로 놓으면 $f(x)$는 구간 $\left[\pi, \frac{3}{2}\pi\right]$에서 연속이다.

또, $f(\pi) = \pi > 0$, $f\left(\frac{3}{2}\pi\right) = -1 < 0$

따라서 중간값의 정리에 의하여 $f(x) = 0$은 구간 $\left(\pi, \frac{3}{2}\pi\right)$에서 적어도 하나의 실근을 가진다.

(3) $f(x) = (x^2-1)\cos x + \sqrt{2}\sin x - 1$로 놓으면 $f(x)$는 구간 $\left[0, \frac{\pi}{2}\right]$에서 연속이다.

또, $f(0) = -2 < 0$, $f\left(\frac{\pi}{2}\right) = \sqrt{2} - 1 > 0$

따라서 중간값의 정리에 의하여 $(x^2-1)\cos x + \sqrt{2}\sin x = 1$은 구간 $\left(0, \frac{\pi}{2}\right)$에서 적어도 하나의 실근을 가진다.

제3장 미분과 누적확률분포

연습문제 3.1

1. (1) $y' = -2x$ (2) $y' = 4x^2 - 1 + 2e^x$

(3) $y' = 12x - 10 + 10x^{-3}$ (4) $y' = -5x^4 + 12x^2 - 2x - 3$

(5) $y' = -\frac{19}{(3x-2)^2}$ (6) $v' = \frac{t^2 - 2t - 1}{(1+t^2)^2}$

(7) $v' = -\frac{1}{x^2} + 2x^{-\frac{3}{2}}$ (8) $y' = -2e^{-x} + 3e^{3x}$

(9) $y' = \frac{9}{4}x^{\frac{5}{4}} - 2e^{-2x}$ (10) $y' = \frac{2}{7}x^{-\frac{5}{7}} - ex^{e-1}$

(11) $y' = 2x^3 - 3x - 1$ (12) $y' = 2x - 7x^{-2}$

(13) $w' = -z^{-2} - 1$

2. (1) 13 (2) -7 (3) $\frac{7}{25}$ (4) 20

3. (1) $y' = 10(2x+1)^4$

(2) $y' = 4\left(\dfrac{x^2}{8}+x-\dfrac{1}{x}\right)^3\left(\dfrac{x}{4}+1+\dfrac{1}{x^2}\right)$

(3) $y' = 3\sin^2 x(\cos x)$

(4) $y' = e^{5-7x}(-7)$

(5) $y' = \dfrac{4}{\pi}(\cos 3t - \sin 5t)$

(6) $y' = 2x\sin^4 x + 4x^2\sin^3 x\cos x + \cos^{-2} x + 2x\cos^{-3} x\sin x$

(7) $y' = (1-x)e^{-x} + 3e^{3x}$

(8) $h'(x) = \sqrt{x}\sec^2(2\sqrt{x}) + \tan(2\sqrt{x})$

(9) $y' = 4\tan x\sec x - \csc^2 x$

(10) $f'(x) = 3x^2\sin x\cos x + x^3\cos^2 x - x^3\sin^2 x$

4. (1) $f'(x) = \dfrac{x\sec x\tan x + \sec x}{2\sqrt{7+x\sec x}}$

(2) $r' = -2\sin(\theta^2)\sin 2\theta + 2\theta\cos(2\theta)\cos(\theta^2)$

(3) $y' = 2\theta e^{-\theta^2}\sin(e^{-\theta^2})$

(4) $y' = \dfrac{8\sin(2t)}{(1+\cos 2t)^5}$

(5) $y' = -2\pi\sin(\pi t-1)\cos(\pi t-1)\times e^{\cos^2(\pi t-1)}$

(6) $y' = -2\cos(\cos(2t-5))(\sin(2t-5))$

(7) $y' = 6\tan(\sin^3 t)\sec^2(\sin^3 t)\sin^2 t\cos t$

5. (1) $y'' = 2\csc^2(3x-1)\cot(3x-1)$

(2) $y'' = 2(2x^2+1)e^{x^2}$

6. (1) $y' = \dfrac{1}{\theta+1}$

(2) $y' = 2(\ln t) + (\ln t)^2$

(3) $y' = \dfrac{1-\ln t}{t^2}$

(4) $y' = \dfrac{1}{x\ln x}$

(5) $y' = \dfrac{2}{t(1-\ln t)^2}$

(6) $y' = \dfrac{\tan(\ln\theta)}{\theta}$

(7) $y' = -2\tan\theta$

(8) $y' = \dfrac{1}{1+e^{\theta}}$

(9) $y' = 2^x\ln 2$

(10) $y' = \pi x^{\pi-1}$

(11) $y' = \dfrac{3}{x\ln 4}$

(12) $y' = \dfrac{-2}{(x+1)(x-1)}$

(13) $y' = \dfrac{1}{\ln 5}$

(14) $y' = \dfrac{1}{t}$

(15) $y' = (x+1)^x\left(\dfrac{x}{x+1}+\ln(x+1)\right)$

(16) $y' = (\sin x)^x(\ln\sin x + x\cot x)$

(17) $y' = x^{\ln x}\left(\dfrac{\ln x^2}{x}\right)$

(18) $y' = \dfrac{-2x}{\sqrt{1-x^4}}$

(19) $y' = \dfrac{1}{|2x+1|\sqrt{x^2+x}}$

(20) $y' = -\dfrac{1}{|x|\sqrt{\dfrac{x^2}{4}-1}}$

(21) $y' = -\dfrac{1}{2\sqrt{t}(1+t)}$

(22) $y' = \dfrac{1}{(\tan^{-1}x)(1+x^2)}$

(23) $y' = -\dfrac{1}{\sqrt{e^{2t}-1}}$

(24) $y' = 0$

(25) $y' = \sin^{-1}x$

7. $f'(0) = \lim\limits_{h\to0}\dfrac{f(0+h)-f(0)}{h} = \lim\limits_{h\to0}\dfrac{f(h)}{h} = 2$ 이므로

$f'(x) = \lim\limits_{h\to0}\dfrac{f(x+h)-f(x)}{h} = \lim\limits_{h\to0}\dfrac{f(x)+f(h)-f(x)}{h} = \lim\limits_{h\to0}\dfrac{f(h)}{h} = 2$

8. (1) $x=0,\ y=0$

$f(0) = f(0)+f(0)$에서 $f(0)=0$

(2) $f'(0) = \lim\limits_{h\to0}\dfrac{f(h)}{h} = 2$

$f'(2) = \lim\limits_{h\to0}\dfrac{f(2+h)-f(2)}{h} = \lim\limits_{h\to0}\dfrac{f(2)+f(h)+2h-f(2)}{h} = 2+\lim\limits_{h\to0}\dfrac{f(h)}{h} = 4$

9. (1) $m\pi+b=0,\ m=-\dfrac{b}{\pi}$

(2) $b=\pi,\ m=-1$

10. $f'(0) = \lim\limits_{h\to0}\dfrac{f(0+h)-f(0)}{h} = \lim\limits_{h\to0}\dfrac{\dfrac{1-\cos h}{h}}{h} = \lim\limits_{h\to0}\dfrac{\sin^2 x}{h^2(1+\cos h)} = \dfrac{1}{2}$

11. $a=\dfrac{3}{4},\ b=\dfrac{9}{4}$

연습문제 3.2

1. (1) $y' = \dfrac{-2xy-y^2}{x^2+2xy}$ (2) $y' = \dfrac{-2x^3+3x^2y-xy^2+x}{x^2y-x^3+y}$

(3) $y' = \cos^2 y$ (4) $y' = \dfrac{-y^2}{y\sin\left(\dfrac{1}{y}\right)-\cos\left(\dfrac{1}{y}\right)+xy}$

(5) $y' = \dfrac{2e^{2x}-\cos(x+3y)}{3\cos(x+3y)}$

2. (1) $y' = -\dfrac{x}{y},\ y'' = \dfrac{-y^2-x^2}{y^3}$ (2) $y' = \dfrac{\sqrt{y}}{\sqrt{y}+1}$

(3) -2

3. (1) $\dfrac{1}{9}$ (2) 3

4. (1) $-\dfrac{23}{7}$ (2) 0 (3) -2 (4) 2

(5) -1 (6) $\dfrac{1}{\ln 2}$ (7) 1 (8) $\ln 2$

(9) $-\dfrac{1}{2}$ (10) -1 (11) 0 (12) e

(13) e^{-1} (14) 1 (15) 0

연습문제 3.3

1. (1) $y' = \dfrac{-6}{x\sqrt{x^4-9}}$

(2) $y' = -\dfrac{1}{\sqrt{1-(-3x+2)^2}} \cdot (-3) = \dfrac{3}{\sqrt{1-(-3x+2)^2}}$

(3) $y' = \dfrac{-1}{\sqrt{2x-x^2}}$

(4) $y' = -2 \cdot \dfrac{1}{\sqrt{1-(\sqrt{x-1})^2}} \cdot \dfrac{1}{2\sqrt{x-1}}$

$= \dfrac{-1}{\sqrt{2-x}\sqrt{x-1}}$

(5) $y' = \dfrac{1}{x[1+(\ln x)^2]}$

(6) $y' = -\dfrac{1}{1+\left(\dfrac{1}{x}\right)^2} \cdot \dfrac{-1}{x^2} = \dfrac{1}{x^2+1}$

(7) $y=\ln(x^2+4)-x\tan^{-1}\left(\frac{x}{2}\right)$

$$\Rightarrow \frac{dy}{dx}=\frac{2x}{x+4}-\tan^{-1}\left(\frac{x}{2}\right)-x\left[\frac{\left(\frac{1}{2}\right)}{1+\left(\frac{x}{2}\right)^2}\right]$$

$$=\frac{2x}{x^2+4}-\tan^{-1}\left(\frac{x}{2}\right)-\frac{2x}{4+x^2}=-\tan^{-1}\left(\frac{x}{2}\right)$$

(8) $y'=-\frac{1}{1+(\csc(x^2))^2}\cdot(-\csc(x^2)\cot(x^2))\cdot 2x$

$$=\frac{2x\csc(x^2)\cot(x^2)}{1+\csc^2(x^2)}$$

(9) $y'=\frac{1}{|2x+1|\sqrt{x^2+x}}$

(10) $y'=\frac{1}{\sqrt{1-((1-x^2)^2)^2}}\cdot 2(1-x^2)\cdot(-2x)$

$$=\frac{-4x(1-x^2)}{\sqrt{1-(1-x^2)^4}}$$

(11) $y=\tan^{-1}\sqrt{x^2-1}+\csc^{-1}x=\tan^{-1}(x^2-1)^{1/2}+\csc^{-1}x$

$$\Rightarrow \frac{dy}{dx}=\frac{\left(\frac{1}{2}\right)(x^2-1)^{-1/2}(2x)}{1+\left[(x^2-1)^{1/2}\right]^2}-\frac{1}{|x|\sqrt{x^2-1}}$$

$$=\frac{1}{x\sqrt{x^2-1}}-\frac{1}{|x|\sqrt{x^2-1}}=0,\quad x>1$$

(12) $y'=\frac{1}{2\sqrt{x^2-1}}\cdot 2x-\frac{1}{|x|\sqrt{x^2-1}},\ x>1$

$$=\frac{x}{\sqrt{x^2-1}}-\frac{1}{x\sqrt{x^2-1}}$$

$$=\frac{x^2-1}{x\sqrt{x^2-1}}=\frac{\sqrt{x^2-1}}{x}$$

2. (1) $f(4)=\sec^{-1}(2)=\cos^{-1}\left(\frac{1}{2}\right)=\frac{\pi}{3}\Rightarrow\therefore\left(4,\frac{\pi}{3}\right)$

$$y'=\frac{1}{|\sqrt{x}|\sqrt{(\sqrt{x})^2-1}}\cdot\frac{1}{2\sqrt{x}}$$

$$=\frac{1}{\sqrt{x}\cdot\sqrt{x-1}}\cdot\frac{1}{2\sqrt{x}}$$

$$=\frac{1}{2x\sqrt{x-1}}$$

$$f'(4)=\frac{1}{8\sqrt{3}}=\frac{\sqrt{3}}{24}$$

$$\therefore y-\frac{\pi}{3}=\frac{\sqrt{3}}{24}(x-4)$$

(2) $f(\sqrt{3})=(6\tan^{-1}(\sqrt{3}))^3=\left(6 \cdot \frac{\pi}{3}\right)^3$

$= (2\pi)^3 = 8\pi^3 \Rightarrow \therefore (\sqrt{3}, 8\pi^3)$

$y' = 3(6\tan^{-1}x)^2 \cdot 6 \cdot \frac{1}{1+x^2}$

$f'(\sqrt{3}) = 3(6\tan^{-1}(\sqrt{3}))^2 \cdot 6 \cdot \frac{1}{1+3}$

$= 3 \cdot \left(6 \cdot \frac{\pi}{3}\right)^2 \cdot 6 \cdot \frac{1}{4}$

$= 18\pi^2$

$\therefore y - 8\pi^3 = 18\pi^2(x-\sqrt{3})$

연습문제 3.4

1. (1) $f(x)=\begin{cases} 1, 0<x<1 \\ 0, & \text{기타} \end{cases}$ (2) $f(x)=\begin{cases} \frac{1}{x^2}, & x>1 \\ 0, & \text{기타} \end{cases}$

(3) $f(x)=\begin{cases} e^{-x}, & 0<x \\ 0, & \text{기타} \end{cases}$ (4) $f(x)=\frac{1}{\pi}\frac{1}{1+x^2}$

2. $M_X^{(n)}(t)=1 \cdot 3 \cdot 5 \cdots (2n-1)(1-2t)^{-\frac{2n+1}{2}}$

3. (1) $M_X{}'(0)=k\beta,\ M_X{}''(0)=k(k+1)\beta^2,$
$M_X{}''(0)-[M_X{}'(0)]^2=k\beta^2$

(2) $M_X{}'(0)=\mu,\ M_X{}''(0)=\mu^2+\sigma^2,$
$M_X{}''(0)-[M_X{}'(0)]^2=\sigma^2$

(3) $M_X{}'(0)=np,\ M_X{}''(0)=np+n^2p^2-np^2,$
$M_X{}''(0)-[M_X{}'(0)]^2=np(1-p)$

(4) $M_X{}'(0)=\lambda,\ M_X{}''(0)=\lambda(1+\lambda),$
$M_X{}''(0)-[M_X{}'(0)]^2=\lambda$

제4장 미분의 응용

연습문제 4.1

1. (1) $x=1,\ x=4$ (2) $x=1$ (3) $x=0,\ x=4$

2. (1) 아니오
(2) 예

3. (1) $\left(\frac{5}{2}, \frac{9}{4}\right),\ \left(\frac{3}{2}, -\frac{1}{4}\right)$ (2) $(-1, 27),\ (2, 0)$

4. (1) $(-2, 16)$, $(3, 11)$ (2) $(0, 20)$, $(1, 7)$

5. 4

6. (1) $y = -\frac{1}{8}x + \frac{5}{4}$ (2) -4 (3) $y = 8x - 15$, $y = 8x + 17$

7. $y = 4x$ or $y = 2$

8. (1) $a = 1$, $b = 1$, $c = 0$ (2) $a = -3$, $b = 2$, $c = 1$

(3) $a = 3$, $b = -\frac{3}{2}$

9. (1) $\frac{1}{2}$ (2) 1 (3) ± 0.771 (4) $\frac{1}{3}(1 + \sqrt{7})$

10. (1) $y = \frac{7}{4}x - \frac{1}{2}$, $y = -\frac{4}{7}x + \frac{29}{7}$ (2) $y = \frac{6}{7}x + \frac{6}{7}$, $y = -\frac{7}{6}x - \frac{7}{6}$

(3) $y = -\frac{\pi}{2}x + \pi$, $y = \frac{2}{\pi}x - \frac{2}{\pi} + \frac{\pi}{2}$ (4) $y = 2\pi x - 2\pi$, $y = -\frac{1}{2\pi}x + \frac{1}{2\pi}$

11. (1) $y = -\frac{1}{4}x + \frac{9}{4}$, $y = 4x - 2$ (2) $y = 2x - 4$, $y = -\frac{1}{2}x + \frac{7}{2}$

(3) $y = -\frac{5}{4}x + 6$, $y = \frac{4}{5}x - \frac{11}{5}$

(4) $(1, 1)$: $-\frac{1}{2}$, $(1, -1)$: 정의 안 됨.

연습문제 4.2

1. (1) 극댓값 : $(-2, 17)$, 극솟값 : $\left(\frac{4}{3}, -\frac{41}{27}\right)$

(2) 극솟값 : $(0, 1)$

(3) 극댓값 : $\left(1, \frac{1}{2}\right)$, 극솟값 : $\left(-1, -\frac{1}{2}\right)$

(4) 극솟값 : $\left(\frac{1}{e}, -\frac{1}{e}\right)$

(5) 극댓값 : $\left(-\frac{4}{5}, \frac{12}{25}\sqrt[3]{10}\right)$, 극솟값 : $(0, 0)$

(6) 극댓값 : $(\sqrt{2}, 2)$, 극솟값 : $(-\sqrt{2}, -2)$

(7) 극댓값 : $\left(\frac{4}{3}, \frac{32}{27}\right)$, 극솟값 : $(0, 0)$

(8) 극댓값 : $(0,16)$, 극솟값 $(\pm 2,0)$

(9) 극댓값 : $\left(\pm 1, \dfrac{1}{2}\right)$, 극솟값 : $(0,0)$

(10) 극댓값 : $(2,4)$, 극솟값 : $(-2,-4)$

(11) 극댓값 : $(1,2)$, 극솟값 : $(3,6)$

(12) 극솟값 : $(-2, -6\sqrt[3]{2})$

(13) 극댓값 : $(2,16)$, 극솟값 : $(-2,-16)$

(14) 극솟값 없음

(15) 극댓값 : $(0,5)$

(16) 극댓값 : $(0,2)$, 극솟값 : $\left(2-\sqrt{3}, \dfrac{\sqrt{3}}{4\sqrt{3}-6}\right)$

(17) 극댓값 : $\left(\dfrac{\pi}{4}, 1\right)$, 극솟값 :$\left(\dfrac{3\pi}{4}, -1\right)$

(18) 극댓값 : $\left(\dfrac{\pi}{6}, 2\right)$, 극솟값 : $\left(\dfrac{7}{6}\pi, -2\right)$

(19) 극솟값 : $\left(\dfrac{2\pi}{3}, \dfrac{\pi}{3}-\sqrt{3}\right)$

(20) 극솟값 : $\left(\dfrac{\pi}{4}, 0\right)$

2. $a=-2$, $b=4$

3. (1) 극댓값 : $(-1,5)$, 극솟값 : $(1,1)$, 변곡점 : $(0,3)$

(2) 극댓값 : $(0,0)$, 극솟값 : $(-1,-1)$, $(1,-1)$, 변곡점 : $\left(-\dfrac{1}{\sqrt{3}}, -\dfrac{5}{9}\right)$, $\left(\dfrac{1}{\sqrt{3}}, -\dfrac{5}{9}\right)$

(3) 극댓값 : $\left(\dfrac{\pi}{4}, \dfrac{1}{2}\right)$, 극솟값 : $\left(\dfrac{3}{4}\pi, -\dfrac{1}{2}\right)$, 변곡점 : $\left(\dfrac{\pi}{2}, 0\right)$

(4) 극댓값 : $(2,2)$, 극솟값 : $(-2,-2)$, 변곡점 : $(-2\sqrt{3}, -\sqrt{3})$, $(2\sqrt{3}, \sqrt{3})$

4. (1) $y'=12x^2(x-1)$, $y''=12x(3x-2)$

$y'=0$에서 $x=0, 1$

$y''=0$에서 $x=0, \dfrac{2}{3}$

극소점 : $(1,0)$, 변곡점 : $(0,1)$, $\left(\dfrac{2}{3}, \dfrac{11}{27}\right)$

$x<0$일 때 아래로 볼록

$0<x<\dfrac{2}{3}$일 때 위로 볼록

$x>\dfrac{2}{3}$일 때 아래로 볼록

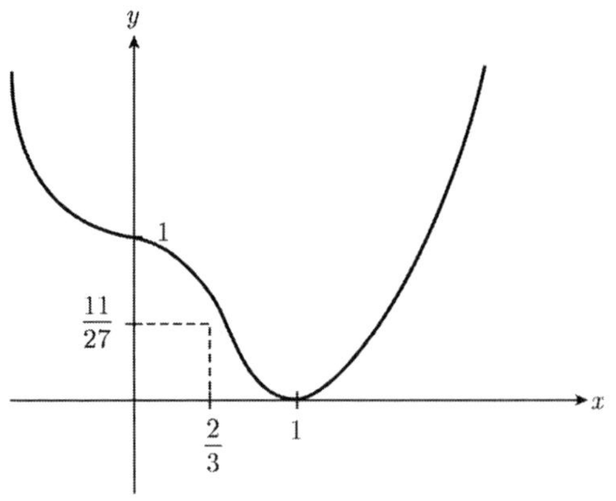

(2) $y' = \dfrac{-2x}{(x^2+1)^2}$, $y'' = \dfrac{6x^2-2}{(x^2+1)^3}$

$y' = 0$에서 $x = 0$

$y'' = 0$에서 $x = \pm\dfrac{1}{\sqrt{3}}$

극대점 : $\left(0, \dfrac{1}{\pi}\right)$, 변곡점 : $\left(-\dfrac{1}{\sqrt{3}}, \dfrac{3}{4\pi}\right)$, $\left(\dfrac{1}{\sqrt{3}}, \dfrac{3}{4\pi}\right)$

$x < -\dfrac{1}{\sqrt{3}}$일 때 아래로 볼록

$-\dfrac{1}{\sqrt{3}} < x < \dfrac{1}{\sqrt{3}}$일 때 위로 볼록

$x > \dfrac{1}{\sqrt{3}}$일 때 아래로 볼록

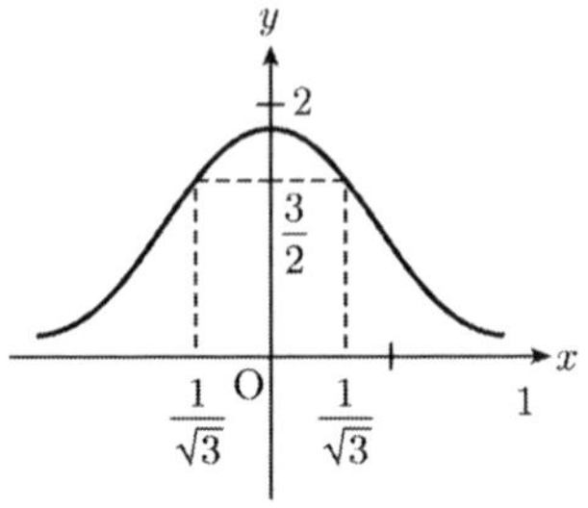

(3) $y' = \dfrac{\dfrac{1}{x}(x) - \ln x}{x^2} = \dfrac{1-\ln x}{x^2}$, $y'' = \dfrac{-\dfrac{1}{x}(x^2) - (1-\ln x)(2x)}{x^4} = \dfrac{2\ln x - 3}{x^3}$

$y' = 0$에서 $x = e$

$y'' = 0$에서 $x = e^{\frac{3}{2}}$

극대점 : $\left(e, \dfrac{1}{e}\right)$, 변곡점 : $\left(e^{\frac{3}{2}}, \dfrac{3}{2}e^{-\frac{3}{2}}\right)$

$0 < x < e^{\frac{3}{2}}$일 때 위로 볼록

$x > e^{\frac{3}{2}}$일 때 아래로 볼록

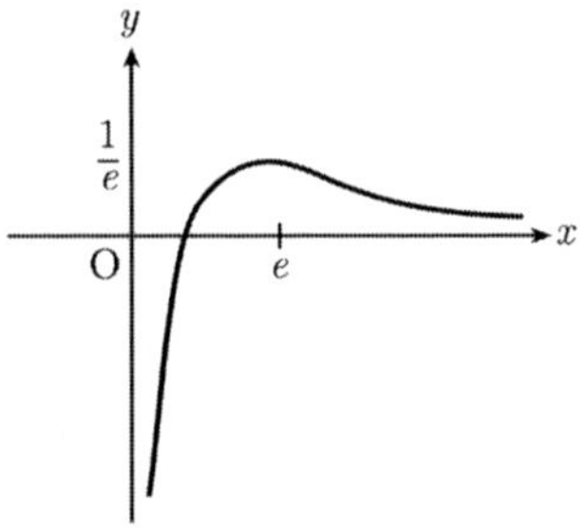

(4) $y' = \dfrac{(x-1)e^x}{x^2}$, $y'' = \dfrac{(x^2-2x+2)e^x}{x^3}$

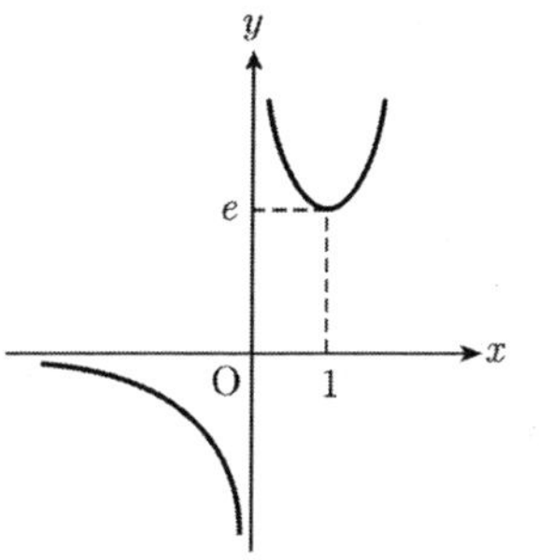

$y' = 0$에서 $x = 1$

$x = 1$일 때 임계값 $f(1) = e$

$x > 0$일 때 $y'' > 0$이므로 아래로 볼록

$x < 0$일 때 $y'' < 0$이므로 위로 볼록

(5) $y' = \dfrac{1}{\sqrt{2\pi}\sigma^3}\exp\left[-\dfrac{(x-\mu)^2}{2\sigma^2}\right]\times(-x+\mu)$,

$y'' = \dfrac{1}{\sqrt{2\pi}\sigma^5}\exp\left[-\dfrac{(x-\mu)^2}{2\sigma^2}\right]\times(x^{2-2\mu}x+\mu^2-\sigma^2)$

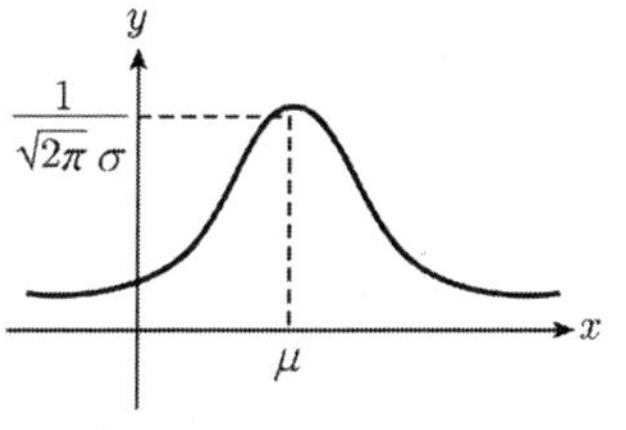

$y' = 0$에서 $x = \mu$

$y'' = 0$에서 $x = \mu-\sigma$, $\mu+\sigma$

극댓값 : $\left(0, \dfrac{1}{\sqrt{2\pi}\,\sigma}\right)$

$x < \mu-\sigma$일 때 $y'' > 0$이므로 아래로 볼록

$\mu-\sigma < x < \mu+\sigma$일 때 $y'' < 0$이므로 위로 볼록

$x > \mu+\sigma$일 때 $y'' > 0$이므로 아래로 볼록

5. $l = 4$, $w = 4$, $p = 16$

6. $x = 2$, 최대면적 : 32

7. $\dfrac{32}{3}\pi$

8. $r = 10\sqrt{\dfrac{2}{3}}$, $h = \dfrac{20}{\sqrt{3}}$, $v = \dfrac{4000}{3\sqrt{3}}\pi$

9. $\sqrt{\dfrac{2}{e}}$

10. -2

11. $(3, \sqrt{6})$

12. $C(x)=5\sqrt{16+x^2}+2\sqrt{36+(8-x)^2},\ 0\le x\le 8$

$C(x)=5\sqrt{16+x^2}+2\sqrt{100-16x+x^2}$

$C(x)=5\left(\frac{1}{2}\right)(16+x^2)^{-\frac{1}{2}}2x+2\left(\frac{1}{2}\right)(100-16x+x^2)^{\frac{1}{2}}(2x-16)$

$=\dfrac{5x}{\sqrt{16+x^2}}+\dfrac{2x-16}{\sqrt{100-16x+x^2}}=0$

$x\approx 1.2529$

$C(0)=40,\ C(1.2529)\approx 39.0162,\ C(8)\approx 56.7214$

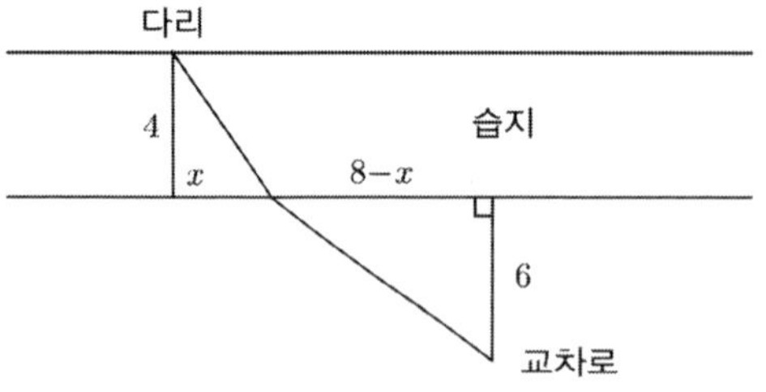

따라서 고속도로는 다리로부터 동쪽으로 1.2529마일 지점에서 습지로부터 나와야 한다. 교차로까지 직선도로로 건설한다면 $x=3.2$

따라서 $C(3.2)-C(1.2529)\approx 1.963$이므로 약 1.963백만 달러를 절약할 수 있다.

13. $C(x)=6\sqrt{16+x^2}+2\sqrt{36+(8-x)^2}$

$C(x)=\dfrac{6x}{\sqrt{16+x^2}}+\dfrac{2x-16}{\sqrt{100-16x+x^2}}=0$

$x\approx 1.0435$

$C(0)=44,\ C(1.0435)\approx 43.1763,\ C(8)\approx 65.6656$

따라서 고속도로는 다리로부터 동쪽으로 1.0435마일 지점에서 습지로부터 나와야 한다. 문제 18의 경로를 사용하여야 한다면 부대비용은

$C(1.2529)-C(1.0435)=43.2078-43.1763=0.0315$

또는 약 31.5천 달러가 더 소요될 것이다.

연습문제 4.3

1. (1) $L(x)=10x-13$

(2) $L(x)=2$

(3) $L(x)=x-\pi$

(4) $L(x)=x$

(5) $L(x)=-x+\dfrac{\pi}{2}$

(6) $L(x)=x+1$

(7) $L(x)=x$

2. (1) $\dfrac{dv}{dt} = \pi r^2 \dfrac{dh}{dt}$ (2) $\dfrac{dv}{dt} = 2\pi rh \dfrac{dr}{dt}$

(3) $\dfrac{dv}{dt} = \pi r^2 \dfrac{dh}{dt} + 2\pi rh \dfrac{dr}{dt}$

3. (1) $\dfrac{dy}{dt} = -12$ (2) $\dfrac{dA}{dt} = -\dfrac{119}{2}$ (3) $\dfrac{d\theta}{dt} = -1$

4. (1) $\dfrac{dh}{dt} = -\dfrac{8}{225\pi}$ (2) $\dfrac{dr}{dt} = -\dfrac{4}{15\pi}$

5. $s^2 = h^2 + x^2$

$$2s\frac{ds}{dt} = 2h\frac{dh}{dt} + 2x\frac{dx}{dt}$$

$$\frac{ds}{dt} = \frac{1}{s}\left(h\frac{dh}{dt} + x\frac{dx}{dt}\right) \Rightarrow \frac{ds}{dt} = \frac{1}{85}(68(1) + 51(17))$$

$$\frac{ds}{dt} = 11\,ft/\text{sec}$$

6. $I = s + x \rightarrow \dfrac{dI}{dt} = \dfrac{dS}{dt} + \dfrac{dx}{dt}$

$$\left|\frac{dI}{dt}\right| = \left|\frac{3}{5}\frac{dx}{dt} + \frac{dx}{dt}\right| = \frac{3}{5}|-5| = 8$$

$$\frac{ds}{dt} = \frac{3}{5}\frac{dx}{dt} = \frac{3}{5}(-5) = -3$$

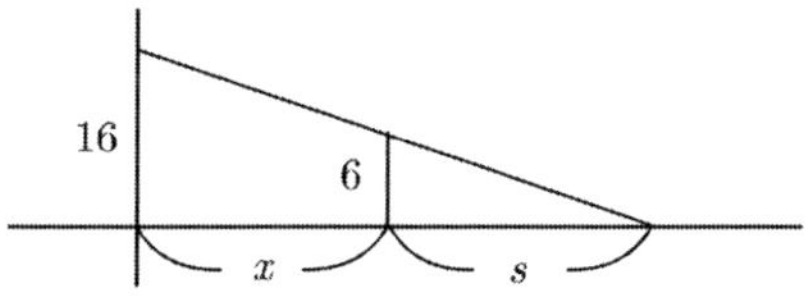

$$s : 6 = x + s : 16$$

$$s = \frac{3}{5}x$$

7. $\tan\theta = \dfrac{A}{B}$

$$\sec^2\theta \frac{d\theta}{dt} = \frac{A'B - AB'}{B^2}$$

$$A = 10,\ B = 20,\ \cos\theta = \frac{2}{\sqrt{5}},\ \frac{d\theta}{dt} = -\frac{1}{10}$$

제5장 부정적분

연습문제 5.1

1. (1) $3x-2x^2+\frac{1}{2}x^4+C$

(2) $\int 6x^{\frac{7}{3}}dx$

$=\frac{9}{5}x^{\frac{10}{3}}+C$

(3) $\frac{1}{5}x^5+\frac{3}{5}x^{\frac{5}{3}}+\frac{2}{x}-\frac{1}{2}x^{\frac{2}{3}}+C$

(4) $2\ln|x|+\frac{1}{x}+\sqrt{x}+C$

(5) $\int \frac{1}{\ln 2}\cdot\frac{1}{x}dx$

$=\frac{\ln|x|}{\ln 2}+C$

(6) $\int (x^3-27)dx$

$=\frac{1}{4}x^4-27x+C$

(7) $\int (x^2-1)dx=\frac{1}{3}x^3-x+C$

(8) $\int \left[4\sin^2 x+4\sin x\cos x+\cos^2 x+\sin^2 x-4\sin x\cos x+4\cos^2 x\right]dx$

$=\int (5\sin^2 x+5\cos^2 x)dx$

$=\int 5dx$

$=5x+C$

(9) $\frac{1}{4}t^4+\frac{3}{2}t^2+\frac{2}{7}t^{\frac{7}{2}}+2t^{\frac{3}{2}}+C$

2. (1) $\frac{1}{2}x^2-6x+12\ln|x|+\frac{8}{x}+C$

(2) $\int (x^{\frac{3}{2}}-2x^{\frac{1}{2}})dx$

$=\frac{2}{5}x^{\frac{5}{2}}-2\cdot\frac{2}{3}x^{\frac{3}{2}}+C$

$=\frac{2}{5}x^{\frac{5}{2}}-\frac{4}{3}x^{\frac{3}{2}}+C$

(3) $\frac{1}{2}x^2-\ln|x|+\frac{1}{x}+C$

(4) $\frac{1}{3}x^3-x-\frac{1}{4x}+C$

(5) $\int (x^{\frac{1}{2}}+x)x^{\frac{2}{3}}dx$

$=\int (x^{\frac{7}{6}}+x^{\frac{5}{3}})dx$

$=\frac{6}{13}x^{\frac{13}{6}}+\frac{3}{8}x^{\frac{8}{3}}+C$

(6) $2y^{\frac{1}{2}}-\frac{2}{3}y^{3/2}+\frac{1}{10}y^{5/2}+C$

3. (1) $5\sin x-\cos x+C$

(2) $2\ln|\sec x|+3\ln|\sin x|+C$

(3) $\int \csc x\,dx$

$=\ln|\csc x-\cot x|+C$

(4) $\ln|\sec x|-3\cos x+C$

(5) $\sec x+5\sin x+C$

(6) $\tan x-4\ln|\csc x-\cot x|+C$

(7) $-\cot x+C$

(8) $\int \frac{1-\cos^2 x}{1-\cos x}dx$

$=\int \frac{(1-\cos x)(1+\cos x)}{1-\cos x}dx$

$=\int (1+\cos x)dx$

$=x+\sin x+C$

(9) $\sec x+C$

(10) $\int \frac{1}{\sin x}\cdot\frac{\cos x}{\sin x}dx$

$=\int \csc x\cot x\,dx$

$=-\csc x+C$

(11) $\tan x-x+C$

(12) $\int (\csc^2 x-1)dx$

$=-\cot x-x+C$

(13) $e^x-\cot x+C$

(14) $\int (10^x-\frac{1}{\cot x})dx$

$=\int (10^x-\tan x)dx$

$=\frac{10^x}{\ln 10}-\ln|\sec x|+C$

4. (1) $5\sin^{-1}x+C$

(2) $4\tan^{-1}x+C$

5. (1) $\frac{1}{8}(2x+1)^4+C$

(2) $\frac{1}{27}(3x-2)^9+C$

(3) $7\sqrt{2x+1}+C$

(4) $(1-x)^{-1}+C=\frac{1}{1-x}+C$

6. (1) $\frac{1}{7}e^{7x}+\frac{1}{3}e^{3x}+C$

(2) $-\frac{1}{2}e^{-2x}+\frac{1}{2}\sin 2x+C$

(3) $-\frac{1}{2}e^{-2x}-3e^{-\frac{1}{3}x}+C$

(4) $-4e^{-x}+\frac{3^{x-1}}{\ln 3}+C$

(5) $\frac{1}{3}\sin(3x+5)+C$

(6) $\frac{1}{5}\sec 5x+C$

(7) $\frac{1}{2}e^{2x}+2x-\frac{1}{2}e^{-2x}+C$

(8) $\frac{1}{2}\tan 2x+\frac{1}{2}\ln|\sec 2x|+C$

7. (1) $-\frac{3}{4}\cos 2x+C$

(2) $\int \frac{1}{2}\sin\theta d\theta$

$=-\frac{1}{2}\cos\theta+C$

(3) $-\cos 4x+C$

(4) $\frac{1}{2}x-\frac{1}{2}\sin x+C$

(5) $\frac{1}{2}x+\frac{1}{4}\sin 2x+C$

(6) $\int \frac{1+\cos 8x}{2}dx$

$=\int\left(\frac{1}{2}+\frac{1}{2}\cos 8x\right)dx$

$=\frac{1}{2}x+\frac{1}{16}\sin 8x+C$

8. (1) $5\ln|\sin x| + C$

(2) $\ln|x^3 + x| + C$

(3) $7\ln|x+1| + C$

(4) $\int \frac{1}{2} \cdot \frac{2x}{x^2+1} dx$

$= \frac{1}{2}\ln|x^2+1| + C$

$= \frac{1}{2}\ln(x^2+1) + C$

(5) $3\ln|x^2-4| + C$

(6) $\int \frac{2}{-3} \cdot \frac{-3}{1-3x} dx = -\frac{2}{3}\ln|1-3x| + C$

9. (1) $f(x) = x + \ln x + 2$

(2) $f(x) = 8\tan^{-1}x + \tan x + C$

$f(0) = 1;\ C = 1$

$\therefore f(x) = 8\tan^{-1}x + \tan x + 1$

(3) $f(x) = \ln(x^2+4) + \frac{1}{2}x + \frac{1}{4}\sin 2x - \ln 4$

(4) $y = \frac{1}{x} + 2x - 2$

연습문제 5.2

1. (1) $-\frac{2}{5}(1-x^2)^{5/4} + C$

(2) $u = x^2 - 2x + 3$

$\frac{du}{dx} = 2x - 2$

$\frac{1}{2}du = (x-1)dx$

$= \int u^{10} \cdot \frac{1}{2} du$

$= \frac{1}{2} \cdot \frac{1}{11} u^{11} + C$

$= \frac{1}{22}(x^2 - 2x + 3)^{11} + C$

(3) $\frac{-1}{x^4+1} + C$

(4) $u = x^2 - 6x$

$\frac{du}{dx} = 2x - 6$

$\frac{1}{2}du = (x-3)dx$

$= \int \frac{1}{u^{\frac{1}{4}}} \cdot \frac{1}{2} du$

$= \int \frac{1}{2} u^{-\frac{1}{4}} du$

$= \frac{1}{2} \cdot \frac{4}{3} u^{\frac{3}{4}} + C$

$= \frac{2}{3}(x^2 - 6x)^{\frac{3}{4}} + C$

(5) $-6(1-x^3)^{1/2} + C$

(6) $u = 4x - x^2$ $\quad = \int \frac{1}{\sqrt{u}} \cdot -\frac{1}{2}du$

$\frac{du}{dx} = 4 - 2x$ $\quad = \int -\frac{1}{2}u^{-\frac{1}{2}}du$

$\frac{du}{dx} = -2(x-2)$ $\quad = -\frac{1}{2} \cdot 2u^{\frac{1}{2}} + C$

$-\frac{1}{2}du = (x-2)dx$ $\quad = -\sqrt{4x - x^2} + C$

(7) $-\frac{1}{3}(7-3x^2)^{3/2} + C$

(8) $u = 1 + \sqrt{x}$ $\quad = \int u^5 \cdot 2du$

$\frac{du}{dx} = \frac{1}{2\sqrt{x}}$ $\quad = 2 \cdot \frac{1}{6}u^6 + C$

$2du = \frac{1}{\sqrt{x}}dx$ $\quad = \frac{1}{3}(1+\sqrt{x})^6 + C$

(9) $\frac{2^{\sqrt{x}+1}}{\ln 2} + C$

(10) $u = \sqrt{x} - 1$ $\quad = \int \frac{1}{u} \cdot 2du$

$\frac{du}{dx} = \frac{1}{2\sqrt{x}}$ $\quad = 2 \cdot \ln|u| + C$

$2du = \frac{1}{\sqrt{x}}dx$ $\quad = 2\ln|\sqrt{x} - 1| + C$

2. (1) $\frac{1}{8}(\ln x)^4 + C$

(2) $u = \ln x$ $\quad = \int \frac{1}{u} \cdot du$

$\frac{du}{dx} = \frac{1}{x}$ $\quad = \ln|u| + C$

$du = \frac{1}{x}dx$ $\quad = \ln|\ln x| + C$

(3) $\sqrt{\ln^2 x + 1} + C$

(4) $u = \ln(\ln x)$ $\quad = \int \frac{1}{u} \cdot du$

$\frac{du}{dx} = \frac{1}{\ln x} \cdot \frac{1}{x}$ $\quad = \ln|u| + C$

$du = \frac{1}{x\ln x}dx$ $\quad = \ln|\ln(\ln x)| + C$

(5) $\frac{1}{2}\sin^6\left(\frac{x}{3}\right) + C$

(6) $u = \cos 3x$ $\quad = \int u^3 \cdot -\frac{1}{3}du$

$\frac{du}{dx} = -3\sin 3x$ $\quad = -\frac{1}{3} \cdot \frac{1}{4}u^4 + C$

$-\frac{1}{3}du = \sin 3x dx$ $\quad = -\frac{1}{12}\cos^4 3x + C$

(7) $\frac{e^{\sec \pi x}}{\pi} + C$

(8) $u = \tan\theta$ $\quad = \int u^2 \cdot du$

$\frac{du}{d\theta} = \sec^2\theta$ $\quad = \frac{1}{3}u^3 + C$

$du = \sec^2\theta d\theta$ $\quad = \frac{1}{3}\tan^3\theta + C$

(9) $e^{\sin^{-1}x} + C$

(10) $\int \sec^2\theta \cdot \sec^2\theta d\theta$ $\quad = \int (1+\tan^2\theta) \cdot \sec^2\theta d\theta$

$u = \tan\theta$ $\quad = \int (1+u^2)du$

$\frac{du}{dx} = \sec^2\theta$ $\quad = u + \frac{1}{3}u^3 + C$

$du = \sec^2\theta d\theta$ $\quad = \tan\theta + \frac{1}{3}\tan^3\theta + C$

(11) $\ln|\tan^{-1}x| + C$

(12) $u = 1+\tan 2\theta$ $\quad = \int \frac{1}{u} \cdot \frac{1}{2}du$

$\frac{du}{d\theta} = 2 \cdot \sec^2 2\theta$ $\quad = \frac{1}{2}\ln|u| + C$

$\frac{1}{2}du = \sec^2 2\theta d\theta$ $\quad = \frac{1}{2}\ln|1+\tan 2\theta| + C$

(13) $\frac{1}{2\cos(2x+1)} + C$

(14) $u = 1+\sin 2x$ $\quad = \int \frac{1}{\sqrt{u}} \cdot \frac{1}{2}du$

$\frac{du}{dx} = 2\cos 2x$ $\quad = \int \frac{1}{2}u^{-\frac{1}{2}}du$

$\frac{1}{2}du = \cos 2x dx$ $\quad = \frac{1}{2} \cdot 2u^{\frac{1}{2}} + C$

$\quad = \sqrt{1+\sin 2x} + C$

(15) $e^{\sin^2 x} + C$

(16) $u = \cos x$ $\quad = \int \frac{1}{1+u^2} \cdot -du$

$\frac{du}{dx} = -\sin x$ $\quad = -\tan^{-1}u + C$

$-du = \sin x dx$ $\quad = -\tan^{-1}(\cos x) + C$

3. (1) $\frac{1}{2}\tan^{-1}(2x) + C$

(2) $\sin^{-1}\left(\frac{x}{4}\right) + C$

(3) $\tan^{-1}(x+1) + C$

(4) $3 \cdot \frac{1}{3}\tan^{-1}\left(\frac{x}{3}\right) + C$

$= \tan^{-1}\left(\frac{x}{3}\right) + C$

(5) $-\frac{1}{2}\sqrt{4x-x^2} + C$

(6) $\frac{1}{9}\int \frac{e^x dx}{1+\left(\frac{e^x}{3}\right)^2} = 3 \cdot \frac{1}{9}\int \frac{\frac{e^x}{3}dx}{1+\left(\frac{e^x}{3}\right)^2}$

$= \frac{1}{3}\tan^{-1}\frac{e^x}{3} + C$

(7) $\ln(x^2+4)+\frac{1}{2}\tan^{-1}\frac{x}{2}+C$

(8) $u = 4-x^2 \qquad = \int \frac{x}{\sqrt{4-x^2}}dx + \int \frac{1}{\sqrt{4-x^2}}dx$

$\frac{du}{dx} = -2x \qquad = \int \frac{1}{\sqrt{u}} \cdot -\frac{1}{2}du + \sin^{-1}\left(\frac{x}{2}\right)+C$

$-\frac{1}{2}du = xdx \qquad = -\sqrt{u}+\sin^{-1}\left(\frac{x}{2}\right)+C$

$= -\sqrt{4-x^2}+\sin^{-1}\left(\frac{x}{2}\right)+C$

(9) $\int \frac{1}{x^2-2x+1+4}dx$

$= \int \frac{1}{(x-1)^2+4}dx$

$= \frac{1}{2}\tan^{-1}\left(\frac{x-1}{2}\right)+C$

연습문제 5.3

1. (1) $x\sin x+\cos x+C$

(2) $-2xe^{-\frac{1}{2}x} - \int -2e^{-\frac{1}{2}x}dx$

$= -2xe^{-\frac{1}{2}} - 4e^{-\frac{1}{2}x}+C$

(3) $\frac{1}{3}x\sin 3x - \int \frac{1}{3}\sin 3x\, dx$

$= \frac{1}{3}x\sin 3x + \frac{1}{9}\cos 3x + C$

(4) $-\frac{1}{2}x\cos 2x - \int -\frac{1}{2}\cos 2x dx$

$=-\frac{1}{2}x\cos 2x + \frac{1}{4}\sin 2x + C$

(5) $e^x(x^2-2x+2)+C$

(6) $x\ln x - \int 1dx$

$= x\ln x - x + C$

(7) $\frac{x^4}{16}(4\ln x - 1)+C$

(8) $-\frac{1}{x}\ln x-\int -\frac{1}{x^2}dx$

$= -\frac{\ln x}{x}-\frac{1}{x}+C$

(9) $2\sqrt{x}\ln x-\int \frac{1}{x}\cdot 2\sqrt{x}dx$

$=2\sqrt{x}\ln x-\int \frac{2}{\sqrt{x}}dx$

$=2\sqrt{x}\ln x-4\sqrt{x}+C$

(10) $x\tan^{-1}x-\int \frac{x}{1+x^2}dx$

$=x\tan^{-1}x-\frac{1}{2}\ln(1+x^2)+C$

(11) $\frac{1}{2}x^2\sec^{-1}x-\int \frac{x}{2\sqrt{x^2-1}}dx$

$=\frac{1}{2}x^2 \cdot \sec^{-1}x-\int \frac{1}{2\sqrt{t}}\cdot\frac{1}{2}dt$

$=\frac{1}{2}x^2\sec^{-1}x-\frac{1}{2}\sqrt{t}+C$

$=\frac{1}{2}x^2\sec^{-1}x-\frac{1}{2}\sqrt{x^2-1}+C$

2. (1) $-e^{2x}\cos x+2\int e^{2x}\cos x dx$

$= -e^{2x}\cos x+2\left[e^{2x}\sin x-\int 2e^{2x}\sin x dx\right]$

$= -e^{2x}\cos x+2e^{2x}\sin x-4\int e^{2x}\sin x dx$

$\int e^{2x}\sin x dx = I$

$I =-e^{2x}\cos x+2e^{2x}\sin x-4I$

$5I = -e^{2x}\cos x+2e^{2x}\sin x$

$\therefore I = \frac{e^{2x}(-\cos x+2\sin x)}{5}+C$

(2) $\frac{1}{2}e^x\sin 2x-\frac{1}{2}\int e^x\sin 2x dx$

$=\frac{1}{2}e^x\sin 2x-\frac{1}{2}\left[-\frac{1}{2}e^x\cos 2x-\int -\frac{1}{2}e^x\cos 2x dx\right]$

$=\frac{1}{2}e^x\sin 2x+\frac{1}{4}e^x\cos 2x-\frac{1}{4}\int e^x\cos 2x dx$

$\int e^x\cos 2x = I$

$I=\frac{1}{2}e^x\sin 2x+\frac{1}{4}e^x\cos 2x-\frac{1}{4}I$

$4I=2e^x\sin 2x+e^x\cos 2x-I$

$5I=e^x(2\sin 2x+\cos 2x)$

$\therefore I=\frac{e^x(2\sin 2x+\cos 2x)}{5}+C$

(3) $\frac{e^{2x}}{13}(3\sin 3x + 2\cos 3x) + C$

(4) $-\frac{e^{-2x}}{4}(\sin 2x + \cos 2x) + C$

3. (1) $x^2e^x - 2xe^x + 2e^x + C$

(2) $e^{-x}(-x^3 - 3x^2 - 6x - 6) + C$

(3) $e^{-\frac{x}{2}}(-2x^3 - 12x^2 - 48x - 96) + C$

(4) $\frac{1}{3}x^2\sin 3x + \frac{2}{9}x\cos 3x - \frac{2}{27}\sin 3x + C$

(5) $-2x^3\cos\frac{1}{2}x + 12x^2\sin\frac{1}{2}x + 48x\cos\frac{1}{2}x - 96\sin\frac{1}{2}x + C$

연습문제 5.4

1. (1) $\ln\frac{27}{4}$

(2) $\frac{1}{x^2+2x} = \frac{A}{x} + \frac{B}{x+2} \Rightarrow 1 = A(x+2) + Bx$;

$x = 0 \Rightarrow A = \frac{1}{2}; x = -2 \Rightarrow B = -\frac{1}{2}$;

$\int \frac{dx}{x^2+2x} = \frac{1}{2}\int\frac{dx}{x} - \frac{1}{2}\int\frac{dx}{x+2}$

$= \frac{1}{2}[\ln|x| - \ln|x+2|] + C$

(3) $y - 2\ln|y+1| + C$

(4) $\frac{x+4}{x^2+5x-6} = \frac{A}{x+6} + \frac{B}{x-1}$

$\Rightarrow x + 4 = A(x-1) + B(x+6); x = 1 \Rightarrow B = \frac{5}{7}$;

$x = -6 \Rightarrow A = \frac{2}{-7} = \frac{2}{7}$;

$\int\frac{x+4}{x^2+5x-6}dx = \frac{2}{7}\int\frac{dx}{x+6} + \frac{5}{7}\int\frac{dx}{x-1}$

$= \frac{2}{7}\ln|x+6| + \frac{5}{7}\ln|x-1| + C$

$= \frac{1}{7}\ln\left|(x+6)^2(x-1)^5\right| + C$

(5) $\frac{1}{t^3+t^2-2t}=\frac{A}{t}+\frac{B}{t+2}+\frac{C}{t-1}$

$\Rightarrow 1 = A(t+2)(t-1) + Bt(t-1) + Ct(t+2);$

$t=0 \Rightarrow A = -\frac{1}{2}; t = -2$

$\Rightarrow B=\frac{1}{6}; t = 1 \Rightarrow C=\frac{1}{3};$

$\int \frac{dt}{t^3+t^2-2t} = -\frac{1}{2}\int \frac{dt}{t}+\frac{1}{6}\int \frac{dt}{t+2}+\frac{1}{3}\int \frac{dt}{t-1}$

$= -\frac{1}{2}\ln|t|+\frac{1}{6}\ln|t+2| + \frac{1}{3}\ln|t-1|+C$

(6) $\frac{1}{(x+1)(x^2+1)}$

$=\frac{A}{x+1}+\frac{Bx+C}{x^2+1} \Rightarrow 1 = A(x^2+1) + (Bx + C)(x+1);$

$x = -1 \Rightarrow A = \frac{1}{2}; x^2$의 계수

$= A+B \Rightarrow A+B=0 \Rightarrow B=-\frac{1}{2};$

상수$= A + C \Rightarrow A+C=1 \Rightarrow C=\frac{1}{2}; \int_0^1 \frac{dx}{(x+1)(x^2+1)}$

$\frac{1}{2}\int_0^1 \frac{dx}{x+1}+\frac{1}{2}\int_0^1 \frac{(-x+1)}{x^2+1}dx=\left[\frac{1}{2}\ln|x+1|-\frac{1}{4}\ln(x^2+1)+\frac{1}{2}\tan^{-1}x\right]_0^1$

$=\left(\frac{1}{2}\ln 2-\frac{1}{4}\ln 2+\frac{1}{2}\tan^{-1}1\right)$
$\quad -\left(\frac{1}{2}\ln 1-\frac{1}{4}\ln 1+\frac{1}{2}\tan^{-1}0\right)$

$=\frac{1}{4}\ln 2+\frac{1}{2}\left(\frac{\pi}{4}\right)=\frac{(\pi+2\ln 2)}{8}$

(7) $\ln|x-1|-\frac{2}{x-1}-\ln|x+1|+C$

(8) $\ln|x|+\frac{1}{2}\ln|x^2+4|-\frac{1}{2}\tan^{-1}\frac{x}{2}+C$

제6장 정적분

연습문제 6.1

1. (1) $-\frac{10}{3}$ (2) 8 (3) $2\sqrt{3}$ (4) $1-\frac{\pi}{4}$

(5) $\frac{(2-\sqrt{2})}{4}$ (6) -1 (7) $\frac{2}{3}\pi$

2. (1) $(\cos\sqrt{x})\left(\frac{1}{2\sqrt{x}}\right)$ (2) $3x^2e^{-x^3}$ (3) $\sqrt{1+x^2}$ (4) $-\frac{1}{2}x^{-\frac{1}{2}}\sin x$

(5) 1 (6) $2xe^{\frac{1}{2}x^2}$ (7) 1 (8) $\frac{2}{x}$

(9) $\frac{\sin 4y}{\sqrt{y}}-\frac{\sin y}{2\sqrt{y}}$ (10) $2x\ln|x|-x\ln\frac{|x|}{\sqrt{2}}$ (11) $\frac{\sin x}{x}$

3. (1) $\frac{1}{2}$ (2) 0 (3) 4 (4) $\frac{1}{6}$

(5) 0 (6) $3^{\frac{5}{2}}-1$ (7) e (8) $\ln 3$

(9) $\frac{1}{\ln 4}$ (10) $\frac{\pi}{12}$ (11) $\frac{2}{3}\pi$ (12) $\sqrt{3}-1$

(13) $\frac{\pi}{2}$ (14) $6\sqrt{3}-2\pi$ (15) -1 (16) 2

(17) $\frac{9}{14}$ (18) $\frac{9\ln 2}{4}$ (19) $2(\ln 2)^4$ (20) 1

(21) $\frac{1}{\ln 2}$ (22) $\frac{6}{\ln 7}$ (23) $2(\ln 2)^2$ (24) $\frac{3\ln 2}{2}$

4. (1) $\int_{-1}^{1} xe^x\,dx=\frac{2}{e}$ (2) $\int_{\pi/3}^{\pi/2} x\sin x\,dx = 1+\frac{\pi}{6}-\frac{\sqrt{3}}{2}$

(3) $\int_0^{\pi/2} x^2\sin 2x\,dx=\frac{\pi^2}{8}-\frac{1}{2}$ (4) $\int_1^e x\ln x\,dx=\frac{e^2+1}{4}$

(5) $\int_1^e \ln x\,dx=1$ (6) $\int_0^1 \tan^{-1}x\,dx=\frac{\pi}{4}-\frac{1}{2}\ln 2$

(7) $\int_{1/2}^{1} \sin^{-1}x\,dx=\frac{5\pi}{12}-\frac{\sqrt{3}}{2}$ (8) $\int_0^4 e^{\sqrt{x}}\,dx=2+2e^2$

(9) $\int_0^{\pi} e^x\sin x\,dx=\frac{e^{\pi}+1}{2}$

연습문제 6.2

1. (1) 0 (2) -2 (3) 2π (4) $\dfrac{3(2-\sqrt{3})}{\pi}$

(5) $\dfrac{12}{\pi}(\sqrt{3}-1)$

2. (1) 38 (2) 35

3. (1) $L(4)=\dfrac{1}{2}\left[f(0)+f\left(\dfrac{1}{2}\right)+f(1)+f\left(\dfrac{3}{2}\right)\right]$

$=\dfrac{1}{2}\left[4+\dfrac{15}{4}+3+\dfrac{7}{4}\right]=\dfrac{25}{4}$ (6.25)

(2) $R(4)=\dfrac{1}{2}\left[f\left(\dfrac{1}{2}\right)+f(1)+f\left(\dfrac{3}{2}\right)+f(2)\right]$

$=\dfrac{1}{2}\left[\dfrac{15}{4}+3+\dfrac{7}{4}+0\right]=\dfrac{17}{4}$ (4.25)

(3) $M(4)=\dfrac{1}{2}\left[f\left(\dfrac{1}{4}\right)+f\left(\dfrac{3}{4}\right)+f\left(\dfrac{5}{4}\right)+f\left(\dfrac{7}{4}\right)\right]$

$=\dfrac{1}{2}\left[\dfrac{63}{16}+\dfrac{55}{16}+\dfrac{39}{16}+\dfrac{15}{16}\right]=\dfrac{43}{8}$ (5.375)

4. $f(x)=\dfrac{120}{x}$:

x	1	2	3	4	5	6
$f(x)$	120	60	40	30	24	20

$L(5)=(120+60+40+30+24)\cdot 1=274;$

$R(5)=(60+40+30+24+20)\cdot 1=174;$

$T(5)=\dfrac{1}{2}(120+2\cdot 60+2\cdot 40+2\cdot 30+2\cdot 24+20)=224.$

5. $T(6)=\dfrac{h}{2}[y_0+2y_1+2y_2+2y_3+2y_4+2y_5+y_6]$

$=\dfrac{\frac{\pi}{6}}{2}\left[0+2\cdot\dfrac{1}{2}+2\cdot\dfrac{\sqrt{3}}{2}+2\cdot 1+2\dfrac{\sqrt{3}}{2}+2\cdot\dfrac{1}{2}+0\right]$

$=\dfrac{\pi}{12}[1+\sqrt{3}+2+\sqrt{3}+1]=\dfrac{(2+\sqrt{3})\pi}{6}$

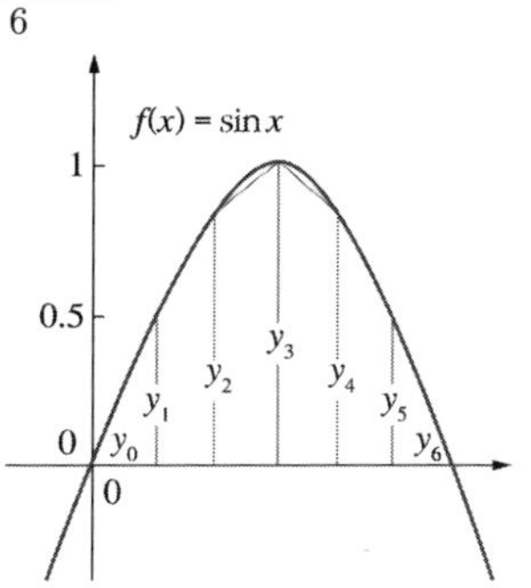

6. (1) $L(5)=1\cdot4+2\cdot6+3\cdot8+3\cdot9+1\cdot7=74L$

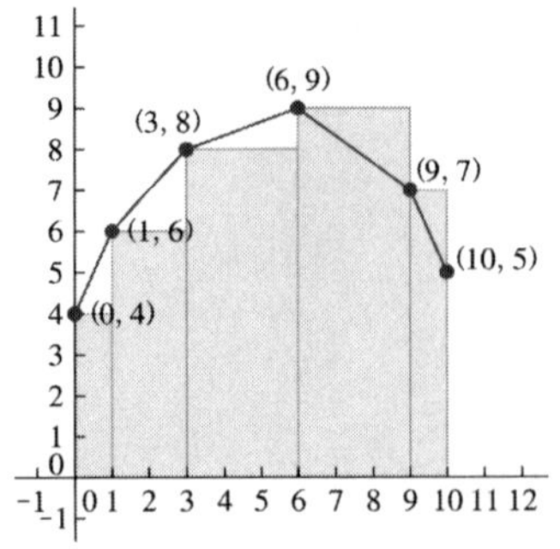

(2) $R(5)=1\cdot6+2\cdot8+3\cdot9+3\cdot7+1\cdot5=75L$

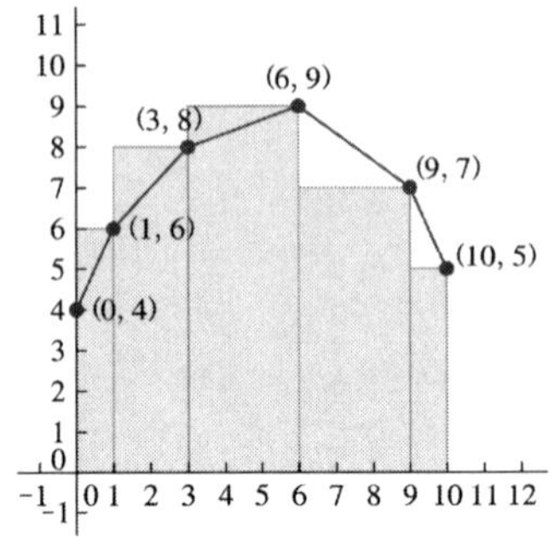

(3) $T(5)$

$$=\frac{(4+6)\cdot1}{2}+\frac{(6+8)\cdot2}{2}+\frac{(8+9)\cdot3}{2}+\frac{(9+7)\cdot3}{2}+\frac{(7+5)\cdot1}{2}$$

$$=5+14+\frac{51}{2}+24+6$$

$$=74.5L$$

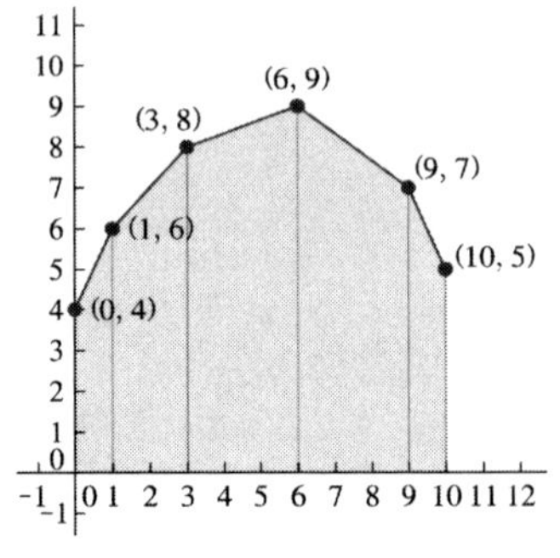

제7장 정적분의 응용과 연속적 확률분포

연습문제 7.1

1. (1) $\frac{28}{3}$ (2) $\frac{1}{2}$ (3) $\frac{51}{4}$ (4) 8

2. (1) $\frac{32}{3}$ (2) $\frac{48}{5}$ (3) $\frac{8}{3}$ (4) 8

(5) 18 (6) $\frac{243}{8}$

3. (1) $\frac{8}{3}$ (2) $\frac{104}{15}$ (3) $\frac{56}{15}$ (4) 4

(5) $\frac{\pi}{2}$ (6) 2

4. (1) $\frac{1}{2}$ (2) 1 (3) $\ln 16$ (4) 2

(5) $2\ln 5$

연습문제 7.2

1. (1) $A(x) = \pi(1-x^2)$ (2) $A(x) = 4(1-x^2)$

(3) $A(x) = 2(1-x^2)$ (4) $A(x) = \sqrt{3}(1-x^2)$

2. $V = \int_{-1}^{1} \pi\left(\frac{2-x^2-x^2}{2}\right)^2 dx = \frac{16}{15}\pi$

3. (1) $2\sqrt{3}$ (2) 8

4. (1) $\frac{32}{5}\pi$ (2) π (3) $\frac{\pi(e^2-1)}{2e^2}$ (4) $\frac{\pi}{2}\ln 4$

(5) $\frac{2}{3}\pi$ (6) $\frac{117}{5}\pi$

5. (1) 2π (2) 2π (3) 3π (4) 4π

(5) $\frac{4}{3}\pi$ (6) 8π

6. (1) 8π (2) $\frac{32}{5}\pi$ (3) $\frac{8}{3}\pi$ (4) $\frac{224}{15}\pi$

7. (1) $\frac{16}{15}\pi$ (2) $\frac{56}{15}\pi$ (3) $\frac{64}{15}\pi$

8. (1) $\frac{5}{3}\pi$ (2) $\frac{4}{3}\pi$ (3) 2π (4) $\frac{2}{3}\pi$

9. (1) $\frac{24}{5}\pi$ (2) $\frac{48}{5}\pi$

연습문제 7.3

1. $\frac{1}{25-0}\int_0^{25} P(t)\,dt = \frac{1}{25}\int_0^{25} 6e^{0.024t}\,dt \approx 8.2\ billion\ \ people$

2. $Q_0(1.05)^t$

3. $\frac{1}{2-0}\int_0^2 (-32t+96)\,dt = 64\ \ ft/\sec$

4. $\frac{1}{4-0}\int_0^4 \frac{30}{(t+1)^2}\,dt \approx 6mg$

5. $\lim_{n\to\infty}\sum_{k=1}^{n} 1000e_k^{-0.3t}\Delta t = \int_0^8 1000e^{-0.3t}\,dt \approx 3031$

6. $\int_0^{45} \frac{\sqrt{t}}{180}\,dt \approx 1.27$

7. $160+\int_0^{20} -9e^{-0.08t}\,dt \approx 70^\circ F$

8. $\int_0^t te^{-0.3t} = 9,\ t = 10.2$주

9. $\int_0^3 (-0.1t^2-0.3t+2)\,dt = 3.75$

10. $\int_0^2 1000e^{0.03t}\,dt = 1046$

11. (1) $\frac{5\sqrt{10}}{3}$ (2) 7 (3) $\frac{21}{2}$ (4) e^3+2

(5) $\sqrt{2}(e^{\pi}-1)$ (6) $8a$

12. (1) $\frac{\pi}{2}$ (2) 6 (3) $\ln 3$ (4) 0

(5) π (6) -1 (7) $-\frac{1}{4}$ (8) $\frac{\pi}{3}$

(9) $\ln 2$ (10) 발산 (11) $e^{-\frac{1}{\ln 2}}$ (12) -2

(13) 발산 (14) 2

연습문제 7.4

1. (1) $a=1$ (2) $a=2$ (3) $a=\frac{4}{\pi}$ (4) $a=2$

2. (1) $F(x)=\begin{cases} 0 & , x \le 0 \\ \frac{1}{26}(x^3+3x^2+3) & , 0<x<2 \\ 1 & , x \ge 2 \end{cases}$ (2) $F(x)=\begin{cases} 0 & , x \le 0 \\ 3x^3-2x^4 & , 0<x<1 \\ 1 & , x \ge 1 \end{cases}$

(3) $F(x)=\begin{cases} 0 & , x \le 0 \\ 1-(1+3x)e^{-3x} & , 0<x \end{cases}$ (4) $F(x)=\begin{cases} 0 & , x \le 0 \\ x^{\alpha+1} & , 0<x<1 \\ 1 & , x \ge 1 \end{cases}$

3. (1) $\frac{1}{\pi}\left(\tan^{-1}x+\frac{\pi}{2}\right)$ (2) $1-e^{-\theta x}$

4. (1) 1 (2) $\frac{e^t-1}{t}$

5. (1) 1 (2) $t<\frac{1}{\beta}$, $M_X(t)=\frac{1}{1-\beta t}$

(3) $M_X{}'(0)=\beta$, $M_X{}''(0)=2\beta^2$, $M_X{}''(0)-[M_X{}'(0)]^2=\beta^2$

(4) $E(X)=\beta$, $E(X^2)=2\beta^2$, $Var(X)=\beta^2$

(5) $E(X)=M_X{}'(0)$, $E(X^2)=M_X{}''(0)$, $Var(X)=M_X{}''(0)-[M_X{}'(0)]^2$

6. (1) $E(X)=\int_0^2 x\left(\frac{x}{2}\right)dx=\frac{4}{3}$

(2) $E(3X^2-2X)=\int_0^3(3x^2-2x)\left(\frac{1}{2}x\right)dx=\frac{10}{3}$

7. (1) $E[X]=\int_0^\infty xe^{-x}dx=[-xe^{-x}]_0^\infty+\int_0^\infty e^{-x}dx=[-e^{-x}]_0^\infty=1$

$E[3X-2]=3E[X]-2=3(1)-2=1$

(2) $E[X^2]=\int_0^\infty x^2e^{-x}dx=[-x^2e^{-x}]_0^\infty+2\int_0^\infty xe^{-x}dx=0+2(1)=2$

(3) $E[(X-1)^2]=E[X^2-2X+1]=E[X^2]-2E[X]+1=2-2(1)+1=1$

8. (1) $E(X)=\int_a^b\frac{x}{b-a}dx=\frac{b^2-a^2}{2(b-a)}=\frac{b+a}{2}$

$E(X^2)=\int_a^b\frac{x^2}{b-a}dx=\frac{b^3-a^3}{3(b-a)}=\frac{b^2+ba+a^2}{3}$

$V(X)=E(X^2)-(E(X))^2=\frac{a^2+ab+b^2}{3}-\frac{a^2+b^2+2ab}{4}=\frac{a^2+b^2-2ab}{12}=\frac{(a-b)^2}{12}$

(2) $E(X)=\int_0^\infty\lambda^2x^2e^{-\lambda x}dx=\frac{2}{\lambda}$

$E(X^2)=\int_0^\infty\lambda^2x^3e^{-\lambda x}dx=\frac{6}{\lambda^2}$

$V(X)=E(X^2)-(E(X))^2=\frac{6}{\lambda^2}-\frac{4}{\lambda^2}$

(3) $E(X)=\int_0^1 2x^2dx=\frac{2}{3}$

$E(X^2)=\int_0^1 2x^3dx=\frac{2}{4}$

$V(X)=E(X^2)-(E(X))^2=\frac{2}{4}-\frac{4}{9}=\frac{1}{18}$

(4) $E(X)=\int_1^\infty x(3x^{-4})dx=\int_1^\infty 3x^{-3}dx=\frac{3}{2}$

$E(X^2)=\int_1^\infty x^2 3x^{-4}dx=3\int_1^\infty x^{-2}dx=3$

$V(X)=E(X^2)-(E(X))^2=3-\left(\frac{3}{2}\right)^2=\frac{3}{4}$

제8장 수열과 급수와 이산확률분포

연습문제 8.1

1. (1) $\lim_{n\to\infty}\frac{1-5n^4}{n^4+8n^3}=\lim_{n\to\infty}\frac{(\frac{1}{n^4})-5}{1+(\frac{8}{n})}=-5$

수렴

(2) $\lim_{n\to\infty}\frac{n^2-2n+1}{n-1}=\lim_{n\to\infty}\frac{(n-1)(n-1)}{n-1}\qquad \lim_{n\to\infty}(n-1)=\infty$ 발산

(3) $\lim_{n\to\infty}\frac{(-1)^{n+1}}{2n-1}=0$ 수렴

(4) $\lim_{n\to\infty}\sqrt{\frac{2n}{n+1}}=\sqrt{\lim_{n\to\infty}\frac{2n}{n+1}}$

$\sqrt{\lim_{n\to\infty}\left(\frac{x}{1+\frac{1}{n}}\right)}=\sqrt{2}$ 수렴

(5) $\lim_{n\to\infty}\frac{n}{2^n}=\lim_{n\to\infty}\frac{1}{2^n\ln 2}=0$ 수렴

(6) $\lim_{n\to\infty}(1+\frac{7}{n})^n=e^7$ 수렴

(7) $\lim_{n\to\infty}\frac{n!}{n^n}=\lim_{n\to\infty}\frac{1\times2\times3\ldots\times(n-1)(n)}{n\times n\times\ldots\times n}\qquad\le\lim_{n\to\infty}(\frac{1}{n})=0$

$\frac{n!}{n^n}\ge 0\Rightarrow\lim_{n\to\infty}\frac{n!}{n^n}=0$ 수렴

2. (1) $\frac{3}{2}$ (2) 발산 (3) $\frac{1}{3}$ (4) 발산

(5) 발산 (6) 발산 (7) 0 (8) 0

(9) 발산 (10) 0

연습문제 8.2

1. (1) $(1+1)+\left(\frac{1}{2}-\frac{1}{5}\right)+\left(\frac{1}{4}+\frac{1}{25}\right)+\cdots$

$=\frac{1}{1-\left(\frac{1}{2}\right)}+\frac{1}{1+\left(\frac{1}{5}\right)}=2+\frac{5}{6}=\frac{17}{6}$

(2) $\dfrac{4}{(4n-3)(4n+1)}=\dfrac{1}{4n-3}-\dfrac{1}{4n+1}$

$S_n=\left(1-\dfrac{1}{5}\right)+\left(\dfrac{1}{5}-\dfrac{1}{9}\right)+\cdots$

$+\left(\dfrac{1}{4n-7}-\dfrac{1}{4n-3}\right)$

$+\left(\dfrac{1}{4n-3}-\dfrac{1}{4n+1}\right)$

$=1-\dfrac{1}{4n+1}$

$\Rightarrow \lim\limits_{n\to\infty} S_n=\lim\limits_{n\to\infty}\left(1-\dfrac{1}{4n+1}\right)=1$

(3) $S_n=\left(\dfrac{1}{\ln 3}-\dfrac{1}{\ln 2}\right)+\left(\dfrac{1}{\ln 4}-\dfrac{1}{\ln 5}\right)+\cdots$

$+\left(\dfrac{1}{\ln(n+2)}-\dfrac{1}{\ln(n+1)}\right)$

$=-\dfrac{1}{\ln 2}+\dfrac{1}{\ln(n+2)}$

$\Rightarrow \lim\limits_{n\to\infty} S_n=-\dfrac{1}{\ln 2}$

(4) $\dfrac{-\pi}{4}$

(5) $\dfrac{\left(\dfrac{3}{2}\right)}{1-\left(-\dfrac{1}{2}\right)}=1$

(6) $\dfrac{1}{1-\left(\dfrac{1}{e^2}\right)}=\dfrac{e^2}{e^2-1}$

(7) $\dfrac{1}{1-\left(\dfrac{2}{3}\right)}-\dfrac{1}{1-\left(\dfrac{1}{3}\right)}$

$=3-\dfrac{3}{2}=\dfrac{3}{2}$

(8) $\sum\limits_{n=1}^{\infty}\ln\left(\dfrac{n}{n+1}\right)=\sum\limits_{n=1}^{\infty}[\ln(n)-\ln(n+1)]$

$\Rightarrow S_n=[\ln(1)-\ln(2)]+\cdots$

$+[\ln(n)-\ln(n+1)]$

$=\ln(1)-\ln(n+1)=-\ln(n+1)$

$\Rightarrow \lim\limits_{n\to\infty} S_n=-\infty$

2. (1) $a=3, r=\frac{x-1}{2}$,

$$\frac{3}{1-\left(\frac{x-1}{2}\right)}=\frac{6}{3-x}$$

$-1<\frac{x-1}{2}<1$ 즉, $-1<x<3$에서

수렴

(2) $a=1$, $r=-(x+1)$,

$$\frac{1}{1+(x+1)}=\frac{1}{x+2}$$

$|x+1|<1$or$-2<x<0$에서 수렴

(3) $a=1, r=\sin x, \frac{1}{1-\sin x}$

$x \neq (2k+1)\frac{\pi}{2}$, k는 상수에서 수렴

3. (1) $\frac{15}{4}$ (2) 발산 (3) 발산

(4) 1 (5) 발산 (6) 2

연습문제 8.3

1. (1) 발산 $\sum_{n=1}^{\infty}\frac{3}{\sqrt{n}}=3\sum_{n=1}^{\infty}\frac{1}{\sqrt{n},}\ (p=\frac{1}{2})$,

p급수검정

(2) 발산 $\int_2^n \frac{\ln x}{x}dx=\frac{1}{2}(\ln^2 n-\ln 2)$

$$\Rightarrow \int_2^{\infty}\frac{\ln x}{x}dx \to \infty$$

적분검정

(3) 발산 $-2\int_0^{\infty}\frac{1}{x+1}dx=-\infty$, 적분검정

(4) 발산 $\lim_{n\to\infty}\frac{\sqrt{n}}{\ln n}=\lim_{n\to\infty}\frac{(\frac{1}{2\sqrt{n}})}{\frac{1}{n}}$

$$=\lim_{n\to\infty}\frac{\sqrt{n}}{2}=\infty$$

극한 비교검정

(5) 발산 $\lim_{n\to\infty}\cos n\pi \neq 0$ n항 검정

(6) 수렴 $\int_1^\infty \frac{e^x}{1+e^{2x}}dx \to \int_e^\infty \frac{1}{1+u^2}du$

$=\lim_{b\to\infty}(\tan^{-1}b-\tan^{-1}e)$

$=\frac{\pi}{2}-\tan^{-1}e \approx 0.35$

적분검정

(7) 수렴 $\int_1^\infty \frac{8\tan^{-1}x}{1+x^2}dx \to \int_{\pi/4}^{\pi/2} 8u\,du$

$=4\left(\frac{\pi^2}{4}-\frac{\pi^2}{16}\right)=\frac{3\pi^2}{4}$

적분검정

(8) 수렴 $\frac{\sin^2 n}{2^n} \leq \frac{1}{2^n}$, 비교검정

(9) 수렴 $\left(\frac{n}{3n+1}\right)^n < \left(\frac{n}{3n}\right)^n = \left(\frac{1}{3}\right)^n$

비교검정

(10) 수렴 $\lim_{n\to\infty}\frac{\left[\frac{(\ln n)^2}{n^3}\right]}{\left(\frac{1}{n^2}\right)}=\lim_{n\to\infty}\frac{(\ln n)^2}{n}$

$=\lim_{n\to\infty}\frac{2(\ln n)\left(\frac{1}{n}\right)}{1}=2\lim_{n\to\infty}\frac{\ln n}{n}$

$=0$

극한 비교검정

(11) 발산 $\lim_{n\to\infty}\frac{\left(\frac{1}{1+\ln n}\right)}{\left(\frac{1}{n}\right)}=\lim_{n\to\infty}\frac{n}{1+\ln n}$

$=\lim_{n\to\infty}\frac{1}{\left(\frac{1}{n}\right)}=\lim_{n\to\infty}n=\infty$

극한 비교검정

(12) 발산 $\lim_{n\to\infty}(1-\frac{1}{n})^n=e^{-1}\neq 0$, n항 검정

(13) 수렴 $\frac{1}{3^{n-1}+1}<\frac{1}{3^{n-1}}$, 비교검정

(14) 수렴 $\lim_{n\to\infty}\frac{\left(\frac{10n+1}{n(n+1)(n+2)}\right)}{\left(\frac{1}{n^2}\right)}$

$=\lim_{n\to\infty}\frac{10n^2+n}{n^2+3n+2}$

$=\lim_{n\to\infty}\frac{20n+1}{2n+3}=\lim_{n\to\infty}\frac{20}{2}=10$

극한 비교검정

(15) 수렴 $\lim_{n\to\infty}\sum_{k=1}^{n}\frac{2}{k(k+1)}$

$=\lim_{n\to\infty}2\sum_{k=1}^{n}\left(\frac{1}{k}-\frac{1}{k+1}\right)=2$

(16) 수렴 $\lim_{n\to\infty}\frac{a_{n+1}}{a_n}=\lim_{n\to\infty}\frac{\left[\frac{(n+1)^{\sqrt{2}}}{2^{n+1}}\right]}{\left[\frac{\sqrt[n]{2}}{2^n}\right]}$

$=\lim_{n\to\infty}\frac{(n+1)^{\sqrt{2}}}{2^{n+1}}\frac{2^n}{n^{\sqrt{2}}}$

$=\lim_{n\to\infty}\left(1+\frac{1}{n}\right)^{\sqrt{2}}\left(\frac{1}{2}\right)=\frac{1}{2}<1$

비검정

(17) 수렴 $\lim_{n\to\infty}\frac{a_{n+1}}{a_n}=\lim_{n\to\infty}\frac{\left(\frac{(n+1)^{10}}{10^{n+1}}\right)}{\left[\frac{n^{10}}{10^n}\right]}$

$=\lim_{n\to\infty}\frac{(n+1)^{10}}{10^{n+1}}\frac{10^n}{n^{10}}$

$=\lim_{n\to\infty}(1+\frac{1}{n})^{10}(\frac{1}{10})=\frac{1}{10}<1$

비검정

(18) 발산 $\lim_{n\to\infty}a_n=\lim_{n\to\infty}\left(1-\frac{3}{n}\right)^n$

$=\lim_{n\to\infty}\left(1+\frac{-3}{n}\right)^n$

$=e^{-3}\approx 0.05\neq 0$

n항 검정

(19) 발산 $\frac{1}{n}-\frac{1}{n^2}=\frac{n-1}{n^2}>\frac{1}{2}\left(\frac{1}{n}\right),$

$n>2$

비교검정

(20) 수렴 $\lim_{n\to\infty}\frac{a_{n+1}}{a_n}$

$=\lim_{n\to\infty}\frac{(n+2)(n+3)}{(n+1)!}$

$\times\frac{n!}{(n+1)(n+2)}=0<1$

비검정

(21) 수렴 $\lim_{n\to\infty}\frac{a_{n+1}}{a_n}$

$=\lim_{n\to\infty}\frac{(n+1)!}{(2n+3)!}\frac{(2n+1)!}{n!}$

$=\lim_{n\to\infty}\frac{n+1}{(2n+3)(2n+2)}=0<1$

비검정

(22) 수렴 $\frac{n!\ln n}{n(n+2)!}=\frac{\ln n}{n(n+1)(n+2)}$

$<\frac{n}{n(n+1)(n+2)}$

$=\frac{1}{(n+1)(n+2)}<\frac{1}{n^2}$

비교검정

연습문제 8.4

1. (1) 이것은 기하급수 $\sum_{k=0}^{\infty}(x+2)^k=\frac{1}{1-(x+2)}$

$=\frac{-1}{1+x}=f(x)$이며 이 급수는 $|x+2|<1$

$(-3<x<1)$에서 수렴한다.

따라서 수렴구간은 (−3, −1)이고 $r=1$이다.

(2) 이것은 기하급수 $\sum_{k=0}^{\infty}(2x-1)^k=\frac{1}{1-(2x-1)}$

$=\frac{1}{2-2x}=f(x)$이며 이 급수는 $|2x-1|$

$<1(0<x<1)$에서 수렴한다. 따라서

수렴구간은 (0, 1)이고 $r=\frac{1}{2}$이다.

(3) 이것은 기하급수 $\sum_{k=0}^{\infty}(-1)^k\left(\frac{x}{2}\right)^k=\sum_{k=0}^{\infty}\left(\frac{-x}{2}\right)^k$

$=\frac{1}{1+\frac{x}{2}}=\frac{2}{2+x}=f(x)$이며 이 급수는

$\left|\frac{-x}{2}\right|<1(-2<x<2)$에서 수렴한다.

따라서 수렴구간은 $(-2,2)$이고 $r=2$이다.

2. (1) 모든 x에 대해 $\lim_{k\to\infty}\left|\frac{a_{k+1}}{a_k}\right|=$

$\lim_{k\to\infty}\left|\frac{2^{k+1}k!(x-2)^{k+1}}{2^k(k+1)!(x-2)^k}\right|=$

$2|x-2|\lim_{k\to\infty}\frac{1}{k+1}=0$이고 $0<1$이므로

비판정법에 의해 절대수렴한다. 따라서

수렴구간은 $(-\infty,\infty)$이고 $r=\infty$이다.

(2) $\lim_{k\to 0}\left|\frac{a_{k+1}}{a_k}\right|=\lim_{k\to\infty}\left|\frac{(-1)^{k+1}k3^{k(x-1)^{k+1}}}{(-1)^k(k+1)3^{k+1}(x-1)^k}\right|$

$=\frac{|x-1|}{3}\lim_{k\to\infty}\frac{k}{k+1}=\frac{|x-1|}{3}$이고 비판정법에

의해 $\frac{|x-1|}{3}<1$일 때, $(-2,4)$에서 절대수렴한다.

$x=-2$일 때, $\sum_{k=0}^{\infty}\frac{1}{k}$이고 이것은 발산하는 조화급수이다.

$x=4$일 때, $\sum_{k=0}^{\infty}\frac{(-1)^k}{k3^k}(3)^k=\sum_{k=0}^{\infty}\frac{(-1)^k}{k}$이고 이 급수는

교대급수판정법에 의해 수렴한다. 따라서

수렴구간은 $(-2,4]$이고 $r=3$이다.

(3) $\lim_{k\to\infty}\left|\frac{a_{k+1}}{a_k}\right|=\lim_{k\to\infty}\left|\frac{k(x-1)^{k+1}}{(k+1)(x-1)^k}\right|=|x-1|\lim_{k\to\infty}\frac{k}{k+1}$

$=|x-1|$이고 비판정법에 의해 $|x-1|<1$일 때, 즉 $(0,2)$

에서 절대수렴한다. $x=0$일 때,

$\sum_{k=0}^{\infty}\frac{(-1)^k}{k}$이고, 이것은 교대급수 판정법에 의해 수렴한다.

$x=2$일 때, $\sum_{k=0}^{\infty}\frac{1}{k}$이고 이 급수는 발산하는 조화급수이다.

따라서 수렴구간은 $[0,2)$이고 $r=1$이다.

(4) 모든 $x \in (-\infty, \infty)$에 대하여

$$\lim_{k\to\infty}\left|\frac{a_{k+1}}{a_k}\right| = \lim_{k\to\infty}\left|\frac{(k+1)!(2k)!x^{k+1}}{(2k+2)!x^k}\right|$$

$$= |x|\lim_{k\to\infty}\frac{k+1}{(2k+2)(2k+1)} = 0$$

이고 비판정법에 의해 절대수렴한다.

따라서 수렴구간은 $(-\infty, \infty)$이고 $r = \infty$이다.

3. (1) $-\frac{1}{2} < x < 0$ (2) $-3 \le x \le 3$ (3) 모든 x

(4) $-8 < x < 2$ (5) $-1 < x < 1$ (6) $-4 < x \le 0$

4. (1) $-1 < x < 3,\ \frac{4}{3+2x-x^2}$ (2) $0 < x < 16,\ \frac{2}{4-\sqrt{x}}$

(3) $-\sqrt{2} < x < \sqrt{2},\ \frac{3}{2-x^2}$

연습문제 8.5

1. (1) $p_3(x) = (x-1) - \frac{1}{2}(x-1)^2 + \frac{1}{3}(x-1)^3$

(2) $p_3(x) = \frac{1}{2} - \frac{1}{4}(x-2) + \frac{1}{8}(x-2)^2 - \frac{1}{16}(x-2)^3$

(3) $p_3(x) = \frac{\sqrt{2}}{2} + \frac{\sqrt{2}}{2}(x-\frac{\pi}{4}) - \frac{\sqrt{2}}{4}(x-\frac{\pi}{4})^2 - \frac{\sqrt{2}}{12}(x-\frac{\pi}{4})^3$

2. (1) $1 - x + \frac{1}{2!}x^2 - \frac{1}{3!}x^3 + \frac{1}{4!}x^4 + \cdots$ (2) $1 - x + x^2 - x^3 + x^4 + \cdots$

(3) $3x - \frac{3^2x^2}{3!} + \frac{3^5x^5}{5!} + \cdots$ (4) $7 - \frac{7x^2}{2!} + \frac{7x^4}{4!} - \frac{7x^6}{6!} + \cdots$

3. (1) $8 + 10(x-2) + 6(x-2)^2 + (x-3)^3 + \cdots$ (2) $21 - 36(x+2) + 25(x+2)^2 - \cdots$

(3) $1 - 2(x-1) + 3(x-1)^2 - 4(x-1)^3 + \cdots$ (4) $e^2 + e^2(x-2) + \frac{e^2}{2}(x-2)^2 + \cdots$

4. (1) $1-5x+\frac{(-5x)^2}{2!}+\cdots=\sum_{n=0}^{\infty}\frac{(-1)^n5^nx^n}{n!}$

(2) $\sum_{n=0}^{\infty}\frac{(-1)^n\left((x+1)y^{\frac{1}{2}}\right)^{2n}}{(2n)!}=$

$1-\frac{x+1}{2!}+\frac{(x+1)^2}{4!}-\frac{(x+1)^3}{6!}+\cdots$

5. (1) $x\left(\sum_{n=0}^{\infty}\frac{x^n}{n!}\right)=\sum_{n=0}^{\infty}\frac{x^{n+1}}{n!}$

$=x+x^2+\frac{x^3}{2!}+\frac{x^4}{3!}+\cdots$

(2) $x\sum_{n=0}^{\infty}\frac{(-1)^n(\pi x)^{2n}}{(2n)!}$

$=\sum_{n=0}^{\infty}\frac{(-1)^n\pi^{2n}x^{2n+1}}{(2n)!}$

$=x-\frac{\pi^2x^3}{2!}+\frac{\pi^4x^5}{4!}-\cdots$

(3) $x^2\sum_{n=0}^{\infty}(2x)^n=\sum_{n=0}^{\infty}2^nx^{n+2}$

$=x^2+2x^3+2^2x^4+\cdots$

(4) $\frac{1}{1-x}=1+x+x^2+x^3+\cdots$

$\frac{d}{dx}\left(\frac{1}{1-x}\right)=1+2x+3x^2+\cdots$

$\frac{1}{(1-x)^2}=\sum_{n=1}^{\infty}nx^{n-1}=\sum_{n=0}^{\infty}(n+1)x^n$

6. (1) $\int_0^{0.2}\left(x^2-\frac{x^6}{3!}+\frac{x^{10}}{5!}-\cdots\right)\approx 0.00267$

$|E|\le\frac{(0.2)^7}{7(3!)}\approx 0.0000003$

(2) $\int_0^{0.2}\frac{1}{x}\left(1-x+\frac{x^2}{2!}-\frac{x^3}{3!}-\cdots-1\right)$

≈-0.19044

$|E|\le\frac{(0.2)^4}{96}\approx 0.00002$

(3) $\int_0^{0.1}(1-\frac{x^2}{3!}+\frac{x^4}{5!}-\cdots)\approx 0.0999444611$

$|E|\le\frac{(0.1)^7}{7(7!)}\approx 2.8\times 10^{-12}$

(4) $\int_0^{1}(\frac{1}{2}-\frac{x^2}{4!}+\frac{x^4}{6!}-\frac{x^6}{8!}+\cdots)\,dx$

$=0.486385$

$|E|\le\frac{1}{11(12!)}\approx 1.9\times 10^{-10}$

7. (1) $\lim_{x\to 0}\frac{1}{x^2}(1+x+\frac{x^2}{2}+\frac{x^3}{3!}-1-x)$

$=\lim_{x\to 0}\left(\frac{1}{2}+\frac{x}{3!}+\frac{x^2}{4!}+\cdots\right)=\frac{1}{2}$

(2) $\lim_{t\to 0}\frac{1}{t^4}\left[1-\frac{t^2}{2}-(1-\frac{t^2}{2}+\frac{t^4}{4!}-\frac{t^6}{6!}+\cdots)\right]$

$=\lim_{t\to 0}\left(-\frac{1}{4!}+\frac{t^2}{6!}-\frac{t^4}{8!}+\cdots\right)=-\frac{1}{24}$

(3) $\lim_{y\to 0}\left[y-\left(y-\frac{y^3}{3}+\frac{y^5}{5}-\cdots\right)\right]$
$=\lim_{y\to 0}\left(\frac{1}{3}-\frac{y^2}{5}+\frac{y^4}{7}-\cdots\right)=\frac{1}{3}$

(4) $\lim_{x\to 0}x^2\left(-1+1-\frac{1}{x^2}+\frac{1}{2x^4}-\cdots\right)$
$=\lim_{x\to 0}\left(-1+\frac{1}{2x^2}-\frac{1}{6x^4}+\cdots\right)=-1$

(5) $\lim_{x\to 0}\dfrac{x^2-\frac{x^4}{2}+\frac{x^6}{3}-\cdots}{1-\left(1-\frac{x^2}{2!}+\frac{x^4}{4!}-\cdots\right)}$
$=\lim_{x\to 0}\dfrac{\left(1-\frac{x^2}{2}+\frac{x^4}{3}-\cdots\right)}{\left(\frac{1}{2!}-\frac{x^2}{4!}+\cdots\right)}=2!=2$

(6) $\lim_{x\to 2}\dfrac{x^2-4}{\ln(x-1)}$
$=\lim_{x\to 2}\dfrac{(x-2)(x+4)}{\left[(x-2)-\frac{(x-2)^2}{2}+\frac{(x-2)^3}{3}-\cdots\right]}$
$=\lim_{x\to 2}\dfrac{x+2}{\left[1-\frac{x-2}{2}+\frac{(x-2)^2}{3}-\cdots\right]}$
$=4$

연습문제 8.6

1. $M_X(t)=E(e^{tx})=\sum\frac{2}{5^{x+1}}e^{tx}=\frac{2}{5}\left[1+\frac{e^t}{5}+\frac{e^{2t}}{5^2}+\frac{e^{3t}}{5^3}+\cdots\cdots\right]=\frac{2}{5}\left[\frac{1}{1-\frac{e^t}{5}}\right]=\frac{2}{5-e^t}$

$M'_X(t)\big|_{t=0}=\left.\frac{-2(-e^t)}{(5-e^t)^2}\right|_{t=0}=\left.\frac{2e^t}{(5-e^t)^2}\right|_{t=0}=\frac{1}{8}$

따라서 평균 $E(X)=\frac{1}{8}$

$M''_X(t)\big|_{t=0}=\left.\frac{-2e^t(5-e^t)^2+4e^{2t}(5-e^t)}{(5-e^t)^4}\right|_{t=0}=\left.\frac{2e^t(5-e^t)+4e^{2t}}{(5-e^t)^3}\right|_{t=0}=\frac{8+4}{4^3}=\frac{3}{16}$

따라서 분산 $V(X)=E(X^2)-[E(X)]^2$
$=\frac{3}{16}-\left(\frac{1}{8}\right)^2=\frac{11}{64}$

2. (1) $P(s)=e^{-\lambda}e^{\lambda s}=e^{(s-1)\lambda}$

(2) $P(s)=\frac{p}{1-sq}$

(3) $P(s)=[ps+(1-p)]^n$

3. (1) $P'(1)=\lambda,\ P''(1)=\lambda^2,\ P''(1)-[P'(1)]^2=\lambda$

(2) $P'(1)=\frac{q}{p},\ P''(1)=\frac{2q^2}{p^2},\ P''(1)-[P'(1)]^2+P'(1)=\frac{q}{p^2}$

(3) $P'(1)=np,\ P''(1)=n(n-1)p^2,\ P''(1)-[P'(1)]^2+P'(1)=np(1-p)$

4. (1) $M_X(t) = \exp[\lambda(e^t - 1)]$

(2) $M_X'(t) = \lambda e^t \exp[\lambda(e^t - 1)]$, $M_X''(t) = \lambda e^t(1 + \lambda e^t)\exp[\lambda(e^t - 1)]$

$M_X'(0) = \lambda, M_X''(0) = \lambda(1+\lambda)$, $E(X) = M_X'(0), E(X^2) = M_X''(0)$

$Var(X) = M_X''(0) - [M_X'(0)]^2 = \lambda$

5. (1) $M_X(t) = \dfrac{p}{1 - qe^t}$ (단, $qe^t < 1$)

(2) $M_X'(t) = pqe^t(1 - qe^t)^{-2}$, $M_X''(t) = pqe^t(1 + qe^t)(1 - qe^t)^{-3}$

$M_X'(0) = \dfrac{q}{p}$, $M_X''(0) = \dfrac{q(1+q)}{p^2}$

$E(X) = M_X'(0) = \dfrac{q}{p}$, $Var(X) = M_X''(0) - [M_X'(0)]^2 = \dfrac{q}{p^2}$

제9장 편미분과 결합확률분포

연습문제 9.1

1. (1) 0 (2) 1 (3) $\{(x,y) | y > 1 - x\}$ (4) 모든 실수

2. (1) $4e^0 = 4$ (2) 모든 실수 (3) $[0, \infty)$

3. [정의역 $(x,y) | x \geq y^2 - 1$] 치역 $[0, \infty)$

4. (1) e (2) $\{(x,y,z) | z \geq x^2 + y^2\}$ (3) $[1, \infty)$

5. (1) 0 (2) $\{(x,y,z) | x^2 + y^2 + z^2 < 25\}$ (3) $(-\infty, \ln 25]$

6. (1) $\{(x,y) | y \geq -x\}$ (2) $\{(x,y) | \frac{1}{2}x^2 + y^2 < 1\}$

(3) $\{(x,y) | -1 \leq x \leq 1, -1 \leq y \leq 1\}$ (4) $\{(x,y) | y \geq x^2, x \neq \pm 1]$

(5) $\{(x,y,z) | x^2 + y^2 + z^2 \leq 1\}$

7. (1) $\{(x,y) | y \neq -x\}$ (2) $\{(x,y) | x + y + z > 0\}$

8. (1) $\{f(x,y) | f(x,y) \geq 0\}$ (2) $\{f(x,y) | -1 \leq f(x,y) \leq 1\}$

(3) $\{f(x,y) | f(x,y) \geq -1\}$

9. $f(1,2)=3, f(0,3)=3$

10. (1) $f(x,y)=\dfrac{1}{12},\ x=0,1,\ y=1,2,3,4,5,6$

(2) $F(x,y)=\sum_{0\le x}\sum_{0\le y}\dfrac{1}{12}$

11. (1) $f_X(x)=\sum_{y=1}^{5}\dfrac{x+y}{110}=\dfrac{x+3}{22},\ x=1,2,3,4,$

$f_Y(y)=\sum_{x=1}^{4}\dfrac{x+y}{110}=\dfrac{(2y+5)}{55},\ y=1,2,3,4,5$

(2) $E(X)=\sum_{x=1}^{4}\dfrac{x(x+3)}{22}=\dfrac{30}{11},\ E(Y)=\sum_{y=1}^{5}\dfrac{y(2y+5)}{55}=\dfrac{37}{11}$

(3) $P(X<Y)=\sum_{y=2}^{5}f(1,y)+\sum_{y=3}^{5}f(2,y)+f(3,4)+f(3,5)+f(4,5)=\dfrac{6}{11}$

(4) $P(Y=2X)=f(1,2)+f(2,4)=\dfrac{1+2}{110}+\dfrac{2+4}{110}=\dfrac{9}{110}$

(5) $P(X+Y=5)=f(1,4)+f(2,3)+f(3,2)+f(4,1)=\dfrac{2}{11}$

(6) $P(3\le X+Y\le 5)=f(1,2)+f(2,1)+f(1,3)+f(2,2)+f(3,1)+P(X+Y=5)=\dfrac{3}{11}$

연습문제 9.2

1. (1) 2025 (2) $\dfrac{2}{7}$ (3) 발산 (4) 발산
(5) 0 (6) 발산 (7) 2 (8) 1
(9) 발산 (10) 발산

2. (1) $\{(x,y)|y\ne x^2\}$ (2) $\{(x,y)|y\ge 0\}$ (3) $\{(x,y)|x^2+y^2-4>0\}$
(4) $\{(x,y,z)|y\ge 0, y\ne\pm\sqrt{x^2+z^2}]$ (5) $\{(x,y)|(x,y)\ne(0,0)\}$

3. (1) 3 (2) 2 (3) 발산 (4) 발산
(5) 0 (6) 2

4. (1) 모든 (x,y)에서 연속이다.
(2) $\{(x,y)|x^2+y^2\le 9\}$에서 연속이다.
(3) $\{(x,y)|x^2-y<3\}$에서 연속이다.
(4) $\{(x,y,z)|y\ne 0\}$에서 연속이다.
(5) $\{(x,y,z)|x^2+y^2+z^2\ge 4\}$에서 연속이다.

연습문제 9.3

1. (1) $f_x(x,y)=3, f_y(x,y)=-8y^3$

(2) $\dfrac{\partial z}{\partial x}=e^{3y}, \dfrac{\partial z}{\partial y}=3xe^{3y}$

(3) $f_x(x,y)=\dfrac{2y}{(x+y)^2}, f_y(x,y)=-\dfrac{2x}{(x+y)^2}$

(4) $w=\sin\alpha\cos\beta \Rightarrow \dfrac{\partial w}{\partial \alpha}=\cos\alpha\cos\beta \qquad \dfrac{\partial w}{\partial \beta}=\sin\alpha\sin\beta$

(5) $f(r,s)=r\ln(r^2+s^2) \Rightarrow f_r(r,s)$

$=\dfrac{2r^2}{r^2+s^2}+\ln(r^2+s^2),\ f(r,s)=\dfrac{2rs}{r^2+s^2}$

(6) $f(x,y,z)=xz-5x^2y^3z^4$

$\Rightarrow f_x(x,y,z)=z-10xy^3z^4,\ f_y(x,y,z)$

$=-15x^2y^2z^4, f_z(x,y,z)=x-20x^2y^3z^3$

(7) $w=\ln(x+2y+3x)$

$\Rightarrow \dfrac{\partial w}{\partial x}=\dfrac{1}{x+2y+3z}, \dfrac{\partial w}{\partial y}=\dfrac{2}{x+2y+3z},$

$\dfrac{\partial w}{\partial z}=\dfrac{3}{x+2y+3z}$

(8) $u=xy\sin^{-1}(yz)$

$\Rightarrow \dfrac{\partial u}{\partial x}=y\sin^{-1}(yz), \dfrac{\partial u}{\partial y}=\dfrac{xyz}{\sqrt{1-y^2z^2}}+xs\sin^{-1}(yz)$

$\dfrac{\partial u}{\partial z}=\dfrac{xy^2}{\sqrt{1-y^2z^2}}$

2. (1) $f_x=3y^4+3x^2y^2, f_{xx}=6xy^2, f_{xxy}=12xy,$

$f_y=12xy^3+2x^3y,\ f_{yy}=36xy^2+2x^3,\ f_{yyy}=72xy$

(2) $f_x=-\sin(4x+3y+2z)(4),\ f_{xy}=-12\cos(4x+3y+2z),$

$f_y=-3\sin(4x+3y+2z), f_{yz}=-6\cos(4x+3y+2z),\ f_{xyz}=24\sin(4x+3y+2z)$

$f_{yzz}=12\sin(4x+3y+2z)$

(3) $\dfrac{\partial \mu}{\partial \theta}=e^{r\theta}(\cos\theta+r\sin\theta),\quad \dfrac{\partial^2 \mu}{\partial r\,\partial \theta}=e^{r\theta}(\theta\cos\theta+r\theta\sin\theta+\sin\theta),$

$\dfrac{\partial^3 u}{\partial r^2\partial \theta}=\theta e^{r\theta}(2\sin\theta+\theta\cos\theta+r\theta\sin\theta)$

(4) $\dfrac{\partial w}{\partial x}=\dfrac{1}{y+2z}, \dfrac{\partial^2 w}{\partial y\,\partial x}=-(y+2z)^{-2}, \dfrac{\partial^3 w}{\partial z\,\partial y\,\partial x}=4(y+2z)^{-3},$

$\dfrac{\partial w}{\partial y}=-x(y+2z)^{-2}, \dfrac{\partial^2 w}{\partial x\,\partial y}=-(y+2z)^{-2}$

$\dfrac{\partial^3 w}{\partial x^2\,\partial y}=0$

3. (1) $4(2xy+y^2)y^3-3(x^2+2xy)t^2$

(2) $e^{y/z}\left(2t-\frac{x}{z}-\frac{2xy}{z^2}\right)$

(3) $\frac{\partial z}{\partial s}=2xy^3\cos t+3x^2y^2\sin t$

$\frac{\partial z}{\partial t}=-2sxy^3\sin t+3sx^2y^2\cos t$

(4) $\frac{\partial z}{\partial s}=t^2\cos\theta\cos\varnothing-2st\sin\theta\sin\varnothing$

$\frac{\partial z}{\partial t}=2st\cos\theta\cos\varnothing-s^2\sin\theta\sin\varnothing$

4. (1) $f_x=3x^2-4y^2, f_y=4y^3-8xy$

(2) $f_x=2xe^y, f_y=x^2e^y-4$

(3) $f_x=x^2y\cos xy+2x\sin xy, f_y=x^3\cos xy-9y^2$

(4) $f_x=4\cdot\frac{1}{y}e^{x/y}+\frac{y}{x^2}=\frac{4}{y}e^{x/y}+\frac{y}{x^2}, f_y$

$=4\left(\frac{-x}{y^2}\right)e^{x/y}-\frac{1}{x}=\frac{4x}{-y^2}e^{x/y}-\frac{1}{x}$

(5) $f_x=12x^2y^2z+3\sin y, f_y=8x^3yz+3x\cos y, f_z=4x^3y^2$

5. (1) $\frac{\partial f}{\partial x}=3x^2-4y^2, \frac{\partial f}{\partial y}=-8xy+3$

$\frac{\partial^2 f}{\partial x^2}=6x, \frac{\partial^2 f}{\partial y^2}=-8x$

$\frac{\partial^2 f}{\partial y\partial x}=-8y$

(2) $f_x=4x^3-6xy^3,\ f_{xx}=12x^2-6y^3$

$f_{xy}=-18xy^2,\ f_{xyy}=-36xy$

(3) $f_x=3x^2y^2, f_{xx}=6xy^2$

$f_y=2x^3y-z\cos yz, f_{yz}=yz\sin yz-\cos yz$

$f_{xy}=6x^2y, f_{xyz}=0$

(4) $f_x=2ye^{2xy}+z\sin y, f_{xx}=4y^2e^{2xy}$

$f_y=2xe^{2xy}+z^2y^{-2}+xz\cos y$

$f_{yy}=4x^2e^{2xy}-2z^2y^{-3}-xz\sin y$

$=4x^2e^{2xy}-\frac{2z^2}{y^3}-xz\sin y$

$f_{yyz}=-\frac{4z}{y^3}-x\sin y$

$f_{yyzz}=-\frac{4}{y^3}$

(5) $f_w = 2wxy - ze^{wz}, f_{ww} = 2xy - z^2e^{wz}, f_{wx} = 2wy$

$f_{wxy} = 2w, f_{wwx} = 2y, f_{wwxy} = 2, f_{wwxyz} = 0$

6. $G = H - TS$

$\frac{G}{T} = \frac{H}{T} - S,\ T \neq 0$

$\frac{\partial(G/T)}{\partial T} = -\frac{H}{T^2}$

연습문제 9.4

1. (1) $\frac{\partial F}{\partial x} = e^{-x}(1-e^{-y}),\ \frac{\partial F}{\partial y} = e^{-y}(1-e^{-x})$

(2) $\frac{\partial f}{\partial x} = -\frac{3cx}{2\pi}(c^2+x^2+y^2)^{-\frac{5}{2}},\ \frac{\partial f}{\partial y} = -\frac{3cy}{2\pi}(c^2+x^2+y^2)^{-\frac{5}{2}}$

(3) $\frac{\partial f}{\partial x} = \frac{\Gamma(a+b+c)}{\Gamma(a)\Gamma(b)} \times \{(a-1)-(a+c-2)x-(a-1)y\} \times x^{a-2}y^{b-1}(1-x-y)^{c-2},$

$\frac{\partial f}{\partial y} = \frac{\Gamma(a+b+c)}{\Gamma(a)\Gamma(b)} \times \{(b-1)-(b-1)x-(b+c-2)y\} \times x^{a-1}y^{b-2}(1-x-y)^{c-2}$

(4) $\frac{\partial f}{\partial x} = \frac{\beta^{\alpha+\gamma}}{\Gamma(a)\Gamma(\lambda)} \times \{(\alpha-1)y-(\alpha+\lambda-2)x\} \times x^{\alpha-2}(y-x)^{\lambda-2}e^{-\beta y},$

$\frac{\partial f}{\partial y} = \frac{\beta^{\alpha+\gamma}}{\Gamma(a)\Gamma(\lambda)} \times \{(\lambda-1)-\beta(y-x)\} \times x^{\alpha-1}(y-x)^{\lambda-2}e^{-\beta y}$

(5) $$\frac{\partial f}{\partial x} = \frac{\rho\sigma_1(y-\mu_2)-\sigma_2(x-\mu_1)}{2\pi\sigma_1^3\sigma_2^2(1-\rho)^{\frac{3}{2}}} \times \exp\left\{-\frac{1}{2(1-\rho^2)} \times \left[\frac{(x-\mu_1)^2}{\sigma_1^2} - \frac{2\rho(x-\mu_1)(y-\mu_2)}{\sigma_1\sigma_2} + \frac{(y-\mu_2)^2}{\sigma_2^2}\right]\right\}$$

$$\frac{\partial f}{\partial y} = \frac{\rho\sigma_2(x-\mu_1)-\sigma_1(y-\mu_2)}{2\pi\sigma_1^2\sigma_2^3(1-\rho)^{\frac{3}{2}}} \times \exp\left\{-\frac{1}{2(1-\rho^2)} \times \left[\frac{(x-\mu_1)^2}{\sigma_1^2} - \frac{2\rho(x-\mu_1)(y-\mu_2)}{\sigma_1\sigma_2} + \frac{(y-\mu_2)^2}{\sigma_2^2}\right]\right\}$$

2. (1) $\dfrac{\partial M(r, s)}{\partial t_1} = \exp \times \left(\mu_1 t_1 + \mu_2 t_2 + \dfrac{\sigma_1^2 t_1^2 + \sigma_2^2 t_2^2 + 2\rho\sigma_1\sigma_2 t_1 t_2}{2} \right) \times (\mu_1 + \sigma_1^2 t_1 + \rho\sigma_1\sigma_2 t_2)$

$\dfrac{\partial M(r, s)}{\partial t_2} = \exp \times \left(\mu_1 t_1 + \mu_2 t_2 + \dfrac{\sigma_1^2 t_1^2 + \sigma_2^2 t_2^2 + 2\rho\sigma_1\sigma_2 t_1 t_2}{2} \right) \times (\mu_2 + \sigma_2^2 t_2 + \rho\sigma_1\sigma_2 t_1)$

(2) $\dfrac{\partial M(t_1, t_2)}{\partial t_1}\Big|_{\substack{t_1=0 \\ t_2=0}} = \mu_1, \qquad \dfrac{\partial M(t_1, t_2)}{\partial t_2}\Big|_{\substack{t_1=0 \\ t_2=0}} = \mu_2$

(3) $\dfrac{\partial^2 M(t_1, t_2)}{\partial t_1 \partial t_2}\Big|_{\substack{t_1=0 \\ t_2=0}} = \rho\sigma_1\sigma_2 + \mu_1\mu_2$

(4) $cov(X, Y) = E(XY) - E(X)E(Y) = \rho\sigma_1\sigma_2 + \mu_1\mu_2 - \mu_1\mu_2 = \rho\sigma_1\sigma_2$

3. (1) $f(x, y) = \dfrac{\partial^2}{\partial x\, \partial y} F(x, y) = \dfrac{\partial^2}{\partial x\, \partial y}(1 - e^{-2x})(1 - e^{-3y}) = (2e^{-2x})(3e^{-3y}) = 6e^{-(2x+3y)}$,
$(0 < x < \infty, 0 < y < \infty)$

(2) X의 주변분포함수를 구하면,

$F_X(x) = \lim\limits_{y \to \infty} F(x, y) = \lim\limits_{y \to \infty}(1 - e^{-2x})(1 - e^{-3y}) = 1 - e^{-2x},\ 0 \le x < \infty$

Y의 주변분포함수

$F_Y(y) = \lim\limits_{x \to \infty} F(x, y) = \lim\limits_{y \to \infty}(1 - e^{-2x})(1 - e^{-3y}) = 1 - e^{-3y},\ 0 \le y \le \infty$

(3) $f_X(x) = \dfrac{d}{dx} F_X(x) = \dfrac{d}{dx}(1 - e^{-2x}) = 2e^{-2x}\ (0 \le x < \infty)$

$f_Y(y) = \dfrac{d}{dy} F_Y(y) = 3e^{-3y}\ (0 < y < \infty)$

(4) $f(x, y) = f_X(x) f_Y(y)$ 이므로 독립

4. (1) $\hat{y} = 6.4136 + 1.8091x$ (2) 1.75일 때 $\hat{y} = 9.560$

5. (1) $\hat{y} = 5.8254 + 0.5676x$ (3) 50°일 때 $\hat{y} = 34.205$

6. (1) 생략 (2) $\hat{y} = 343.706 + 3.221x$

(3) \$35일 때 $\hat{y} = \$456.44$

제10장 중적분과 연속결합확률분포

연습문제 10.1

1. (1) $\int_1^3 \int_0^1 (1+4xy)dxdy$

$= \int_1^3 (1+2y)dy = (3+9)-(1+1) = 10$

(2) $\int_0^{\pi/2} \int_0^{\pi/2} \sin x \cos y dy dx$

$= \int_0^{\pi/2} \sin x dx \int_0^{\pi/2} \cos y dy = -(0-1)(1-0) = 1$

(3) $\int_1^4 \int_1^2 \left(\frac{x}{y} + \frac{y}{x}\right) dy dx = \int_1^4 \left(x \ln 2 + \frac{3}{2x}\right) dx$

$= 8\ln 2 + \frac{3}{2}\ln 4 - \frac{1}{2}\ln 2 = \frac{21}{2}\ln 2$

(4) $\int_0^2 \int_0^{\pi} r \sin^2\theta d\theta = \int_0^2 r dr \int_0^{\pi} \frac{1}{2}(1-\cos 2\theta) d\theta$

$= (2-0) \times \frac{1}{2}\left[\left(\pi - \frac{1}{2}\sin 2\pi\right) - \left(0 - \frac{1}{2}\sin 0\right)\right]$

$= 2\left(\frac{1}{2}\right)[(\pi-0)-(0-0)] = \pi$

2. (1) $\int_0^1 \int_0^{2x} (x+2y) dy dx = \int_0^1 6x^2 dx = 2$

(2) $\int_0^1 \int_0^{2y} (4x\sqrt{y}+y) dx dy = \int_0^1 (8y^{5/2}+2y^2) dy = \frac{62}{21}$

(3) $\int_0^2 \int_0^{2y} e^{y^2} dx dy = \int_0^2 2ye^{y^2} dy = e^4 - 1$

(4) $\int_1^4 \int_0^{1/x} \cos xy dy dx = \int_1^4 \frac{1}{x} \sin 1 dx = \sin 1(\ln 4)$

3. (1) $\int\int (x^2-2y) dA = \int_0^2 \int_{-1}^1 (x^2-2y) dy dx$

$= \int_0^3 [x^2 y - y^2]_{y=-1}^{y=1} dx = \int_0^2 2x^2 dx = \left[\frac{2}{3}x^3\right]_0^2$

$= \frac{16}{3}$

(2) $\int\int 4xe^{2y} dA = \int_2^4 \int_0^1 4xe^{2y} dy dx = \int_2^4 [2xe^{2y}]_{y=0}^{y=1} dx$

$= \int_2^4 2x(e^2-1) dx = (e^2-1)[x^2]_2^4$

$= 12(e^2-1)$

(3) $\int\int(1-ye^{xy})dA=\int_0^3\int_0^2(1-ye^{xy})dxdy$

$$=\int_0^3[x-e^{xy}]_{x=0}^{x=2}dy=\frac{19}{2}-\frac{1}{2}e^6$$

4. (1) $\int_0^1 6x^2dx=2[x^3]_0^1=2$

(2) $\int_0^2\int_0^y 2e^{y^2}dxdy$

$$=\int_0^2[2xe^{y^2}]_{x=0}^{x=y}dy=\int_0^2 2ye^{y^2}dy=[e^{y^2}]_0^2=e^4-1$$

(3) $\int_0^1\int_0^x 3xe^{x^3}dydx=\int_0^1[3xe^{x^3}y]_{y=0}^{y=x}dx$

$$=\int_0^1 3x^2e^{x^3}dx=\left[e^{x^3}\right]_0^1=e-1$$

5. (1) $\int_0^\infty\int_0^\infty xe^{-(x+xy)}dxdy=1$

(2) $f_X(x)=e^{-x}, x>0,\ f_Y(y)=\frac{1}{(1+y)^2}, y>0$

(3) $F_X(x)=1-e^{-x}, x>0,\ F_Y(y)=1-\frac{1}{(1+y)},\ \ y>0$

(4) $F(x,y)=1-e^{-x}-\frac{1}{(1+y)}(1-e^{-x(1+y)}),\ \ x,y>0$

6. (1) $c=\frac{15}{8}$

(2) $f_X(x)=\frac{15}{16}x^2(2-x)^2, 0<x<2$

$f_Y(y)=\frac{5}{8}(2-y)^2, 0<y<2$

(3) $f(x,y)\neq f_X(x)f_Y(y)$

7. (1) $\int_0^1\int_0^1 k(xy^2+e^x)dxdy=k\int_0^1\left(\frac{1}{2}y^2+e-1\right)dy=k\left(\frac{1}{6}+e-1\right)$

$$=\frac{6e-5}{6}k=1$$

$$k=\frac{6}{6e-5}$$

(2) $f_X(x)=\int_0^1\frac{6}{6e-5}(xy^2+e^x)dy=\frac{6}{6e-5}\left(\frac{x}{3}+e^x\right)$

(3) y의 주변밀도를 $f_Y(y)$이라면

$$f_Y(y) = \int_0^1 \frac{6}{6e-5}(xy^2 + e^x)dx = \frac{6}{6e-5}\left(\frac{y^2}{3} + e\right)$$

$f(x, y) \neq f_X(x) f_Y(y)$이므로 독립이 아니다.

8. (1) $\int_{-\infty}^{\infty}\int_{-\infty}^{\infty} f(x, y)dxdy = 1$

$$\int_{-\infty}^{\infty}\int_{-\infty}^{\infty} f(x, y)dxdy = \int_0^1\int_0^1 \theta xydxdy = \theta\int_0^1 \frac{y}{2}dy = \frac{\theta}{4} = 1$$

$\theta = 4$

(2) $P(X \leq 0.5,\ Y \leq 0.5) = \int_0^{0.5}\int_0^{0.5} 4xydxdy = 4\int_0^{0.5}\frac{1}{2}ydy$

$$= 2\int_0^{0.5} ydy = 0.25$$

9. $P(1 < X \leq 2, 0 \leq Y \leq 2) = \int_1^2\int_0^2 e^{-(x+y)}dydx$

$$= \int_1^2 e^{-x}dx\int_0^2 e^{-y}dy = (e^{-1} - e^{-2})(1 - e^{-2})$$

연습문제 10.2

1. (1) $\int_0^{2\pi}\int_0^3 r^2 drd\theta = \int_0^{2\pi} 9d\theta = 18\pi$

(2) $\int_0^{2\pi}\int_0^2 e^{-r^2} rdrd\theta = -\frac{1}{2}\int_0^{2\pi}(e^{-4} - 1)d\theta = \pi - \pi e^{-4}$

(3) $\int_0^{2\pi}\int_0^{2-\cos\theta} r\sin\theta rdrd\theta = \int_0^{2\pi}\left[\frac{1}{3}(2-\cos\theta)^3\sin\theta\right]d\theta = 0$

(4) $\int_0^{2\pi}\int_0^3 r^2 rdrd\theta = \int_0^{2\pi}\frac{81}{4}d\theta = \frac{81}{2}\pi$

2. (1) $\int_0^{2\pi}\int_0^2 r^2 drd\theta = \int_0^{2\pi}\frac{8}{3}d\theta = \frac{16\pi}{3}$

(2) $\int_{-\pi/2}^{\pi/2}\int_0^2 e^{-r^2} rdrd\theta = \int_{\pi/2}^{\pi/2}\left(\frac{1}{2} - \frac{1}{2}e^{-4}\right)d\theta = (1 - e^{-4})\frac{\pi}{2}$

(3) $\int_{\pi/4}^{\pi/2}\int_0^{\sqrt{8}} r^3 rdrd\theta = \int_{\pi/4}^{\pi/2}\frac{64\sqrt{8}}{5}d\theta = \frac{16\pi\sqrt{8}}{5}$

(4) $V = \int_0^{2\pi}\int_0^1 20{,}000e^{-r^2} rdrd\theta = 20{,}000\pi(1 - 1/e) \approx 39{,}717$

3. (1) $V=\int_0^{2\pi}\int_0^3 r^2\cdot r dr d\theta = \int_0^{2\pi}\left[\frac{1}{4}r^4\right]_{r=0}^{r=3} d\theta$

$$=\int_0^{2\pi}\frac{81}{4}d\theta=\left[\frac{81}{4}\theta\right]_0^{2\pi}=\frac{81\pi}{2}$$

(2) $V=\int_0^{2\pi}\int_0^2 r\cdot r dr d\theta=\int_0^{2\pi}\left[\frac{1}{3}r^3\right]_{r=0}^{r=2} d\theta$

$$=\int_0^{2\pi}\frac{8}{3}d\theta=\left[\frac{8}{3}\theta\right]_0^{2\pi}=\frac{16\pi}{3}$$

연습문제 10.3

1. (1) $\int_0^2\int_{-2}^2\int_0^2(2x+y-z)dzdydx$

$$=\int_0^2\int_{-2}^2(4x+2y-2)dydx=\int_0^2(16x-8)dx=16$$

(2) $\int_2^3\int_0^1\int_{-1}^1(\sqrt{y}-3z^2)dzdydx=\int_2^3\int_0^1 2(\sqrt{y}-1)dydx$

$$=\int_2^3\left(-\frac{2}{3}\right)dx=-\frac{2}{3}$$

2. (1) $\int_0^1\int_0^z\int_0^{x+z}6xzdydxdz=\int_0^1\int_0^z 6xz(x+z)dxdz$

$$=\int_0^1(2z^4+3z^4)dz=1$$

(2) $\int_0^3\int_0^1\int_0^{\sqrt{1-z^2}}ze^y dxdzdy=\int_0^3\int_0^1 ze^y\sqrt{1-z^2}dzdy$

$$=\int_0^3\frac{1}{3}e^y dy=\frac{1}{3}(e^3-1)$$

(3) $\int_0^{\pi/2}\int_0^y\int_0^x\cos(x+y+z)dzdxdy$

$$=\int_0^{\pi/2}\int_0^y\begin{bmatrix}\sin(2x+y)\\-\sin(x+y)\end{bmatrix}dxdy$$

$$=\int_0^{\pi/2}\begin{bmatrix}-\frac{1}{2}\cos 3y+\cos 2y\\+\frac{1}{2}\cos y-\cos y\end{bmatrix}dy=-\frac{1}{3}$$

3. (1) $\int\int\int_E 2x\,dzdxdy = \int_0^2 \int_0^{\sqrt{4-y^2}} \int_0^y 2xdzdxdy$

$$= \int_0^2 \int_0^{\sqrt{4-y^2}} 2xydxdy = \int_0^2 (4-y^2)ydy = 4$$

(2) $E = [(x,y,z)|0 \le x \le 1, 0 \le y \le \sqrt{x}, 0 \le z \le 1+x+y]$

$$\iiint_E 6xyd\,V = \int_0^1 \int_0^{\sqrt{x}} \int_0^{1+x+y} 6xydzdydx$$

$$= \int_0^1 \int_0^{\sqrt{x}} [6xyz]_{z=0}^{z=1+x+y} dydx$$

$$= \int_0^1 \int_0^{\sqrt{x}} 6xy(1+x+y)dydx$$

$$= \int_0^1 (3x^2+3x^3+2x^{5/2})dx = \frac{65}{28}$$

4. $2x+y+z=4$에서 xy 평면 위 $y=4-2x$,

$E = [(x,y,z)|0 \le x \le 2, 0 \le y \le 4-2x, 0 \le z \le 4-2x-y]$

$$V = \int_0^2 \int_0^{4-2x} \int_0^{4-2x-y} dzdydx = \int_0^2 \int_0^{4-2x} (4-2x-y)dydx$$

$$= \int_0^2 [4y-2xy-\frac{y^2}{2}]_0^{4-2x} dx = \frac{16}{3}$$

5. (1) $\int_0^1 \int_0^1 \int_0^1 (x^2+y^2+z^2)\,dzdydx = \int_0^1 \int_0^1 (x^2+y^2+\frac{1}{3})\,dydx = \int_0^1 (x^2+\frac{2}{3})\,dx = 1$

(2) $\int_1^e \int_1^e \int_1^e \frac{1}{xyz}dxdydz = \int_1^e \int_1^e [\frac{\ln x}{yz}]_1^e dydz = \int_1^e \int_1^e \frac{1}{yz}dydz = \int_1^e [\frac{\ln y}{z}]_1^e dz$

$$= \int_1^e \frac{1}{z}dz = 1$$

(3) $\int_0^1 \int_0^\pi \int_0^\pi y\sin z\,\mathrm{dxdydz} = \int_0^1 \int_0^\pi \pi y\sin z\,\mathrm{dydz} = \frac{\pi^3}{2}\int_0^1 \sin z\,dz = \frac{\pi^3}{2}(1-\cos 1)$

(4) $\int_0^3 \int_0^{\sqrt{9-x^2}} \int_0^{\sqrt{9-x^2}} dzdydx = \int_0^3 \int_0^{\sqrt{9-x^2}} \sqrt{9-x^2}\,dydx = \int_0^3 (9-x^2)dx$

$$= \left[9x - \frac{x^3}{3}\right]_0^3 = 18$$

(5) $\int_0^1\int_0^{2-x}\int_0^{2-x-y} dzdydx = \int_0^1\int_0^{2-x}(2-x-y)\,dydx$

$$= \int_0^1\left[(2-x)^2 - \frac{1}{2}(2-x)^2\right]dx$$

$$= \frac{1}{2}\int_0^1(2-x)^2 dx \ = \left[-\frac{1}{6}(2-x)^3\right]_0^1 \ = \ -\frac{1}{6} + \frac{8}{6} \ = \ \frac{7}{6}$$

(6) $\int_0^\pi\int_0^\pi\int_0^\pi \cos(u+v+w)\,dudvdw \ = \int_0^\pi\int_0^\pi[\sin(w+v+\pi) - \sin(w+v)]\,dvdw$

$$= \int_0^\pi[(-\cos(w+2\pi) + \cos(w+\pi) + \cos(w+\pi) - \cos w)]\,dw$$

$$= [-\sin(w+2\pi) + \sin(w+\pi) - \sin w + \sin(w+\pi)]_0^\pi$$

$$= 0$$

(7) $\int_1^e\int_1^e\int_1^e \ln r \ln s \ln t\, dtdrds \ = \int_1^e\int_1^e \ln r \ln s[t\ln t - t]_1^e\, drds$

$$= \int_1^e \ln s[r\ln r - r]_1^e\, ds = [s\ln s - s]_1^e \ = \ 1$$

6. (1) $f_{XZ}(x,z) = \int_0^\infty e^{-x}e^{-y}e^{-z}dy = e^{-(x+z)}$

(2) $F_{XZ}(x,z) = \int_0^x\int_0^z f(x,z)dzdx$

$$= \int_0^x\int_0^z\int_0^\infty e^{-(x+y+z)}dydzdx$$

$$= \int_0^x\int_0^z e^{-(x+z)}dzdx$$

$$= (1-e^{-x})(1-e^{-z})$$

(3) $F_{YZ}(y,z) = \int_0^y\int_0^z f(y,z)dzdy$

$$= \int_0^y\int_0^z\int_0^\infty e^{-(x+y+z)}dxdzdy$$

$$= \int_0^y\int_0^z e^{-(y+z)}dzdy$$

$$= (1-e^{-y})(1-e^{-z})$$

7. (1) $f_{YZ}(y,z) = \int_0^1 \frac{x+y+1}{2}dx = \frac{2y+3}{4}$,

$0 \le z \le 1, 0 \le y \le 1$

(2) $F_{XZ}(x, z) = \int_0^x \int_0^z \int_0^\infty \frac{x+y+1}{2} dydzdx$

$$= \int_0^x \int_0^z \frac{2x+3}{4} dzdx$$

$$= \frac{z(x^2+3x)}{4}, 0 \le x \le 1, 0 \le z \le 1$$

(3) $f_Y(y) = \int_0^1 f_{YZ}(y,z)dz = \int_0^1 \frac{2y+3}{4} dz = \frac{2y+3}{4},$

$0 \le y \le 1$

(4) $f_{XYZ}(x,y,z)$와 $f_X(x)f_Y(y)f_Z(z)$가 다르므로 독립이 아니다.

8. (1) $1 = k\int_0^1 \int_0^1 \int_0^2 xy^2z\, dx\, dy\, dz$

$$= 2k\int_0^1 \int_0^1 y^2 z\, dy\, dz = \frac{2k}{3}\int_0^1 z\, dz$$

$$= \frac{k}{3} \quad \therefore k = 3$$

(2) $P\left(X < \frac{1}{4},\ Y > \frac{1}{2},\ 1 < Z < 2\right)$

$$= 3\int_0^{\frac{1}{4}} \int_{\frac{1}{2}}^1 \int_1^2 xy^2z\, dx\, dy\, dz$$

$$= \frac{9}{2}\int_0^{\frac{1}{4}} \int_{\frac{1}{2}}^1 y^2\, z\, dy\, dz = \frac{21}{16}\int_0^{\frac{1}{4}} z\, dz$$

$$= \frac{21}{512}$$

연습문제 10.4

1. (1) $y = 2x - 1, x = \frac{y+1}{2}$

$$\left|\frac{dx}{dy}\right| = \frac{1}{2}$$

$$f_Y(y) = f_X(x)\left|\frac{dy}{dx}\right| = (1-y)\frac{1}{2} = \frac{1-y}{2}, \quad -1 \le y \le 1$$

(2) $f_Y(y) = \frac{y+1}{2}, -1 \le y \le 1$

(3) $x = \sqrt{y}, \left|\frac{dx}{dy}\right| = \frac{1}{2\sqrt{y}}$

$$f_Y(y) = 2(1-\sqrt{y})\frac{1}{2\sqrt{y}} = y^{-1/2} - 1,\ 0 \le y \le 1$$

2. $dy = \frac{1}{x}dx,\ \left|\frac{dx}{dy}\right| = e^y,\ f_Y(y) = f_X(x)\left|\frac{dx}{dy}\right|$

$= \exp(-e^y)e^y = \exp(y - e^y),\ x \geq 0, y = \ln x$ 이므로 $-\infty < y < \infty$

3. $f_Y(y) = \frac{2}{y^3}$

4. $y = \sqrt{x}, x = y^2, \left|\frac{dy}{dx}\right| = 2y,\ f_Y(y) = f_X(x)\left|\frac{dy}{dx}\right| = e^{-y^2}(2y) = 2ye^{-y^2}, y > 0$

5. $y = x^2,\ x_1 = \sqrt{y}, x_2 = -\sqrt{y},\ J_1 = 1/2\sqrt{y}, J_2 = -1/2\sqrt{y},$

$g(y) = f(\sqrt{y})|J_1| + f(-\sqrt{y})|J_2| = \frac{1+\sqrt{y}}{2}\frac{1}{2\sqrt{y}} + \frac{1-\sqrt{y}}{2}\frac{1}{2\sqrt{y}} = 1/2\sqrt{y}, 0 < y < 1$

6. $f_Y(y) = \frac{1}{\pi}\frac{1}{\sqrt{y}(1+y)}, y > 0$

7. (1) $f_Y(y) = \frac{\lambda}{y^2}\exp\left[-\frac{\lambda(1-y)}{y}\right],\ 0 < y < 1$ (2) $f_Y(y) = \frac{\lambda}{2\sqrt{y}}\exp[-\lambda\sqrt{y}],\ y > 0$

(3) $f_Y(y) = 1, 0 < y < 1$ (4) $f_Y(y) = \frac{2\lambda}{y^3}\exp\left[-\frac{\lambda}{y^2}\right], y > 0$

8. (1) $f_Y(y) = \frac{\sqrt{3}}{\sqrt{2\pi y}}e^{-\frac{3}{2}y}, y > 0$

(2) $f_X(x) = \frac{1}{\sqrt{2\pi}\sigma}\exp\left(-\frac{(x-\mu)^2}{2\sigma^2}\right),\ -\infty < x < \infty$

9. $x = \frac{1}{2}(z+w), y = \frac{1}{2}(z-w),\ \frac{\partial(x,y)}{\partial(u,v)} = \begin{vmatrix} \frac{1}{2} & \frac{1}{2} \\ \frac{1}{2} & -\frac{1}{2} \end{vmatrix} = -\frac{1}{2},\ x^2 + y^2 = \frac{1}{2}(z^2 + w^2)$

$g(z,w) = \frac{1}{2\pi}e^{-(1/4)(z^2+w^2)}\left(\frac{1}{2}\right) = \frac{1}{4\pi}e^{-1/4(z^2+w^2)}$

10. $f(x,y) = e^{-x}e^{-y},\ z = \frac{y}{x}, x = u, y = zu,\ \frac{\partial(x,y)}{\partial(u,v)} = \begin{vmatrix} 1 & z \\ 0 & u \end{vmatrix} = u,$

$f(u,z) = e^{-u}e^{-zu}(u) = e^{-u(1+z)}(u)$

$h(z) = \int_0^\infty e^{-u(1+z)}u\,du = (1+z)^{-2},\ z > 0$

11. $f(x,y)=e^{-x-y}, x>0, y>0$

$u=x+y, v=\dfrac{x}{(x+y)}$ 에서

$x=uv, y=u(1-v),\ \dfrac{\partial(x,y)}{\partial(u,v)}=\begin{vmatrix} v & u \\ 1-v & -u \end{vmatrix}=u,\ u>0, 0<v<1$

$f_{UV}(u,v)=ue^{-uv}e^{-u(1-v)}=ue^{-u},\ u>0, 0<v<1,$

$f_U(v)=\displaystyle\int_0^1 ue^{-u}dv=ue^{-u}, u>0$

$f_V(v)=\displaystyle\int_0^\infty ue^{-u}du=1, 0<v<1$

12. (1) $x=ue^v, y=ue^{-v}$

$\dfrac{\partial(x,y)}{\partial(u,v)}=\begin{vmatrix} e^v & ue^v \\ e^{-v} & -ue^{-y} \end{vmatrix}=-2u$

(2) $x=\dfrac{u}{v}, y=v^2$

$\dfrac{\partial(x,y)}{\partial(u,v)}=\begin{vmatrix} \dfrac{1}{v} & -\dfrac{u}{v^2} \\ 0 & 2v \end{vmatrix}=2$

(3) $x=5u-v, y=u+3v$

$\dfrac{\partial(x,y)}{\partial(u,v)}=\begin{vmatrix} 5 & -1 \\ 1 & 3 \end{vmatrix}=16$

(4) $x=\dfrac{u}{u+v}, y=\dfrac{u}{u-v}$

$\dfrac{\partial(x,y)}{\partial(u,v)}=\begin{vmatrix} \dfrac{v}{(u+v)^2} & -\dfrac{u}{(u+v)^2} \\ -\dfrac{v}{(u-v)^2} & \dfrac{u}{(u-v)^2} \end{vmatrix}=0$

(5) $x=uv, y=vw, z=uw$

$\dfrac{\partial(x,y,z)}{\partial(u,v,w)}=\begin{vmatrix} v & u & 0 \\ 0 & w & v \\ w & 0 & u \end{vmatrix}=v\begin{vmatrix} w & v \\ 0 & u \end{vmatrix}-u\begin{vmatrix} 0 & v \\ w & u \end{vmatrix}+0\begin{vmatrix} 0 & w \\ w & 0 \end{vmatrix}=2uvw$

찾아보기

저자 소개

민만식
고려대학교 통계학과 이학박사
수원대학교 데이터과학부 Adjunct Professor

김경화
연세대학교 수학과 이학박사
안양대학교 통계데이터사이언스학과 전임교수

통계수학

저　　자　민만식 · 김경화
발 행 인　김지영
발 행 처　자유아카데미
주　　소　경기도 파주시 회동길 37-42
　　　　　파주출판도시
전　　화　031-955-1321
팩　　스　031-955-1322
홈페이지　www.freeaca.com
전자우편　main@freeaca.com (대표)
　　　　　editor@freeaca.com (편집)
　　　　　crm@freeaca.com (영업)
등　　록　제406-2003-017호, 1980. 7. 12
제1판1쇄　2025년 8월 18일 발행

저자와의
협의하에
인지생략

ISBN 979-11-5808-747-0 93310